# 金属加工液设计中的
# 计算、模拟与实验

孙建林　等著

北　京
冶 金 工 业 出 版 社
2025

# 内 容 提 要

本书阐述了量子化学计算和分子动力学模拟的基本理论及其在金属加工液设计与评价领域的研究成果和技术，介绍了煤制油、石墨烯、纳米粒子等新型润滑材料在加工液设计中的应用，以促进量子化学计算和分子动力学模拟方法与传统金属加工润滑领域的融合。

本书可供材料成型与控制工程、材料科学与工程专业的研究生，以及从事金属加工液设计与性能评价等工作的科研人员阅读参考，也可作为相关专业大学生科技创新活动的参考用书。

**图书在版编目（CIP）数据**

金属加工液设计中的计算、模拟与实验／孙建林等著. -- 北京：冶金工业出版社，2025. 3. -- ISBN 978-7-5240-0139-3

Ⅰ. TE626. 3

中国国家版本馆 CIP 数据核字第 20253B6T07 号

---

**金属加工液设计中的计算、模拟与实验**

| | | | |
|---|---|---|---|
| **出版发行** | 冶金工业出版社 | **电　话** | （010）64027926 |
| **地　址** | 北京市东城区嵩祝院北巷 39 号 | **邮　编** | 100009 |
| **网　址** | www. mip1953. com | **电子信箱** | service@ mip1953. com |

责任编辑　刘璐璐　张熙莹　美术编辑　彭子赫　版式设计　郑小利
责任校对　王永欣　责任印制　禹　蕊
三河市双峰印刷装订有限公司印刷
2025 年 3 月第 1 版，2025 年 3 月第 1 次印刷
710mm×1000mm　1/16；18.5 印张；363 千字；286 页
**定价 119. 00 元**

---

**投稿电话　（010）64027932　投稿信箱　tougao@ cnmip. com. cn**
**营销中心电话　（010）64044283**
冶金工业出版社天猫旗舰店　yjgycbs. tmall. com
（本书如有印装质量问题，本社营销中心负责退换）

# 前　　言

我国"十四五"规划和2035年远景目标纲要提出要加快发展现代产业体系，巩固壮大实体经济根基，深入实施制造强国战略，推动制造业优化升级。随着智能制造等高新技术领域对金属材料需求的日益提高，金属材料加工过程中不可或缺的金属加工润滑剂快速发展，同时也面临着巨大挑战。针对切削、轧制、拉拔等不同的加工工况，以及钢、钛合金、钽合金、有色金属合金等材料的多样化，金属加工润滑剂定制开发具有极高的研究价值，是今后金属加工润滑剂领域发展的重要方向。目前，金属加工润滑剂配方设计常用的试错法、经验法、正交试验设计及响应曲面法等传统方法，逐渐显现出效率低下、局限性高、可靠性差等弊端，已难以满足金属加工润滑剂的上述个性化需求，采用传统实验方法也无法从原子和分子层面剖析金属加工润滑剂成分对其性能的影响及其作用的本质。因此，将量子化学计算和分子动力学模拟引入金属加工润滑剂的配方设计、性能评价、机理探索等内容中，对于推动金属加工摩擦与润滑技术的发展和应用有重要意义。

本书从以下几个方面阐述了量子化学计算、分子动力学模拟和实验手段在金属加工液设计与评价中的应用，拟为学习、应用金属加工摩擦与润滑及从事相关研究的读者提供帮助。第一，论述了近年来金属加工液的发展、研究现状及面临的挑战，使读者能够迅速了解本书的相关研究内容；第二，全面、翔实、系统地阐述了作者在金属加工液的设计与评价领域从事的实验和模拟研究工作，尤其是量子化学计算和分子动力学模拟与本领域的融合，包括实验设计、结果分析和结论探讨等，引导有志于从事金属加工液设计、金属加工摩擦与润滑、量子化学计算和分子动力学模拟等领域研究的读者迅速进入前沿领域；第三，通过查阅和整理大量文献资料，对金属加工液未来的发展趋势、研究热点和应用前景进行了展望，有助于读者发现该领域的研究热点，并在团队开展的研究中提出有创新性的关键科学问题。

　　本书努力追求通俗易懂和自然科学研究的严谨之间的平衡，撰写过程中作者深入研究了大量文献，并结合自身的实验研究经验进行了深入的分析和讨论。希望本书能够为读者提供金属材料加工、量子化学计算、分子动力学模拟、纳米流体润滑等领域全面而深入的知识，同时也能为相关领域的研究者提供有价值的参考。

　　本书撰写分工如下：北京科技大学孙建林负责撰写第 1~3 章、第 13 章及第 14 章；国家开放大学贺佳琪负责撰写第 4 章、第 6 章、第 7 章和第 9 章；清华大学唐华杰负责撰写第 5 章；北方工业大学严旭东负责撰写第 8 章；南京工程学院熊桑负责撰写第 10 章；清华大学孟亚男负责撰写第 11 章；河南工程学院王成龙负责撰写第 12 章。全书由孙建林、贺佳琪进行统稿。

　　本书的出版得到了北京市人才培养共建项目"发挥国家级实验教学示范中心作用，完善材料虚拟实验建设、推广与应用实践研究"的支持和资助，在此表示衷心的感谢。

　　由于编写时间所限，加之内容繁多，书中不足之处恳请各位专家学者和读者批评指正。

孙建林

2024 年 11 月

# 目　　录

# 1　金属加工液的发展与挑战

金属加工液作为一种重要的制造工艺流体，在各种加工过程中扮演着至关重要的角色。金属加工液不仅可以降低摩擦、减少磨损和延长刀具寿命，还可以冷却切削区域、清洗切屑和减少加工误差等，因此，金属加工液的发展和应用对于提高加工效率、降低成本和提高产品质量具有重要意义。近年来，金属材料加工过程中不可或缺的金属加工液在快速发展的同时也面临着挑战。针对不同的加工工况及材料的特性，对实现金属加工液进行定制开发具有极高的研究价值，是今后金属加工液领域发展的重要方向。

目前，金属加工液设计常用的试错法、数学规划法等传统方法显现出效率低下、局限性高、可靠性差等弊端。首先，传统加工液设计方法需要进行大量的实验验证，耗费时间和人力资源，这种方法需要较长时间来确定最佳加工液配方，增加制造成本；其次，传统加工液设计方法的结果容易受到实验环境的影响，在不同的加工条件下，加工液的性能和行为可能会有所不同，导致设计结果不准确；最后，传统加工液设计方法无法充分利用先进的计算机技术和模拟方法，无法实现加工液性能的精确预测和优化设计，已难以满足实际生产对金属加工液的个性化需求。因此，需要采用新的方法来解决传统加工液设计方法面临的上述局限和挑战。

为了克服这些挑战，金属加工液的设计和评价需要借助先进的计算和模拟技术，以及更为有效的实验手段。近年来，得益于计算化学、材料高通量计算、大数据乃至材料基因组工程的兴起，量子化学计算和分子动力学模拟方法在材料加工领域发挥了重要的作用[1-2]。量子化学计算是一种基于量子力学原理的计算方法，可用于预测分子结构、反应机理和化学性质等。在金属加工液的设计中，量子化学计算可用于预测加工液中分子的结构和性质，如化学键长度、键角和电子密度等。分子动力学模拟是一种基于分子间相互作用的模拟方法，可用于预测分子在不同条件下的运动和行为。在金属加工液的设计与评价中，分子动力学模拟可以用于模拟加工液中分子的运动和行为，如分子的扩散、分布和聚集等。此外，还可以通过分子动力学模拟研究加工液在加工过程中的行为和反应机理，以更好地了解加工液的性能和行为。

借助上述两种方法，可以从分子的微观结构和性质出发，预测金属加工液的宏观性能，尤其是在极端工况下的实际使用性能。这对新型金属加工液配方的个性化和高效化设计具有重要的理论和技术指导意义,从而实现从微观尺度到宏观尺度、从分子性质到产品性能的"自下而上"的设计与开发。除预测金属加工液的性质外,量子化学计算和分子动力学模拟还能模拟宏观实验过程,从原子和分子水平上再现金属加工过程中复杂的物理化学过程,是探究金属加工液实现润滑、防锈、冷却等功能的微观作用机理的重要手段。

## 1.1　金属加工液的分类标准

美国材料协会(ASTM)制定了《金属加工液和相关材料的标准分类》(ASTM D2881—2019)(见表 1-1),用来规范金属加工液及相关材料的术语、命名法和分类。在该标准中,金属加工液包括金属去除加工和金属成型加工中使用的加工工作油液。ASTM D2881—2019 把金属加工润滑剂划分为 3 大类:(1)含石油制品的液体(petroleum oil-containing fluids); (2)合成的非石油液体(synthetic non-petroleum fluids); (3)固体润滑剂(solid lubricants)。

表 1-1　美国材料学会标准 ASTM D2881—2019 对金属加工润滑剂及相关材料的分类

| 大 类 | 子 类 | 特 点 |
|---|---|---|
| 含石油制品的液体 | 可溶性油 | 1. 用水稀释前(原液)通常含有 30% 以上的油;<br>2. 含有乳化剂、防锈剂及其他添加剂;<br>3. 用水稀释后通常形成较大的乳化粒子(平均粒径大于 1.0 μm);<br>4. 用水混溶后使用 |
| | 半合成油 | 1. 用水稀释前(原液)通常含有 30% 以上的油;<br>2. 含有乳化剂、防锈剂及其他添加剂;<br>3. 用水稀释后通常形成较大的乳化粒子(平均粒径大于 1.0 μm);<br>4. 用水混溶后使用 |
| | 纯矿物油 | 1. 含有矿物油,但基本不含水;<br>2. 不可乳化;<br>3. 可能含有防锈剂、润滑介质及其他添加剂 |
| 合成的非石油液体 | 合成溶解液 | 1. 不含矿物油;<br>2. 当与水混合时,形成单相的真溶液(非胶束的);<br>3. 与水混溶后使用 |
| | 合成乳化液 | 1. 含有乳化剂,但不含矿物油;<br>2. 加入水中时生成乳化液;<br>3. 与水混溶后使用 |
| | 纯合成油 | 1. 既不含矿物油也不含水;<br>2. 使用时既不用水稀释也不加水乳化 |

| 大　类 | 子　类 | 特　点 |
|---|---|---|
| 固体润滑剂 | 粉状物料 | 1. 晶体物;<br>2. 聚合物;<br>3. 无定型物 |
| | 玻璃质材料 | 1. 硼酸盐;<br>2. 玻璃;<br>3. 磷酸盐 |
| | 油脂和膏 | 1. 油脂;<br>2. 分散或溶解于非水液体中;<br>3. 分散或溶解于水中 |
| | 固体膜 | 1. 粒子黏合而成的;<br>2. 树脂黏合而成的;<br>3. 玻璃黏合而成的 |

国际标准化组织（ISO）将金属加工油液归入润滑剂产品，发布了用于金属加工的润滑剂（系列 M）的标准《润滑剂、工业油及相关产品（L 类）分类　第 7 部分：M 系列（金属加工）》（ISO 6743-7—1986），见表 1-2。该标准根据组分将用于金属加工的润滑剂分为油基（MH）和水基（MA）两大系列，又按照其化学组成和应用领域将油基系列分为 A～H，共 8 类，将水基系列分为 A～I，共 9 类，总共 17 类。该标准包括了金属加工油液的各种情形。

表 1-2　ISO 6743-7—1986 对金属加工润滑剂（系列 M）的分类

| 序号 | 符号 | 产品类型和（或）最终使用要求 |
|---|---|---|
| 1 | L-MHA | 具有防腐蚀性能的液体 |
| 2 | L-MHB | MHA 型液体，具有降低摩擦的性能 |
| 3 | L-MHC | MHA 型液体，具有极压（EP）性能，无化学性 |
| 4 | L-MHD | MHA 型液体，具有极压（EP）性能，呈化学性 |
| 5 | L-MHE | MHB 型液体，具有极压（EP）性能，无化学性 |
| 6 | L-MHF | MHB 型液体，具有极压（EP）性能，呈化学性 |
| 7 | L-MHG | 润滑脂、膏、蜡，以纯态使用或者用 MHA 型液体稀释后使用 |
| 8 | L-MHH | 皂、粉末、固体润滑剂等及其掺混物 |
| 9 | L-MAA | 浓缩液，与水掺混则生成乳状液，具有抗腐蚀性能 |
| 10 | L-MAB | MHA 型浓缩液，具有降低摩擦的性能 |
| 11 | L-MAC | MHA 型浓缩液，具有极压（EP）性能 |
| 12 | L-MAD | MHB 型浓缩液，具有极压（EP）性能 |
| 13 | L-MAE | 浓缩液，与水掺混则生成具有抗腐蚀性能的透明乳液（微滴乳状液） |

| 序号 | 符号 | 产品类型和（或）最终使用要求 |
|---|---|---|
| 14 | L-MAF | MHE 型浓缩液，具有降低摩擦的性能和（或）极压（EP）性能 |
| 15 | L-MAG | 浓缩液，与水掺混则生成具有抗腐蚀性能的透明溶液 |
| 16 | L-MAH | MAG 型浓缩液，具有降低摩擦的性能和（或）极压（EP）性能 |
| 17 | L-MAI | 润滑脂和润滑膏，与水掺混后使用 |

注：表中字母 L 表示润滑剂；M 表示金属加工。

　　我国于 1989 年等效采用 ISO 标准 ISO 6743-7—1986，制定了国家标准《润滑剂和有关产品（L 类）的分类　第 5 部分：M 组（金属加工）》（GB/T 7631.5—1989），见表 1-3。该标准根据功能要求不同将金属加工润滑剂分为用于首先满足润滑性的加工工艺的和用于首先满足冷却性的加工工艺的两大系列，又将上述系列各分为 8 类和 9 类，总共 17 类。这些产品类型既可能是切削液，又可能是金属成型加工润滑油液。其中符号为 MHA ~ MHF 的 6 种对应油基加工液，符号为 MAA ~ MAH 的 8 种对应水基加工液。

**表 1-3　国家标准 GB/T 7631.5—1989 对金属加工润滑剂的分类**

| 类别符号 | 总应用 | 特殊用途 | 具体应用 | 产品类型和（或）最终使用要求 | 符号 | 备注 |
|---|---|---|---|---|---|---|
| M | 金属加工 | 用于切削、磨料加工或放电等金属去除工艺；用于冲压、深拉、压延、强力旋压、拉拔、冷锻和热锻、挤压、模压、冷轧等金属成型工艺 | 首先要求润滑性的加工工艺 | 具有抗腐蚀性的液体 | MHA | 未经稀释的液体，具有抗氧性，在特殊成型加工可加入填充剂 |
| | | | | 具有减摩性的 MHA 型液体 | MHB | |
| | | | | 具有极压性、无化学活性的 MHA 型液体 | MHC | |
| | | | | 具有极压性、有化学活性的 MHA 型液体 | MHD | |
| | | | | 具有极压性、无化学活性的 MHB 型液体 | MHE | |
| | | | | 具有极压性、有化学活性的 MHB 型液体 | MHF | |
| | | | | 单独使用或用 MHA 型液体稀释的脂、膏和蜡 | MHG | 对于特殊用途可以加填充剂 |
| | | | | 皂、粉末、固体润滑剂等或其他混合物 | MHH | 使用此类产品不需要稀释 |

| 类别符号 | 总应用 | 特殊用途 | 具体应用 | 产品类型和（或）最终使用要求 | 符号 | 备注 |
|---|---|---|---|---|---|---|
| M | 金属加工 | 用于切削、磨料加工或放电等金属去除工艺；用于冲压、深拉、压延、旋压、线材拉拔、冷锻和热锻、挤压、模压等金属成型工艺 | 首先要求冷却性的加工工艺 | 与水混合的浓缩物，具有防锈性的乳化液 | MAA | |
| | | | | 具有减摩性的 MAA 型浓缩物 | MAB | |
| | | | | 具有极压性的 MAA 型浓缩物 | MAC | |
| | | | | 具有极压性的 MAB 型浓缩物 | MAD | |
| | | | | 与水混合的浓缩物，具有防锈性的半透明乳化液（微乳化液） | MAE | 使用时，这类乳化切削液会变成不透明 |
| | | | | 具有减摩性和（或）极压性的 MAE 型浓缩物 | MAF | |
| | | | | 与水混合的浓缩物，具有防锈性的透明溶液 | MAG | |
| | | | | 具有减摩性和（或）极压性的 MHG 型浓缩物 | MAH | 对于特殊用途可以加填充剂 |
| | | | | 润滑脂和膏与水的混合物 | MAI | |

## 1.2 金属加工液的主要功能

无论是机械加工还是塑性加工，金属的直接接触必然产生摩擦和磨损，导致产生摩擦热，影响加工后制品尺寸的精度和表面质量，同时降低加工效率。为此，金属加工过程必须采用工艺润滑。润滑的作用一般可归结为：控制摩擦、减少磨损、降温冷却、防止摩擦面锈蚀、冲洗作用、密封作用、减振作用（阻尼振动）等[3]。这些润滑作用是互相依存、互相影响的。若不能有效地减少摩擦和磨损，就会产生大量的摩擦热，迅速破坏摩擦表面和润滑介质本身，出现润滑故障。因此必须采用性能良好的金属加工液进行润滑、冷却。

金属加工液是金属加工过程中起到润滑和冷却作用并保证加工工艺得以实现的润滑剂。当然，不同的金属材料、不同的加工工艺和产品质量要求，对金属加工液的主要功能要求也有所不同，但也存在一些普适性要求：（1）减小摩擦或控制摩擦；（2）减少磨损；（3）降低加工过程动能参数；（4）提高加工制品表面质量；（5）防锈防腐蚀；（6）冷却性强；（7）化学性质稳定；（8）对不同工况的适应性；（9）使用安全与可控制；（10）废液容易处理，符合环保要求。

# 1.3　金属加工液的应用领域

一般认为，金属加工有机械加工和塑性加工两种形式。机械加工是指通过一种机械设备对工件的外形尺寸或性能进行改变的过程，其典型特征是加工过程的金属去除。塑性加工是在压力作用下利用金属的塑性使其变形以获得一定尺寸形状和力学性能，也称压力加工，其典型特征是金属变形。

## 1.3.1　金属加工液的机械加工

典型的机械加工方式有切削和磨削，其中切削包括车削、铣削、拉削、钻孔、攻丝和锯切等。常见的车削加工方式如图1-1所示。

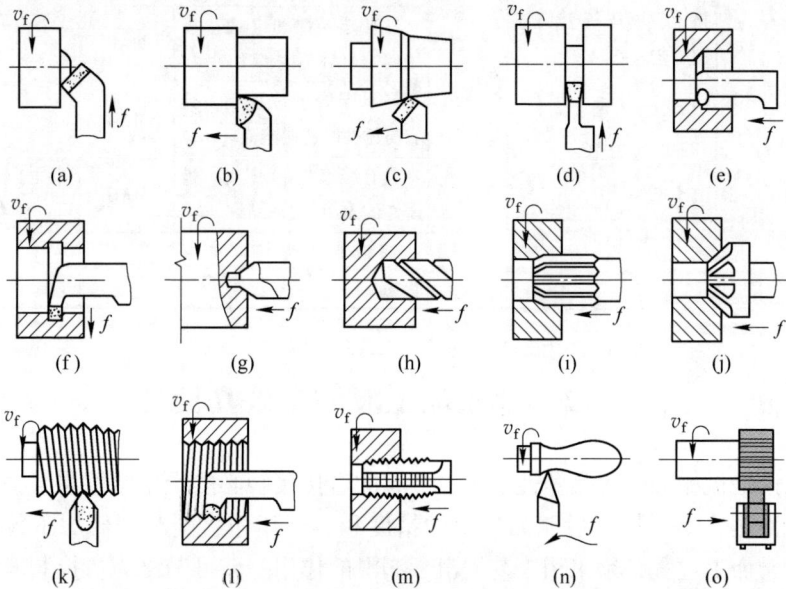

图1-1　常见的车削加工方式

（a）车端面；（b）车外圆；（c）车外锥面；（d）切槽、切断；
（e）镗孔；（f）切内槽；（g）钻中心孔；（h）钻孔；（i）铰孔；
（j）锪锥孔；（k）车外螺纹；（l）车内螺纹；（m）攻螺纹；
（n）车成型面；（o）滚花

## 1.3.2　金属加工液的塑性加工

塑性加工又称金属成型，就成型工艺分类而言，有板、型、管、棒、线轧制成型；有管、棒、线拉拔成型；有型、管、棒挤压成型；有自由锻、模锻锻造成型；有拉延、深冲、变薄拉深等冲压成型。就成型温度而言，有热成型和冷成型。金属成型方式见表1-4。

**表1-4 金属成型方式**

| 成型方式 | 轧制 | | 拉拔 | |
|---|---|---|---|---|
| 图例 | 板带 | 型材 | 棒、线材 | 管材 |
| 成型方式 | 挤压 | | 锻造 | | 冲压 | |
| 图例 | 实心材 | 管材 | 开式模 | 闭式模 | 拉深 | 冲裁 |

## 1.4 金属加工液的优化设计

传统的金属加工液的优化设计主要依赖于试错法、单因素优化设计、正交实验设计、响应面法等方法，虽然在实际应用中取得了一定的成果，但仍存在一定的局限性。首先，上述传统实验设计方法需要耗费大量的时间和资源，并且只能探索有限的样本空间，无法全面考虑各种复杂的因素。其次，响应面法等方法的建模过程受诸多假设条件的限制，其精度和可靠性有一定的局限性。因此，需要寻找新的优化设计方法来解决这些问题。

量子化学计算和分子动力学模拟是一种基于计算机模拟的新型优化设计方法，其能从分子层面分析材料的结构和性能，为金属加工液的优化设计提供了新思路。量子化学计算可以通过计算电子结构和化学键强度等参数，预测金属加工液中各组分的性质和反应机理，从而指导金属加工液的设计和合成。分子动力学模拟则可以通过计算分子之间的相互作用力，预测材料在不同环境下的物理和化学性质，从而为金属加工液的设计和应用提供理论依据。通过结合量子化学计算和分子动力学模拟，可以实现对金属加工液的结构和性能的全面分析和精准的优化设计。

### 1.4.1　传统优化设计方法的局限

#### 1.4.1.1　试错法和单因素优化设计

试错法和单因素优化设计是金属加工液的成分设计及优化常用的传统方法。试错法的不足在于原材料及设备消耗大、人力花费多，因而开发成本高、周期长、效益低；更重要的是，它难于形成对成分、结构、工艺、性能之间的关系的规律性的认识，因而产品的可靠性及稳定性差。单因素优化常用的实验设计包括均分法、对分法、黄金分割法和分数法等，相比于试错法，其能减少一定的工作量，但仍具有较高的设计开发成本和较长的周期。

#### 1.4.1.2　正交实验设计

正交实验设计是研究多因素、多水平的又一种设计方法，它根据正交性从全面实验中挑选出部分有代表性的点进行实验，这些有代表性的点具备了"均匀分散、齐整可比"的特点。正交实验设计是分式析因设计的主要方法，也是一种高效率、快速、经济的实验设计方法。日本著名的统计学家田口玄一将正交实验选择的水平组合列成表格，称为正交表。例如，做一个三因素三水平的实验，按全面实验要求，须进行 $3^3 = 27$ 种组合的实验，且未考虑每一组合的重复数。若按 $L_9(3^3)$ 正交表安排实验，只需进行 9 次，按 $L_{18}(3^7)$ 正交表需进行 18 次实验，显然能够显著减少工作量。因而，正交实验设计在诸多领域的研究中能得到广泛应用。

#### 1.4.1.3　响应曲面法

随着计算机技术的飞速发展和数值计算科学的不断深入，工程计算的模型越来越复杂，计算规模越来越大，花费的机时越来越长。同时，许多工程问题的目标函数和约束函数对于设计变量经常是不光滑的或是具有强烈的非线性。这样，科学家和工程师都希望寻找新的高效、可靠的数学规划方法，以满足工程优化计算的需要。一个渐进近似的优化方法能很好地解决这种既耗机时又非光滑的优化问题，即响应曲面法（response surface methodology，RSM）。RSM 是数学方法和统计方法结合的产物，是用来对所感兴趣的响应受多个变量影响的问题进行建模和分析的，其最终目的是优化该响应值。RSM 把仿真过程看成一个黑匣子，能够较为简便地与随机仿真和确定性仿真问题结合起来，所以得到了非常广泛的应用。近年来，由于统计学在各个领域中的发展和应用，RSM 的应用领域进一步拓宽，其应用领域不再仅局限于化学工业，在医学、生物制药、工程技术领域都得到了广泛应用。

1.4.1.4　传统优化设计方法面临的挑战

在智能制造、工业互联网和电子信息工业等高科技行业的推动下，金属材料的需求不断增长。这促使金属加工液行业快速发展，同时也带来了严峻的挑战。面对多种加工场景及多样化材料的使用，对金属加工液进行定制开发显得尤为重要，这不仅研究意义重大，也是行业未来发展的趋势。目前，金属加工液配方设计常用的试错法及正交实验设计、响应曲面法等传统方法，逐渐显现出效率低下、局限性高、可靠性差等弊端，已难以满足金属加工液的个性化需求。此外，采用传统实验方法无法探入原子和分子层面剖析金属加工液成分对其性能的影响及其作用的本质。

## 1.4.2　量子化学计算和分子动力学模拟

近年来，得益于计算化学、材料高通量计算、大数据乃至材料基因组工程的兴起，量子化学（quantum chemistry，QC）计算和分子动力学（molecular dynamics，MD）模拟方法在材料加工领域发挥了重要的作用。借助上述两种方法，可以从分子的微观结构和性质出发，预测金属加工液的宏观性能，尤其是在极端工况下的实际使用性能，这对于新型金属加工液配方的个性化和高效化设计具有重要的理论和技术指导意义。除预测金属加工液的性质外，量子化学计算和分子动力学模拟还能模拟宏观实验过程，从原子和分子水平上再现金属加工过程中复杂的物理化学过程，是探究金属加工液实现润滑、防锈、冷却等功能的微观作用机理的重要手段。

## 参 考 文 献

［1］孙建林，贺佳琪. 量子化学计算和分子动力学模拟在金属加工液研究中的应用［J］. 石油炼制与化工，2022，53（2）：6-14.

［2］SHI J，LI H，LU Y，et al. Synergistic lubrication of organic friction modifiers in boundary lubrication regime by molecular dynamics simulations［J］. Applied Surface Science，2023，623（1）：157087. 1-157087. 9.

［3］孙建林. 材料成形摩擦与润滑［M］. 2版. 北京：国防工业出版社，2021.

# 2 量子化学计算及分子动力学理论基础

量子化学计算以量子力学为基础，包含从头算（ab initio）方法、半经验分子轨道法和密度泛函理论（DFT）方法，旨在研究原子和分子的电子结构及电子间的相关作用，其核心问题是求解薛定谔（Schrödinger）方程。分子动力学模拟的核心为牛顿第二定律，模拟的出发点是假定各微观粒子的运动符合经典力学，即可以通过牛顿第二定律来模拟体系中分子和原子的运动。由各粒子在体系中受到的力，得到粒子在不同时刻的位置和速度，记录下其随时间推移而不断变化的运动轨迹。然后，对上述信息进行统计力学分析，即可得到体系的压力、温度、内能、应力应变等宏观物理量，进而研究系统的动态行为、微观结构特征及热力学性质等。分子动力学模拟方法包括平衡态分子动力学（EMD）方法和非平衡态分子动力学（NEMD）方法。EMD方法用于描述体系中分子在平衡状态下的运动情况，而NEMD方法则是将外力场引入体系中，分析微观粒子处于剪切力、压力等外力作用下的非平衡态时的运动。这两种方法在流体性质的研究中均有广泛应用，在足够长的模拟时间下，EMD方法能更加精确地预测流体的黏度和热导率[1]；而想要获取体系偏离平衡态时的性质，如外力作用下流体的流变性能、剪切稀化现象及摩擦学行为[2-3]，需要借助于NEMD方法。

尽管量子化学计算和分子动力学方法均能从物质内在微观结构预测其宏观性质，但两者的本质及适用范围仍有明显差异，见表2-1。电子或原子尺度的研究可采用量子化学计算方法，而传统分子动力学适用于原子尺度和介观尺度，无法涉及电子尺度的研究。随着计算材料科学的发展，相关学者在传统分子动力学中引入了电子的虚拟动力学，将密度泛函理论和分子动力学有机结合起来，即从头算分子动力学方法和第一性原理分子动力学方法[4-5]，扩展了计算机模拟的广度和深度，近年来也成为计算材料学领域的前沿研究方法和研究热点。

表 2-1　量子化学计算和分子动力学模拟的异同

| 方　法 | 量子化学计算 | 分子动力学 |
| --- | --- | --- |
| 理论基础 | 薛定谔方程 | 经典牛顿力学 |
| 研究对象 | 原子及原子的电子结构 | 原子核和分子的运动 |
| 模拟体系尺度 | 电子、原子、分子尺度；至多数百个原子的体系 | 原子、分子、介观尺度；适用于多达数万个原子的体系 |

| 方 法 | | 量子化学计算 | 分子动力学 |
|---|---|---|---|
| 适用的研究内容 | 共同点 | 金属加工液及其中的功能型添加剂分子在金属表面的吸附过程及能量变化 | |
| | 不同点 | 包含电子转移、原子变价的化学过程，如计算加工液中不同分子的化学活性、与金属的化学反应过程等 | 包含动力学过程、温度变化的体系，如计算加工液的黏度、热导率，实际摩擦润滑过程的模拟等 |

# 2.1　量子化学计算

## 2.1.1　量子化学计算方法的原理

近年来，量子化学计算方法在研究有机分子结构、性能与反应活性等方面获得了很大的成功。Vosta 等人[6]于 1971 年首次尝试用量子化学计算方法来研究缓蚀剂的缓蚀性能与量子化学结构参数的相互关系，随后国内外腐蚀科学研究人员进行了大量深入的研究工作。量子化学计算的核心问题是求解薛定谔方程来研究原子和分子的电子结构。

$$\hat{H}\psi = E\psi \tag{2-1}$$

式中　$\hat{H}$——体系的 Hamilton 算符；

$\psi$——描述体系状态的波函数；

$E$——能量算符的本征值，即体系相应的总能量。

通过计算得到能量 $E$ 和波函数 $\psi$，求得分子的电子结构。对于一个多电子分子，$\hat{H}$ 包括所有原子核和所有的动能、势能值。其表达式为

$$\hat{H} = \sum_p \frac{h^2}{2M_p} \nabla_p^2 - \sum_i \frac{h^2}{2M_i} \nabla_i^2 - \sum_{p,i} \frac{Z_p e^2}{4\pi\varepsilon_0 r_{pi}} + \sum_{i<j} \frac{e^2}{4\pi\varepsilon_0 r_{ij}} + \sum_{p<q} \frac{Z_p Z_q e^2}{4\pi\varepsilon_0 R_{pq}} \tag{2-2}$$

式中　$\sum_p \dfrac{h^2}{2M_p} \nabla_p^2$——所有原子核的动能；

$\sum_i \dfrac{h^2}{2M_i} \nabla_i^2$——所有电子的动能；

$\sum_{p,i} \dfrac{Z_p e^2}{4\pi\varepsilon_0 r_{pi}}$——原子核对电子的吸引能；

$\sum_{i<j} \dfrac{e^2}{4\pi\varepsilon_0 r_{ij}}$——电子之间的排斥能；

$$\sum_{p < q} \frac{Z_p Z_q e^2}{4\pi\varepsilon_0 R_{pq}}$$ ——原子核之间的排斥能；

$M_p$——第 $p$ 个原子核的质量；

$M_i$——第 $i$ 个电子的质量；

下标 $p$, $q$——原子核；

下标 $i$, $j$——电子。

量子化学计算通常近似处理为第一性原理和密度泛函理论等。利用有效的数学理论近似及电脑软件计算分子的物理化学性能（如键长、偶极矩、反应活性等），预测分子在金属表面的吸附能，并解释具体化学问题。通过计算得到能量 $E$ 和波函数 $\psi$，求得分子的电子结构。量子化学计算方法有半经验算法、从头算和密度泛函理论，其中半经验计算法在金属加工液及添加剂的研究中得到广泛应用。

### 2.1.2　半经验法与第一性原理

半经验量子化学方法基于 Hartree-Fock 方程，但做了许多近似并纳入了许多实验参数[7]。对于一些大分子，未经近似处理的全 Hartree-Fock 方法非常耗时，而半经验方法就显得尤为重要。经验参数的使用也包括电子相关效应。在 Hartree-Fock 计算中，双电子积分有时被做了近似或完全忽略。为校正这种损失，半经验方法是参数化的，由它得出的结果或与实验数据符合得很好，或符合第一性原理（也称为从头算方法）的计算结果。半经验方法比第一性原理方法计算快得多，然而，当所要计算的分子与数据库中用了拟合参数的分子相距甚远时，半经验方法会给出非常差的结果。半经验方法在描述有机物分子时取得了巨大成功。半经验方法在理论上虽不够严谨，但其计算速度比从头算要快上千倍，并且在化合物的电荷布居方面可与从头算方法相比拟。而研究同类物的结构时，主要关注的是化合物之间的规律性，是同类物的物理量的相对值而非绝对值。所以，若不考虑计算的精度，而仅仅考虑计算分子的性质，从而研究结构和性质的关系，则半经验分子轨道法是一个很好的选择。

第一性原理方法，是一种基于量子力学理论对化学体系的全部电子进行研究的量子化学方法。它在分子轨道理论基础上，仅利用 Planck 常量、电子质量、电量 3 个基本物理常数及元素的原子序数，并不借助于任何经验参数来求解薛定谔方程。由于在求解定态薛定谔方程时遇到数学上无法逾越的困难，第一性原理方法实际运用时，往往结合分子在物理模型上采用了 3 个基本近似：（1）非相对论近似；（2）Born-Oppenheimer 近似；（3）轨道近似（单粒子波函数的近似）。

在化学问题中，电子的相对论效应并不发生明显变化，因而忽略相对论效应并不影响计算结果。Born-Oppenheimer 近似就是固定核近似，电子的运动比核快得多，因此在电子运动的任一瞬间，可以把核看成是近似不动的，通过分离变量可分解为核运动方程和电子运动方程。化学上最感兴趣的是电子状态，一般量子化学讨论的都是电子的薛定谔方程和电子状态波函数。通过轨道近似和变分原理，可得到单电子薛定谔方程：

$$\hat{F}\psi_i = E_i\psi_i \tag{2-3}$$

式中　$\hat{F}$——Hartree-Fock 算符；

　　　$\psi_i$——电子 $i$ 的波函数；

　　　$E_i$——电子 $i$ 的能量。

这个方程被称为 Hartree-Fock 方程，可用自洽场方法来求解。在分子轨道计算中，不管用什么方法，都是从 Hartree-Fock 方程算起。

求解过程常使用由原子轨道线性组合（LCAO）得到的基组来进行近似。通过这种近似，薛定谔方程可以转化为一个单电子哈密顿量的本征值方程。该方程的解为离散集。解得的本征值是分子结构的函数。Hartree-Fock 是最常见的一种第一性原理电子结构计算。在 Hartree-Fock 近似中，每个电子在其余电子的平均势中运动，但不知道这些电子的位置。当电子离得很近时，使用平均方法考虑电子间的库仑相互作用，电子也不能相互避开，因此在 Hartree-Fock 中过高估计了电子排斥作用。Hartree-Fock 方程需采用变分法求解，所得的近似能量不小于真实体系基态的能量，随着基函数的增加，Hartree-Fock 能量无限趋近于 Hartree-Fock 极限能。

分子轨道是原子轨道的线性组合，在此假定下 Hartree-Fock 方程就演变成 Roothaan 方程：

$$F = ES \tag{2-4}$$

式中　$S$——重叠矩阵；

　　　$F$——Fock 矩阵。

如果没有任何其他假设，求解 Roothaan 方程就用从头算法；若把大部分相对次要的排斥积分忽略掉，同时向单电子算符的其余部分引入适当的经验计算方法和经验参数，则称为半经验 SCF 法。

张军等人[8]采用量子化学计算和分子动力学模拟相结合的方法，对苯并咪唑、2-巯基苯并咪唑、2-氨基苯并咪唑、2-甲基苯并咪唑 4 种缓蚀剂抑制 HCl 对碳钢腐蚀的性能进行理论评价，发现分子动力学模拟的福井指数和全电子密度分布可以反映缓蚀剂在金属表面吸附的相对稳定性。刘娜娜等人[9]研究了缓蚀剂苯并三氮唑（BTA）和二巯基噻二唑（DMTD）在铜表面的吸附行为，发现反应活性主要集中于 N 和 S 原子上，有多个活性位点，缓蚀剂分子平卧式吸附在铜表面。轧制油对金属表面的腐蚀行为与缓蚀作用机理研究在国内外尚无报道。

## 2.2　分子动力学模拟

牛顿第二定律是分子动力学模拟的核心，模拟的出发点是假设是微观粒子的运动可以用经典力学来处理。考虑含有 $N$ 个分子或原子的运动系统，系统的总能量为系统中分子的动能和总势能的总和，其总势能为分子中各原子位置的函数 $U(r_1, r_2, r_3, \cdots, r_n)$。依照经典力学，系统中任一原子 $i$ 所受的力 $F_i$ 为势能的梯度。

$$F_i = -\nabla_i U = -\left(i\frac{\partial}{\partial x_i} + j\frac{\partial}{\partial x_i} + k\frac{\partial}{\partial x_i}\right)U \tag{2-5}$$

根据原子受到的力，运用牛顿运动定律对时间进行积分，即可预测 $i$ 原子经过时间 $t$ 后的位置矢量 $r_i$、速度 $v_i$ 和加速度 $a_i$。

$$r_i = r_i^0 + v_i^0 t + \frac{1}{2}a_i t^2 \tag{2-6}$$

原子扩散过程的分子动力学模拟原理流程图如图 2-1 所示。由各原子在系统中的初始位置，结合设定的势能函数计算得出各原子所受到的力，从而得出各原子的加速度，然后取一个极短的时间间隔并预测间隔后各原子的新位置和速度，继而可以再计算各原子在这个新位置下的势能，就可重新得出各原子所受到的力和加速度，然后再取一个时间间隔，数次重复上述工作，即可获得各原子随模拟时间增长而不断变化的运动参数。原子在扩散过程的运动主要有两种形式：接触界面原子的相互扩散和原子沿界面向深度方向的扩散[10]。借助数值计算方法对积分方程组进行求解，即可获得扩散粒子在系统中运动的速度、位移等关键信息。随后平均统计一定时间跨度内的上述信息，即可得到所需的宏观物理量，如温度、压强、势能、应力、应变等，从而动态地研究系统的微观结构演变及热力学状态等特征行为。

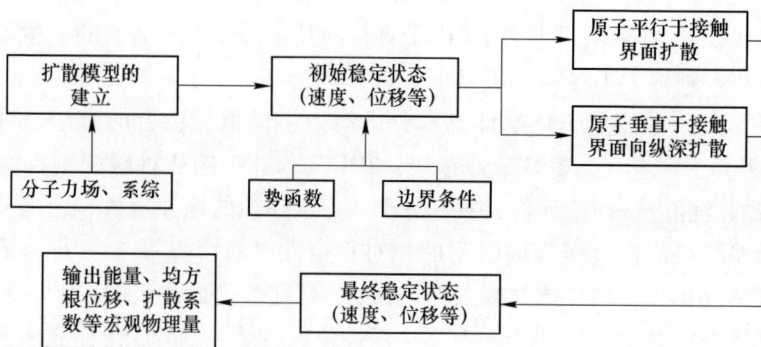

图 2-1　原子扩散过程的分子动力学模拟原理流程图

## 2.2.1 分子间相互作用与势函数

当两个分子间相距无穷远时，分子间没有相互作用，作用力为零，如图 2-2 所示。当它们相互靠近时，分子间产生相互吸引作用，作用力为负值。随着两个分子的不断靠近，分子间相互吸引作用不断增大。当两个分子间的距离达到 $r = r_m$ 时，吸引力的绝对值达到最大值。两个分子继续靠近，分子间的相互吸引力开始迅速减小。最后，在 $r = r_0$ 这个距离，吸引力消失。这时，如果两个分子继续靠近，它们之间将相互排斥，作用力转化为正值。分子间的排斥力随分子间距离的减小而迅速增大。

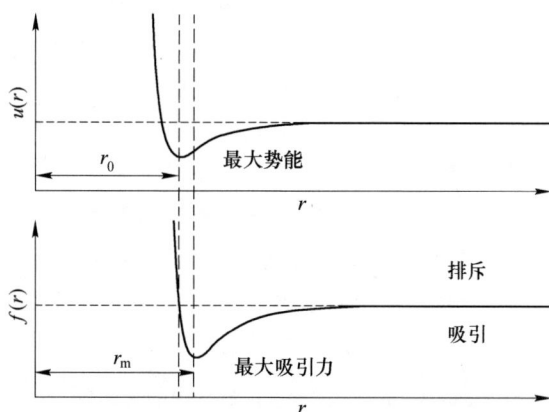

图 2-2　分子间相互作用的力函数 $f(r)$ 和势能函数 $u(r)$

换一个角度，也可以用分子间相互作用势函数表示分子间的相互作用。分子 1 和 2 的势函数 $u(r)$ 与分子间相互作用力函数 $f(r)$ 间的关系可以表示为[11]

$$f_1(r_{12}) = -\nabla u(r_{12}) = -\frac{du(r_{12})}{dr_{12}} \times \frac{r_1}{r_2} = f(r)\frac{r_1}{r_2} \tag{2-7}$$

$$f(r) = -\frac{du(r)}{dr} \tag{2-8}$$

分子间的相互作用力函数 $f(r)$ 和势函数 $u(r)$ 一一对应，有关的特征参数密切相关。例如，分子间相互作用力为零的距离对应势函数最小的距离，分子间吸引力最大的位置对应势函数梯度最大的位置等。势函数决定了物质的性质，是物质世界多样性的根源。相对于小分子体系的势函数，大分子体系的势函数更加复杂多样。可以认为，正是由于复杂多样的分子的相互作用势函数，决定了胶体、高分子、生物分子及超分子体系等复杂多样的性质。如果把这些复杂分子体系的结构单元作为整体，研究它们间的势函数，则可以加深对这些复杂分子体系性质的认识。

实际分子间的势函数非常复杂，必须通过精确测量或理论计算才能确定。同时，势函数与物质性质之间的关系也非常复杂，难以根据势函数用理论方法计算分子体系的性质。只有具有最简单势函数的分子体系，才能用统计力学方法精确计算体系的性质。因此，人们设计了包括硬球势（hard sphere potential）在内的多种具有最简单势函数的假想分子体系，以研究势函数与分子体系性质之间的关系。如果把分子动力学（MD）模拟得到的具有硬球势的假想分子体系的性质，与统计力学方法计算得到的相应的精确理论结果相对比，则可以验证 MD 模拟方法的可靠性，为改进 MD 模拟方法提供依据。事实上，MD 模拟得到的实际分子体系的性质，受分子模型可靠性和 MD 模拟方法可靠性的双重影响。只有通过可精确求解的简单模型分子体系，才能区分这两种不同的影响，验证 MD 模拟方法的可靠性。

模拟过程中，需要用势函数来描述原子之间的相互作用，以此来约束和控制原子在运动中所受的力，并通过经典的牛顿运动方程预测和得出原子的运动轨迹和演化过程。不同的势函数参数在准确性和精确性上有很大差异，而且不同的势函数都有自己适用的体系。因此，选择合适的势函数对模拟计算结果的可靠性很重要。合适的势函数不仅可以缩短计算周期，而且计算结果更加接近真实的情况，使结果更加具有可信度。分子动力学方法发展至今，已经开发出很多适合各种体系的势函数。分子动力学模拟过程中的势函数见表 2-2。

表 2-2　分子动力学模拟过程中的势函数

| 势函数名称 | 特　　点 |
| --- | --- |
| Lennard-Jones | 应用范围广泛，可粗略计算 |
| Morse | 常用于金属原子的模拟 |
| Bom-Mayer | 用于金属离子间的排斥作用 |
| EAM | 描述金属原子间的相互作用 |
| Tersoff | 应用于双原子分子等小分子体系的多体势 |
| ReaxFF | 应用于包含化学反应动力学的系统 |

## 2.2.2　系综与边界条件

### 2.2.2.1　分子动力学模拟的系综

系综是指在一定的宏观条件下，大量性质和结构完全相同的、处于各种运动状态的、各自独立的系统集合。系综由具有相同热力学性质的系统组成，每个系统的微观状态一般来讲是不同的，但是当每个系统处于平衡状态时，其平均值是确定的。在实际研究中，材料往往处于一定的外部环境中，如恒温、恒压等，而经典牛顿力学并没有考虑这种环境的影响。因此，根据统计物理理论，需要给分子动力学模拟过程设定一个特定的系综。

常用的系综有微正则（NVE）系综、正则（NVT）系综、等温等压（NPT）系综和等压等焓（NPH）系综等，各系综的典型特征见表2-3。

**表 2-3 各系综的典型特征**

| 系综类型 | 典 型 特 征 |
| --- | --- |
| NVE 系综 | 系统原子数 $N$、体积 $V$ 和能量 $E$ 不变 |
| NVT 系综 | 系统原子数 $N$、体积 $V$ 和温度 $T$ 不变，且总动量为零 |
| NPT 系综 | 系统原子数 $N$、压力 $P$ 和温度 $T$ 不变，速度的恒定是通过调节体系的速度或施加约束力来实现 |
| NPH 系综 | 系统原子数 $N$、压力 $P$ 和焓值 $H$ 不变，模拟时实现 $P$ 和 $H$ 的固定有较大难度，该系综的使用率不高 |

### 2.2.2.2 边界条件

为了保证系统参数的稳定性，在分子动力学模拟中，需要设置边界条件，其分为周期性及非周期性两种。周期性边界示意图如图 2-3 所示，一个矩形包围的区域内，一个个基本单元成周期性地排列在所有方向上。每一个单元格中的粒子的数量、粒子的运动速度、所处的位置被认为完全相同。某个单元中的粒子离开的同时，会有其他粒子补充，该单元格的相关物理量仍未改变，其周期性因此得以维持。

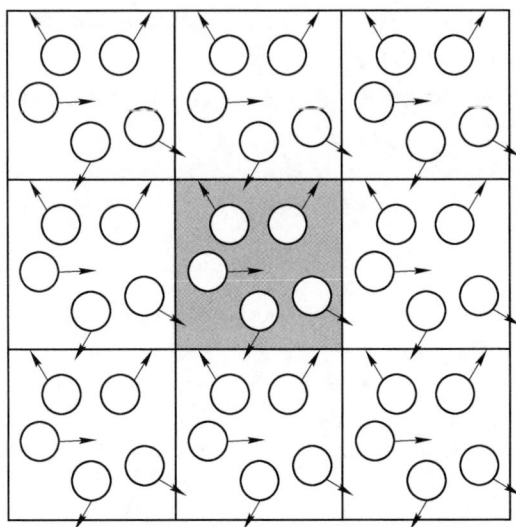

图 2-3 周期性边界示意图

# 参 考 文 献

［1］FANOURGAKIS G S, MEDINA J S, PROSMITI R. Determining the bulk viscosity of rigid water models ［J］. Journal of Physical Chemistry A, 2012, 116 （10）：2564-2570.

［2］刘沙沙, 王琳, 苑世领, 等. 不同构型聚 α-烯烃分子润滑性的分子动力学模拟 ［J］. 高等学校化学学报, 2019, 40 （7）：1472-1479.

［3］倪浩浩, 李嘉懿, 邵传东. 基于分子动力学的纳米轴承动压润滑研究 ［J］. 机械制造与自动化, 2019, 48 （2）：33-35.

［4］TA T D, TIEU A K, TRAN B H. Hydroxyl influence on adsorption and lubrication of an ultrathin aqueous triblock copolymer lubricant ［J］. Langmuir, 2021, 37 （4）：1465-1479.

［5］ONODERA T, TAKAHASHI H, NOMURA S. First-principles molecular dynamics investigation of ceria/silica sliding interface toward functional materials design for chemical mechanical polishing process ［J］. Applied Surface Science, 2020, 530：147259.

［6］VOSTA J, ELIÁSEK J. Study on corrosion inhibition from aspect of quantum chemistry ［J］. Corrosion Science, 1971, 11 （4）：223-229.

［7］SLATER J C. A simplification of the Hartree-Fock method ［J］. Self-Consistent Fields in Atoms, 1975, 81 （3）：215-230.

［8］张军, 赵卫民, 郭文跃, 等. 苯并咪唑类缓蚀剂缓蚀性能的理论评价 ［J］. 物理化学学报, 2008, 24 （7）：1239-1244.

［9］刘娜娜, 孙建林, 夏垒, 等. 缓蚀剂在铜表面吸附行为的研究 ［J］. 物理学报, 2013, 62 （20）：1-6.

［10］PAUDEL H P, LEE Y-L, SENOR D J, et al. Tritium diffusion pathways in $\gamma$-LiAlO$_2$ pellets used in TPBAR：A first-principles density functional theory investigation ［J］. The Journal of Physical Chemistry C, 2018, 122 （18）：9755-9765.

［11］严六明, 朱素华. 分子动力学模拟的理论与实践 ［M］. 北京：科学出版社, 2013.

# 3　基于量子化学的金属加工液分子设计

量子化学计算对研究基础油的选择和添加剂分子的设计及分子性能的预测具有重要作用，但同一分子的不同结构往往会导致不同的量子化学计算结果，尤其是具有官能团和复杂碳链结构的分子。合理的分子结构优化对提高计算结果的合理性、准确性和理论预测性具有重要影响。

## 3.1　分子优化结构对量子化学计算结果的影响

分子反应活性与其前线轨道分布特征密切相关，主要量子化学参数包括最高占据轨道能 $E_{HOMO}$、最低空轨道能 $E_{LUMO}$、能隙值 $\Delta E$、电子亲和能 $A$、电离能 $I$、亲电指数 $\chi$、化学硬度 $\eta$、全局化学软度 $\sigma$、全局亲电性指数 $\omega$、受电子能力指数 $\omega^+$ 和供电子能力指数 $\omega^-$。根据库普曼理论，上述参数可以由以下公式计算得出[1-3]：

$$\Delta E = E_{LUMO} - E_{HOMO} \tag{3-1}$$

$$I = - E_{HOMO} \tag{3-2}$$

$$A = - E_{LUMO} \tag{3-3}$$

$$\chi = \frac{1}{2}(I + A) \tag{3-4}$$

$$\eta = - \frac{1}{2}(I - A) \tag{3-5}$$

$$\sigma = \frac{1}{\eta} \tag{3-6}$$

$$\omega = \frac{\mu^2}{2\eta} \tag{3-7}$$

$$\omega^+ = \frac{(I + 3A)^2}{16(I - A)} \tag{3-8}$$

$$\omega^- = \frac{(3I + A)^2}{16(I - A)} \tag{3-9}$$

此外，对于油基金属加工液，基础油中的有机分子与金属表面发生电子相互作用，该种相互作用的强度由电子从有机物分子 $\chi_N$ 向金属表面 $\chi_M$ 转移的电子分

数衡量 $\Delta N$ 可用式（3-10）表示[4]。

$$\Delta N = \frac{\chi_M - \chi_N}{2(\eta_M + \eta_N)} \times 100\%$$  (3-10)

式中   $\chi_M$ ——金属亲电性指数，eV；

   $\chi_N$ ——有机分子亲电性指数，eV；

   $\eta_M$ ——铝金属化学硬度，eV；

   $\eta_N$ ——有机分子化学硬度，eV。

对于某些化学硬度较低的金属，如铝金属块体，可假设 $I = A$，因而 $\eta_M = 0$ eV。

进一步地，由电子转移引起的总能量变化差值 $\Delta E_T$ 可用式（3-11）计算[5]。

$$\Delta E_T = -\frac{\eta}{4}$$  (3-11)

### 3.1.1　分子构型与前线轨道参数

噻唑衍生物是金属加工液中常用的添加剂，其分子包含噻唑环和两个支链结构。图 3-1 为不同构型噻唑衍生物 BODTA 分子的前线轨道分布（气相），红色代表富电子区域，绿色为贫电子区域。当碳链与噻唑环呈垂直状态时，即图 3-1（a）所示的垂直构型，分子结构呈对称分布，其前线轨道主要分布于噻唑环及硫原子周围，而碳链为化学惰性基团。量子化学计算表明，当碳链垂直于噻唑环时，噻唑衍生物的 HOMO 和 LUMO 呈对称分布。而当碳链与噻唑环分布于同一分子平面时，即图 3-1（b）所示的水平构型，优化后的分子结构中，噻唑环两侧的基团呈反对称形式。根据前线轨道分布，发现水平构型分子 HOMO 分布特征与垂直构型分子 HOMO 分布特征相似，为对称分布；而 LUMO 轨道分布则发生改变，明显偏向于某一侧的硫原子位置，且 7 号硫原子周围的 LUMO 轨道分布消失。LUMO 与分子的得电子能力有关，这也表明不同的分子构型特征对分子 LUMO 分布具有明显影响，进而影响其表面吸附构型和电子转移。

有机分子的前线轨道参数同样受溶剂环境的影响。金属加工液的理论设计主要考虑水相和油相，同时以气相条件作为对比。不同构型噻唑衍生物 BODTA 分子在气相、水相和油相中的前线轨道能变化如图 3-2 所示。对于具有垂直构型特征的噻唑衍生物，其在气相、水相和油相的 $E_{HOMO}$ 值分别为 $-5.511$ eV、$-5.816$ eV 和 $-5.625$ eV，相比于气相，其在水相和油相的 $E_{HOMO}$ 值分别提升和降低了 5.5% 和 2.1%。因此，在水相和油相中，噻唑衍生物更低的 $E_{HOMO}$ 值表明水相和油相溶剂环境能降低分子的供电子能力。与 $E_{HOMO}$ 的变化相反，该构型噻唑衍生物在气相、水相和油相中的 $E_{LUMO}$ 值分别为 $-2.245$ eV、$-2.467$ eV 和 $-2.327$ eV，更低的 $E_{LUMO}$ 值表明水相和油相能提高该分子的电子亲和能力，促进

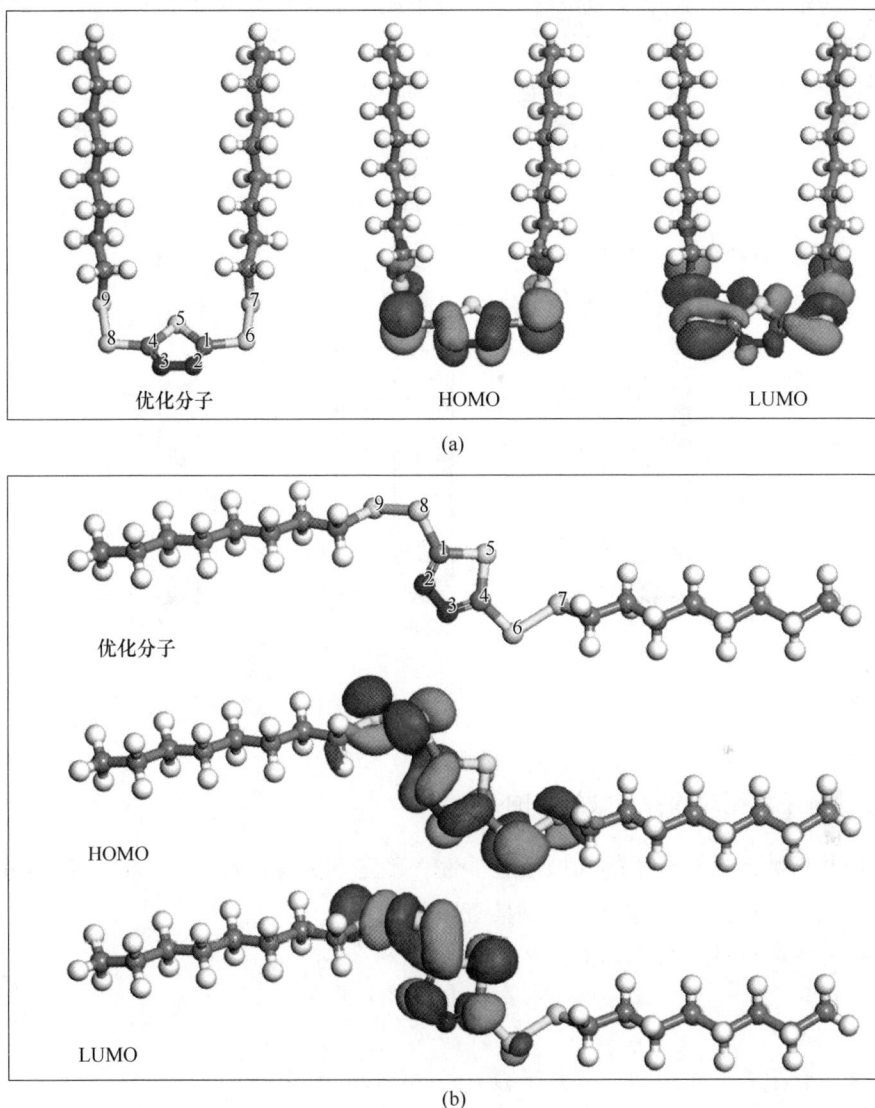

(a)

(b)

图 3-1 不同构型噻唑衍生物 BODTA 分子的前线轨道分布（气相）

（a）垂直构型；（b）水平构型

（图中数字为原子编号）

彩图

其在金属表面的吸附。通过对比两种构型噻唑衍生物的能隙值 $\Delta E$，发现水平构型的噻唑衍生物分子在水相中的 $\Delta E$ 的绝对值最低，为 2.931 eV，其次为油相，为 2.966 eV；而垂直构型的噻唑衍生物在水相中的 $\Delta E$ 的绝对值最大，为 3.349 eV。因此，量子化学计算表明，溶剂化作用对不同构型有机分子的全局反应活性的影响不同。水平构型的分子反应活性均普遍高于垂直构型，且两种不同构型的分子在水溶剂环境中的反应活性差异最大。这对采用量子化学计算分子反应活性和预测腐蚀作用具有重要的指导意义。

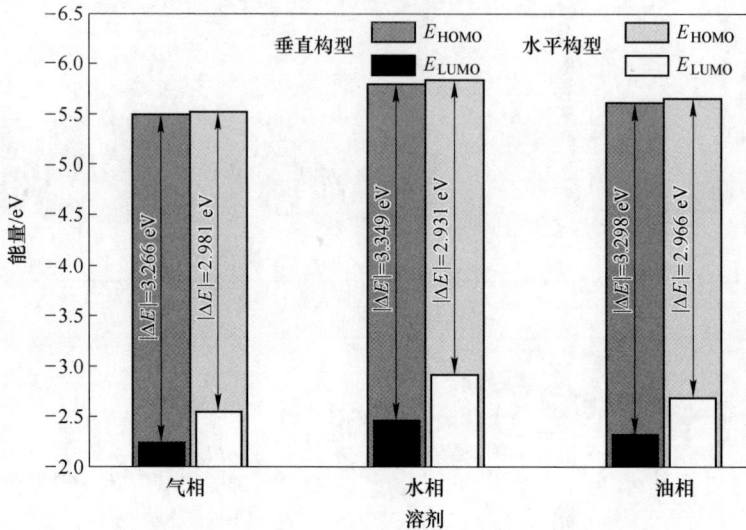

图 3-2　不同构型噻唑衍生物 BODTA 分子在气相、水相和油相中的前线轨道能变化

### 3.1.2 分子构型对福井指数的影响

福井指数能揭示分子的局域反应活性，确定其反应活性位点，这对于研究分子在金属表面可能的活性吸附位点具有重要意义。

福井函数的计算公式如下：

$$f(r) = \left( \frac{\partial \rho(r)}{\partial N} \right)_{\nu(r)} \qquad (3\text{-}12)$$

采用有限差分法近似，福井函数 $f(r)$ 可表示为

$$f_k^+ = q_k(N+1) - q_k(N) \qquad (3\text{-}13)$$

$$f_k^- = q_k(N) - q_k(N-1) \qquad (3\text{-}14)$$

$$f_k^0 = \frac{q_k(N+1) - q_k(N-1)}{2} \qquad (3\text{-}15)$$

式中　$q_k(N-1)$——分子为阳离子时，第 $k$ 个原子所带的静电量；

$\qquad q_k(N)$——分子为中性时，第 $k$ 个原子所带的静电量；

$q_k(N+1)$——分子为阴离子时，第 $k$ 个原子所带的静电量；

$\qquad f_k^+$——亲核进攻指数，表示分子中各原子得电子的能力；

$f_k^-$——亲电子进攻指数，表示分子中各原子给电子的能力；

$f_k^0$——自由基指数。

在化学反应中，对于亲电反应来说，反应物分子给出电子的能力较强，其具有较高的 $f_k^-$ 值；在亲核反应中，反应物分子接受电子的能力较强，其具有较高的 $f_k^+$ 值；而对于自由基反应来说，反应物分子之间会共用一对电子对，其 $f_k^0$ 值较高。

垂直构型噻唑衍生物分子中的原子在不同化学环境中的福井指数见表3-1。垂直构型噻唑衍生物分子的福井指数变化进一步表明噻唑环及两侧硫原子的福井指数为正值，其余原子的福井指数均为非正值。因此，该分子的反应活性位点集中于噻唑环和两侧硫原子，这也与前述对其全局反应活性的研究结论一致。而对于水平构型的噻唑衍生物分子，其原子福井指数的分布特征与垂直构型的分子近似，垂直构型噻唑衍生物分子中的原子在不同化学环境中的福井指数见表3-2，主要反应活性位点位于噻唑环及两侧硫原子上。这表明，分子构型对分子反应活性位点的预测没有显著影响。

**表 3-1　垂直构型噻唑衍生物分子中的原子在不同化学环境中的福井指数**

| 原子及其编号 | 气相 | | | 水相 | | | 油相 | | |
|---|---|---|---|---|---|---|---|---|---|
| | $f_k^0$ | $f_k^+$ | $f_k^-$ | $f_k^0$ | $f_k^+$ | $f_k^-$ | $f_k^0$ | $f_k^+$ | $f_k^-$ |
| C1 | 0.010 | 0.007 | 0.013 | 0.029 | 0.033 | 0.025 | 0.015 | 0.012 | 0.017 |
| N2 | 0.059 | 0.040 | 0.077 | 0.064 | 0.047 | 0.082 | 0.060 | 0.041 | 0.079 |
| N3 | 0.059 | 0.041 | 0.076 | 0.068 | 0.055 | 0.082 | 0.061 | 0.043 | 0.078 |
| C4 | 0.009 | 0.005 | 0.012 | 0.028 | 0.032 | 0.023 | 0.013 | 0.010 | 0.016 |
| S5 | 0.094 | 0.097 | 0.091 | 0.116 | 0.140 | 0.092 | 0.100 | 0.109 | 0.092 |
| S6 | 0.165 | 0.145 | 0.184 | 0.157 | 0.114 | 0.201 | 0.166 | 0.140 | 0.191 |
| S7 | 0.112 | 0.147 | 0.078 | 0.088 | 0.109 | 0.068 | 0.109 | 0.143 | 0.075 |
| S8 | 0.174 | 0.159 | 0.190 | 0.196 | 0.181 | 0.212 | 0.181 | 0.164 | 0.198 |
| S9 | 0.121 | 0.158 | 0.084 | 0.123 | 0.165 | 0.081 | 0.123 | 0.163 | 0.082 |
| C10 | -0.016 | -0.019 | -0.013 | -0.011 | -0.013 | -0.009 | -0.015 | -0.017 | -0.012 |
| C11 | -0.013 | -0.016 | -0.009 | -0.005 | -0.007 | -0.003 | -0.010 | -0.013 | -0.006 |
| C12 | -0.005 | -0.004 | -0.005 | -0.001 | -0.001 | -0.002 | -0.003 | -0.002 | -0.004 |
| C13 | -0.006 | -0.006 | -0.005 | -0.001 | -0.001 | -0.001 | -0.004 | -0.004 | -0.004 |
| C14 | -0.004 | -0.004 | -0.003 | -0.001 | -0.001 | -0.001 | -0.002 | -0.002 | -0.002 |
| C15 | -0.004 | -0.004 | -0.004 | 0 | 0 | 0 | -0.002 | -0.002 | -0.002 |
| C16 | -0.003 | -0.003 | -0.003 | 0 | 0 | 0 | -0.002 | -0.002 | -0.002 |

| 原子及其编号 | 气相 | | | 水相 | | | 油相 | | |
|---|---|---|---|---|---|---|---|---|---|
| | $f_k^0$ | $f_k^+$ | $f_k^-$ | $f_k^0$ | $f_k^+$ | $f_k^-$ | $f_k^0$ | $f_k^+$ | $f_k^-$ |
| C17 | −0.002 | −0.002 | −0.002 | 0 | 0 | 0 | −0.001 | −0.001 | −0.001 |
| C18 | −0.017 | −0.020 | −0.014 | −0.013 | −0.017 | −0.010 | −0.015 | −0.019 | −0.012 |
| C19 | −0.013 | −0.017 | −0.009 | −0.006 | −0.010 | −0.003 | −0.010 | −0.014 | −0.007 |
| C20 | −0.005 | −0.004 | −0.005 | −0.001 | −0.001 | −0.002 | −0.003 | −0.003 | −0.004 |
| C21 | −0.006 | −0.006 | −0.006 | −0.002 | −0.002 | −0.001 | −0.004 | −0.004 | −0.004 |
| C22 | −0.004 | −0.004 | −0.004 | −0.001 | −0.001 | −0.001 | −0.003 | −0.003 | −0.002 |
| C23 | −0.004 | −0.004 | −0.004 | 0 | 0 | 0 | −0.002 | −0.002 | −0.002 |
| C24 | −0.004 | −0.004 | −0.003 | 0 | 0 | 0 | −0.002 | −0.002 | −0.002 |
| C25 | −0.002 | −0.002 | −0.002 | 0 | 0 | 0 | −0.001 | −0.001 | −0.001 |

**表 3-2　水平构型噻唑衍生物分子中的原子在不同化学环境中的福井指数**

| 原子及其编号 | 气相 | | | 水相 | | | 油相 | | |
|---|---|---|---|---|---|---|---|---|---|
| | $f_k^0$ | $f_k^+$ | $f_k^-$ | $f_k^0$ | $f_k^+$ | $f_k^-$ | $f_k^0$ | $f_k^+$ | $f_k^-$ |
| C1 | 0.021 | 0.035 | 0.007 | 0.043 | 0.065 | 0.021 | 0.029 | 0.045 | 0.012 |
| N2 | 0.066 | 0.081 | 0.051 | 0.075 | 0.097 | 0.053 | 0.069 | 0.086 | 0.053 |
| N3 | 0.057 | 0.048 | 0.066 | 0.059 | 0.048 | 0.070 | 0.057 | 0.047 | 0.068 |
| C4 | 0.020 | 0.036 | 0.003 | 0.030 | 0.049 | 0.011 | 0.024 | 0.041 | 0.006 |
| S5 | 0.119 | 0.145 | 0.094 | 0.132 | 0.172 | 0.093 | 0.124 | 0.155 | 0.093 |
| S6 | 0.129 | 0.091 | 0.167 | 0.145 | 0.080 | 0.210 | 0.134 | 0.088 | 0.181 |
| S7 | 0.069 | 0.039 | 0.099 | 0.093 | 0.032 | 0.154 | 0.075 | 0.037 | 0.112 |
| S8 | 0.154 | 0.157 | 0.150 | 0.153 | 0.174 | 0.132 | 0.155 | 0.163 | 0.148 |
| S9 | 0.152 | 0.167 | 0.132 | 0.142 | 0.177 | 0.108 | 0.152 | 0.172 | 0.132 |
| C10 | −0.009 | −0.005 | −0.013 | −0.006 | −0.002 | −0.011 | −0.008 | −0.004 | −0.012 |
| C11 | −0.009 | −0.007 | −0.011 | −0.004 | −0.002 | −0.006 | −0.007 | −0.005 | −0.009 |
| C12 | −0.006 | −0.005 | −0.007 | −0.001 | −0.001 | −0.002 | −0.004 | −0.003 | −0.005 |
| C13 | −0.005 | −0.004 | −0.006 | −0.001 | −0.001 | −0.002 | −0.003 | −0.003 | −0.004 |
| C14 | −0.004 | −0.003 | −0.004 | 0 | 0 | −0.001 | −0.002 | −0.002 | −0.003 |
| C15 | −0.003 | −0.003 | −0.004 | 0 | 0 | 0 | −0.002 | −0.002 | −0.002 |
| C16 | −0.003 | −0.003 | −0.004 | 0 | 0 | 0 | −0.002 | −0.002 | −0.002 |
| C17 | −0.002 | −0.002 | −0.002 | 0 | 0 | 0 | −0.001 | −0.001 | −0.001 |
| C18 | −0.020 | −0.022 | −0.018 | −0.014 | −0.018 | −0.010 | −0.018 | −0.020 | −0.015 |

| 原子及其编号 | 气相 | | | 水相 | | | 油相 | | |
|---|---|---|---|---|---|---|---|---|---|
| | $f_k^0$ | $f_k^+$ | $f_k^-$ | $f_k^0$ | $f_k^+$ | $f_k^-$ | $f_k^0$ | $f_k^+$ | $f_k^-$ |
| C19 | -0.016 | -0.021 | -0.012 | -0.008 | -0.012 | -0.004 | -0.013 | -0.017 | -0.009 |
| C20 | -0.007 | -0.007 | -0.007 | -0.002 | -0.001 | -0.002 | -0.005 | -0.004 | -0.005 |
| C21 | -0.006 | -0.007 | -0.006 | -0.001 | -0.002 | -0.001 | -0.004 | -0.005 | -0.004 |
| C22 | -0.005 | -0.005 | -0.004 | -0.001 | -0.001 | 0 | -0.003 | -0.003 | -0.003 |
| C23 | -0.004 | -0.004 | -0.004 | 0 | 0 | 0 | -0.002 | -0.003 | -0.002 |
| C24 | -0.004 | -0.004 | -0.004 | 0 | 0 | 0 | -0.002 | -0.002 | -0.002 |
| C25 | -0.002 | -0.003 | -0.002 | 0 | 0 | 0 | -0.001 | -0.001 | -0.001 |

图 3-3 为溶剂化作用对噻唑衍生物反应活性位点的影响。噻唑衍生物中 6 号和 8 号硫原子（标记为 S6 和 S8）处于对称位置，S7 和 S9 原子相互对称。由图 3-3可知，噻唑衍生物中硫原子的反应活性明显高于其他原子，且与噻唑环相连的硫原子反应活性最高，即 S8 和 S9 原子。同时，S8 和 S9 原子的失电子反应

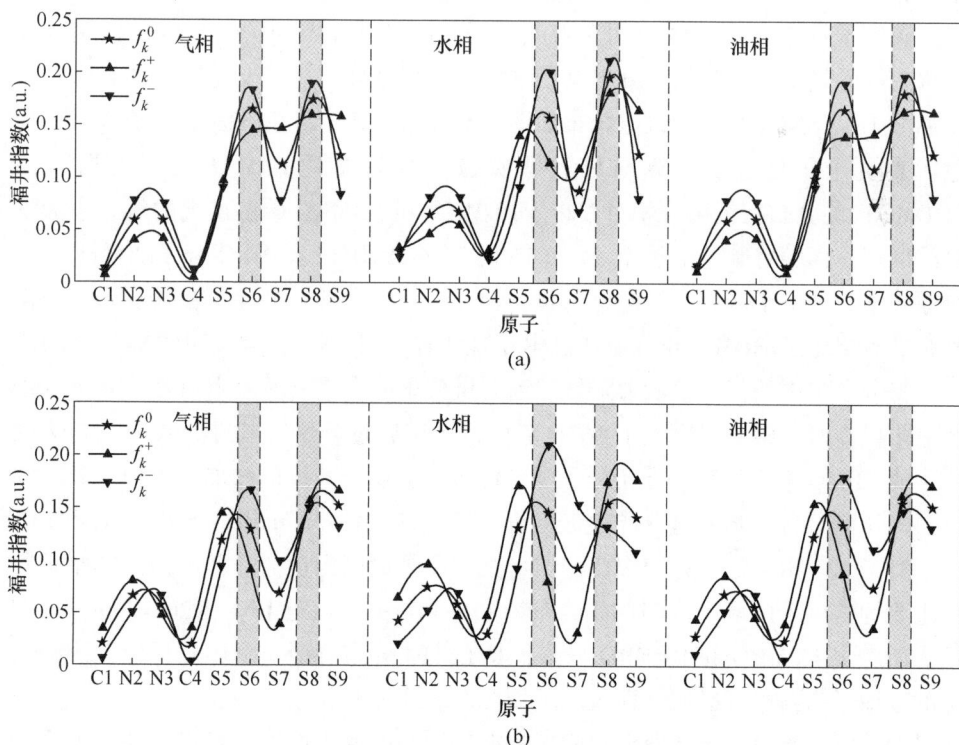

(a)

(b)

图 3-3  溶剂化作用对噻唑衍生物反应活性位点的影响

（a）垂直构型的噻唑衍生物反应活性位点的影响；

（b）水平构型的噻唑衍生物反应活性位点的影响

活性高于得电子反应和轨道攻击反应活性。由图 3-3（a）可知，对于垂直构型的噻唑衍生物，溶剂化作用对其反应活性具有一定影响，其在水相中的反应活性最高，即水相溶剂化作用加强了垂直构型噻唑衍生物向金属表面提供电子的能力，但溶剂作用对其反应活性位点分布没有影响，且对亲电反应、亲核反应和轨道攻击反应的相对性顺序没有影响。对于水平构型的噻唑衍生物，其反应活性位点的分布并不具有对称性。在不同的溶剂中，S6 原子的亲电反应活性均为最高，且在水相中反应活性明显增加，而 S8 原子主要以亲核反应为主，表现出较强的得电子能力，且在水相中时，亲核反应活性最高。

## 3.2　分子的结构优化与全局反应活性

### 3.2.1　基础油分子结构与全局反应活性

传统轧制油中的基础油为矿物油（mineral oil，MRO），主要为正构烷烃分子，碳链分布介于 10~20 之间。而煤制油（coal-to-liquid，CTL）为异构烷烃分子，碳原子数介于 10~20 之间。为此，研究通过计算不同碳链长度正构烷烃和异构烷烃的量子化学参数，分析电子结构对不同基础油分子反应活性的影响。矿物油分子优化结构及前线轨道分布如图 3-4 所示，其中黄色代表富电子区域，蓝色代表贫电子区域。计算结果表明碳链长度对矿物油分子最高占据轨道（HOMO）的分布特征影响相对较小。10-MRO 和 12-MRO 碳链末端的氢原子为富电子区域，而随着碳链增加至 14 和 16 时，14-MRO 和 16-MRO 分子碳链末端的氢原子成为贫电子区域；当碳链长度达到 18 时，碳链末端碳、氢原子无 HOMO 分布。有机分子 HOMO 分布与其供电子能力密切相关，这也表明碳链长度的增加使得分子末端的供电子能力降低。当有机分子在金属表面发生吸附且有机分子为电子供体时，碳链长度大于 16 的矿物油无法通过分子末端进行吸附。矿物油分子的 LUMO 集中对称分布于分子碳链中央，其碳链长度的增加对矿物油分子的 LUMO 分布影响明显。随着碳链长度的增加，LUMO 分布更加分散，且密度降低。对于 10-MRO 分子的 LUMO 分布，其碳原子周围为贫电子区域，而氢原子周围主要为富电子区域，该 LUMO 分布特征与 14-MRO、18-MRO 和 20-MRO 分子相同。而对于 12-MRO 和 16-MRO 分子，其 LUMO 分布特征与上述分子相反，碳链中的碳原子为富电子区域，而氢原子周围为贫电子区域。LUMO 分布与有机分子的受电子能力相关，上述研究表明，当矿物油与金属表面发生吸附且分子为受电子基团时，矿物油分子只能以平行配置方式吸附于金属表面。

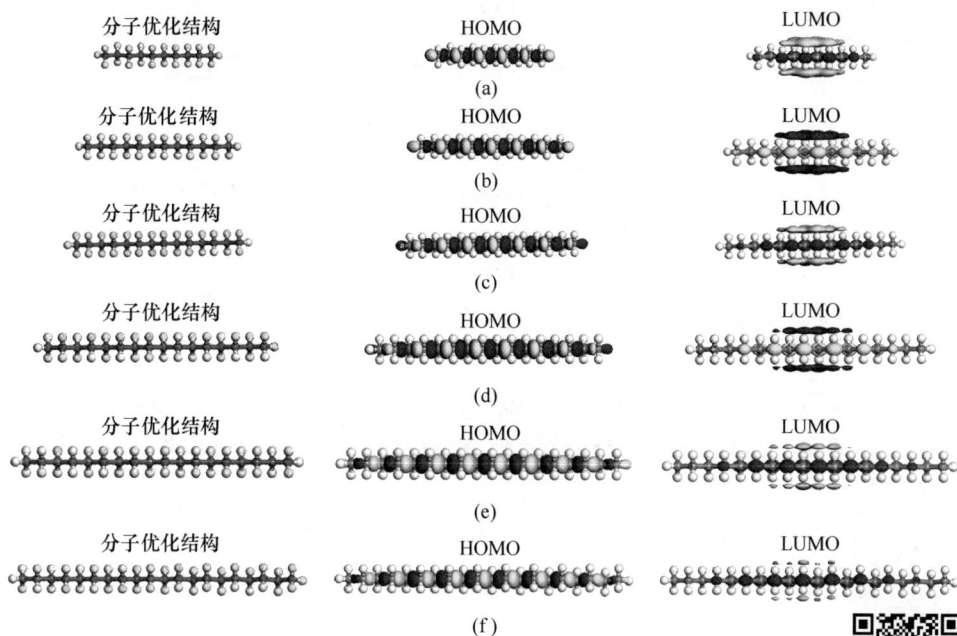

图 3-4 矿物油分子优化结构及前线轨道分布
(a) 10-MRO 分子；(b) 12-MRO 分子；(c) 14-MRO 分子；
(d) 16-MRO 分子；(e) 18-MRO 分子；(f) 20-MRO 分子

彩图

煤制油分子优化结构及前线轨道分布如图 3-5 所示。碳链长度对煤制油分子的 HOMO 分布影响明显。与矿物油分子相似，当碳链长度较小时，HOMO 分布于整个分子碳链，如 10-CTL 和 12-CTL 分子。当碳链长度大于 12 时，如图 3-5 (c)~(f) 所示，煤制油分子支链的 HOMO 分布消失且主链末端 HOMO 减少。但与矿物油分子不同，煤制油分子中碳链长度达到 20（即 20-CTL）时，其分子末端仍有 HOMO 分布。该现象表明分子支链的存在能改善有机分子的 HOMO 分布，使得煤制油分子碳链长度高于 20 时，其分子末端的 HOMO 依然存在。当煤制油分子与金属表面发生相互作用且为电子供体时，其能够通过分子末端发生吸附。此外，煤制油分子的 HOMO 分布为非对称分布，电子富集程度明显受支链结构的影响。煤制油分子的 LUMO 仅分布于有机分子含支链侧的末端，且碳链长度对其分布影响相对较小。该分布特征有利于煤制油分子以垂直或倾向方式吸附于金属表面，这与矿物油分子有重要区别。

有机分子的供电子和受电子能力与其前线轨道能的大小有关。$E_{HOMO}$ 越高，则分子的供电子能力越高；而 $E_{LUMO}$ 越低，则分子的受电子能力越高。二者的差值，即为能隙值 $\Delta E$，其值越低，表示发生电子转移需要克服的势垒越低，吸附反应越容易发生。图 3-6 为矿物油和煤制油分子的前线轨道能参数。由图 3-6 (a)

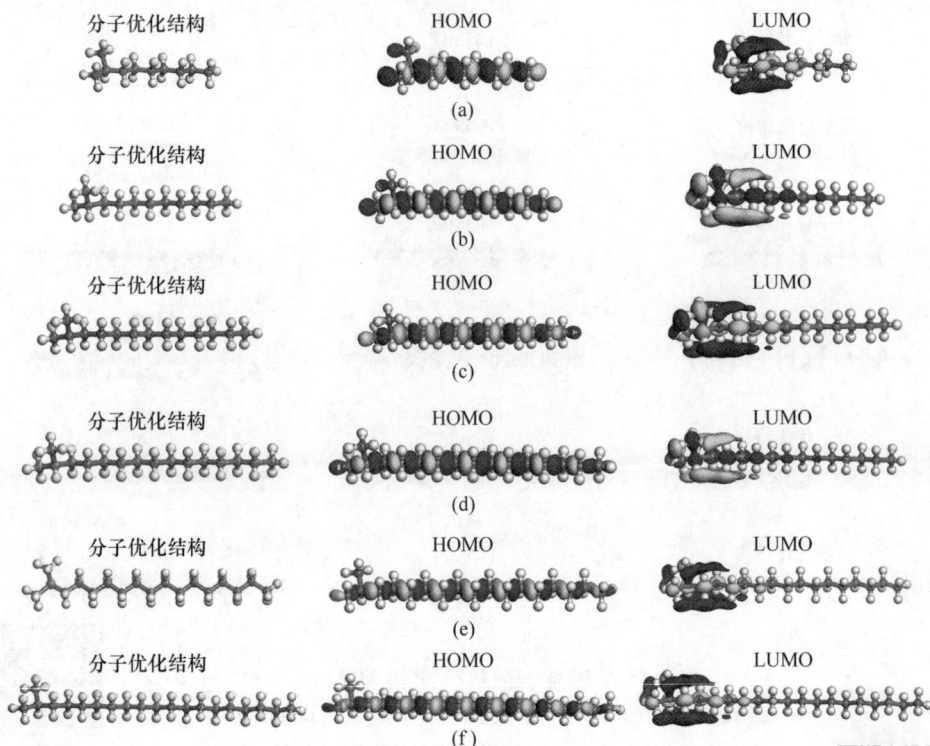

图 3-5  煤制油分子优化结构及前线轨道分布
(a) 10-CTL 分子；(b) 12-CTL 分子；(c) 14-CTL 分子；
(d) 16-CTL 分子；(e) 18-CTL 分子；(f) 20-CTL 分子

彩图

可知，矿物油分子和煤制油分子的 $E_{HOMO}$ 随碳原子数增加而增大，且增速减缓，这表明碳链长度的增加有助于提高有机分子的供电子能力。矿物油和煤制油分子的 $E_{LUMO}$ 变化趋势相反，随着碳链长度的增加，矿物油分子的 $E_{LUMO}$ 逐渐减小，更有利于提高有机分子的受电子能力。而煤制油分子的 $E_{LUMO}$ 随碳链长度增加而增加，但增长幅度较小，表明碳链长度增加降低了煤制油分子的受电子能力，这种现象可能与煤制油分子 LUMO 集中分布于分子含支链侧末端且碳链长度增加对其影响较小有关。由图 3-6（b）可知，煤制油分子的 $\Delta E$ 值均明显低于矿物油分子，表明煤制油分子具有更高的化学反应活性。同时，随着碳链长度的增加，两种有机分子的 $\Delta E$ 值均发生降低，表明碳链长度增加利于增加其化学反应活性，这与分子中总电子数增加有关。

根据库普斯曼理论，研究计算了矿物油和煤制油分子的量子化学参数（见表 3-3），如电离能 $I$、电子亲和能 $A$、能隙值 $\Delta E$、电负性 $\chi$、全局化学硬度 $\eta$、软度 $\sigma$、全局亲电指数 $\omega$、电子受体能力 $\omega^+$ 和电子供体能力 $\omega^-$。研究表明，矿

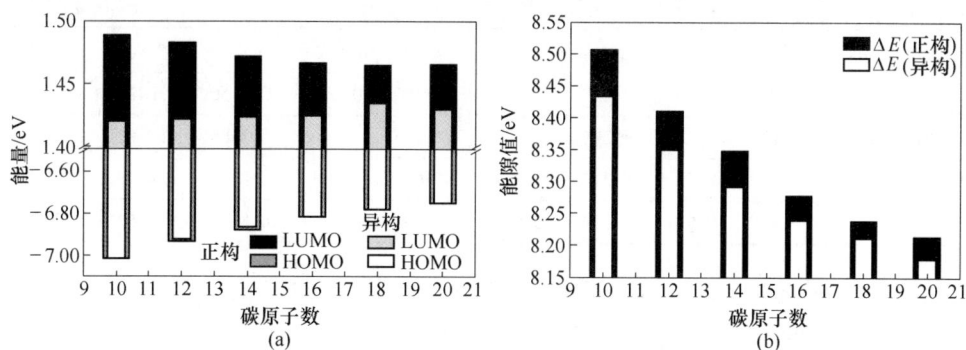

图 3-6　矿物油（正构）和煤制油（异构）分子的前线轨道能参数

（a）前线轨道能；（b）能隙值

物油和煤制油分子的电离能随碳链增加逐渐减小，表明其供电子能力增加。煤制油分子 10-CTL、12-CTL 和 14-CTL 的电离能小于相同碳链长度的矿物油，表明前者在与金属表面发生吸附时，更容易提供电子。而对于碳链长度大于 16 的矿物油和煤制油分子，结论则恰好相反。两种有机分子的电子亲和能均为负值，表明该分子系统相对稳定，结合电子相对困难，作为电子受体时，需要吸收能量。随着碳链的增加，矿物油获取电子的能力增强，而煤制油分子获取电子的能力减弱。相同碳链长度条件下，煤制油分子电子亲和能的绝对值均明显低于矿物油，表明其受电子能力更强。此外，表 3-3 中两种煤制油分子的电负性变化同样证明了上述结论。分子的全局化学硬度与其化学稳定性有关。相同碳链条件下，矿物油分子的全局化学硬度大于煤制油，表明矿物油具有更高的化学稳定性，但两种分子的化学稳定性均随碳链长度增加而减小。有机分子的电离能和电子亲和能仅考虑了单电子的供给和接受能力，而全局亲电指数则综合考虑了有机分子的电离能和电子亲和能，涉及多电子的转移。

表 3-3　矿物油和煤制油分子的量子化学参数

| 分子类型 | $I$/eV | $A$/eV | $\Delta E$/eV | $\chi$/eV | $\eta$/eV | $\sigma$/eV$^{-1}$ | $\omega$/eV | $\omega^{+}$/eV | $\omega^{-}$/eV |
|---|---|---|---|---|---|---|---|---|---|
| 10-MRO | 7.018 | −1.489 | 8.507 | 2.7645 | 4.2535 | 0.2351 | 0.8984 | 0.0478 | 2.8123 |
| 10-CTL | 7.014 | −1.420 | 8.434 | 2.7970 | 4.2170 | 0.2371 | 0.9276 | 0.0562 | 2.8532 |
| 12-MRO | 6.927 | −1.483 | 8.410 | 2.7220 | 4.2050 | 0.2378 | 0.8810 | 0.0456 | 2.7676 |
| 12-CTL | 6.927 | −1.422 | 8.349 | 2.7525 | 4.1745 | 0.2395 | 0.9074 | 0.0530 | 2.8055 |
| 14-MRO | 6.875 | −1.472 | 8.347 | 2.7015 | 4.1735 | 0.2396 | 0.8743 | 0.0453 | 2.7468 |
| 14-CTL | 6.867 | −1.424 | 8.291 | 2.7215 | 4.1455 | 0.2412 | 0.8933 | 0.0508 | 2.7720 |
| 16-MRO | 6.810 | −1.467 | 8.277 | 2.6715 | 4.1385 | 0.2416 | 0.8623 | 0.0438 | 2.7153 |
| 16-CTL | 6.814 | −1.425 | 8.239 | 2.6945 | 4.1195 | 0.2427 | 0.8812 | 0.0489 | 2.7434 |

| 分子类型 | $I/eV$ | $A/eV$ | $\Delta E/eV$ | $\chi/eV$ | $\eta/eV$ | $\sigma/eV^{-1}$ | $\omega/eV$ | $\omega^+/eV$ | $\omega^-/eV$ |
|---|---|---|---|---|---|---|---|---|---|
| 18-MRO | 6.773 | -1.465 | 8.238 | 2.6540 | 4.1190 | 0.2428 | 0.8550 | 0.0429 | 2.6969 |
| 18-CTL | 6.776 | -1.435 | 8.211 | 2.6705 | 4.1055 | 0.2436 | 0.8685 | 0.0465 | 2.7170 |
| 20-MRO | 6.746 | -1.466 | 8.212 | 2.6400 | 4.1060 | 0.2435 | 0.8487 | 0.0420 | 2.6820 |
| 20-CTL | 6.749 | -1.430 | 8.179 | 2.6595 | 4.0895 | 0.2445 | 0.8648 | 0.0462 | 2.7057 |

有机分子至金属表面的电子转移分数 $\Delta N$ 及其能量变化 $\Delta E_T$ 见表 3-4, 其中 Al、Fe 和 Cu 的电负性分别为 3.23 eV, 4.06 eV 和 4.48 eV, 由于金属块体具有比对应金属原子更低的化学软度, 可以认为金属块体的电子亲和势和电离能相等, 即 $A = I$。由表 3-4 可知, 矿物油和煤制油分子在 Al、Fe 和 Cu 表面发生电子转移的 $\Delta N$ 均为正值, 表明两种有机分子均能够作为电子授体向金属原子的空电子轨道转移电子。同时, 通过对比研究相同碳原子数的矿物油和煤制油分子, 发现矿物油的 $\Delta N$ 值总是略高于煤制油分子, 这充分说明当基础油作为电子授体发生吸附反应时, 矿物油具有相对较高的反应活性, 但二者的差异较小。而对于同一类型不同碳原子数的基础油分子, $\Delta N$ 值随碳原子数增加而增加, 表明碳原子数的增加能促进基础油分子与金属表面的电子相互作用, 这与前文的分析结论一致。矿物油和煤制油分子的 $\Delta E$ 值明显高于 5 eV (见表 3-3) 而被认定是化学惰性分子, 因此推测二者在金属表面的吸附为物理吸附。

表 3-4　有机分子向金属表面电子转移分数及其能量变化

| 分子类型 | $\Delta N/\%$ | | | $\Delta E_T/eV$ |
|---|---|---|---|---|
| | Al | Fe | Cu | |
| 10-MRO | 0.0547 | 0.1523 | 0.2017 | -1.0634 |
| 10-CTL | 0.0513 | 0.1498 | 0.1995 | -1.0543 |
| 12-MRO | 0.0604 | 0.1591 | 0.2090 | -1.0513 |
| 12-CTL | 0.0572 | 0.1566 | 0.2069 | -1.0436 |
| 14-MRO | 0.0633 | 0.1628 | 0.2131 | -1.0434 |
| 14-CTL | 0.0613 | 0.1614 | 0.2121 | -1.0364 |
| 16-MRO | 0.0675 | 0.1678 | 0.2185 | -1.0350 |
| 16-CTL | 0.0650 | 0.1657 | 0.2167 | -1.0299 |
| 18-MRO | 0.0699 | 0.1708 | 0.2217 | -1.0298 |
| 18-CTL | 0.0681 | 0.1692 | 0.2204 | -1.0264 |
| 20-MRO | 0.0718 | 0.1729 | 0.2241 | -1.0265 |
| 20-CTL | 0.0698 | 0.1712 | 0.2226 | -1.0224 |

### 3.2.2 基础油分子的反应活性位点

福井指数能够表征分子的局域反应活性，其代表了各原子发生亲电攻击、亲核攻击和轨道攻击的可能性。图 3-7 为不同矿物油分子的福井指数变化，其中包括 $f_k^-$、$f_k^+$ 和 $f_k^0$。研究发现，不同碳链长度的福井指数变化规律相同，对于分子中的碳原子，其 $f_k^- > f_k^+ > f_k^0$，当碳链长度较短时，如图 3-7（a）所示，碳链中

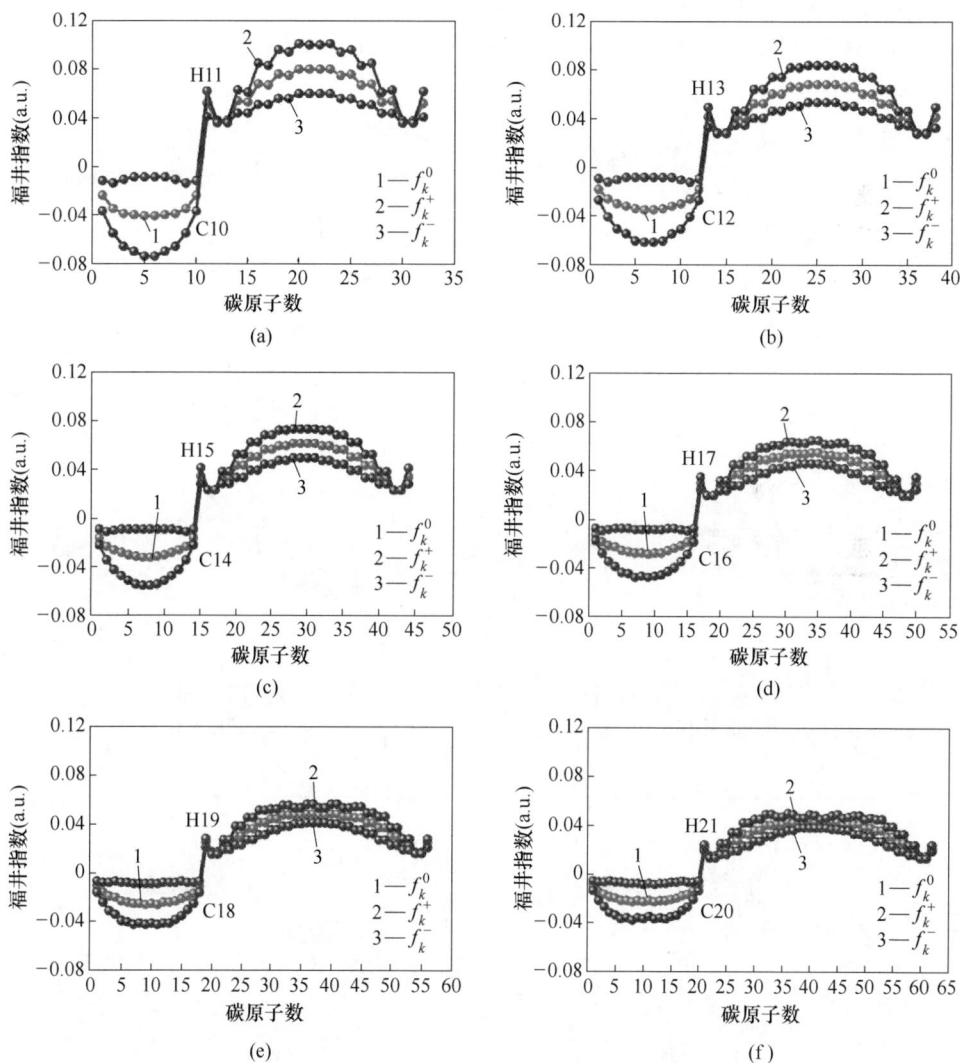

图 3-7 不同矿物油分子的福井指数变化

（a）10-MRO 分子；（b）12-MRO 分子；（c）14-MRO 分子；

（d）16-MRO 分子；（e）18-MRO 分子；（f）20-MRO 分子

部区域的 $f_k^-$ 值高于碳链两侧，表明分子中部区域的碳原子更容易失去电子。而对于亲核攻击，矿物油分子的头尾部的碳原子 $f_k^+$ 值较大，该位置原子容易发生得电子反应。矿物油中碳原子和氢原子的福井指数沿碳链呈对称分布，分子中部区域原子供电子能力高于其他位置原子，但随着碳链长度的增加，这种由原子位置导致的供电子能力差异逐渐减小。分子中的氢原子的福井指数变化规律与碳原子恰好相反，且其福井指数总体高于碳原子的福井指数，表明氢原子具有更好的化学反应活性，且更容易发生亲核攻击。

图 3-8 为不同煤制油分子的福井指数变化。由于支链结构的存在，煤制油分

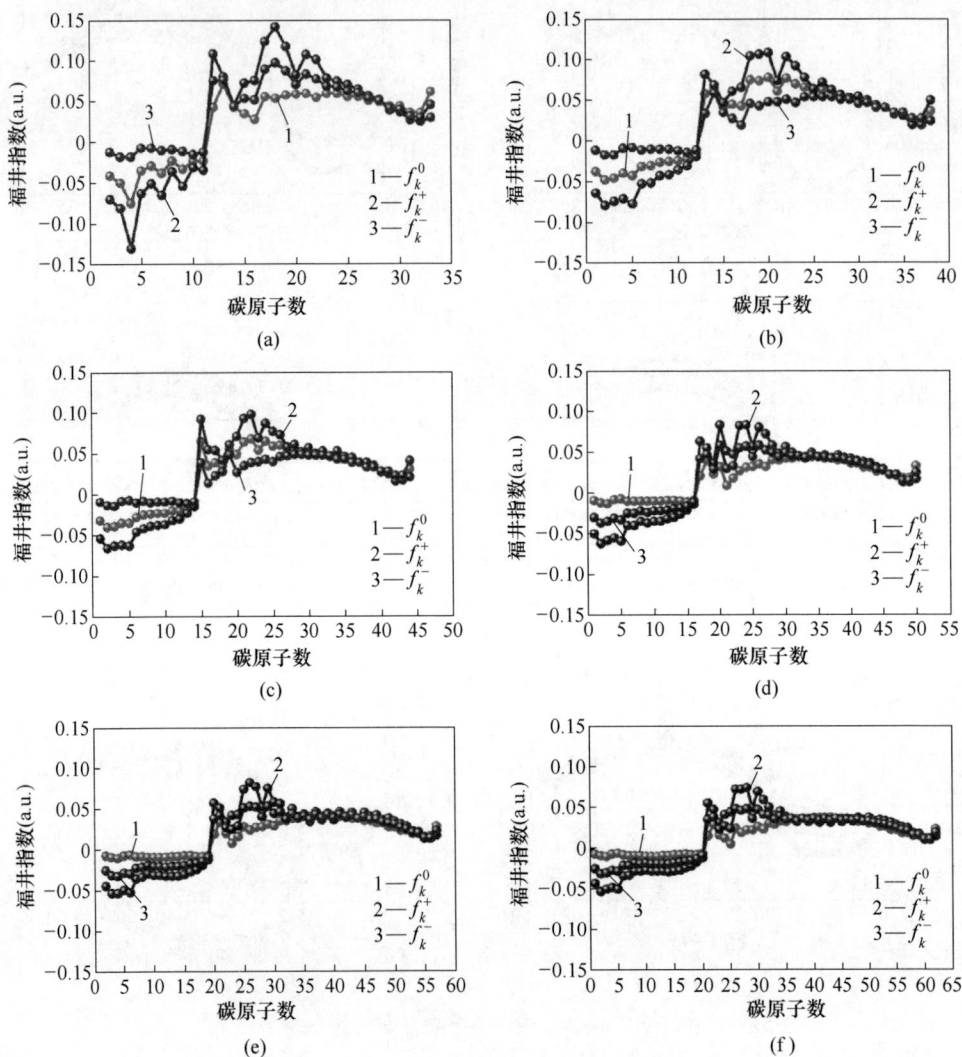

图 3-8　不同煤制油分子的福井指数变化

(a) 10-CTL 分子；(b) 12-CTL 分子；(c) 14-CTL 分子；(d) 16-CTL 分子；(e) 18-CTL 分子；(f) 20-CTL 分子

子的福井指数不存在对称分布特点，其主链碳的化学反应主要以亲电攻击为主，主链氢原子以亲核攻击为主。对不同碳链长度的煤制油而言，$f_k^0$、$f_k^+$、$f_k^-$ 值三者分子碳链的头部差值较大，而在碳链尾部时，各分子的 $f_k^0$、$f_k^+$、$f_k^-$ 值基本重叠，无显著差异，对于支链碳原子，12-CTL、14-CTL 和 16-CTL 分子的 $f_k^0$、$f_k^+$、$f_k^-$ 值基本相同，无明显差异，而其余煤制油分子的 $f_k^+$ 值明显负向偏移，表明其发生亲核攻击的能力降低，接受电子的能力降低。

### 3.2.3 基础油分子摩擦学性能的实验验证

实验研究了不同分子结构的两种铝材轧制基础油在不同载荷条件下摩擦学性能随转速、载荷的变化关系，如图 3-9 所示。为充分考虑不同分子结构对基础油摩擦系数的影响，实验选取转速为 150~1000 r/min 条件下的摩擦系数进行分析。由图 3-9（a）可知，不同载荷条件下，矿物油的摩擦系数在转速为 200 r/min 时具有最低值，其后摩擦系数随转速增加而增加。当转速达到 500 r/min 后，摩擦

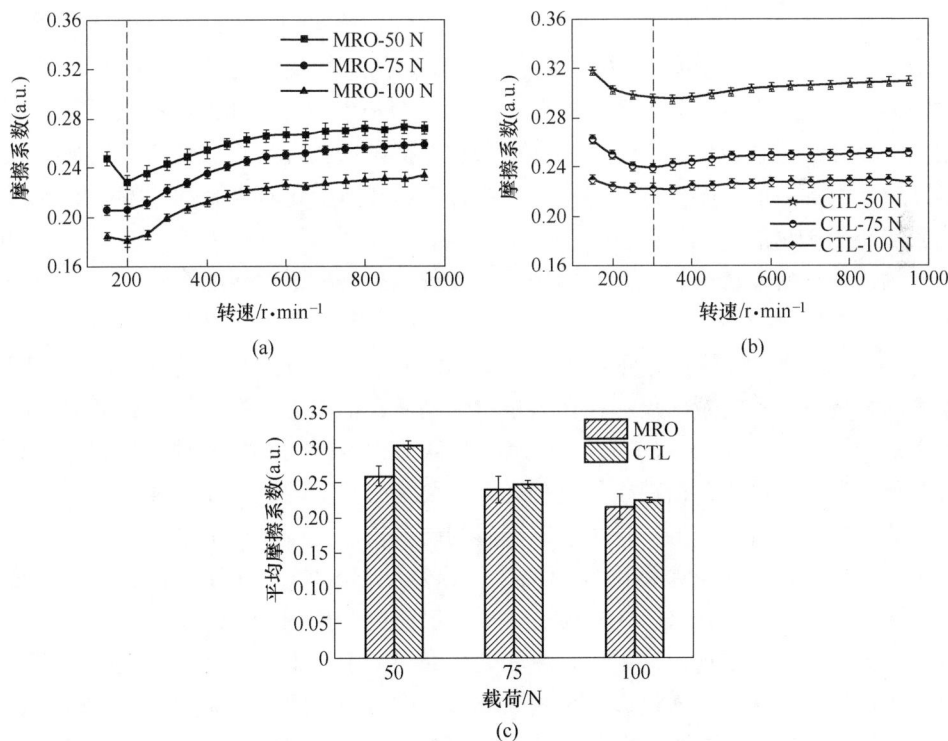

图 3-9　矿物油和煤制油摩擦系数的影响

（a）矿物油（MRO）摩擦系数的影响；（b）煤制油（CTL）摩擦系数的影响；

（c）不同的载荷条件下矿物油和煤制油平均摩擦系数的影响

系数的增长幅度逐渐减小，且逐渐趋于平稳。这主要是由于在较高转速条件下，摩擦副表面的润滑状态为弹流体润滑，界面摩擦的形成主要归因于基础油体系内的分子剪切作用及基础油与界面的剪切作用，而钢-铝摩擦副之间几乎不发生接触。因而，在高速条件下，界面的摩擦系数最终将达到稳定值，且其大小与基础油的黏度密切相关。此外，由图 3-9（a）可知，在相同转速条件下，随着施加载荷的增加，摩擦系数逐渐减小，这也与 Stribeck 曲线中对弹流体润滑（压力润滑）状态的描述一致。当载荷增加时，摩擦副表面的有效接触面积增加导致单位面积的实际载荷减小，摩擦系数便会随载荷增加而减小。

煤制油润滑条件下，界面摩擦系数的变化规律与矿物油相似，如图 3-9（b）所示。随着转速的增加，摩擦系数先减小后增大，但煤制油润滑条件对应的临界转速高于矿物油，为 250 r/min。当转速高于临界转速时，摩擦系数随转速增加而增加，但与矿物油不同，煤制油的摩擦系数相对稳定，增幅较小。这表明转速变化对煤制油的摩擦系数影响较小。此外，综合对比图 3-9（a）和（b），可以看出，当载荷为 50 N 时，矿物油的摩擦系数始终低于煤制油的摩擦系数，而当载荷增加至 75 N 且摩擦转速高于 500 r/min 时，或当载荷为 100 N 且摩擦转速高于 700 r/min 时，矿物油的摩擦系数高于煤制油的摩擦系数。通过进一步计算平均摩擦系数及标准偏差，如图 3-9（c）所示，分析发现在不同的载荷条件下，煤制油的平均摩擦系数均略高于矿物油的平均摩擦系数，且随施加载荷的增加，二者摩擦系数的差值减小。标准偏差进一步证实，转速变化对煤制油摩擦系数的影响明显小于矿物油。

为进一步研究转速和载荷对矿物油和煤制油抗磨减摩性能的影响，对磨损表面的微观形貌进行表征，图 3-10 为矿物油在不同载荷条件下的铝摩擦副磨损表面的 2D、3D 微观形貌及界面轮廓。由 2D 微观形貌可知，不同载荷条件下的磨损表面均具有显著的犁削痕，存在大量黑色物质，推测为矿物油与金属磨屑反应产生的油污。如图 3-10（a）（b）所示，当载荷为 50 N 和 75 N 时，摩擦表面具有明显的划伤与黏着磨损现象。这种现象主要是由于基础油的油膜强度较低，无法阻止摩擦副的直接接触，且由于铝金属的硬度较低，极易产生黏着磨损。而当施加载荷为 100 N 时，摩擦副界面的摩擦系数明显降低，因而表面磨损明显改善。由图 3-10（c）中 2D、3D 形貌可知，表面的犁削痕密度和深度明显减少，且表面光洁度明显增加。这主要是由于表面磨损减小，粗糙度降低，且磨损表面吸附的油泥明显减少。通过进一步观察截面轮廓可知，随着载荷的增加，磨损表面犁削痕的深度明显减小，尤其当载荷为 100 N 时，犁削痕最大深度低于 20 μm，而 50 N 和 75 N 载荷条件下，犁削痕最大深度超过 50 μm。

图 3-11 为煤制油在不同载荷条件下的铝摩擦副磨损表面的 2D、3D 形貌及界面轮廓。与图 3-10 中矿物油润滑下的磨损表面不同，煤制油润滑条件下的铝摩

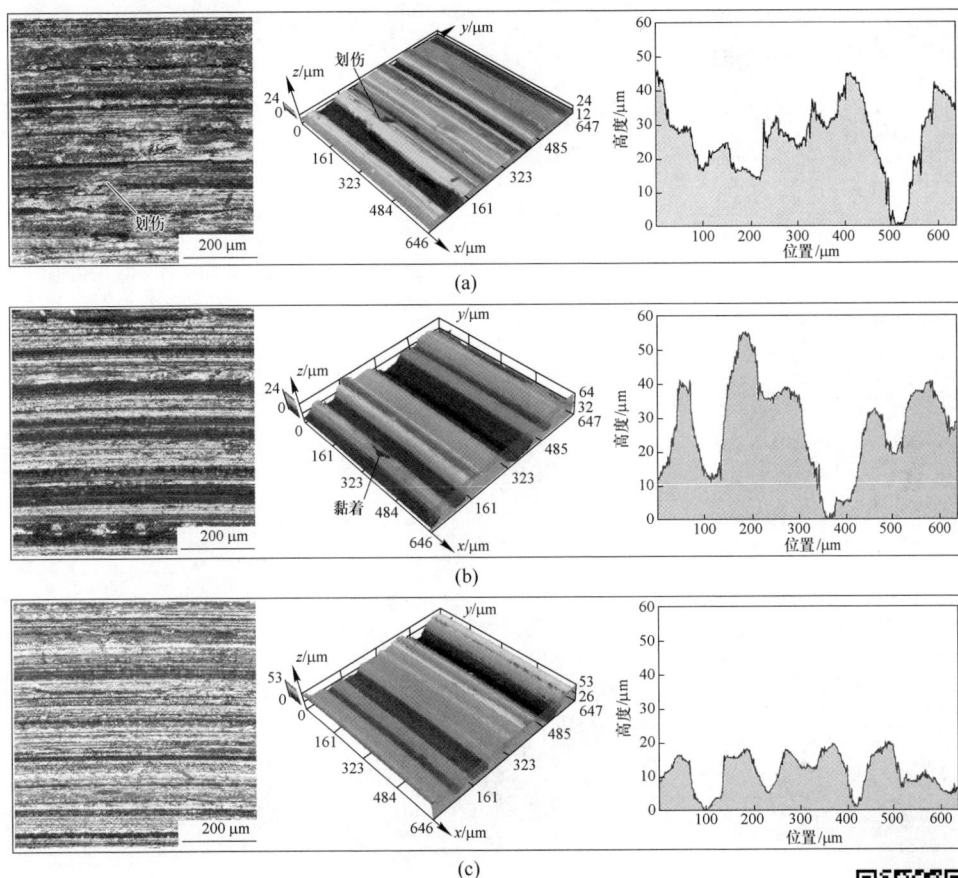

图 3-10 矿物油在不同载荷条件下的铝摩擦副磨损表面的 2D、
3D 微观形貌及界面轮廓

(a) 50 N; (b) 75 N; (c) 100 N

彩图

擦副表面的黑色沉积物明显减少。对 3D 形貌观察发现，摩擦副表面的微观结构
以犁削痕为主，未出现明显的黏着磨损及表面划伤等，这也表明煤制油具有良好
的抗磨能力。由磨损表面的界面轮廓可知，随着载荷的增加，犁削痕的尺寸和密
度明显减少，尤其当载荷为 100 N 时，犁削痕的最大深度约为 10 μm，其最大犁
削痕深度明显低于矿物油的最大犁削痕深度。这主要是由于在载荷为 75 N 和
100 N 时，高速摩擦速度条件下的煤制油的摩擦系数低于矿物油的摩擦系数，这
与上文对二者摩擦系数的对比研究结论一致。因此，通过对矿物油和煤制油在不
同载荷条件下铝摩擦副磨损表面的观察，表明煤制油具有更加优异的抗磨性能，
能明显抑制表面犁削痕深度和密度，且载荷在 50~100 N 之间时，其抗磨性能随
载荷增加而提高。

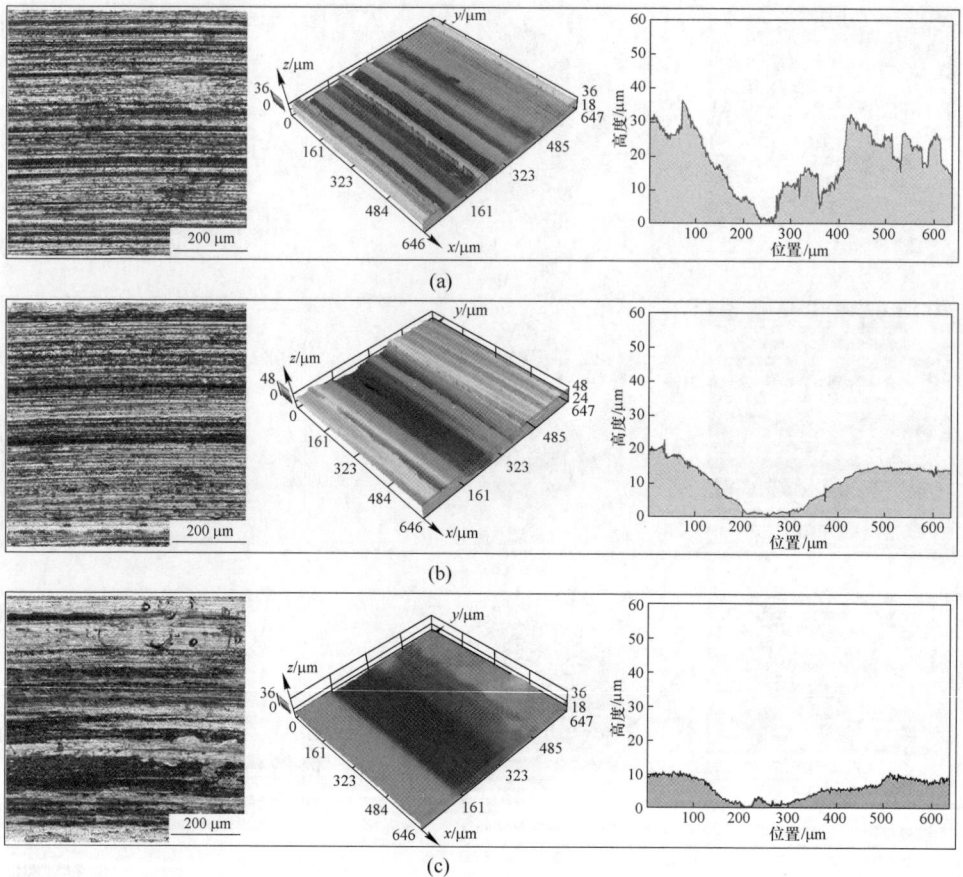

图 3-11　煤制油在不同载荷条件下的铝摩擦副磨损表面的 2D、3D 微观形貌及界面轮廓

(a) 50 N；(b) 75 N；(c) 100 N

# 参 考 文 献

[1] LEHR I L，SAIDMAN S B. Characterisation and corrosion protection properties of polypyrrole electropolymerised onto aluminium in the presence of molybdate and nitrate ［J］. Electrochimica Acta, 2006, 51 (16)：3249-3255.

[2] JOHN S, JOSEPH A. Quantum chemical and electrochemical studies on the corrosion inhibition of aluminium in 1 N HNO$_3$ using 1,2,4-triazine ［J］. Materials and Corrosion, 2013, 64 (7)：625-632.

[3] GAZQUEZ J L, CEDILLO A, VELA A. Electrodonating and electroaccepting powers ［J］. Journal of Physical Chemistry A, 2007, 111 (111)：1966-1970.

[4] VERMA C, QURAISHI M A, EBENSO E E, et al. 3-amino alkylated indoles as corrosion inhibitors for mild steel in 1 M HCl：Experimental and theoretical studies ［J］. Journal of

Molecular Liquids, 2016, 219: 647-660.

[5] GÓMEZ B, LIKHANOVA N V, DOMÍNGUEZ-AGUILAR M A, et al. Quantum chemical study of the inhibitive properties of 2-pyridyl-azoles [J]. Journal of Physical Chemistry B, 2006, 110 (18): 8928-8934.

# 4　金属加工液的分子动力学模拟

润滑科学和金属加工液研究的快速发展对传统摩擦学提出新的要求和挑战，针对纳米尺度的润滑机制，传统的摩擦学理论是否适用，需要借助全新的分析手段进行验证。分子动力学模拟的应用使还原微观摩擦过程成为现实。分子动力学基于牛顿力学，在特定压力和温度条件下，模拟体系中微观粒子的运动状态、位置变化及相互作用，映射材料的结构和性质等宏观行为，成为预测系统特性的重要理论测试方法。具体来讲，通过牛顿方程模拟体系中粒子的运动，结合运动学方程的数值求解，在原子尺度跟踪各粒子的运动规律和轨迹，同时输出运动过程中的相关物理量，如均方位移（mean square displacement，MSD）、径向分布函数（radial distribution function，RDF）、扩散系数等。近年来，分子动力学模拟已被广泛应用于摩擦学领域，在固体表面接触与分离、微观摩擦与黏滑现象、微磨损和微切削加工等方面的研究成果已得到了实验验证[1]，具有足够的准确性和可靠性。

## 4.1　原子的微观扩散

扩散现象作为材料研究领域的重要部分一直以来都备受关注，尤其是其中原子或分子具体的微观扩散机制。传统理论中的直接交换机制、空位机制和间隙机制大多是基于理论上的推测和分析得到的，缺乏原子尺度的验证，在使用过程中存在一定的局限性。近年来利用分子动力学方法计算模拟各种原子或分子在不同表面的扩散过程引起了国内外学者的广泛关注。应用分子动力学方法可以通过求解所有原子的运动学方程，分析整个扩散过程中每个原子的运动轨迹，在原子尺度上模拟不同外界条件下材料中各原子的微观运动情况，从而研究原子的扩散方式及微观作用机制，同时输出扩散过程中的扩散系数、扩散迁移能、体系温度变化等的物理量。

### 4.1.1　均方位移和扩散系数

物质的扩散系数表示它的扩散能力，是物质的物理性质之一。通过分子动力学模拟所得的数据并不能直接得到扩散系数，而需要通过计算均方位移（MSD），即在运动的某一时刻，所有粒子距离各自初始点的距离的平均值的平方。当体系处于固态时，原子排列长程有序，当前位置进行热振动时，原子自由能较低，不足以脱离束缚状态，所以均方位移存在上限值。而当体系处于液态时，液态金属温度高，原子自由能大，而且液态金属中存在时隐时现的近程有序的原子集团和大量空穴。这些原子自由能大，导致原子集团不稳定，原子集团和空穴时而在某一区域消失，时而又在另一区域出现，这种由原子的布朗运动产生的现象称为结构起伏。而因为液态金属中原子在自由能的驱动下进行结构起伏，所以原子与原来所在位置的距离随时间增加，即液态金属中随时间增加，原子的均方位移呈线性增长。在凝固过程中，当金属为液态时，均方位移与时间的函数图象呈线性增长的直线。随着温度降低，液态金属逐渐从短程有序向长程有序转变，这一过程中原子的自由能和扩散能力降低，表现在均方位移与时间函数图象为增长逐渐趋于平缓的曲线。而当体系完全成为固态时，原子在自身位置振动，此时均方位移与时间函数图象呈水平直线。

均方位移 MSD 在 $t$ 时刻满足式（4-1）。

$$\mathrm{MSD}(t) = \frac{1}{N}\left[\sum_{i=1}^{N} |r_i(t) - r_i(t_0)|^2\right] \tag{4-1}$$

式中　$N$——原子的总数量；

　　$r_i(t)$——原子 $i$ 在 $t$ 时刻的位置向量；

　　$r_i(t_0)$——原子 $i$ 在初始时刻的位置向量。

在分子动力学模拟中，均方位移用于衡量原子的平均移动距离，其与原子的扩散系数存在对应关系，可以反映原子的扩散强度。爱因斯坦发现粒子移动距离 $r(t)$ 的平方和时间成比例关系：

$$\langle r^2(t) \rangle = 6Dt + C \tag{4-2}$$

式中　$D$——扩散系数；

　　$t$——时间，s；

　　$C$——常数。

根据爱因斯坦扩散定律，均方位移随时间的变化表征了液态金属原子的扩散行为，扩散系数 $D$ 就可以用式（4-3）表示。

$$D = \frac{1}{6}\lim_{t\to\infty}\left[\frac{\mathrm{d}}{\mathrm{d}t}\mathrm{MSD}(t)\right] \tag{4-3}$$

当均方位移随时间推移逐渐增加时，表明原子在做扩散运动，而均方位移增速的快慢可以反映扩散系数的大小。

## 4.1.2　径向分布函数

径向分布函数（RDF）也称为对关联函数，通常用 $g(r)$ 表示，是一个描述原子体系结构有序性的重要函数，其物理意义是在距参考原子 $r$ 处找到另一个原子的概率与在整个体系中找到该原子的概率的比值，可以理解为系统的区域密度与平均密度的比。径向分布函数可用式（4-4）来计算。

$$g(r) = \frac{\Delta N}{4\pi r^2 \Delta r \rho} \tag{4-4}$$

式中　　$N$——系统中原子的总数目；

　　　　$\Delta N$——距离参考分子中心 $r$ 到 $r+\Delta r$ 之间的分子数目；

　　　　$\rho$——系统的密度。

　　径向分布函数变化趋势一般表现为一系列高而尖的峰，波峰的出现意味着在该位置范围出现其他原子的概率高，而波峰越高，表现得越尖锐，则说明概率越高，原子排列的有序度越高，即高度和尖锐程度对应着原子间结构的有序度。

### 4.1.3　金属原子的扩散行为

　　Shu 等人[2]采用分子动力学方法研究 Fe、Cu、Ni 原子在 Fe 中的迁移能，并与实验结果进行比较，发现吻合度良好。相比于 Ni 原子，Cu 原子更易向晶界偏析，而不容易向晶界外扩散。根据计算模拟结果，Fe、Cu、Ni 原子在 [310] 和 [001] 方向上很难扩散，但可以在 [111] 方向上，通过跳出和回到晶界来实现在相邻晶界的扩散。在 Li 等人[3]的研究中模拟了 $Al_2O_3$-Fe 界面的扩散过程，温度对 $Al_2O_3$-Fe 界面的影响如图 4-1 所示。随着温度的升高，参与扩散的原子数量增多。通过进一步分析扩散到 Fe 中的 Al 原子个数与 O 原子个数的比例，还可以进一步确定，$Al_2O_3$ 是以化合物的形式向 Fe 中扩散的，而不是离子形式。

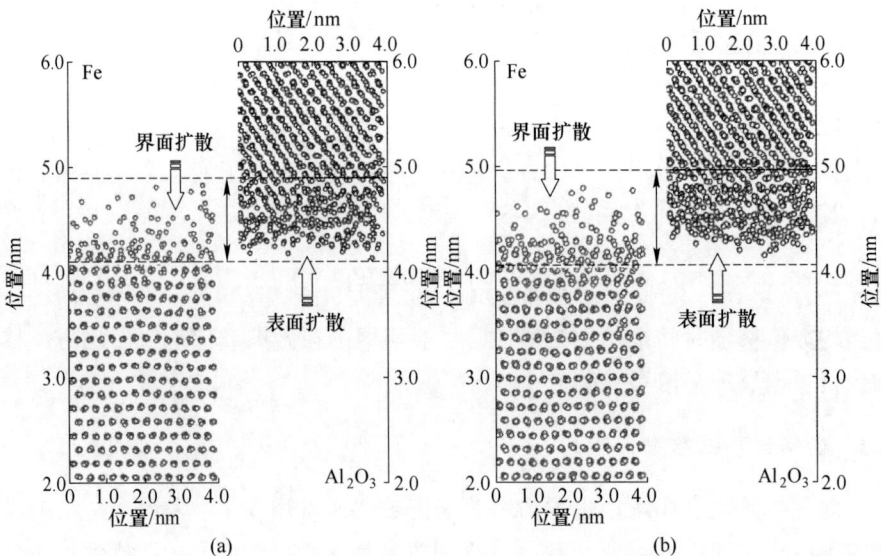

(a)　　　　　　　　　　　　　(b)

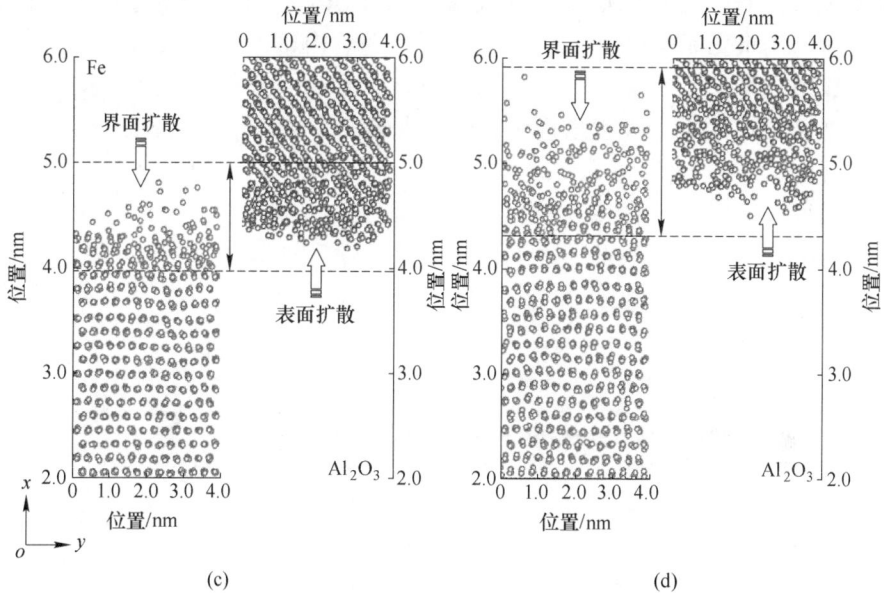

图 4-1 温度对 $Al_2O_3$-Fe 界面扩散的影响

(a) 498 K；(b) 698 K；(c) 898 K；(d) 1098 K

## 4.2 约束剪切与摩擦学性能预测

目前对于铝材轧制油添加剂的研究多数为实验类研究，缺乏分子层面的分析，而分子动力学模拟是分子尺度研究的高效途径[4-5]，可借助牛顿运动方程和统计学方法，研究接触、受剪切、受压等条件下分子的受力响应等[6-8]。本节选用了 3 种铝轧制油极压添加剂（T304、T307、DDE）进行理论计算，通过分子的吸附能与吸附构型、内聚能、约束剪切摩擦力与摩擦因数等，分析微观参数与宏观表现性能的对应关系，为后续铝材轧制油添加剂的性能预测与筛选提供理论指导。具体包括：采用分子动力学方法，模拟基础油与添加剂混合多分子体系在钢-铝摩擦副表面的约束剪切运动过程，计算剪切压力、浓度、速度、摩擦系数等参数，分析各添加剂分子的运动规律，预测各添加剂的摩擦学性能，并判断各参数间的关联，判断本模拟体系的实用性、准确性与可靠性。

### 4.2.1 分子动力学模型设置

首先构建基础油与各添加剂的分子模型，基础油 W1-130 选取平均分子质量的十三烷分子，对构建后的基础油（W1-130）、亚磷酸二正丁酯（T304）、硫代磷酸复酯铵（T307）和二烷基二硫代磷酸酯（DDE）分子模型进行几何优化，得到各分子的最低能量构型，如图 4-2 所示。随后构建 Al 金属表面模型，导入纯铝晶胞，取模型尺寸为 5.727 nm×5.727 nm×1.215 nm，在表层上方添加厚度为 2.0 nm 真空层，以防周期性结构对表面产生影响，同样运用 Forcite 模块进行能量最小优化，结构优化后的铝表面构型如图 4-3 所示。将添加剂分子无规律地放置于铝表面真空层中，采用分子动力学模拟方法，在添加剂分子与铝表面体系中选取 Dynamics 功能，获得分子在铝表面的分子动力学运动轨迹，计算轨迹各位置的吸附能[9]。

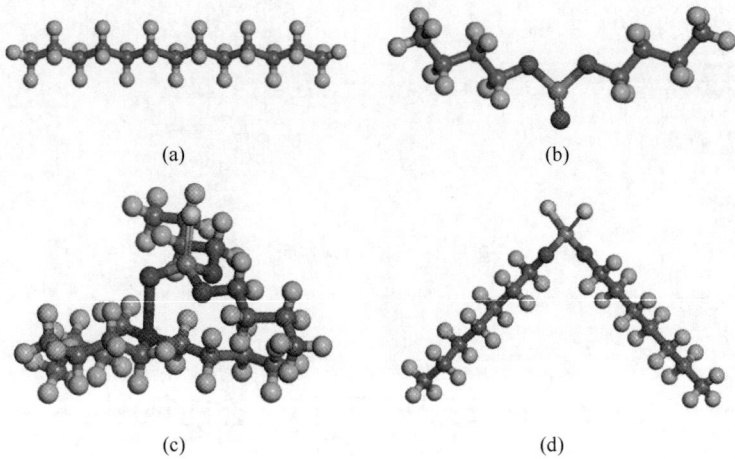

(a)

(b)

(c)

(d)

图 4-2　各分子的最低能量构型

(a) W1-130 分子；(b) T304 分子；(c) T307 分子；(d) DDE 分子

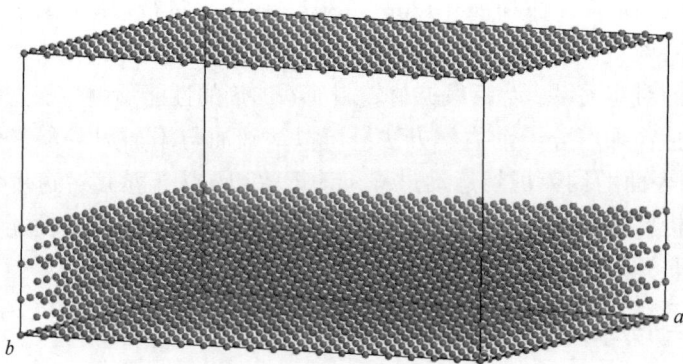

图 4-3　结构优化后的铝表面构型

最后是约束剪切模拟,采用 Amouphous Cell 模块构建各基础油与添加剂混合体系的无定型结构(流体层)。纯基础油体系的无定型结构如图 4-4 所示,十三烷的分子数量为 25,流体层的尺寸为 2.006 nm×2.006 nm×2.715 nm(各体系流体层高度略有差异,区别于各添加剂的密度,平均值为 2.498 nm)。为提高计算效率,并保证添加剂在混合分子体系中的质量分数相同,其他体系中十三烷的分子数量均为 15,T304、T307 和 DDE 的分子数量分别为 10、5 和 6。构建上表层钢表面与下表层铝表面,并进行几何优化,稳定的钢表面与铝表面构型主视图与三维示意图如图 4-5 所示,其中钢表面尺寸为 2.006 nm×2.006 nm×0.860 nm,铝表面尺寸为 2.006 nm×2.006 nm×0.810 nm。

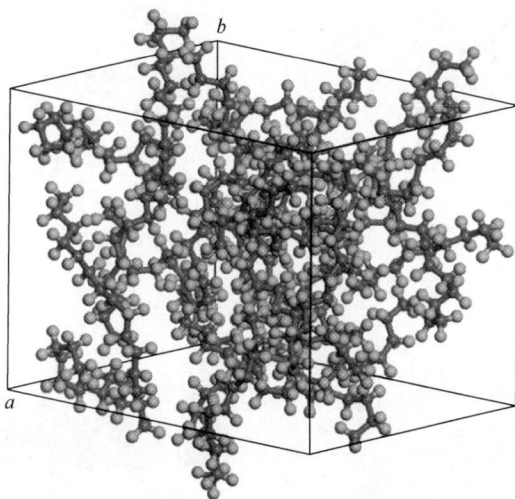

图 4-4　纯基础油体系的无定型结构

运用 Build Layer 构建钢-流体-铝体系,以纯基础油为例,体系模型如图 4-6 所示,其中体系下方为 2.0 nm 厚的真空层,最终体系尺寸为 2.006 nm×2.006 nm×6.386 nm;在初始压力 0.5 GPa 下对上述体系进行结构优化,在 NPT 等温等压系综下,取室温 298 K 为参考温度,上、下表面的速度大小相等,方向沿水平 $x$ 轴相反,速度取 0.001 nm/ps(1 m/s),运用 Confined Shear 进行约束剪切,剪切时间为 500 ps,计算剪切过程中分子与接触表面的正压力与摩擦力,获得摩擦因数,计算剪切前、后分子沿 $z$ 轴的含量分布,分析分子在剪切时的运动规律。

## 4.2.2　约束剪切的摩擦力与摩擦系数

分子动力学模拟可得到不同轧制油润滑体系的约束剪切过程的静态图,如图 4-7 所示,其中上方为各体系剪切前模型图,下方为各体系剪切后模型图。各体

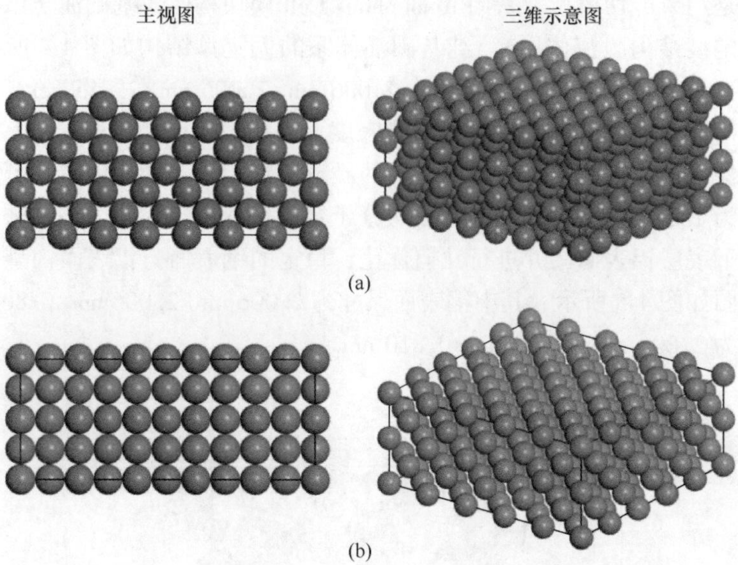

主视图　　　　　　　　　　　三维示意图

(a)

(b)

图 4-5　稳定的钢表面（a）与铝表面（b）构型主视图与三维示意图

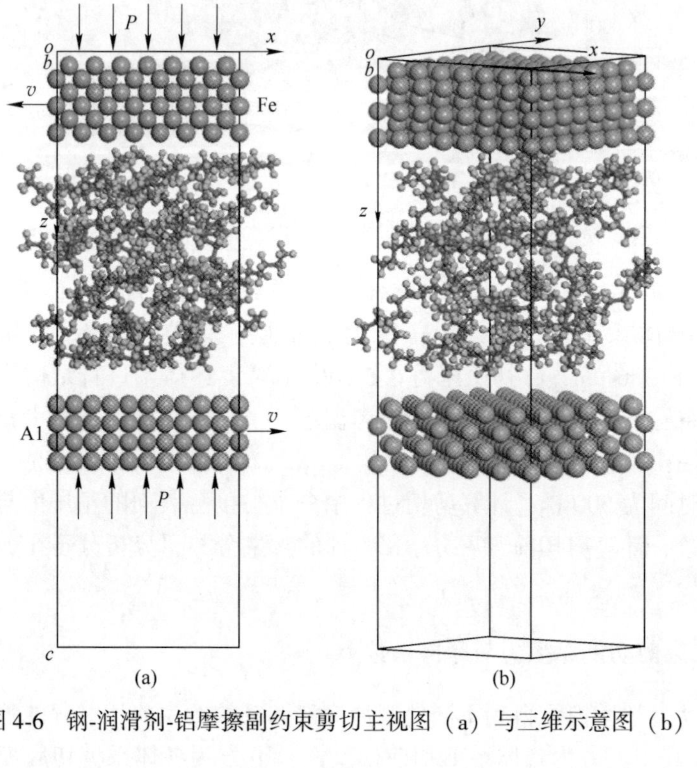

图 4-6　钢-润滑剂-铝摩擦副约束剪切主视图（a）与三维示意图（b）

系约束剪切过程的摩擦力随时间变化曲线如图 4-8 所示。从图 4-7 中可以看出，各体系在剪切过程中，分子都会向金属表面做吸附运动，从而形成润滑膜，起到极压与减摩作用。通过分析图 4-8 中的数据可知，在相同的模拟条件下，使用 T304 添加剂约束剪切时的平均剪切摩擦力最小，仅为纯基础油剪切摩擦力的 47.36%，从理论上说明 T304 拥有优异的减摩性能；T307 与 DDE 约束剪切的平均剪切摩擦力接近，较纯基础油降低了 15.1%，说明 T307 与 DDE 两种添加剂同样拥有良好的减摩性能。

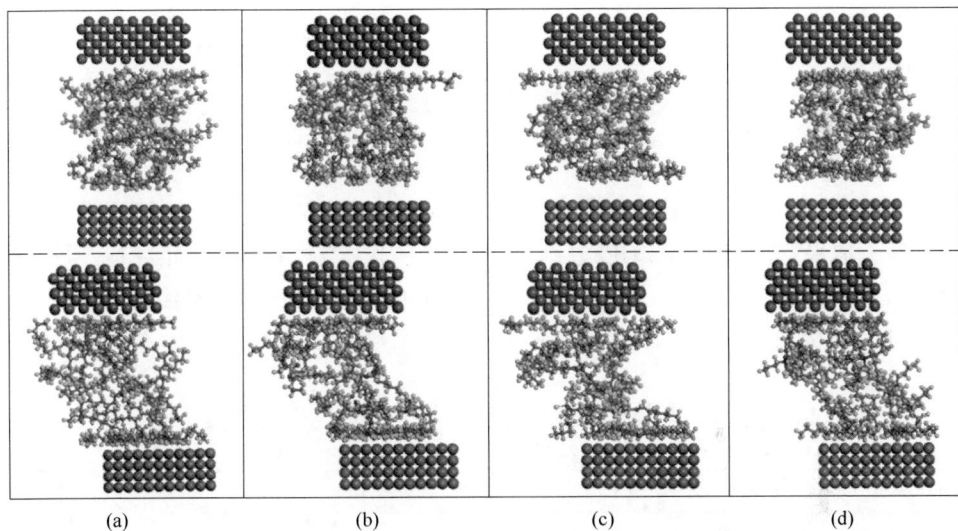

(a)    (b)    (c)    (d)

图 4-7 各体系剪切前（上）与剪切后（下）的模型静态图
(a) W1-130 体系；(b) T304 体系；(c) T307 体系；(d) DDE 体系

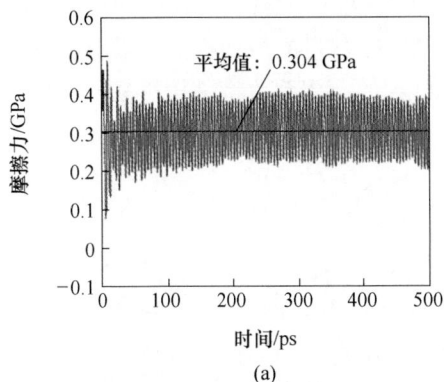

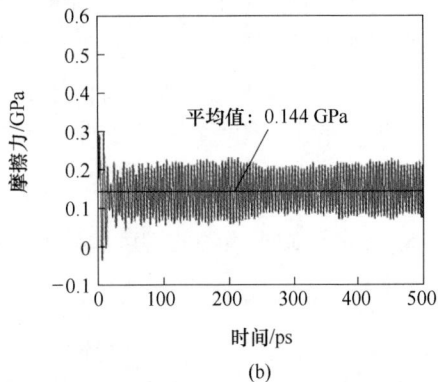

(a)        (b)

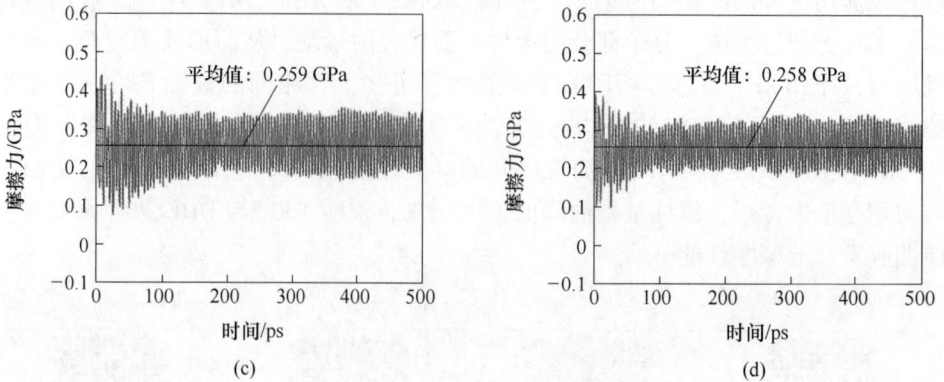

图 4-8　各体系约束剪切过程的摩擦力随时间的变化曲线

(a) W1-130 体系；(b) T304 体系；(c) T307 体系；(d) DDE 体系

约束剪切过程中，自动采集 4 个体系的接触表面的正压力，无明显差异，均为常数，取平均值为 0.808 GPa。结合体系的正压力与摩擦力受力面积，通过摩擦系数计算公式，可计算出 W1-130、T304、T307 及 DDE 体系的约束剪切摩擦系数，见表 4-1。

表 4-1　W1-130、T304、T307 及 DDE 体系的约束剪切摩擦系数

| 体系名称 | 摩擦系数 |
| --- | --- |
| W1-130 | 0.161 |
| T304 | 0.076 |
| T307 | 0.137 |
| DDE | 0.136 |

表 4-1 中，各体系约束剪切摩擦系数的排序为 W1-130>T307≈DDE>T304。该模拟在提高计算条件的前提下，使用了精简分子数量的剪切模型，若计算条件允许，建立大规模的摩擦副与流体层模型，得到的摩擦系数将更接近实际润滑时的结果。结合万能摩擦磨损实验得出结论，可通过约束剪切模拟实验来预测分析铝轧制油在润滑时的摩擦系数。

### 4.2.3　分子微观运动的速度和浓度分布

约束剪切后各体系沿 $z$ 轴各位置的速度（速度沿 $x$ 轴方向）如图 4-9 所示。图 4-9 中，在模型建立时，各体系流体层密度有差异，导致各体系的沿 $z$ 轴的高度略有不同，所以在曲线两侧各体系速度中点与结束的位置不同，且受取点因素的影响，部分曲线在开始与结束时速度并未直接到达 1 m/s，但各曲线速度与位

置的规律是相同的，在模型上方位置，此时位于钢表面层，各体系速度均稳定在沿 $x$ 轴负方向的 1 m/s，随着向下距离的增加，进入流体层，速度将会减小，直到接近流体层的中间位置，即各曲线的中点附近，此时速度为零，说明在中心位置的上、下两侧，流体层在做速度方向相反的剪切运动，而随着向下距离的增加，速度沿 $x$ 轴正方向增加，直至到达铝表面层，速度稳定在 1 m/s。各体系速度曲线都说明在约束剪切过程中，剪切运动在流体层中心发生，并非发生在摩擦副表面间，这证明在实际润滑过程中，轧制油通过自身剪切来减少摩擦副表面间的摩擦磨损，从而实现极佳的减摩、抗磨效果。

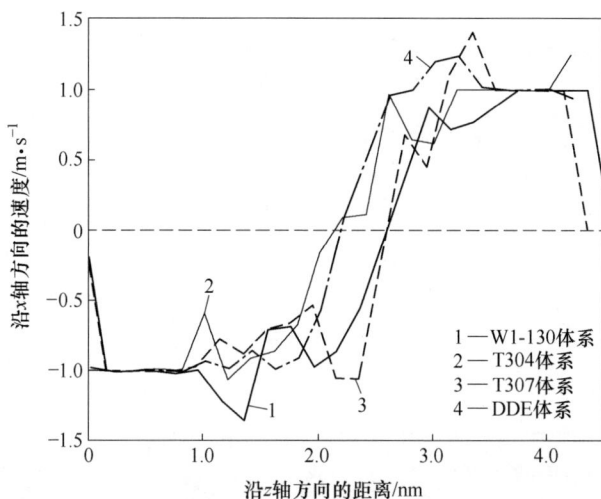

图4-9 约束剪切后各体系沿 $z$ 轴各位置的速度

约束剪切过程中，采集剪切前与剪切后各体系流体层沿各轴方向的相对浓度分布如图 4-10 所示，其中左图为剪切前，右图为剪切后。

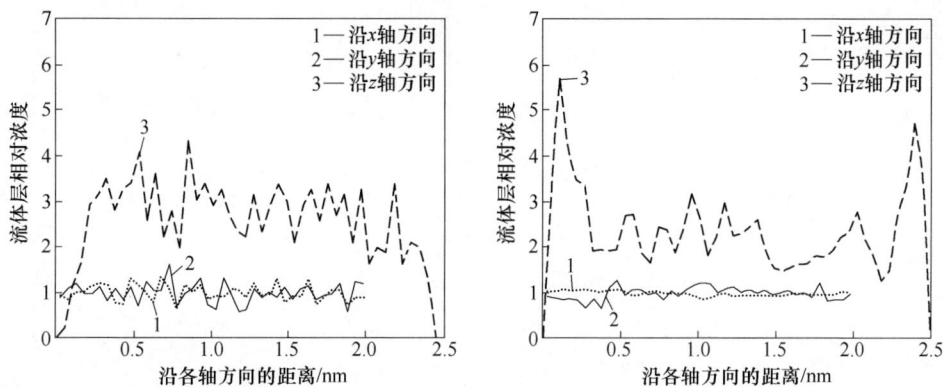

(a)

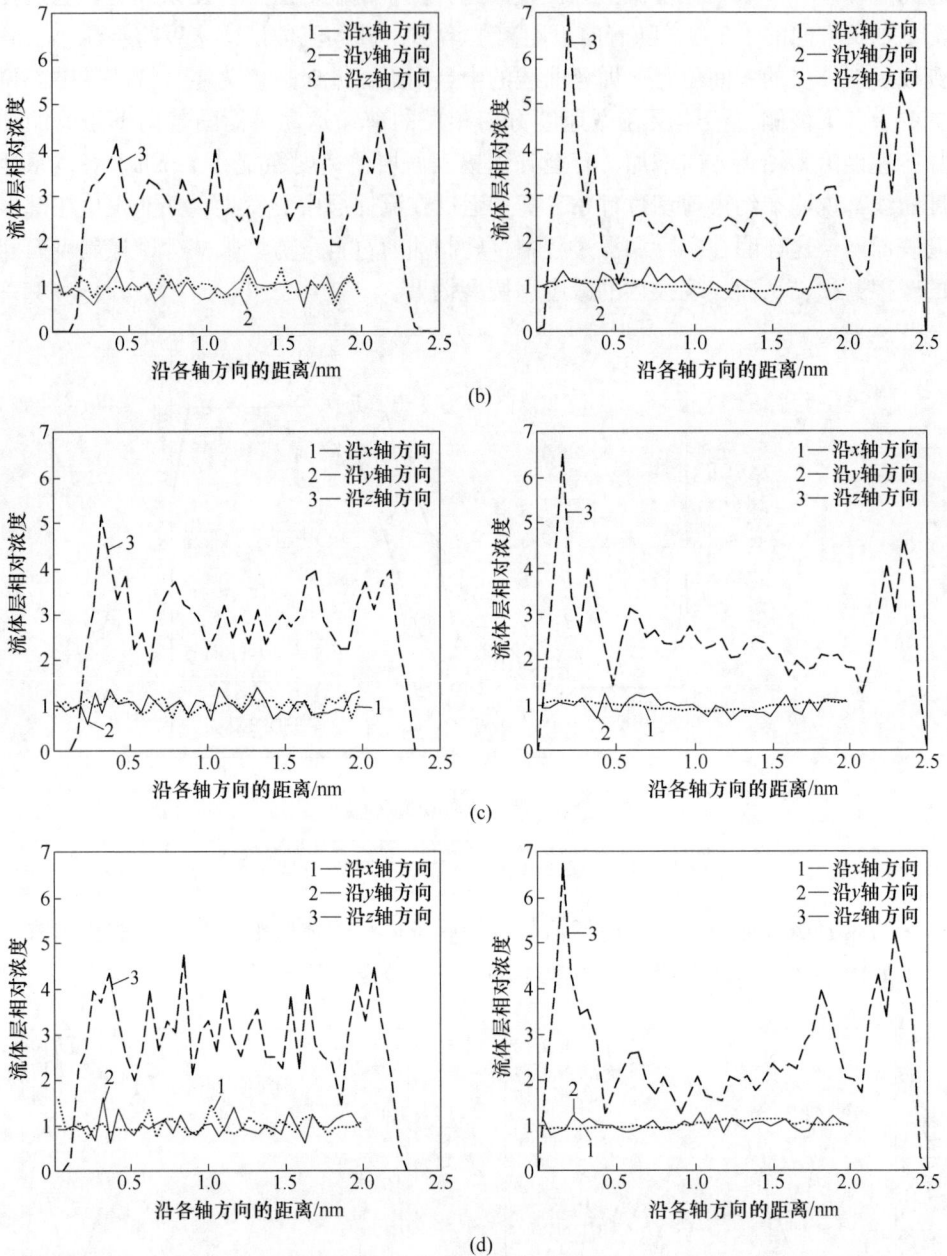

图 4-10　约束剪切前与剪切后各体系流体层沿各轴方向的相对浓度分布

（a）W1-130 体系；（b）T304 体系；（c）T307 体系；（d）DDE 体系

分析图 4-10 中的数据可知，各体系在约束剪切前，流体层沿各轴方向的相对浓度较均匀，特别是沿 $z$ 轴方向，流体层并未出现集中在某区域的现象，但在剪切过程后，各体系流体层沿 $z$ 轴方向的浓度分布出现很大变化，各体系均出现流体层向上、下两侧聚集的情况。结合图 4-7 所示的约束剪切过程可以理解，各体系约束剪切时，基础油与添加剂分子均向金属表面做吸附运动。图 4-10 可以更直观地观察流体层向金属表面吸附的程度，更充分证明，铝轧制油分子通过吸附于金属表面，生成坚固的润滑薄膜，从而起到极压、减摩和抗磨效果。

# 参 考 文 献

［1］周峰，王晓波，刘维民. 纳米润滑材料与技术［M］. 北京：科学出版社，2014.

［2］SHU X L, LI X C, YU Y, et al. Fe self-diffusion and Cu and Ni diffusion in bulk and grain boundary of Fe: A molecular dynamics study［J］. Nuclear Instruments and Methods in Physics Research B, 2013, 307: 37-39.

［3］LI R W, CHEN Q C, ZHANG Y J, et al. Insight into diffusion-rebonding of nano-$Al_2O_3$ on Fe surface in high temperature thermal energy storage system［J］. Applied Surface Science, 2020, 530: 147249.

［4］唐华杰，孙建林，韩钊，等. 铝材轧制油摩擦学特征及表面吸附行为的分子结构依赖性［J］. 中国有色金属学报，2021.

［5］韩钊，孙建林，唐华杰，等. 铝材轧制油摩擦学性能的分子动力学模拟与实验研究［J］. 中国有色金属学报，2021.

［6］ALLEN M P, TILDESLEY D J. Computer Simulation of Liquids［M］. 2nd ed. Oxford: Oxford University Press, 2017.

［7］张会臣，严立. 纳米尺度润滑理论及应用［M］. 北京：化学工业出版社，2005.

［8］RAPAPORT D C. The Art of Molecular Dynamics Simulation［M］. Cambridge: Cambridge University Press, 2004.

［9］NIU R J, ZHENG Q C, ZHANG J L, et al. Molecular dynamics simulations studies and free energy analysis on inhibitors of MDM2-p53 interaction［J］. Journal of Molecular Graphics and Modelling, 2013, 46 (11): 132-139.

# 5　煤制基础油用于铝加工的计算和模拟

　　分子模拟为分子尺度的研究提供了有效途径。量子化学计算从单个分子出发，对单分子各化学参数进行计算，有助于解释分子的运动规律，而分子动力学模拟则通过牛顿运动方程及统计学的方法得到连续介质宏观性质，适用于研究接触、受压或受剪切条件下分子的受力响应[1-2]。在摩擦学领域中，通过分子模拟的方法能够准确预测基础油及添加剂的性能，为摆脱传统试错法提供了理论新思路，解决了传统试错法实验成本高与实验周期长等问题。另外，分子模拟能够解释摩擦过程中基础油及添加剂在金属表面的成膜过程及吸附机理，为润滑液在摩擦副之间的润滑作用提供了理论依据。

　　为进一步明晰煤制基础油在铝表面的润滑与吸附机理及基础油与传统添加剂的相互作用机理，本章运用 Materials Studio 软件计算了基础油分子与添加剂分子的前线轨道参数，分析其活性位点，研究其在铝金属表面的吸附情况，而后通过构建无定型模型，模拟轧制过程中铝板表面的润滑情况，研究在轧制环境下煤制基础油的润滑与吸附机理。

## 5.1　煤制油的量子化学计算

### 5.1.1　煤制油的分子轨道分析

　　最高占据轨道能级 $E_{HOMO}$ 和最低空轨道能级 $E_{LUMO}$ 分别是评价分子给出电子（或接受电子）能力的重要参数[3]，分子的 $E_{HOMO}$ 值越高表明其给出电子的能力越强；$E_{HOMO}$ 值越低，说明其从其他分子或者金属表面接受电子的能力越强。两者之间的差值 $\Delta E$、全局硬度 $\eta$、化学势 $\mu$、软度 $S$ 和亲电指数 $\omega$ 等化学参数也是反应分子反应活性的重要指标[4-5]。$\Delta E$ 值与硬度越低，电子发生跃迁所需的能量越小，从而分子的反应活性越高[6]。以上各参数计算公式为

$$\Delta E = E_{LUMO} - E_{HOMO} \tag{5-1}$$

$$\mu = \frac{1}{2}(E_{HOMO} + E_{LUMO}) \tag{5-2}$$

$$\eta = \frac{1}{2}(E_{LUMO} - E_{HOMO}) \tag{5-3}$$

$$S = \frac{1}{\eta} = \left(\frac{\partial \mu}{\partial N}\right)_\nu \tag{5-4}$$

$$\omega = \frac{\mu^2}{\eta} \tag{5-5}$$

通过密度泛函理论计算得到的基础油及添加剂分子性能参数见表 5-1。

表 5-1 通过密度泛函理论计算得到的基础油及添加剂分子性能参数

| 分子名称 | $E_{HOMO}$/eV | $E_{LUMO}$/eV | $\Delta E$/eV | $\eta$/eV | $\mu$/eV | $S$/eV$^{-1}$ | $\omega$/eV |
|---|---|---|---|---|---|---|---|
| 正构烷烃 | -6.819 | 1.598 | 8.417 | 4.208 | -2.610 | 0.2376 | 1.6193 |
| 异构烷烃 | -6.881 | 1.519 | 8.400 | 4.200 | -2.681 | 0.2381 | 1.7114 |
| 十二醇 | -5.969 | 1.065 | 7.034 | 3.517 | -2.452 | 0.2843 | 1.7095 |
| 肉桂醇 | -5.553 | -1.923 | 3.63 | 1.815 | -3.738 | 0.5510 | 7.6984 |
| T304 | -6.817 | 0.521 | 7.338 | 3.669 | -3.148 | 0.2726 | 2.7010 |

由表 5-1 可知, 正构烷烃的 $E_{HOMO}$ 值与 $E_{LUMO}$ 值均大于异构烷烃的值, 说明煤制基础油给出电子与接受电子的能力均低于传统白油。但正构烷烃与异构烷烃各分子活性指标均相差不大, 说明两种基础油在铝表面的反应活性基本相似。肉桂醇分子的 $E_{HOMO}$ 值显著高于其他分子, 这是因为 $E_{HOMO}$ 值越高, 分子在金属表面的缓蚀效率越高[7], 且为了防止缓蚀剂与金属表面发生化学反应, 缓蚀剂反应活性不宜较高, 因而肉桂醇轨道能极差与硬度也较低。

图 5-1 为各基础油和添加剂分子的轨道分布图。由图 5-1 可知, 两种基础油分子的 HOMO 均分布于其最长主链上, 即其亲电反应的活性位点分布于分子主链上。而对于正构烷烃, 其 LUMO 主要分布于碳链中央, 异构烷烃的 LUMO 则分布于碳链带有支链的一端, 说明两者亲电反应的活性位点不同。同样由图 5-1 可知, 十二醇的两种轨道均位于其羟基附近, 其反应活性位点主要位于羟基之上。亚磷酸二丁酯两种轨道则聚集在其磷原子及氧原子周围, 说明其分子中的氧原子最易与铝金属发生吸附[8]。肉桂醇 HOMO 主要分布在苯环上与支链相邻及相对的位置上, LUMO 则位于苯环上与支链相间的位置。结合基础油与添加剂反应活性位点可知, 由于异构烷烃 LUMO 位于其分子端部, 发生亲电反应时添加剂与基础油分子排列较为紧密, 此时分子间作用力较强, 能够充分发挥各添加剂的作用。

## 5.1.2 煤制油的福井指数

在一个反应过程中, $f_k^-$ 值的大小代表亲电反应中反应物分子给出电子的能力。$f_k^+$ 值的大小代表在亲核反应中反应物分子接受电子的能力。$f_k^0$ 值则反映了在自由基反应中分子之间共用电子形成共用电子对的能力。为进一步研究煤制基础

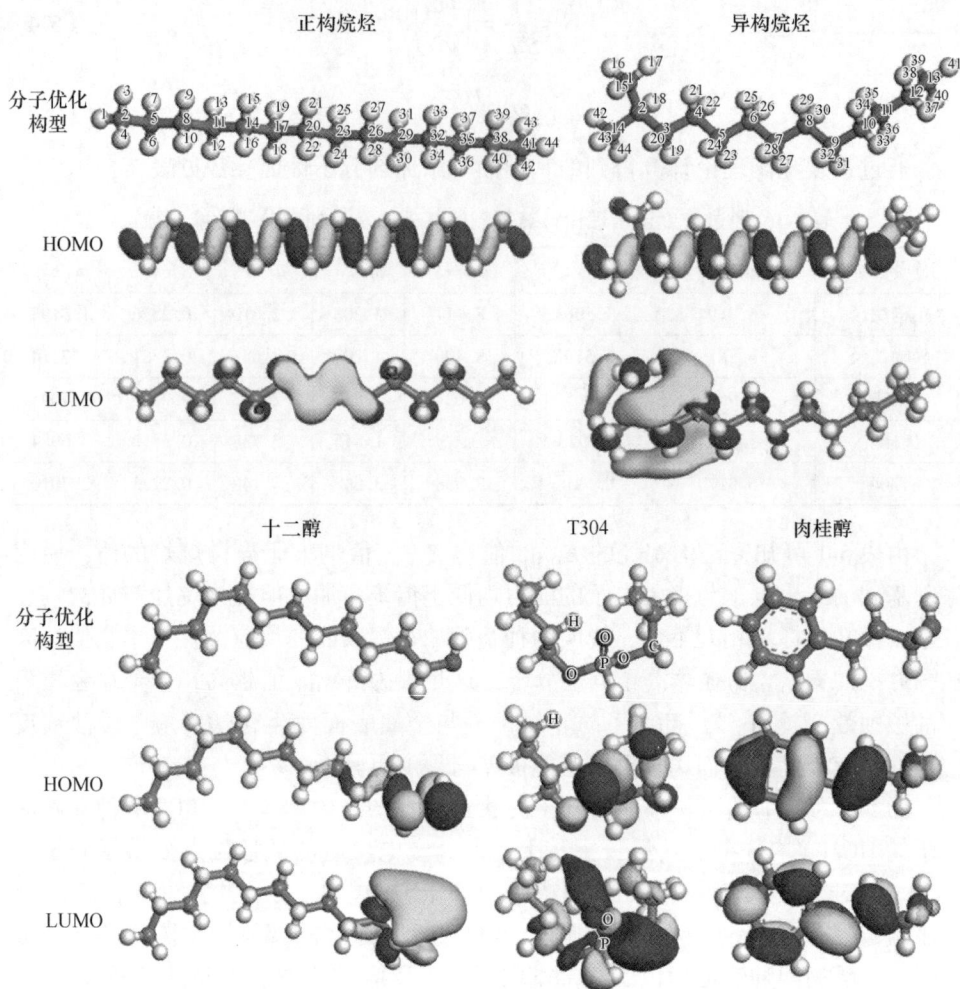

图 5-1　各基础油和添加剂分子的轨道分布图
（图中数据为原子编号）

油与白油分子在 3 种反应中的活性位点，计算了两种基础油分子的福井指数。基础油分子中各氢原子福井指数（a. u.）见表 5-2。

表 5-2　基础油分子中各氢原子福井指数

| 白　油 | | | 煤制基础油 | | | |
|---|---|---|---|---|---|---|
| 原子及其编号 | $f_k^-$ | $f_k^+$ | $f_k^0$ | 原子及其编号 | $f_k^-$ | $f_k^+$ | $f_k^0$ |
| H1 | 0.042 | 0.028 | 0.035 | H15 | 0.027 | 0.066 | 0.046 |
| H3 | 0.024 | 0.021 | 0.023 | H16 | 0.044 | 0.104 | 0.074 |

| 白　　油 | | | | 煤制基础油 | | | |
| --- | --- | --- | --- | --- | --- | --- | --- |
| 原子及其编号 | $f_k^-$ | $f_k^+$ | $f_k^0$ | 原子及其编号 | $f_k^-$ | $f_k^+$ | $f_k^0$ |
| H4 | 0.024 | 0.021 | 0.023 | H17 | 0.019 | 0.068 | 0.044 |
| H6 | 0.029 | 0.035 | 0.032 | H18 | 0.041 | 0.100 | 0.070 |
| H7 | 0.029 | 0.035 | 0.032 | H19 | 0.045 | 0.113 | 0.079 |
| H9 | 0.034 | 0.051 | 0.043 | H20 | 0.046 | 0.088 | 0.067 |
| H10 | 0.034 | 0.051 | 0.043 | H21 | 0.045 | 0.100 | 0.073 |
| H12 | 0.040 | 0.062 | 0.051 | H22 | 0.048 | 0.094 | 0.071 |
| H13 | 0.040 | 0.062 | 0.051 | H23 | 0.052 | 0.068 | 0.060 |
| H15 | 0.045 | 0.070 | 0.057 | H24 | 0.052 | 0.061 | 0.057 |
| H16 | 0.045 | 0.070 | 0.057 | H25 | 0.052 | 0.056 | 0.054 |
| H18 | 0.048 | 0.074 | 0.061 | H26 | 0.051 | 0.061 | 0.056 |
| H19 | 0.048 | 0.074 | 0.061 | H27 | 0.051 | 0.043 | 0.047 |
| H21 | 0.050 | 0.076 | 0.063 | H28 | 0.052 | 0.044 | 0.048 |
| H22 | 0.050 | 0.076 | 0.063 | H29 | 0.047 | 0.047 | 0.047 |
| H24 | 0.050 | 0.076 | 0.063 | H30 | 0.042 | 0.049 | 0.046 |
| H25 | 0.050 | 0.076 | 0.063 | H31 | 0.044 | 0.034 | 0.039 |
| H27 | 0.048 | 0.074 | 0.061 | H32 | 0.045 | 0.030 | 0.037 |
| H28 | 0.048 | 0.074 | 0.061 | H33 | 0.071 | 0.031 | 0.051 |
| H30 | 0.045 | 0.070 | 0.057 | H34 | 0.039 | 0.028 | 0.034 |
| H31 | 0.045 | 0.070 | 0.057 | H35 | 0.021 | 0.022 | 0.022 |
| H33 | 0.040 | 0.062 | 0.051 | H36 | 0.026 | 0.030 | 0.028 |
| H34 | 0.040 | 0.062 | 0.051 | H37 | 0.025 | 0.022 | 0.023 |
| H36 | 0.034 | 0.051 | 0.043 | H38 | 0.019 | 0.018 | 0.018 |
| H37 | 0.034 | 0.051 | 0.043 | H39 | 0.009 | 0.007 | 0.008 |
| H39 | 0.029 | 0.035 | 0.032 | H40 | 0.015 | 0.012 | 0.014 |
| H40 | 0.029 | 0.035 | 0.032 | H41 | 0.028 | 0.020 | 0.024 |
| H42 | 0.024 | 0.021 | 0.023 | H42 | 0.056 | 0.070 | 0.063 |
| H43 | 0.024 | 0.021 | 0.023 | H43 | 0.034 | 0.051 | 0.042 |
| H44 | 0.042 | 0.028 | 0.035 | H44 | 0.033 | 0.077 | 0.055 |

从表 5-2 中可以看出，在白油中，碳链中部的氢原子在亲核反应中反应活性最高，且该部分氢原子的 $f_k^+$ 值基本一致；亲电反应中同样是中部的氢原子的 $f_k^-$ 值较高，但此时碳链端部的氢原子的数值相差不大；在自由基反应当中中部碳链

上的氢原子反应活性都较高，具有较大的 $f_k^0$ 值。在煤制基础油中，反应活性最高的主要是支链上及支链附近的氢原子，该处氢原子的福井指数的值均大于其他处氢原子的值。

## 5.2 煤制基础油吸附的分子动力学模拟

进一步利用 Materials Studio 软件模拟了煤制基础油与白油在铝表面的吸附过程。涉及的主要模块有：Dmol3 量子化学计算、Amouphous Cell 无定型模型搭建及 Forcite 分子动力学计算。模拟计算分为三部分，一是计算基础油与添加剂前线轨道参数，研究其在铝表面的活性与吸附作用；二是分别对煤制基础油和白油在铝表面吸附成膜过程进行分子动力学模拟；三是分别对煤制油和白油与传统添加剂相互作用机理的分子动力学模拟。

### 5.2.1 模型构建和参数设置

首先构建铝表面模型（见图 5-2），引入单质铝纯净物，利用铝晶胞构建出高度层数为 4 的铝表面。此时所构建表面的尺寸为 4.8594 nm×2.4297 nm×1.6198 nm。通过 Forcite 模块几何优化该结构，以最小化其能量，得到 Al 晶体表面结构。

图 5-2    铝表面模型

其次构建铝表面的润滑油膜模型，以煤制基础油为例，绘制煤制基础油分子，通过 Forcite 模块几何优化后使用 Amorphous Cell 模块搭建无定型模型，表面体系尺寸为 4.0000 nm×2.0000 nm×1.1917 nm，密度设置为 1.0 g/cm³，构建完成后通过 Forcite 模块几何优化该体系，以最小化其能量。煤制基础油润滑膜的无定型结构模型如图 5-3 所示。

最后通过 Build Layer 工具在铝表面加上轧制油分子体系，真空层高度设置为 1.5 nm。图 5-4 为异构烷烃分子体系在铝表面的初始吸附构型。搭建好初始模型

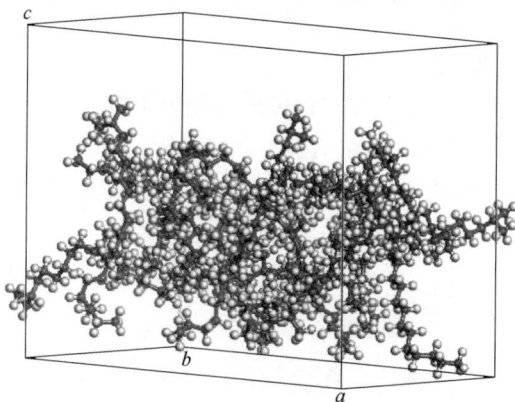

图 5-3　煤制基础油润滑膜的无定型结构模型

后，对模型进行几何优化。最后通过 Forcite 模块对异构烷烃分子体系在铝表面的吸附行为进行分子动力学模拟。

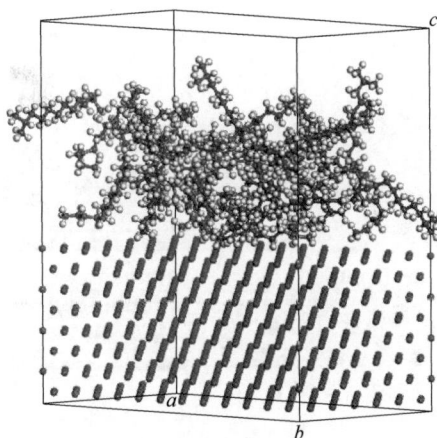

图 5-4　异构烷烃分子体系在铝表面的初始吸附构型

　　构建完模型后，分子动力学模拟所选用的系综为 NVT 系综。考虑到实际轧制过程中变形区的温度和压力，将模拟温度设定为 320 K[9]，采用 Andersen 控温方法来控制模拟温度。体系在分子动力学模拟进程中，需使其最终处于平衡状态。一般情况下，模拟时间设置到 30 ps 以上即可使系统达到平衡，此次模拟在设置参数时设置 100 ps 的模拟时间，1.0 fs 的时间步长，隔 1000 步即输出一帧。范德华力通过采用基于原子的方法计算，库仑力通过 Ewald 方法来计算。

### 5.2.2　煤制油分子在铝表面的吸附构型

通常情况下，基础油及添加剂在金属表面的吸附有平卧式与直立式。为了研究煤制基础油及在加入各类添加剂后在铝板表面的吸附情况，采用 Materials Studio 软件中的 Forcite 模块对各类轧制油在铝板表面的吸附情况进行了模拟。图 5-5 为基础油单分子在铝表面的吸附构型，展示各类轧制油在铝板表面的吸附情况。

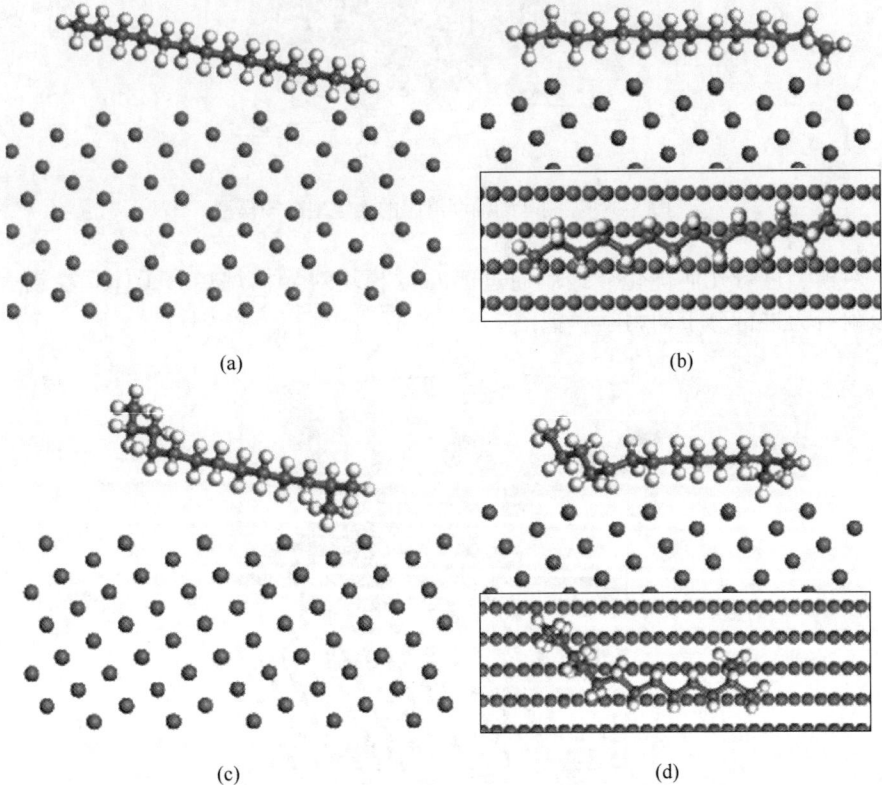

(a)　　　　　　　　　　　　　　　　(b)

(c)　　　　　　　　　　　　　　　　(d)

图 5-5　基础油单分子在铝表面的吸附构型
(a) 白油吸附前的情况；(b) 白油吸附后的侧视图与俯视图；
(c) 煤制基础油吸附前的情况；(d) 煤制基础油吸附后的侧视图与俯视图

由图 5-5 可知，吸附后两种基础油分子均平卧在铝板表面，但通过测量分子与铝表面的距离可知，白油分子平行吸附于铝表面，其上各碳原子到铝板表面的距离基本相同，其距离在 0.38~0.41 nm 之间。而煤制基础油分子带支链的一端距离铝表面距离较近，距离为 0.33 nm，此时末端碳原子距离铝表面较远，距离为 0.45 nm。这说明煤制基础油在铝表面的吸附主要以其分子链带支链的一端为中心，其分子与铝表面有一个微小的角度，不同于白油在铝金属表面的平行吸附。

为进一步研究煤制基础油及其在加入各类添加剂后在铝板表面的吸附情况，本章采用 Amorphous Cell 构建无定型模型模拟轧制油油膜在铝金属表面的吸附情况，如图 5-6 所示。

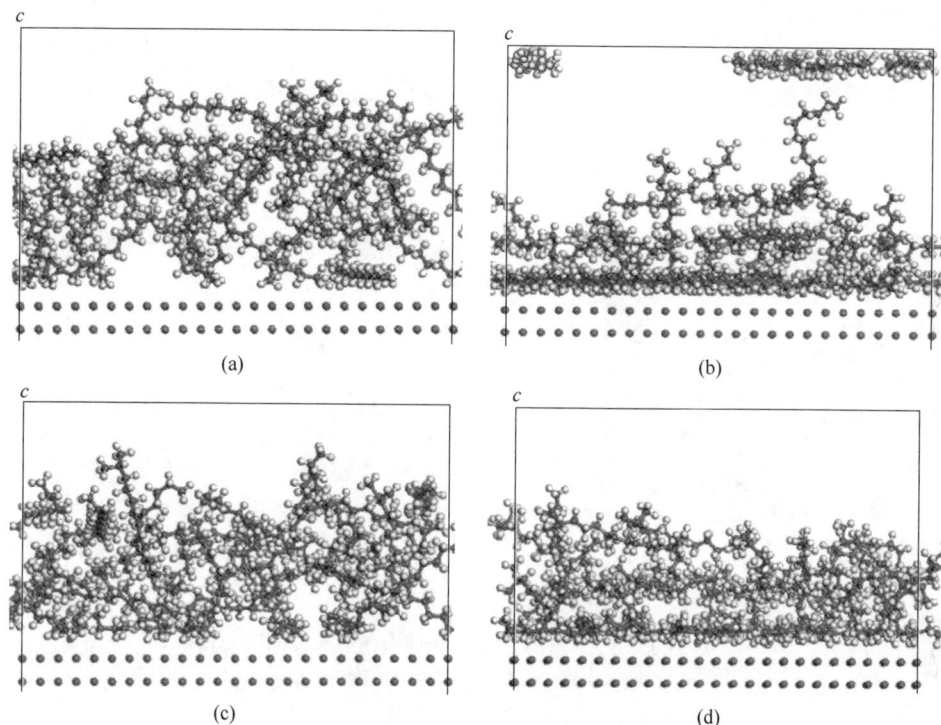

图 5-6 白油与煤制基础油分子在铝表面的吸附情况

(a) 白油吸附前的情况；(b) 白油吸附后的情况；
(c) 煤制基础油吸附前的情况；(d) 煤制基础油吸附后的情况

由图 5-6 可知，随着分子动力学模拟的进行，两种基础油分子均向铝表面吸附，且在达到平衡后，两种基础油分子在铝表面的吸附行为表现为一层致密的吸附膜，吸附膜没有明显的区别。而在加入添加剂后，两种基础油在金属表面的吸附行为出现了差异。

图 5-7 为加入十二醇后白油与煤制基础油在铝表面的吸附情况。由图 5-7 可知，在加入十二醇后，尽管两种轧制油均能在铝表面形成一层致密的吸附膜，但是以白油为基础油轧制油在铝金属表面形成的吸附膜膜厚较低为 0.78 nm，大部分基础油与添加剂分子不能吸附到金属表面，而以煤制油为基础油的轧制油则能大部分吸附在金属表面上，且形成的吸附膜较厚，为 1.32 nm，十二醇在吸附膜中的分布较为均匀。这是因为煤制基础油与十二醇的反应活性位点均位于分子链

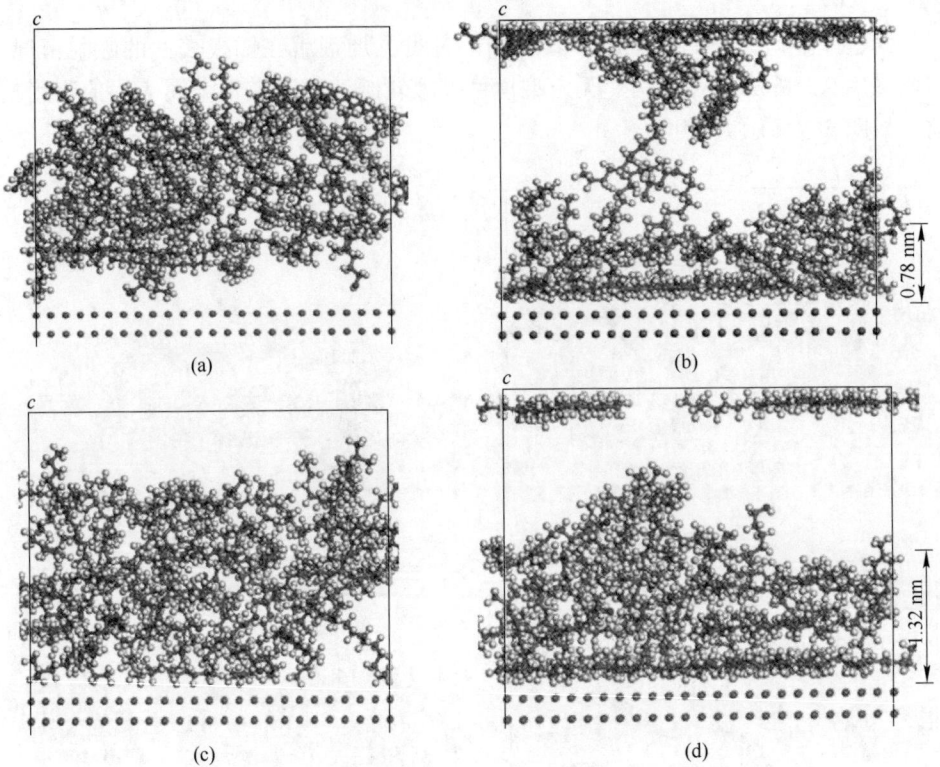

图 5-7  加入十二醇后白油与煤制基础油在铝表面的吸附情况

(a) 白油吸附前的情况；(b) 白油吸附后的情况；

(c) 煤制基础油吸附前的情况；(d) 煤制基础油吸附后的情况

的尾端，因此吸附膜排列更为紧密，在单位面积的金属上能吸附更多的基础油及添加剂分子。

图 5-8 为加入亚磷酸二丁酯后白油与煤制基础油在铝表面的吸附情况。由图 5-8 可知，两种基础油同样能够在铝表面形成一层紧密的吸附膜，但在白油形成的吸附膜中，靠近铝的吸附层中亚磷酸二丁酯分子数量较少，多数分子分布于稍远于金属表面的"油膜"中。而在煤制基础油中加入亚磷酸二丁酯后，其吸附在铝表面的数量较多，此时铝表面分子的亚磷酸二丁酯分子数量提高了 50%。这一结果说明异构烷烃对亚磷酸二丁酯与铝表面的直接反应和吸附有一定的促进作用。

图 5-9 为加入肉桂醇后白油与煤制基础油在铝表面的吸附情况。由图 5-9 可知，此时白油在铝表面的吸附分子排列更为规则，吸附油膜较厚，但此时肉桂醇直接吸附在铝表面的分子数量较少，而在煤制基础油中肉桂醇在铝表面直接吸附的数量较多，相较于白油而言提高了 75%。此时肉桂醇在金属表面的覆盖度更高，缓蚀效率更高。

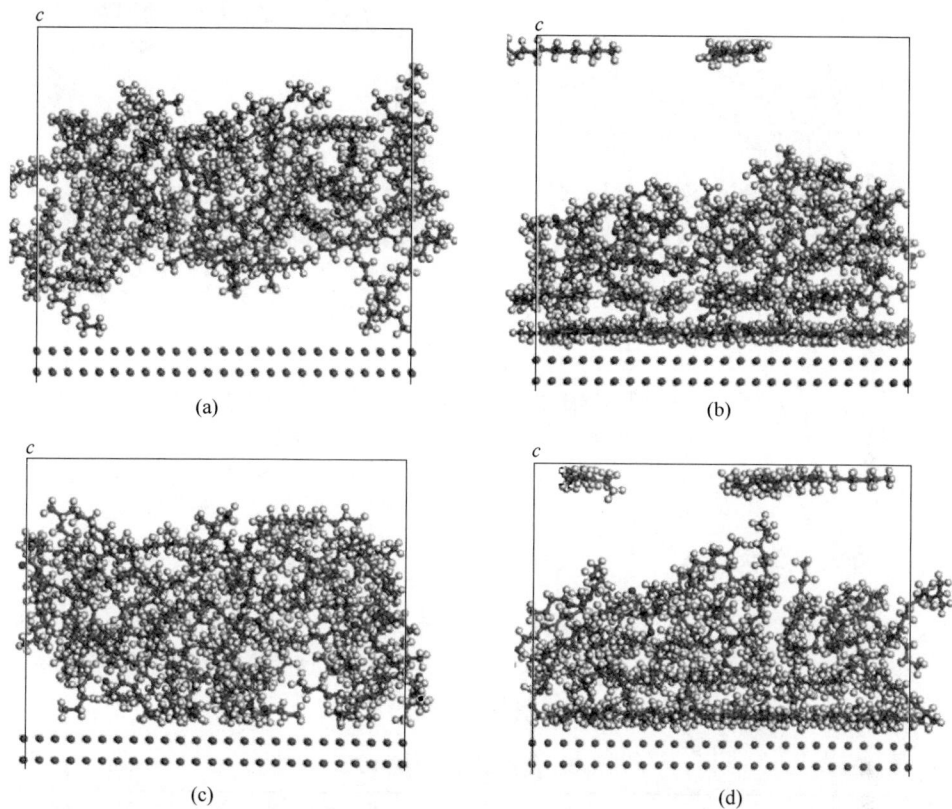

图 5-8 加入亚磷酸二丁酯后白油与煤制基础油在铝表面的吸附情况

(a) 白油吸附前的情况；(b) 白油吸附后的情况；

(c) 煤制基础油吸附前的情况；(d) 煤制基础油吸附后的情况

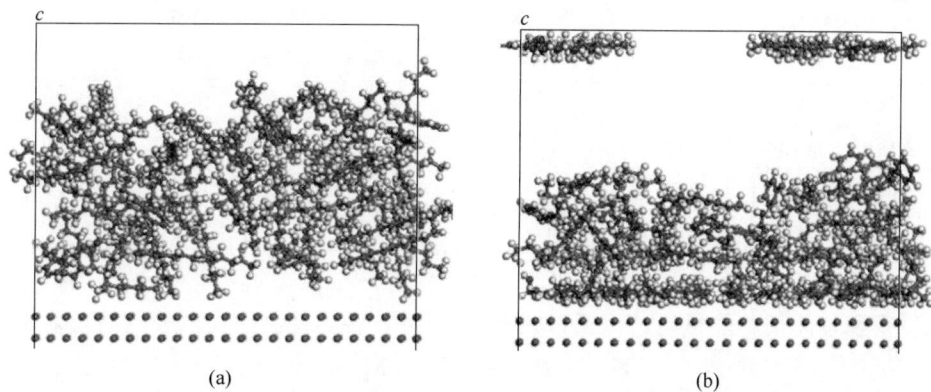

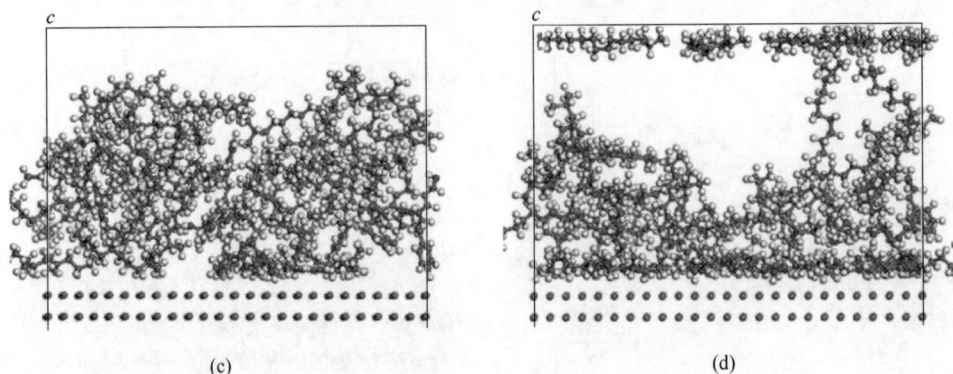

图 5-9　加入肉桂醇后白油与煤制基础油在铝表面的吸附情况
(a) 白油吸附前的情况；(b) 白油吸附后的情况；
(c) 煤制基础油吸附前的情况；(d) 煤制基础油吸附后的情况

### 5.2.3　吸附能与内聚能

为更加准确地研究各轧制油体系在铝金属表面的吸附情况，可通过体系吸附能与内聚能研究吸附的稳定性及吸附膜的稳定性。在通过 Forcite 模块模拟各体系吸附构型的同时可得到各体系总能量，见表 5-3。

表 5-3　各模拟体系的总能量　　　　　　　　　　　（kcal/mol）

| 体系组成 | 平均能量 | 最终能量 | 体系组成 | 平均能量 | 最终能量 |
|---|---|---|---|---|---|
| 白油 | 848.3 | 855.4 | 异构烷烃 | 778.5 | 784.2 |
| 白油+Al | 105.8 | −31.7 | 异构烷烃+Al | 189.6 | 131.7 |
| CA | 585.6 | 537.9 | 异构烷烃+CA | 1260.4 | 1267.6 |
| 白油+CA | 1316.7 | 1291.0 | 异构烷烃+CA+Al | 528.0 | 397.2 |
| 白油+CA+Al | 586.1 | 400.8 | 异构烷烃+十二醇 | 1200.4 | 1177.2 |
| 十二醇 | 520.0 | 499.9 | 异构烷烃+十二醇+Al | 388.0 | 276.9 |
| 白油+十二醇 | 1246.1 | 1310.7 | 异构烷烃+T304 | 2047.2 | 2044.3 |
| 白油+十二醇+Al | 389.2 | 131.7 | 异构烷烃+T304+Al | 1309.7 | 1180.9 |
| T304 | 1374.0 | 1363.1 | 白油+T304+Al | 1539.8 | 1269.5 |
| 白油+T304 | 2109.8 | 2177.9 | | | |

注：1 cal = 4.186 J。

得到各体系总能量后，可通过式 (5-6) 计算各类轧制油在铝表面的吸附能：

$$E_{ads} = E_{tot} - (E_{sur} + E_{mol}) \tag{5-6}$$

式中　$E_{ads}$——轧制油在金属表面的吸附能，kcal/mol，1 cal = 4.186 J；

$E_{tot}$——体系总能量，kcal/mol；

$E_{sur}$——金属表面的能量，kcal/mol；

$E_{mol}$——轧制油体系总能量，kcal/mol。

内聚能是指去除分子间所有作用力，即将所有分子分离开时所需的能量。内聚能的绝对值越大，代表所形成的油膜越稳定，越不容易破碎。吸附膜内聚能可通过式（5-7）计算[10]。

$$E_{coh} = -E_{inter} = E_{intra} - E_{mol2} \qquad (5-7)$$

式中 $E_{coh}$——轧制油在铝表面形成吸附膜的内聚能，kcal/mol；

$E_{inter}$——所有轧制油分子之间的能量总和，kcal/mol；

$E_{intra}$——轧制油分子的内能量，kcal/mol；

$E_{mol2}$——轧制油分子体系的总能量，kcal/mol。

通过公式计算得出各轧制油在铝表面的吸附能和内聚能见表5-4。

表 5-4 各轧制油在铝表面的吸附能和内聚能　　　　（kcal/mol）

| 轧制油 | 吸附能 | 内聚能 | 范德华能 | 电子能 |
|---|---|---|---|---|
| 白油 | -887.1 | -363.7 | -352.7 | -0.6 |
| 白油+十二醇 | -1179.1 | -688.7 | -656.0 | -11.5 |
| 白油+T304 | -908.4 | -658.5 | -635.0 | -2.5 |
| 白油+CA | -890.3 | -641.9 | -583.1 | -40.1 |
| 异构烷烃 | -652.5 | -363.3 | -352.7 | -0.8 |
| 异构烷烃+十二醇 | -900.3 | -702.0 | -675.6 | -6.6 |
| 异构烷烃+T304 | -863.4 | -694.4 | -673.7 | -2.7 |
| 异构烷烃+CA | -870.4 | -639.6 | -599.2 | -23.1 |

注：1 cal = 4.186 J。

由表5-4可知，异构烷烃在铝表面的吸附能绝对值比白油的吸附能绝对值少36.1%，说明白油比煤制基础油更容易吸附在铝金属表面，此时两体系内聚能基本相等，说明吸附成膜后膜稳定性相似，吸附膜强度相当。当加入添加剂后，异构烷烃体系吸附能与内聚能提升幅度较大，与白油体系相比，其吸附能绝对值差距降至5.2%~31.1%，内聚能绝对值均不小于白油体系，说明异构烷烃油膜对添加剂敏感度较高，添加剂对异构烷烃在铝表面的性能提升较大。此时白油体系吸附能绝对值仍大于异构烷烃，说明在加入添加剂后白油仍旧更容易吸附在金属表面，吸附膜稳定性较强，不容易脱落。但此时异构烷烃体系内聚能绝对值较大，说明异构烷烃吸附膜强度较高，受外力作用下不易破碎，承载能力较强。

## 5.3　煤制基础油的计算和模拟结果

本章通过量子化学计算及分子动力学模拟计算，从分子层面研究了煤制基础油的反应活性及在铝表面的吸附情况。通过构建无定型模型，从分子层面研究了煤制基础油与各类型添加剂的相互作用及在铝表面的吸附构型与机理。具体内容如下：

（1）煤制油提供与接受电子的能力均低于白油，但反应活性与白油基本保持一致，煤制油最高占据轨道与最低空轨道能级差为 8.400 eV，白油最高占据轨道与最低空轨道能级差为 8.417 eV。煤制油与白油最高占据轨道均分布于分子主链之上，而煤制油最低空轨道位于其带有支链的一端，白油则位于其分子中部。

（2）白油分子与煤制油分子均通过平卧的方式吸附于铝金属表面，白油碳链与金属表面接近平行，其上各碳原子到铝表面距离约为 0.4 nm，煤制油碳链与表面有微小的角度，其带有支链的一端与铝表面距离为 0.335 nm，此时末端与表面距离为 0.45 nm。

（3）两种基础油在铝表面形成的吸附膜差别不大，在加入十二醇后，煤制油吸附膜较厚，排列更为紧密；在加入亚磷酸二丁酯后，煤制油能够促进其在铝表面的直接吸附，此时添加剂分子在铝表面直接吸附的分子数量比白油中高 50%；在加入肉桂醇后，煤制油形成的吸附膜较薄，但煤制油中的大部分肉桂醇分子能直接吸附在铝表面，数量比白油中高 75%。

（4）在加入添加剂分子后，煤制油在铝表面的吸附能绝对值均小于白油，说明其在铝板表面吸附能力较差，吸附稳定性较差。但此时煤制油吸附层内聚能绝对值较大，说明此时煤制油吸附层本身稳定性较高、强度较大，受外力作用不易破碎。

## 参 考 文 献

[1] 张会臣，严立. 纳米尺度润滑理论及应用 [M]. 北京：化学工业出版社，2005.

[2] RAPAPORT D C. The Art of Molecular Dynamics Simulation [M]. Cambridge：Cambridge University Press，2004.

[3] CUI F Y, GUO L, ZHANG S T. Experimental and theoretical studies of 2-amino thiazole as an inhibitor for carbon steel corrosion in hydrochloric acid [J]. Materials and Corrosion, 2014, 65 (12)：1194-1201.

[4] HEMMATEENEJAD B, SAFARPOUR M A, TAGHAVI F. Application of ab initio theory for the prediction of acidity constants of some 1-hydroxy-9,10-anthraquinone derivatives using genetic neural network [J]. Journal of Molecular Structure：Theochem, 2003, 635 (1)：183-190.

[5] OGRETIR C, CALIS S, BEREKET G, et al. A theoretical approach to search inhibition

mechanism of corrosion via metal-ligand interaction for some imidazole derivatives ［J］. Journal of Molecular Structure：Theochem，2003，635（1/2/3）：229-237.

［6］ PANDARINATHAN V，LEPKOVA K，BAILEY S I，et al. Adsorption of corrosion inhibitor 1-dodecylpyridinium chloride on carbon steel studied by in situ AFM and electrochemical methods ［J］. Industrial and Engineering Chemistry Research，2014，53（14）：5858-5865.

［7］ WANG X，WANG Y，LV C，et al. Investigation of the dissociative adsorption for cyclopropane on the copper surface by density functional theory and quantum chemical molecular dynamics method ［J］. Surface Science，2007，601（3）：679-685.

［8］ 张志平，周立. 亚磷酸二正丁酯的摩擦化学研究 ［J］. 润滑与密封，2005（4）：93-95，98.

［9］ SZUCS M，KRALLICS G，LENARD J G. The stribeck curve in cold flat rolling ［J］. International Journal of Material Forming，2017，10（1）：99-107.

［10］ 赵建国. 有序介孔碳自组装行为及吸附性能的模拟研究 ［D］. 广州：华南理工大学，2012.

# 6 极压抗磨剂的计算与模拟

油基金属加工液通常由基础油、油性剂、极压剂和缓蚀剂等组分构成。油基金属加工液的物理化学性能依赖于基础油的分子结构，而摩擦学性能主要决定于油性剂和极压剂，以及上述添加剂与基础油的配伍性。量子化学计算能从原子尺度揭示基础油分子与添加剂分子的电子结构特征和前线轨道分布，从而为预测分子反应活性和吸附机理等提供理论依据。以矿物油（正构烷烃）为基础油的轧制油为例，其物理化学性能稳定、润滑性能优异，但关于其分子尺度的研究相对较少[1]。同时，关于基础油的分子结构、摩擦学性能及与添加剂配伍性的研究鲜有报道[2]。为此，本章将以几种常用的极压抗磨剂为例，采用量子化学计算研究分子结构对反应活性和吸附性能的理论影响，表征其摩擦学性能，进一步研究基础油分子与极压抗磨剂、油性剂等添加剂的配伍性。

## 6.1 磷酸酯和含氮硼酸酯分子的量子化学参数与吸附

### 6.1.1 极压抗磨剂分子的量子化学参数

利用密度泛函理论（DFT-B3LYP-GGA/PW91 基组）优化脂肪醇聚乙二醇磷酸酯（EK）、含氮硼酸酯（BT）、二烷基二硫代磷酸酯（DDE）、亚磷酸二月桂酯（JP212）、磷酸胺（BASF349）的分子结构，5 种分子的分子结构如图 6-1 所

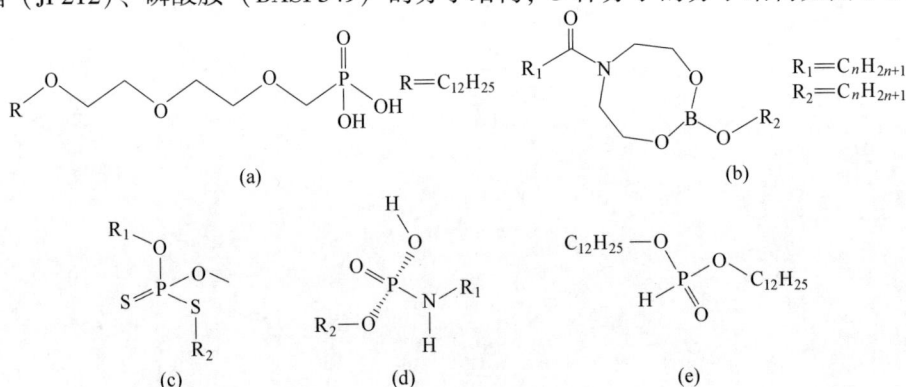

图 6-1　5 种分子的分子结构

（a）EK 的分子结构；（b）BT 的分子结构；（c）DDE 的分子结构；

（d）JP212 的分子结构；（e）BAS349 的分子结构

示。利用前线轨道理论计算分子的最高占据轨道能 $E_{HOMO}$ 和分子的最低空轨道能 $E_{LUMO}$，以及硬度 $\eta$、化学势 $\mu$ 和软度 $S$ 等化学参数（见表 6-1），预测分子的反应活性和选择性。根据软硬酸碱度原则，强酸强碱优先结合，软酸软碱优先结合。Cu 作为软酸，优先与软碱的添加剂结构结合，实验所用的极压抗磨剂优先选择软度较大的 EK、BT 和 DDE。

表 6-1　添加剂的化学参数

| 分子名称 | $E_{HOMO}/eV$ | $E_{LUMO}/eV$ | $\Delta E/eV$ | $\eta/eV$ | $\mu/eV$ | $S/eV^{-1}$ |
|---|---|---|---|---|---|---|
| EK | −5.982 | 0.044 | 6.025 | 3.013 | −2.969 | 0.332 |
| BT | −5.686 | −1.384 | 4.303 | 2.151 | −3.535 | 0.465 |
| DDE | −5.709 | −0.925 | 4.783 | 2.390 | −3.317 | 0.418 |
| JP212 | −6.659 | 0.659 | 7.318 | 3.660 | −3.000 | 0.273 |
| BASF349 | −6.486 | −0.405 | 4.303 | 2.150 | −3.535 | 0.329 |

采用 Materials Studio 软件中 Forcite 模块 Dreilding 力场 Charge Using QEq 对油性剂（十二醇、硬脂酸丁酯）和极压抗磨剂分子（含氮硼酸酯和脂肪醇聚乙二醇磷酸酯）的几何构型进行优化，确定所得结构能量是否为势能面上极小点。利用晶体 Cu 构建 Cu/Fe（110）面，厚度为 1.5336 nm，真空层厚度为 1.5 nm，吸附区域选取 16×16 超晶胞，优化晶体结构。在 Adsorption Locator 模块选取 Simulated Annealing 用于确定添加剂分子在 Cu/Fe（110）面最稳定的吸附位置。

假设添加剂分子在金属表面吸附存在物理吸附，则需要明确分子的每一个原子及金属表面所带电荷。分子在金属表面的物理吸附过程中，每个原子所带电荷均与金属表面所带电荷相关，这也决定了分子在金属表面的吸附构型。其中，分子的每一个原子所带电荷取决于该原子被赋予的原子力场。研究中使用了 Dreilding Forcefield，十二醇、硬脂酸丁酯、含氮硼酸酯和脂肪醇聚乙二醇磷酸酯的每一个原子的原子力场类型及描述见表 6-2。

表 6-2　原子力场类型及描述

| 原子及其位置 | 力场类型 | 力场描述 |
|---|---|---|
| C | C_3 | 碳，$sp^3$ |
| C | C_R | 碳，芳香烃 |
| O（环/P＝O） | O_R | 氧，芳香烃 |
| O（与 P/C 连接） | O_3 | 氧，$sp^3$ |
| O（与 N 连接） | O_2 | 氧，$sp^2$ |
| N | N_R | 氮，芳香烃 |
| B | B_2 | 硼，$sp^2$ |

| 原子及其位置 | 力场类型 | 力场描述 |
|---|---|---|
| P | P _ 3 | 磷 |
| H | H _ | 氢 |
| H（与 O 连接） | H _ A | 氢，包含氢键 |
| Cu | Cu _ m | 铜，金属 |
| Fe | Fe6+2 | 铁，八面体，+2 氧化态 |

从表 6-2 可知，芳香环、烷基上的 C 原子的力场均为 C _ R，表示与隐式氢碳共振，其余 C 原子的力场是 C _ 3，则表示四面体且 $sp^3$ 杂化轨道旋转；B 原子的力场为 B _ 2，表示 $sp^2$ 旋转的 B 原子参与共振；H _ A 表示 1 个氢原子形成氢键的能力。环上的 O 原子或 P＝O 双键上的 O 原子均表示与 H 形成共振键，P _ 3 仅代表该元素。同理，其余原子被赋予的力场表示的含义是一致的。

添加剂十二醇、硬脂酸丁酯、含氮硼酸酯和脂肪醇聚乙二醇磷酸酯的每一个原子的电荷值见表 6-3。十二醇的 C 原子带负电；O 原子也带负电，其值为 $-0.657e$；H 原子均带正电。硬脂酸丁酯在烷基链上的 C 原子均带负电，而与 O 原子相连的 C 原子带正电，—O—C＝O 双键中的 C 原子带正电，其值为 $0.520e$，O 原子带负电，其值为 $-0.488e$；另一端连着的 O 原子也带负电，其值为 $-0.552e$；H 原子均带正电。脂肪醇聚乙二醇磷酸酯的 P 原子带正电，其值为 $0.548e$，P＝O 双键中的 O 原子带负电，其值为 $-0.362e$，而 P—OH 中的 O 原子也带负电，其值为 $-0.545e$，H 原子带正电，其值为 $0.317e$；C—O 键中 O 原子带负电，其值为 $-0.568e$；C 原子通常带负电，只有与 O 原子链接时带正电。含氮硼酸酯的八元环上的 B 原子带正电，其值为 $0.887e$，八元环上与 B 原子连接的 O 原子均带负电，且 N 原子也带负电，其值为 $-0.334e$，八元环上—N—C—O—键的 C 原子不带电荷，环上其余 C 原子带正电或负电，H 原子带正电，C＝O 双键中的 C 原子和 O 原子分别带正电和负电，其值分别为 $0.428e$ 和 $-0.491e$，烷基链上的 C 原子均带负电，H 原子仍带正电。

**表 6-3　添加剂的原子电荷**

| 原子及其位置 | 十二醇 | 硬脂酸丁酯 | 脂肪醇聚乙二醇磷酸酯 | 含氮硼酸酯 |
|---|---|---|---|---|
| C（烷基） | $-0.437e$ | $-0.432e$ | $-0.433e$ | $-0.435e$ |
| C（烷基） | $-0.279e$ | $-0.316e$ | $-0.287e$ | $0.286e$ |
| C（烷基） | $-0.283e$ | $-0.276e$ | $-0.266e$ | $0.266e$ |
| C（烷基） | $-0.278e$ | $-0.298e$ | $-0.278e$ | $-0.303e$ |
| C（烷基） | $-0.274e$ | $-0.295e$ | $-0.317e$ | $-0.255e$ |

续表6-3

| 原子及其位置 | 十二醇 | 硬脂酸丁酯 | 脂肪醇聚乙二醇磷酸酯 | 含氮硼酸酯 |
|---|---|---|---|---|
| C（烷基） | $-0.317e$ | $-0.227e$ | $-0.225e$ | $-0.236e$ |
| C（靠近O） | — | $0.028e$ | $0.044e$ | — |
| C（靠近O） | — | — | $0.033e$ | — |
| C（靠近O） | — | — | $0.025e$ | — |
| C（靠近O） | $-0.030e$ | — | $0.188e$ | — |
| C（C＝O） | — | $0.520e$ | — | $0.428e$ |
| C（环） | — | — | — | $-0.110e$ |
| C（环） | — | — | — | $-0.004e$ |
| C（环） | — | — | — | $0.005e$ |
| C（环） | — | — | — | $-0.054e$ |
| O（环/P＝O） | — | $-0.488e$ | $-0.362e$ | $-0.623e$ |
| O（环） | — | — | — | $-0.518e$ |
| O（靠近P） | — | — | $-0.545e$ | — |
| O（靠近C） | $-0.657e$ | $-0.552e$ | $-0.568e$ | $-0.491e$ |
| O（靠近B） | — | — | — | $-0.550e$ |
| P | — | — | $0.548e$ | — |
| N | — | — | — | $-0.334e$ |
| B | — | — | — | $0.887e$ |
| H（烷基） | $0.158e$ | $0.151e$ | $0.141e$ | $0.137e$ |
| H（烷基） | $0.144e$ | $0.145e$ | $0.148e$ | $0.147e$ |
| H（烷基） | $0.139e$ | $0.160e$ | $0.155e$ | $0.154e$ |
| H（烷基） | $0.148e$ | $0.153e$ | $0.148e$ | $0.155e$ |
| H（烷基） | $0.143e$ | $0.137e$ | $0.068e$ | $0.157e$ |
| H（烷基） | $0.104e$ | $0.148e$ | $0.089e$ | $0.108e$ |
| H（烷基） | $0.139e$ | $0.167e$ | $0.123e$ | $0.092e$ |
| H（环） | — | $0.153e$ | $0.137e$ | $0.064e$ |
| H（环） | — | — | — | $0.138e$ |
| H（环） | — | — | — | $0.083e$ |
| H（环） | — | — | — | $0.071e$ |
| H（靠近O） | $0.298e$ | — | $0.317e$ | $0.195e$ |
| Cu/Fe | 0 | 0 | 0 | 0 |

### 6.1.2　极压抗磨剂分子在金属表面的稳定吸附构型

极压抗磨剂作为表面活性剂添加到轧制油中，并在钢-铜摩擦过程中的 Cu/Fe 表面吸附成膜组成的润滑膜可避免摩擦副之间的直接接触，以减少摩擦过程中的磨损。从原子角度出发，通过构建极压抗磨剂在 Cu/Fe 表面的吸附模型，能计算极压抗磨剂在 Cu/Fe 表面的吸附能，直观地展示极压抗磨剂与金属的作用方式。

分子吸附在金属晶面不同位置的吸附能不同；当吸附能绝对值最大时，该吸附位置最稳定，能获得最稳定的吸附构型。由于金属 Cu/Fe 表面不带电荷，则添加剂分子倾向于分子平行吸附于 Cu/Fe(110) 面。十二醇、硬脂酸丁酯、脂肪醇聚乙二醇磷酸酯和含氮硼酸酯在 Cu(110) 面稳定的吸附构型侧视图如图 6-2 所示。极压抗磨剂分子在 Cu(110) 稳定吸附构型俯视图如图 6-3 所示，右下角为其部分放大图。油性剂分子平行伸展，烷基链与晶面平行；几何优化的极压抗磨剂分子含氮硼酸酯，其八元杂环与一侧烷基链缠绕，并以一定角度与另一侧烷基链相连，通过另一侧烷基链与晶面平行；另一极压抗磨剂分子脂肪醇聚乙二醇磷

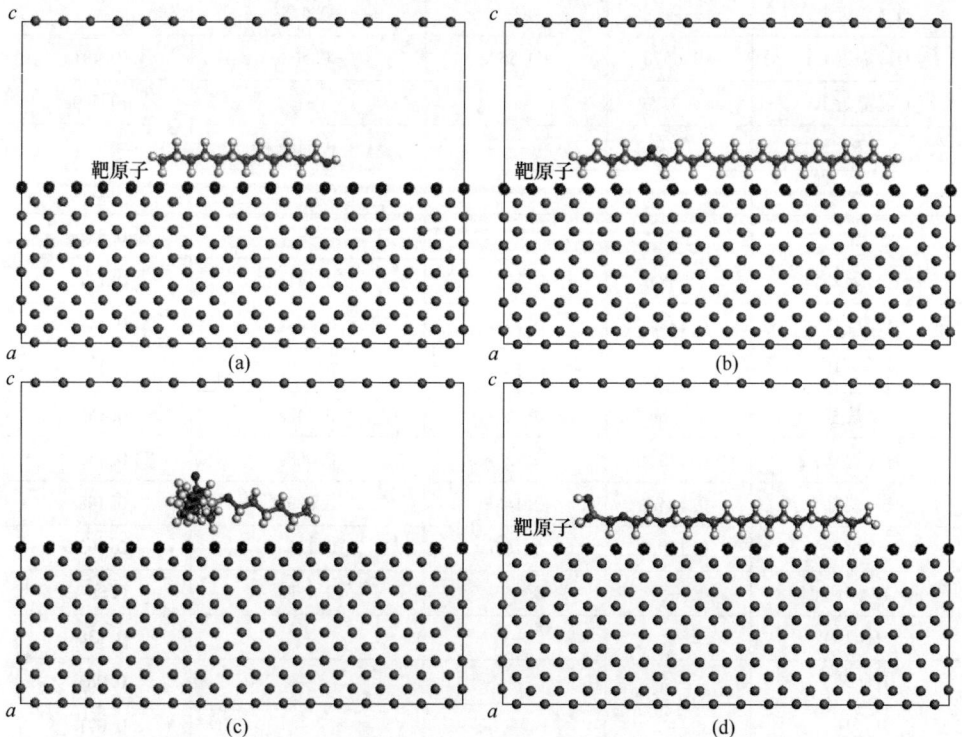

图 6-2　添加剂分子在 Cu(110) 面稳定的吸附构型侧视图

（a）十二醇分子；（b）硬脂酸丁酯分子；（c）脂肪醇聚乙二醇磷酸酯分子；（d）含氮硼酸酯分子

酸酯的 P ═ O 双键与晶面成一定倾斜角度的物理吸附。同理，通过同种方法模拟并获得的极压抗磨剂分子在 Fe(110) 面的吸附构型如图 6-4 所示。

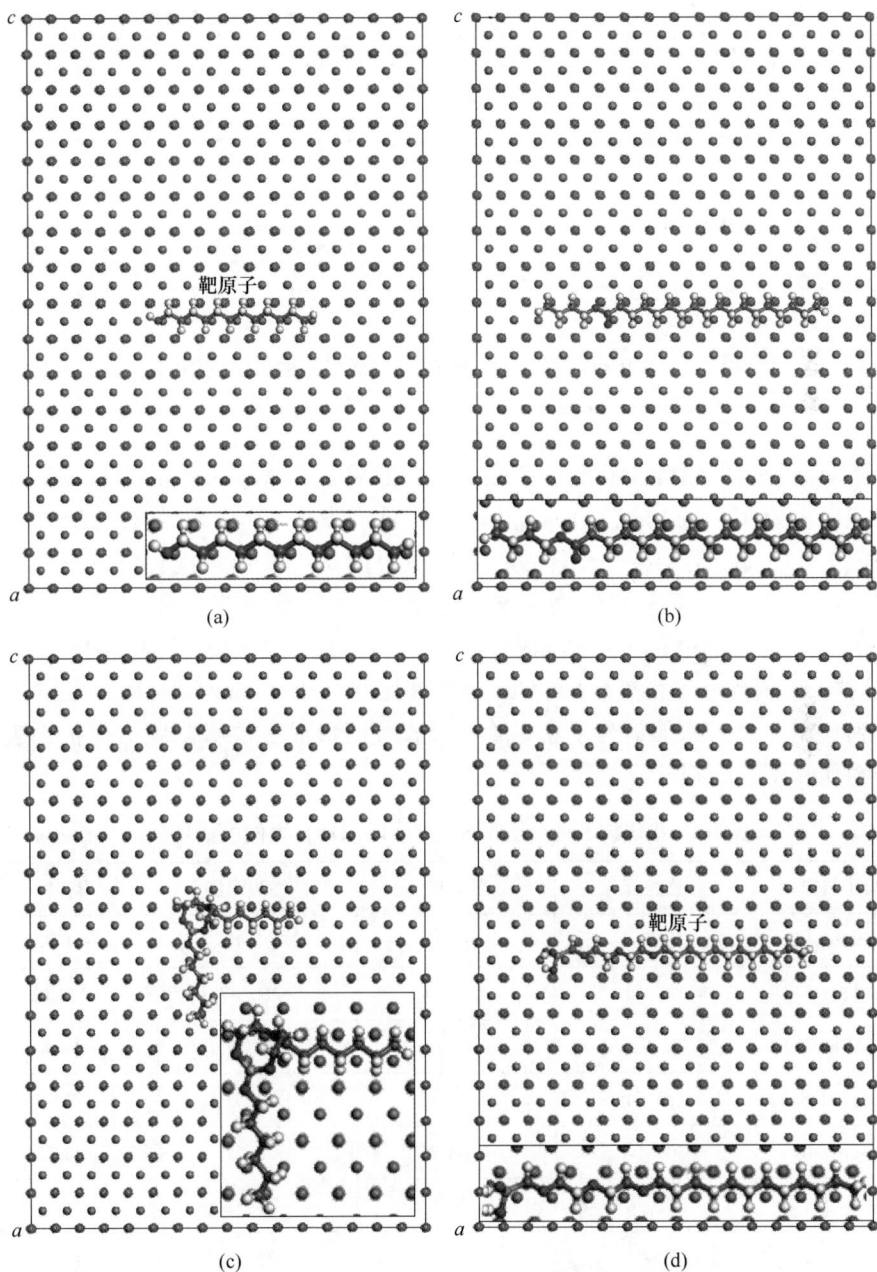

图 6-3　极压抗磨剂分子在 Cu(110) 面稳定的吸附构型俯视图

(a) 十二醇分子；(b) 硬脂酸丁酯分子；(c) 含氮硼酸酯分子；(d) 磷酸酯分子

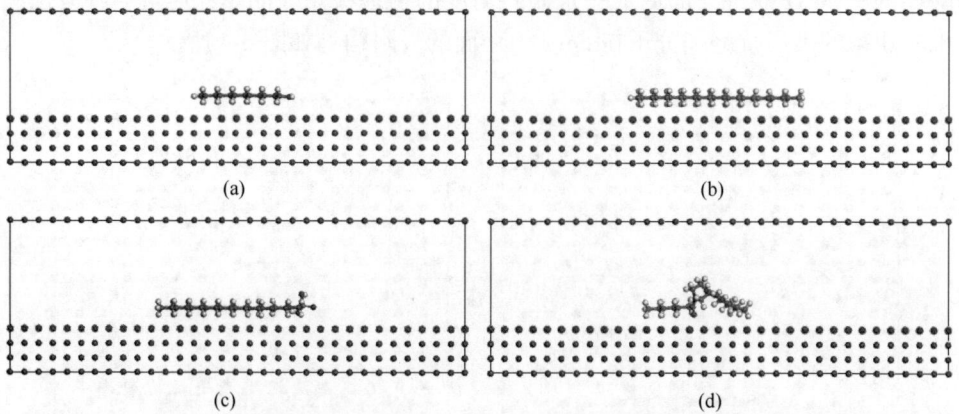

图 6-4　极压抗磨剂分子在 Fe(110) 面稳定的吸附构型图

（a）十二醇分子；（b）硬脂酸丁酯分子；（c）含氮硼酸酯分子；（d）磷酸酯分子

　　添加剂分子十二醇、硬脂酸丁酯、脂肪醇聚乙二醇磷酸酯和含氮硼酸酯分子稳定吸附在 Cu/Fe(110) 面的能量参数见表 6-4，其中总能量是指分子在 Cu/Fe(110) 面吸附构型的总能量；刚性吸附能是指在结构优化前，当分子吸附在 Cu/Fe(110) 面未弛豫时的能量；形变能量是指当分子吸附在 Cu/Fe(110) 面松弛时的能量；吸附能则为在 Cu/Fe(110) 面的吸附构型中的分子被去除时构型的能量。由表 6-4 可知，4 种添加剂分子在 Cu/Fe(110) 面的吸附能排列顺序一致，添加剂分子易黏着在金属表面形成一层吸附膜，保护铜表面不受划伤和剧烈磨损。

表 6-4　极压抗磨剂分子吸附在 Cu/Fe(110) 面的能量参数　　（kJ/mol）

| 分子结构 | 总能量 | 吸附能 | 刚性吸附能 | 形变能 |
|---|---|---|---|---|
| Cu(110)-BT | 305.44 | −99.42 | −17.44 | −81.98 |
| Cu(110)-EK | 185.14 | −548.48 | −260.47 | −288.02 |
| Cu(110)-C12 | 72.96 | −43.19 | −16.77 | −26.42 |
| Cu(110)-BS | 113.04 | −103.46 | −30.55 | −72.92 |
| Fe(110)-BT | 302.10 | −102.75 | −22.52 | −80.23 |
| Fe(110)-EK | 387.30 | −346.32 | −35.82 | −310.50 |
| Fe(110)-C12 | 67.19 | −48.96 | −22.58 | −26.38 |
| Fe(110)-BS | 102.75 | −113.75 | −40.41 | −73.35 |

## 6.2　极压抗磨剂与基础油配伍性的量子化学计算

### 6.2.1　极压抗磨剂与基础油分子量子化学参数的对比

图 6-5 为各有机分子的前线轨道分布，有分子优化构型、最高占据轨道（HOMO）和最低空轨道（LUMO）分布。由图 6-5 可知，两种基础油分子的 HOMO 均分布于其主链上，即其亲电反应中心分布于分子主链。对于 D100 正构烷烃分子，其 LUMO 分布于碳链中央，而 IP95 异构烷烃分子 LUMO 轨道则分布于靠近支侧的碳链末端。该种 LUMO 轨道分布特征表明正构烷烃和异构烷烃的亲核反应中心不同。DDL 的 HOMO 和 LUMO 两种轨道均位于碳链末端的羟基结构，表明其亲核和亲电反应中心均位于分子链羟基结构附近。异构烷烃分子和 DDL 分子具有相似的前线轨道分布特征，表明二者能够在表面润滑过程中起到明显的协同润滑作用。LUMO 分布于分子链末端能够减少有机分子在金属表面吸附过程中的空间位阻，从而促进基础油和添加剂分子在金属表面的吸附，导致表面形成更加规整、致密和稳定的分子膜，最终提升轧制油的抗磨减摩性能。

同时，DBPI 分子的 HOMO 和 LUMO 分布完全重叠，且位于磷酸酯基周围，表明磷酸酯基具有较高的化学反应活性，既可以作为电子授体，发生亲电反应，又可以作为电子受体，发生亲核反应。而在表面润滑过程中，由于金属表面富集大量自由电子，润滑剂分子的 LUMO 分布对于表面成膜反应具有更重要的物理意义。尽管 DBPI 分子和 D100 分子具有相似的 LUMO 分布，但 DBPI 分子在摩擦副表面的吸附作用往往与其水解反应相关，磷酸酯基水解后，反应活性位点将位于新结构的末端，因而这种活性位点的分布本质上与 IP95 分子的反应活性位点分布一致，而不是与 D100 分子相同。这也充分证明了摩擦学实验中的结果，即 IP95 的摩擦学性能对 DBPI 的加入更加敏感，在同等 DBPI 浓度下，以 IP95 为基础油，铝材轧制油的油膜强度更高。

表 6-5 为通过密度泛函理论计算的分子性能参数。IP95 分子的 $E_{HOMO}$ 值略低于 IP95 异构烷烃分子，说明其具有相对较弱的供电子能力，而 $E_{LUMO}$ 值低于 D100 分子，则说明其具有较高的受电子能力。金属表面润滑过程中，有机分子可以通过接受金属表面的离域电子而形成摩擦化学膜，因而有机分子较高的 $E_{LUMO}$ 值更有利于分子与金属表面间的电子转移反应和吸附反应。此外，$\Delta E$ 值越小，分子中电子发生跃迁所需的能量越小，从而具有较高的反应活性。进一步，由 D100 和 IP95 中分子的能隙值 $\Delta E$ 可知，IP95 分子具有较小的 $\Delta E$ 值，说明电子发生跃迁所需的能量较小，从而在油溶剂环境中具有较高的反应活性，但二者反应活性的差异较小。IP95 和 D100 分子的 $\Delta E$ 值均高于 5 eV，则表明 IP95 和

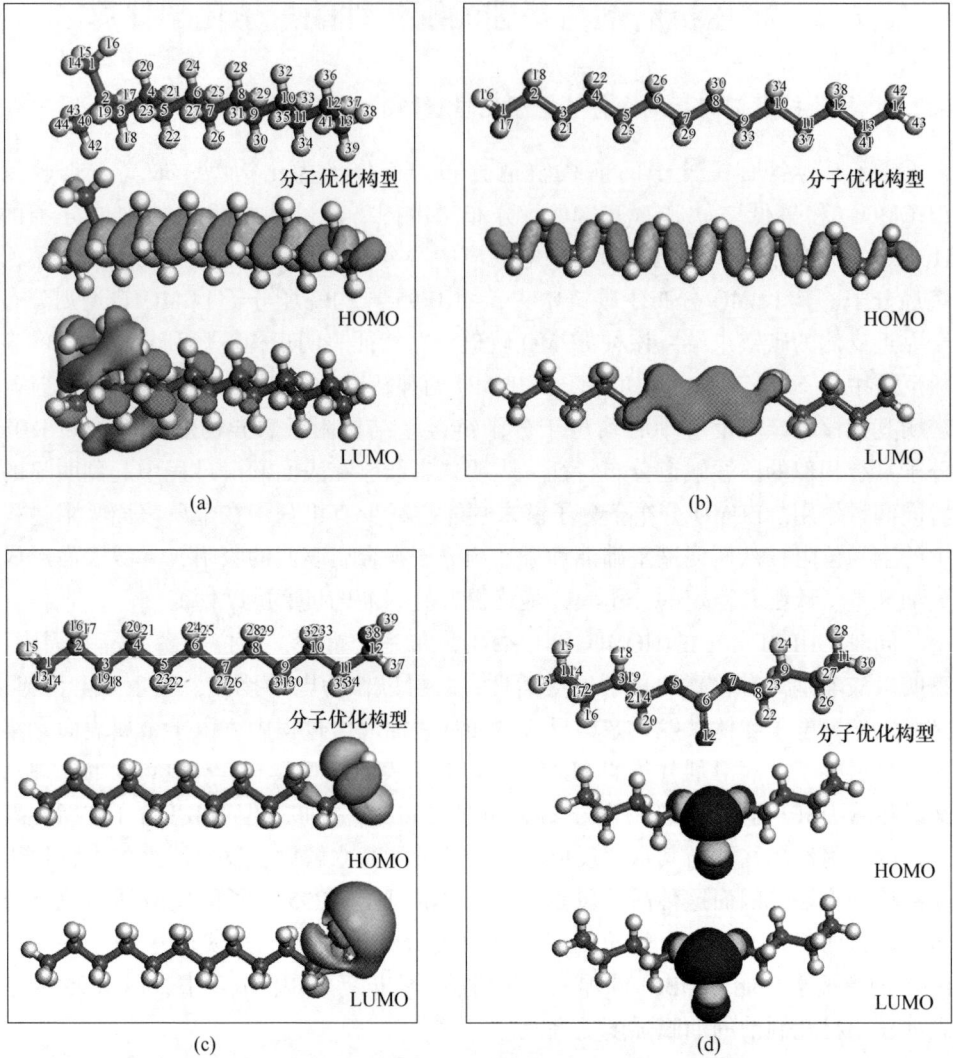

图 6-5　各有机分子的前线轨道分布

（a）IP95 分子的前线轨道分布；（b）D100 分子的前线轨道分布；

（c）DDL 分子的前线轨道分布；（d）DBPI 的前线轨道分布

（图中数字为原子编号）

D100 分子均为稳定的化学体系。此外，两种分子的全局硬度 $\eta$、化学势 $\mu$、软度 $\sigma$ 和亲电指数 $\omega$ 值等接近，均表明 D100 和 IP95 分子的反应活性差异基本相同。DDL 分子具有最大的 $E_{HOMO}$ 和 $E_{LUMO}$ 值，说明与基础油分子相比，DDL 分子具有活跃的化学性质，这主要与分子中的羟基结构有关。DBPI 分子的 $\Delta E$ 值（1.367

eV) 明显低于基础油分子和 DDL 分子的 $\Delta E$ 值, 表现出极强的反应活性, 因而能够在金属表面形成致密的摩擦膜, 从而防止摩擦副发生直接接触。

**表 6-5 通过密度泛函理论计算的分子性能参数**

| 分子名称 | $E_{HOMO}/eV$ | $E_{LUMO}/eV$ | $\Delta E/eV$ | $\mu/eV$ | $\eta/eV$ | $\sigma/eV^{-1}$ | $\omega/eV$ |
|---|---|---|---|---|---|---|---|
| IP95 | −6.879 | 1.422 | 8.301 | −2.729 | 4.151 | 0.241 | 0.897 |
| D100 | −6.873 | 1.467 | 8.340 | −2.703 | 4.170 | 0.240 | 0.876 |
| DDL | −6.089 | 0.997 | 7.086 | −2.546 | 3.543 | 0.282 | 0.915 |
| DBPI | −5.315 | −3.930 | 1.385 | −4.620 | 0.690 | 1.440 | 15.400 |

此外, 福井指数对于表征分子中原子的反应活性具有重要意义。$f_k^-$ 值代表亲电反应中反应物分子给出电子的能力, $f_k^+$ 值代表在亲核反应中反应物分子接受电子的能力, 而 $f_k^0$ 值则反映自由基反应中分子之间形成共用电子对的能力。如图 6-6 所示, IP95 分子的反应活性位点位于含支链一侧的分子碳链末端, 位于碳链末端的 H 原子具有更高的 $f_k^+$ 值和 $f_k^-$ 值, 表明支链处 H 原子在反应过程既可以接受亲核攻击, 又可以接受亲电攻击。在 D100 基础油分子中, 碳链中部的 H 原子具有较高的 $f_k^+$ 和 $f_k^0$ 值, 表明该部分 H 原子易受到亲电攻击和轨道攻击。而对于

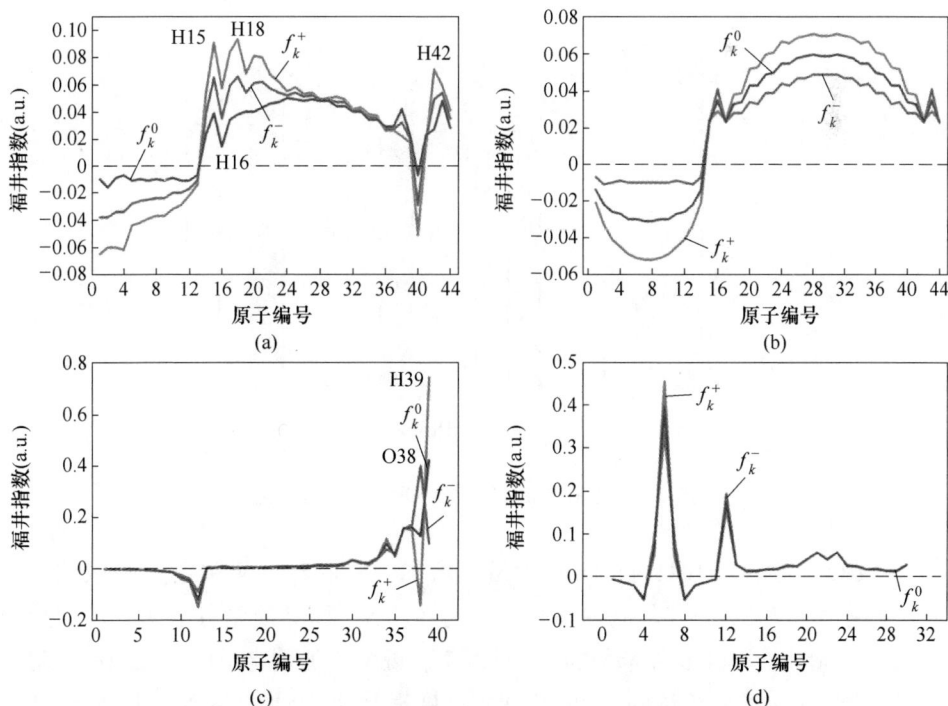

图 6-6 轧制油中有机分子的福井指数
(a) IP95 分子; (b) D100 分子; (c) DDL 分子; (d) DBPI 分子

DDL 分子，其福井指数最大值位于羟基附近，并显著高于 IP95 分子和 D100 分子的福井指数，表明羟基是其发生亲电和亲核反应的活性位点，且 DDL 分子具有更高的化学反应活性，容易与表面发生吸附反应。DBPI 的福井指数变化则表明其主要的反应活性位点位于磷酸酯基，且其分子中的 P 原子具有最高的化学反应活性，这也解释了 DBPI 分子容易发生质子化的原因；其后，C—O—P 结构的反应活性较高，而该结构则主要决定了 DBPI 分子在摩擦副表面的化学反应。

### 6.2.2　十二醇与基础油配伍性研究

油膜强度 $P_B$ 是表征金属间润滑油油膜承载能力的重要参数。十二烷醇（DDL）作为油性添加剂具有提高油膜强度和降低润滑油摩擦系数等优点。图 6-7 所示为轧制油油膜强度随 DDL 含量的变化曲线。由图 6-7 可知，两种基础油的油膜强度均较低，煤制油 IP95 油膜强度仅为 88 N，而传统白油 D100 油膜承载能力相对较高，为 98 N。当基础油中含有不同含量的 DDL 作为油性剂时，两种轧制油的油膜强度有了不同程度的提高，这是因为 DDL 属于长直链极性化合物，且具有较强的金属表面亲和性，分子间作用力强，因此可以在一定程度上促进摩擦副间润滑膜的形成。

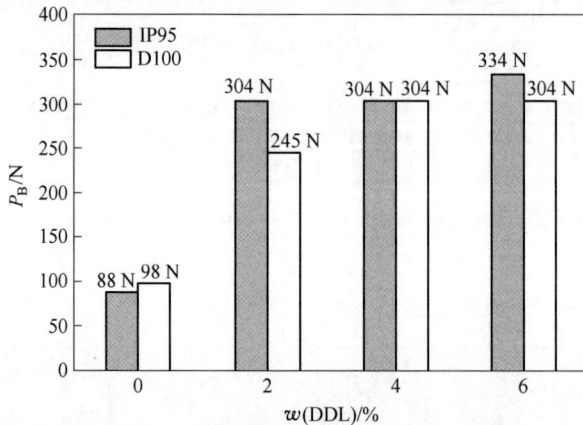

图 6-7　轧制油油膜强度随 DDL 含量的变化

以 IP95 为基础油时，随 DDL 含量的增加，轧制油油膜强度上升较快。当 DDL 质量分数为 2% 时，轧制油油膜强度为 304 N，而其质量分数进一步增加至 4% 时，轧制油油膜强度并未增加，为 304 N，说明添加剂含量已接近饱和吸附含量。当添加剂质量分数达到 6% 时，油膜强度提升 9%，为 334 N。相较于 IP95，以 D100 为基础油的轧制油油膜强度随添加剂含量提高而提升的幅度较小，当

DDL 质量分数为 2%时，D100 基础油油膜强度为 245 N，低于同等含量下以 IP95 为基础油的轧制油油膜强度。同时，当添加剂质量分数达到 4%时，轧制油膜强度出现"平台期"，其油膜强度不再随添加剂含量的增加而提升，但其平台期的出现晚于以 IP95 为基础油的轧制油。因而，实验结果表明 IP95 对于醇类添加剂具有更高的敏感性，即使在较低的 DDL 含量下，相较于 D100，IP95 能够与 DDL 产生优异的协同润滑作用，最终形成承载能力更高的润滑油膜。磨斑直径 WSD 和摩擦系数 FC 是表征轧制油抗磨减摩性能的重要参数。磨斑直径和摩擦系数越小，则轧制油的抗磨减摩能力越强，对金属表面的保护也更强。含一定含量 DDL 轧制油的摩擦系数曲线、平均摩擦系数 AFC 和磨斑直径如图 6-8 所示。由图 6-8

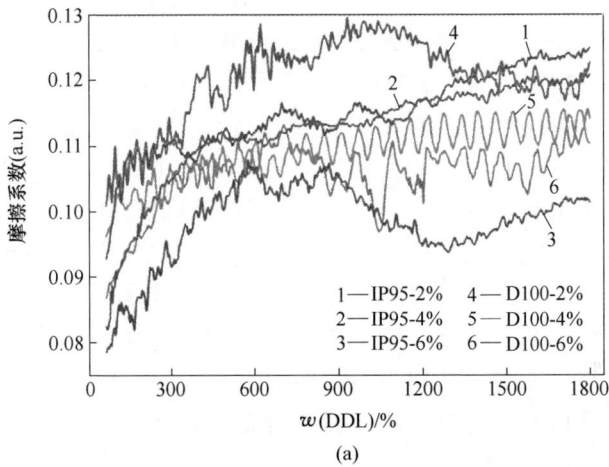

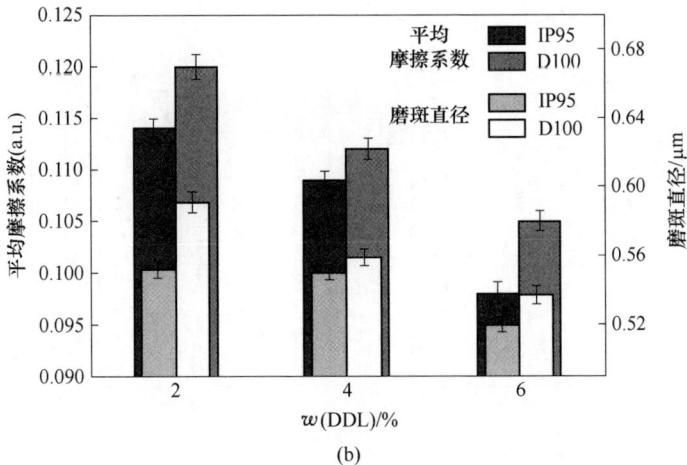

图 6-8　不同 DDL 含量轧制油的抗磨减摩性能

(a) 摩擦系数曲线；(b) 平均摩擦系数曲线和磨斑直径

（a）可知，含不同基础油的轧制油体系摩擦系数均具有一定的波动，且在 600 s 内，摩擦系数增加剧烈，总体呈现波动上升状态。对比两种不同的轧制油体系，可以发现以 IP95 为基础油时，尤其在 DDL 质量分数为 2% 和 4%，摩擦系数曲线波动较小。这表明 IP95 能够保持更稳定的润滑状态。这也与前期通过钢-铝摩擦副对煤制油摩擦学性能的研究结果一致。

### 6.2.3　亚磷酸二正丁酯与基础油配伍性研究

图 6-9 为两种铝材轧制油油膜强度随亚磷酸二丁酯（DBPI）含量的变化情况。在无添加剂时，以异构烷烃为主要成分的煤制油（IP95）油膜强度（88 N），略低于以正构烷烃为主要成分的传统白油 D100 油膜强度（98 N）。在加入 DBPI 之后，两种基础油油膜强度均发生显著提升，且 IP95 油膜强度对 DBPI 的加入更为敏感。当 DBPI 质量分数为 0.3% 时，两种铝材轧制油的油膜强度达到峰值，以 IP95 为基础油的轧制油油膜强度为 1050 N，高于以 D100 为基础油的轧制油油膜强度 6.6%。其后，随 DBPI 质量分数增加至 0.4%，两种铝材轧制油油膜强度保持不变。这种现象主要与 DBPI 分子在摩擦副表面达到饱和密切相关。DBPI 在两种基础油中的饱和吸附质量分数 SAC 均为 0.3%。DBPI 中的磷酸酯结构主要通过水解反应在金属表面生成磷化层而起到极压润滑作用。因而，DBPI 的极压润滑性能与其水解稳定性密切相关，水解稳定性越低，越容易在表面形成化学润滑膜，极压性能则越好。IP95 在加入 DBPI 后油膜强度提升更大，说明 DBPI 在煤制基础油中的水解稳定性弱于在 D100 中的水解稳定性。

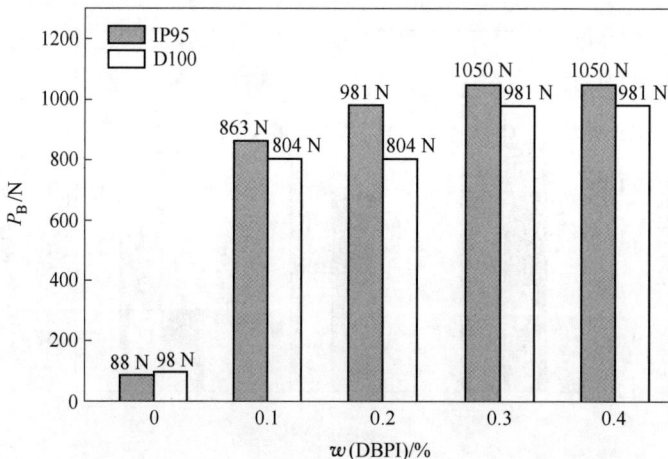

图 6-9　两种铝材轧制油油膜强度随 DBPI 含量的变化情况

图 6-10 为抗磨减摩性能随 DBPI 含量的变化。以 IP95 为基础油的铝材轧制

油，其摩擦系数时间的变化波动较小，尤其在低 DBPI 含量条件下，而以 D100 为基础油的铝材轧制油，除 DBPI 质量分数为 0.3%的体系外，其余体系摩擦系数随时间波动呈上升趋势。该现象表明以 IP95 为基础油的轧制油体系，具有更稳定的抗磨减摩能力，在长磨过程中能够保持较低且较稳定的摩擦系数。进一步通过计算平均摩擦系数和测量磨斑直径，如图 6-10（c）所示，IP95 体系的摩擦系数随 DBPI 含量变化较小，当 DBPI 质量分数为 0.1%时，其磨斑直径和平均摩擦系数达到最低值，分别为 0.488 mm 和 0.088。而在高 DBPI 含量条件下，平均摩擦系数与磨斑直径的增加，则主要与 DBPI 分子在表面的竞争吸附引起的摩擦系数曲线波动密切相关。此外，当 DBPI 质量分数为 0.2%，IP95 体系摩擦系数略高于同含量的 D100 体系。而以 D100 为基础油的体系，在 DBPI 质量分数为 0.2%时，其具有最低的磨斑直径和平均摩擦系数，分别为 0.490 mm 和 0.0904。因而，研究表明 IP95 体系在 DBPI 质量分数为 0.1%时具有最优的抗磨减摩性能，而 D100 体系则在 DBPI 质量分数为 0.2%时具有最佳的抗磨减摩性能。

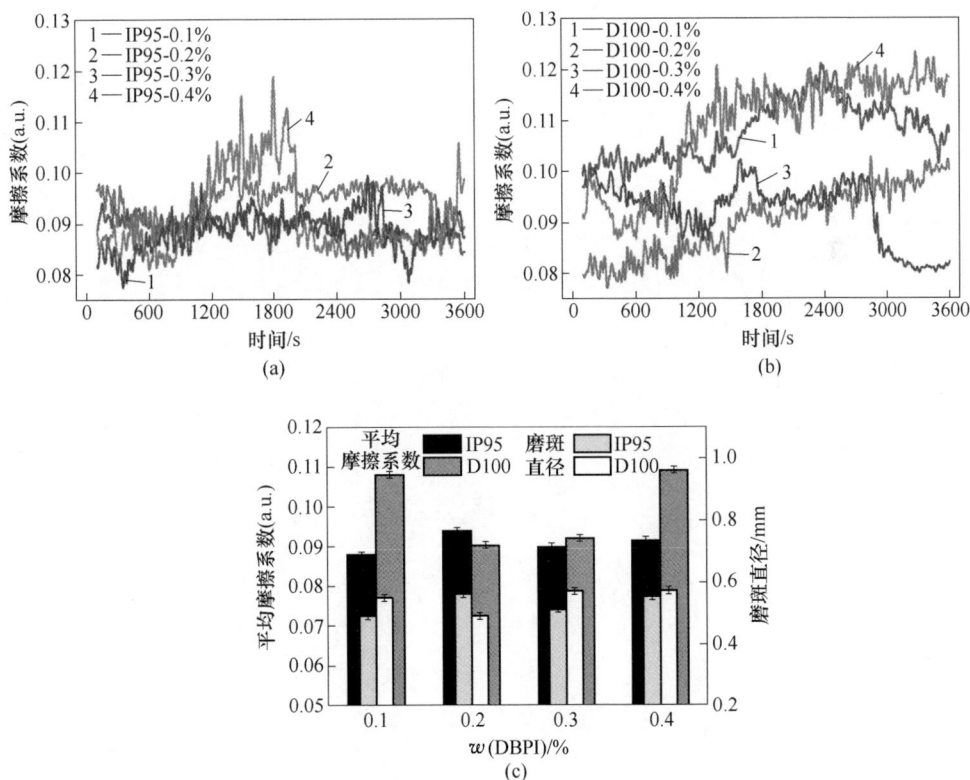

图 6-10　抗磨减摩性能随 DBPI 含量的变化

（a）IP95 摩擦系数曲线；（b）D100 体系摩擦系数曲线；（c）平均摩擦系数和磨斑直径曲线

# 参 考 文 献

［1］唐华杰，孙建林，韩钊，等．煤制油作为铝冷轧基础油的表面润滑与吸附机理［J］．石油学报（石油加工），2023，39（3）：650-658.

［2］唐华杰．铝轧制油抗磨减摩机理与磨损产物分析［D］．北京：北京科技大学，2022.

# 7 缓蚀剂的计算与模拟

金属加工液的润滑性能及伴随的一系列表面腐蚀问题是影响金属加工表面质量的重要因素，加工液中加入适量油性剂或极压剂能够明显改善矿物油和煤制油的摩擦学性能，显著抑制摩擦副表面的磨损。但是，与此同时，活性成分的存在会对金属表面，尤其是铜、铝材的表面造成一定程度的腐蚀，影响加工表面质量，甚至降低其使用性能；金属加工过程局部的"高温"和"高压"环境也会增加金属与加工液分子的反应活性，破坏金属表面原有的氧化膜[1]，降低了金属自身的耐蚀性；轧制油在循环使用过程中可能混入腐蚀性离子，如 $H^+$、$Cr^{2+}$ 等；基础油氧化变质及潮湿的工业环境将导致轧制油中形成水分，这为电化学腐蚀的发生提供了有利条件。因此，需要在金属加工液中加入适当的缓蚀剂以应对上述问题。为此，结合量子化学计算和分子动力学模拟，探究缓蚀剂分子与金属表面交互作用如何影响缓蚀剂的吸脱附行为，明确缓蚀剂分子在金属表面的吸附形式，对于解决金属加工过程中的腐蚀问题具有重要意义。

## 7.1 缓蚀剂的量子化学参数

### 7.1.1 计算方法和参数设置

采用密度泛函理论，运用 B3LYP 方法，选取几种典型的铜缓蚀剂分子，苯并三氮唑（BTA）、甲基苯并三氮唑（TTA）、羧基苯并三氮唑（CBTA）和二巯基噻二唑（DMTD）进行研究。首先进行几何结构优化，确定所得结构能量是否为势能面上的极小点，利用得到的电子密度分布和静电分布来分析分子的反应活性位点。该计算程序选用的是 Materials Studio 软件包中的 Dmol3 模块，缓蚀剂分子的几何优化是在 GGA-PW91 基组水平上进行的，缓蚀剂分子的反应活性通过分析分子前线轨道分布及化学势 $\mu$、软度 $S$、硬度 $\eta$ 和亲电指数 $\omega$ 等化学参数得到。分子的局部反应活性可以通过分析福井指数的局部参量得到。通过对金属表面可能的吸附构型量化分析，进而确定缓蚀剂在金属表面的吸附方式。缓蚀剂分子的结构示意图如图 7-1 所示。

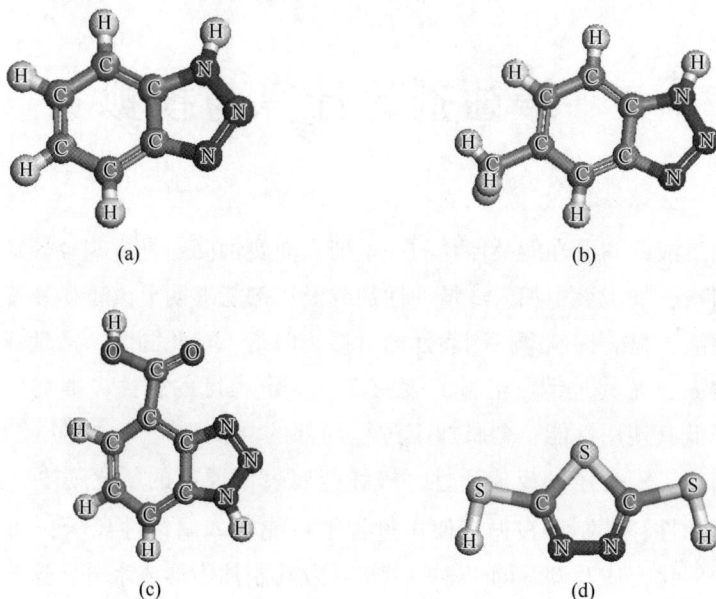

图 7-1　缓蚀剂分子的结构示意图
（a）BTA 分子；（b）TTA 分子；（c）CBTA 分子；（d）DMTD 分子

## 7.1.2　缓蚀剂分子的全局反应活性

反应物之间的相互作用仅发生在分子的前线轨道之间，可以通过研究分子的最高占据轨道（HOMO）和最低空轨道（LUMO）来分析缓蚀剂分子的吸附行为。图 7-2 为缓蚀剂分子的 HOMO 和 LUMO 分布图，主要分布在成环的原子上。缓蚀剂分子这种分布利于向金属表面的 $d$ 轨道提供电子而形成配位键，对于缓蚀剂分子，通过它的反键轨道接受金属电子，缓蚀剂分子在铜表面通过双重作用能够吸附得更加稳定[2]。

BTA、TTA、CBTA、DMTD 分子的全局参数可通过密度泛函理论计算得出，当已知体系的 $N$ 个电子体系的外场及总能量 $E$ 时，分子的软度 $S$、硬度 $\eta$、化学势 $\mu$ 和亲电指数 $\omega$ 等化学参数可以通过式（7-1）~式（7-4）计算得到。

$$\mu = -\chi = \left(\frac{\partial E}{\partial N}\right)_v \tag{7-1}$$

$$\eta = \left(\frac{\partial^2 E}{\partial^2 N}\right)_v = \left(\frac{\partial \mu}{\partial N}\right)_v \tag{7-2}$$

$$S = \frac{1}{\eta} = \left(\frac{\partial N}{\partial \mu}\right)_v \tag{7-3}$$

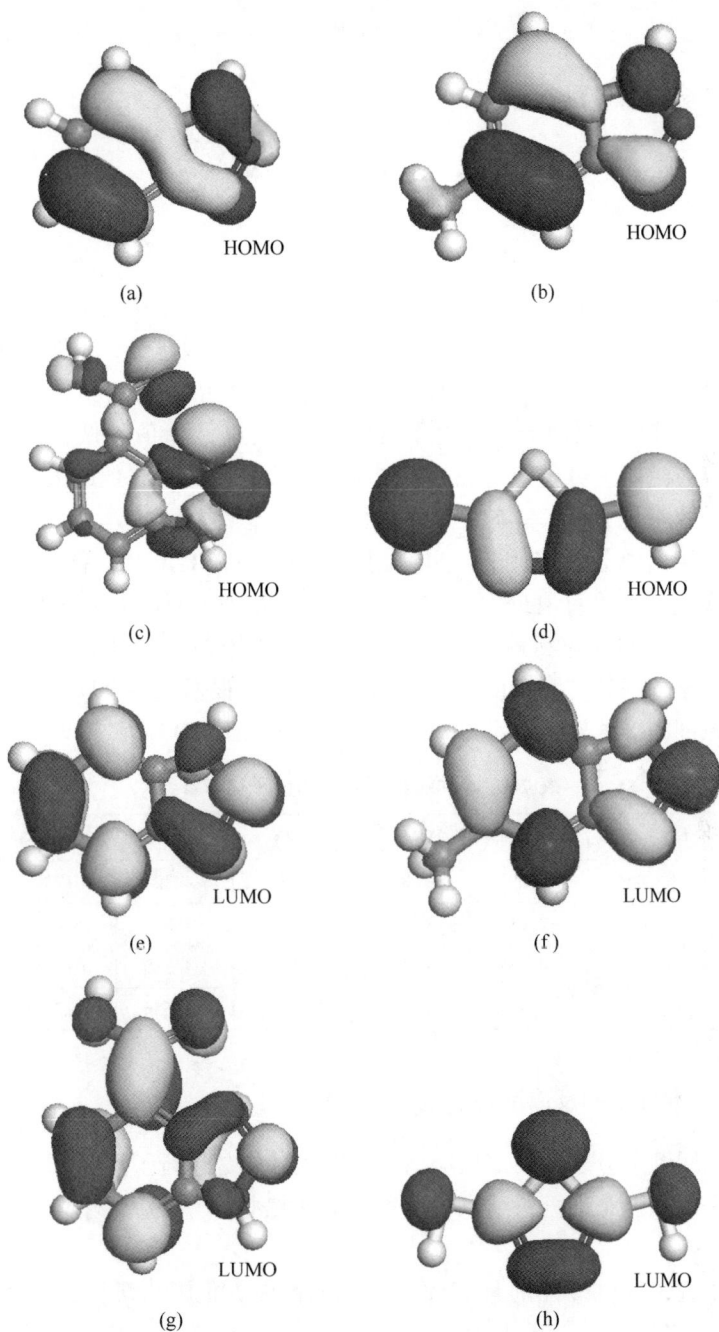

图 7-2 缓蚀剂分子的 HOMO 和 LUMO 分布图

(a) ~ (d) 分别为 BTA、TTA、CBTA 和 DMTD 分子的 HOMO 分布图；

(e) ~ (h) 分别为 BTA、TTA、CBTA 和 DMTD 分子的 LUMO 分布图

$$\omega = \frac{\mu^2}{\eta} \qquad\qquad (7\text{-}4)$$

这些参数可通过以下公式得出

$$\mu = \frac{1}{2}(E_{HOMO} + E_{LUMO}) \qquad\qquad (7\text{-}5)$$

$$\eta = \frac{1}{2}(E_{LUMO} - E_{HOMO}) \qquad\qquad (7\text{-}6)$$

4 种缓蚀剂分子的量子化学参数见表 7-1。通过前线轨道理论分析可知，$E_{LUMO}$ 值可以体现缓蚀剂分子接受电子的能力，$E_{LUMO}$ 值越低，说明缓蚀剂分子越容易接受电子，反之不易接受电子。$E_{HOMO}$ 值表示缓蚀剂给出电子的能力，$E_{HOMO}$ 值越高，说明缓蚀剂给出电子的能力越强，$E_{HOMO}$ 值越低，说明缓蚀剂给出电子的能力越弱。分子稳定性的主要衡量指标是 $\Delta E$，$\Delta E$ 值越大，说明分子越稳定。缓蚀效率与 $E_{HOMO}$ 具有很好的线性关系，但缓蚀效率与 $E_{LUMO}$ 的线性关系较差，说明给出电子在吸附过程中占主导地位。在 BTA 及其衍生物缓蚀剂中，BTA 软度及化学势绝对值最大，硬度最小，说明 BTA 具有很强的给出或得到电子的能力，BTA 的反应活性最强，因此，BTA 缓蚀剂的缓蚀效率最好，且 BTA 具有最大的亲电指数这一点也能进一步得到证明。根据上述全局活性参数可以得到 4 种缓蚀剂的缓蚀效率关系：TTA<CBTA<BTA<DMTD。

**表 7-1　4 种缓蚀剂分子的量子化学参数**

| 分子类型 | $E_{HOMO}$/eV | $E_{LUMO}$/eV | $\Delta E$/eV | $\eta$/eV | $\mu$/eV | $\omega$/eV | $S$/eV$^{-1}$ |
|---|---|---|---|---|---|---|---|
| BTA | −6.054 | −2.590 | 3.464 | 1.732 | −4.322 | 10.785 | 0.577 |
| TTA | −5.726 | −2.015 | 3.711 | 1.856 | −3.871 | 8.074 | 0.539 |
| CBTA | −6.102 | −2.468 | 3.634 | 1.817 | −4.285 | 10.105 | 0.550 |
| DMTD | −6.179 | −2.932 | 3.247 | 1.623 | −4.556 | 12.790 | 0.616 |

### 7.1.3　缓蚀剂分子的反应活性位点

为研究缓蚀剂分子的局部反应活性，对福井指数进行了计算。

由电子键轨道布局分析结果计算得到 4 种缓蚀剂中各原子的福井指数分布，如图 7-3 所示。

一般来说，有机缓蚀剂具有优良的缓蚀性能，是因为缓蚀分子中的 N、O、P 等原子有孤对电子，容易和金属的 $d$ 轨道形成配位键，或是杂原子和金属提供的电子形成反馈键，与金属形成保护膜。由表 7-2 和表 7-3 可以看出，BTA、TTA 和 CBTA 的局部反应活性点集中在 N3、N4 和 O16 原子上，DMTD 的活性点集中在 N 和 S 原子上。

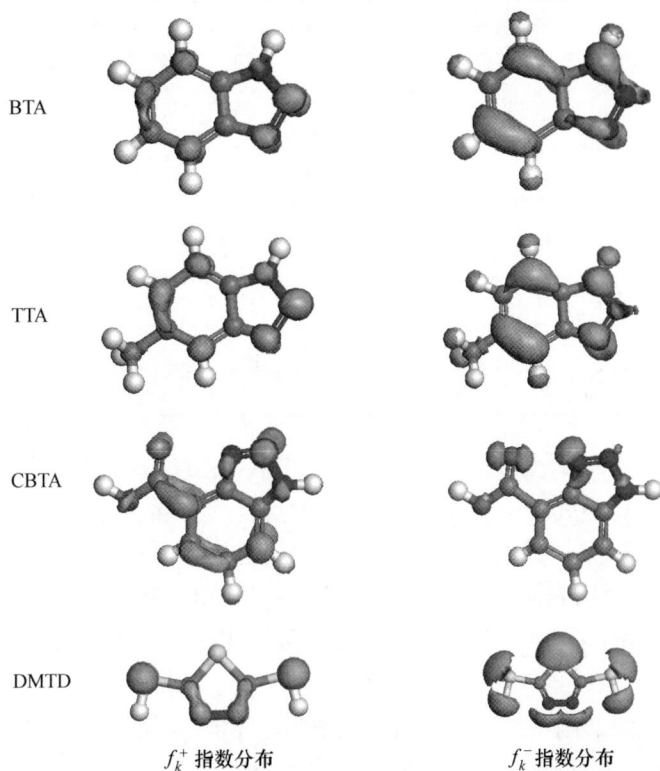

$f_k^+$ 指数分布　　　　　　　　$f_k^-$ 指数分布

图 7-3　4 种缓蚀剂分子的福井指数分布

**表 7-2　BTA、TTA 和 CBTA 分子中原子的福井指数**

| 分子名称 | 原子及其编号 | $f_k^+$ (a.u.) | 原子及其编号 | $f_k^-$ (a.u.) |
|---|---|---|---|---|
| BTA | N3 | 0.155 | N4 | 0.100 |
| | N4 | 0.131 | N3 | 0.092 |
| | C7 | 0.097 | C8 | 0.086 |
| | C10 | 0.097 | C10 | 0.083 |
| TTA | N3 | 0.162 | N4 | 0.108 |
| | N4 | 0.114 | N3 | 0.085 |
| | C7 | 0.091 | C7 | 0.094 |
| | C10 | 0.080 | C10 | 0.090 |

| 分子名称 | 原子及其编号 | $f_k^+$（a. u.） | 原子及其编号 | $f_k^-$（a. u.） |
|---|---|---|---|---|
| CBTA | N3 | 0.123 | N2 | 0.136 |
|  | C7 | 0.093 | N3 | 0.100 |
|  | O16 | 0.079 | O10 | 0.148 |

表 7-3　DMTD 分子中原子的福井指数

| 分子名称 | 指数名称 | N1 | S3 | N5 | S6 | S7 |
|---|---|---|---|---|---|---|
| DMTD | $f_k^+$（a. u.） | 0.115 | 0.123 | 0.086 | 0.224 | 0.308 |
|  | $f_k^-$（a. u.） | 0.169 | 0.170 | 0.178 | 0.145 | 0.141 |

原子的福井指数计算结构表明，BTA、TTA、CBTA 和 DMTD 分子的活性主要集中在 N、S 和 O 原子上，存在多个吸附点，因此缓蚀分子吸附在金属表面时，存在的形式是平卧式吸附，利用其吸附机理进行分析，缓蚀剂能够起到有效的缓蚀作用是在金属表面至少稳固吸附一极性官能团，非极性的一部分与金属表面形成一层致密的保护膜，能够起到很好的缓蚀作用。对各缓蚀剂分子中原子的福井指数进行比较，BTA、TTA 分子的 $f_k^+ > f_k^-$，表明上述原子具有亲核特性，易于得到电子而参与亲核反应。CBTA 分子的 $f_k^+ > f_k^-$，表明其具有很强的亲电能力。而 DMTD 分子中 S3 原子的 $f_k^+$ 最大，表明这个原子是亲电中心，提供电子形成配位键；而 S6 和 S7 原子的 $f_k^-$ 数值较大，是分子的亲核反应中心，通过接受金属表面提供的电子形成反馈键。由此可以看出，S 原子可以接受金属表面提供的电子形成反馈键，还可以提供电子形成配位键。

## 7.2　苯并三氮唑和二巯基噻二唑分子的计算模拟

利用密度泛函理论从分子轨道和福井指数计算得出缓蚀活性位点主要集中在芳香环、杂环和极性官能团上，这种分布有利于分子同时形成配位键和反馈键，使缓蚀剂分子在金属表面形成稳定的吸附。本节主要构建单相缓蚀剂分子 BTA 和 DMTD 及其衍生物在铜表面的吸附模型，并运用半经验法模拟吸附构型并计算其吸附能，研究 BTA 和 DMTD 及其衍生物的吸附能与其吸附数量、碳链数量的关系。

### 7.2.1　分子的几何优化

采用 Materials Studio 软件中 Forcite 模块 Compass 力场对缓蚀剂分子 BTA 和

DMTD 的几何构型进行优化，确定所得结构能量是否为势能面上的极小点。利用晶体 Cu 构建 Cu(110) 面，厚度为 1.5336 nm，真空层厚度为 1.5 nm，吸附区域选取 4×4 的超晶胞，优化晶体结构。在 Adsorption Locator 模块选取 Simulated Annealing 来确定缓蚀剂分子在 Cu(110) 面最稳定的吸附位置。铜缓蚀剂分子 BTA 和 DMTD 的结构示意图如图 7-4 所示。

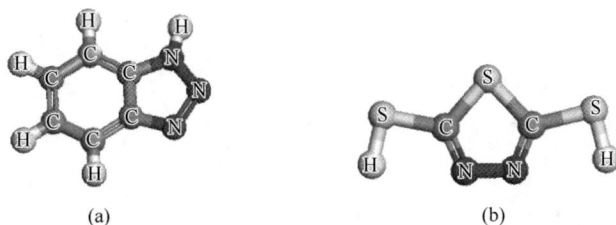

(a)                              (b)

图 7-4    缓蚀剂 BTA 分子（a）和 DMTD 分子（b）的结构示意图

图 7-5 为 BTA 分子和 DMTD 分子的原子力场和电荷分布图。BTA 苯环上的 H 原子带正电，均为 $0.127e$；苯环上与五元环不相连的 C 原子均带负电，五元环上的 N＝N 双键也带负电，其值为 $-0.240e$；五元环中 N 原子与 C 原子相连的两个 C—N 单键上的原子电荷总和为零，五元环上与 H 相连的 N 原子及与该 N 原子相连的 C 原子均不带电荷。

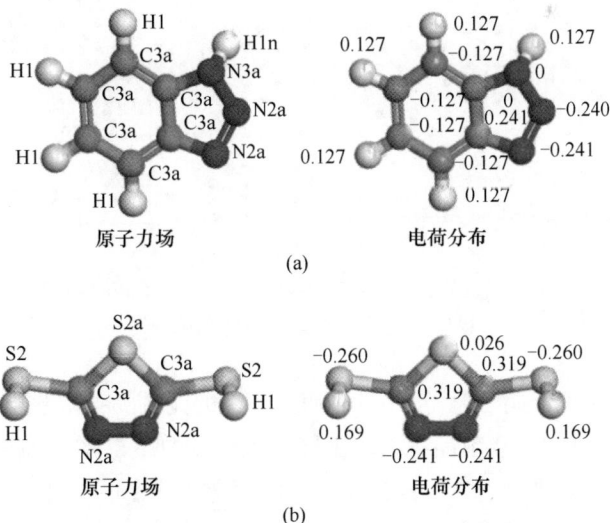

原子力场                        电荷分布
(a)

原子力场                        电荷分布
(b)

图 7-5    BTA 分子（a）和 DMTD 分子（b）的原子力场和电荷分布图

## 7.2.2   缓蚀剂分子在 Cu 表面的吸附性能

由于金属 Cu 表面不带电荷，则缓蚀剂分子这种电荷分布利于缓蚀剂分子平行吸附于 Cu(110) 面，BTA 分子和 DMTD 分子在 Cu(110) 面稳定的吸附构型的主视图和俯视图如图 7-6 所示。

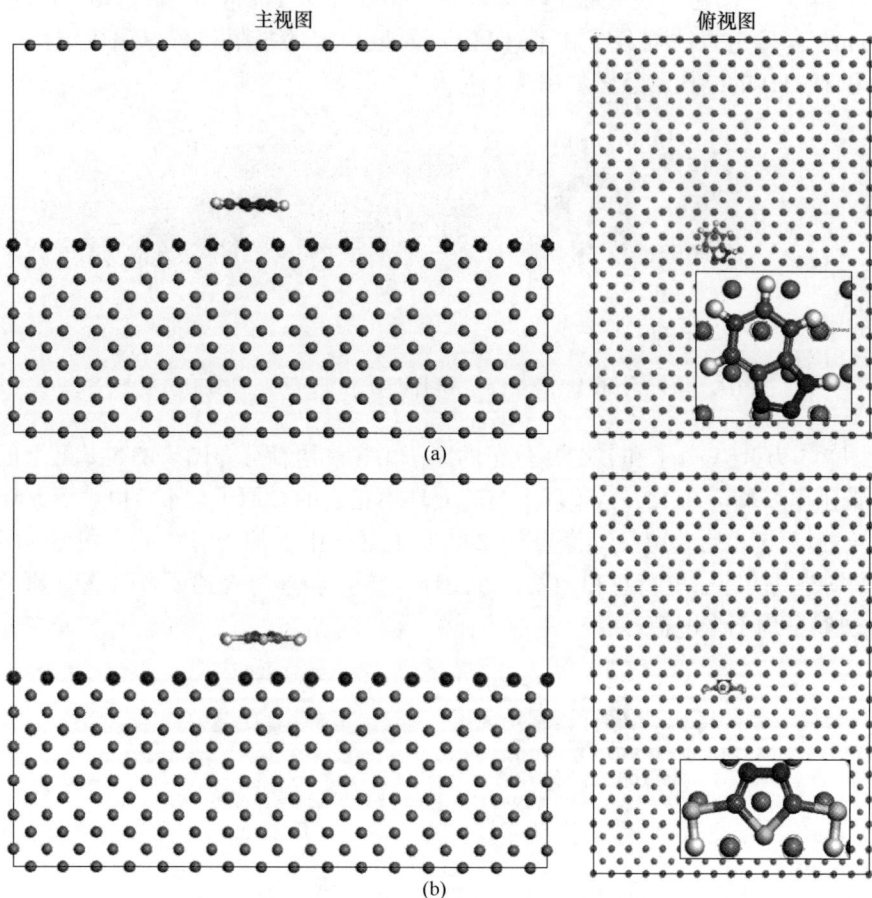

图 7-6　BTA 分子 (a) 和 DMTD 分子 (b) 在 Cu(110) 面
稳定的吸附构型的主视图和俯视图

在 Cu(110) 面吸附 BTA 分子和 DMTD 分子的能量随吸附数量的变化如图 7-7 所示。由图 7-7 可知，吸附能绝对值随缓蚀剂分子数量的增加而增加，形变能与单位数量分子的吸附能（$dE_{ads}/dNi$）基本不随缓蚀剂量的增加而改变，这主要是因为 Cu 表面不带电荷，所以这种物理吸附并不影响吸附能。比较 BTA 分子和 DMTD 分子在 Cu(110) 面的吸附能可知，两者区别不大，仅略微差异，与前文所述分子的缓蚀效率结果一致，说明使用 Adsorption Locator 模块能确定缓蚀剂分子在 Cu(110) 面最稳定的吸附位置，且计算结果真实可靠。

采用 Materials Studio 软件中 Forcite 模块 Compass 力场对缓蚀剂分子 DMTD 及

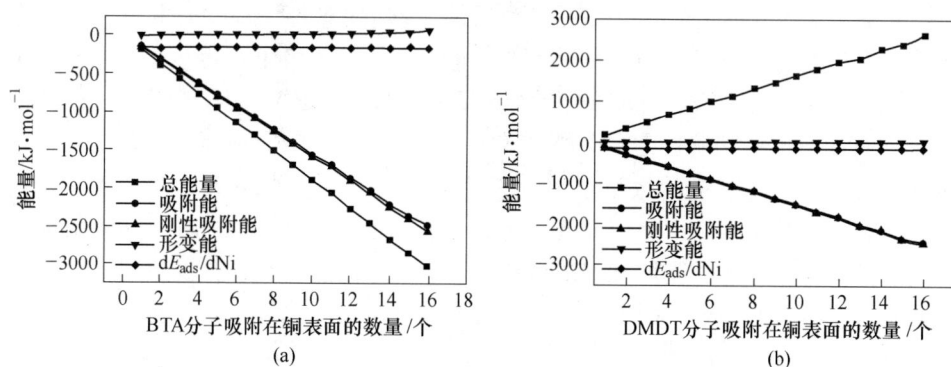

图 7-7 Cu(110) 面吸附 BTA 分子 (a) 和 DMTD 分子 (b) 的能量随吸附数量的变化

其衍生物 (见图 7-8) 在 Cu(110) 面的吸附构型进行优化。缓蚀剂分子上每一个原子的原子力场及其电荷分布见表 7-4。

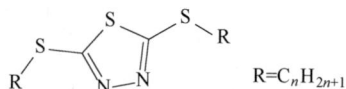

$R=C_nH_{2n+1}$

图 7-8 缓蚀剂分子 DMTD 及其衍生物的分子结构式

**表 7-4 缓蚀剂 DMTD 分子中的原子力场类型与电荷**

| 原子及位置 | 电荷 | Compass 力场类型 | 力场描述 |
|---|---|---|---|
| C(芳香环) | $0.319e$ | C3a | 碳, $sp^2$, 芳香环烃 |
| C(与 S 连接) | $0.041e$ | C4s | 碳, $sp^3$, 与 S 成键 |
| C(末端) | $-0.159e$ | C4 | 碳, $sp^3$, 常规连接 4 个键 |
| 其他 C | $-0.106e$ | C4 | 碳, $sp^3$, 常规连接 4 个键 |
| N | $-0.241e$ | N2a | 氮, $sp^2$, 芳香烃 |
| S(芳香环) | $0.026e$ | S2a | 硫, 芳香环烃 (噻吩) |
| S | $-0.238e$ | S2 | 硫, 2 个单键 (—S—) |
| S(与 H 连接) | $-0.260e$ | S2 | 硫, 2 个单键 (—S—) |
| H | $0.053e$ | H1 | 氢, 非极性 |
| H(与 S 连接) | $0.169e$ | H1 | 氢, 非极性 |
| Cu | 0 | Cu_m | 铜, 金属 |

由表 7-4 可知，芳香环上的 C 原子的 Compass 力场均为 C3a，表示 $sp^2$ 旋转，

带正电荷；与 S 连接的 C 原子及碳链上的 C 原子均表示四面体 $sp^3$ 杂化轨道旋转；芳香环上的 N 原子力场为 N2a，表示 $sp^2$ 旋转的 N 原子能参与共振，带负电荷；芳香环上的 S 原子力场为 S2a，带正电荷，其余 S 原子均带负电荷，S 原子 S2 的力场表示可以连接 2 个单键；H1 表示非极性的氢原子。分子吸附过程的能量随 DMTD 衍生物碳链长度和十烷基链数的变化，如图 7-9 所示。DMTD 衍生物随碳链长度和十烷基链的数量增加，其吸附能均增加。当碳链长度小于 11 时，其吸附能随碳链长度的增加而缓慢增加；当碳链长度不小于 12 时，其吸附能随着碳链长度的增加而急剧增加。形变能与 $dE_{ads}/dNi$ 基本不随着缓蚀剂十烷基链数量的增加而改变，理由同上。

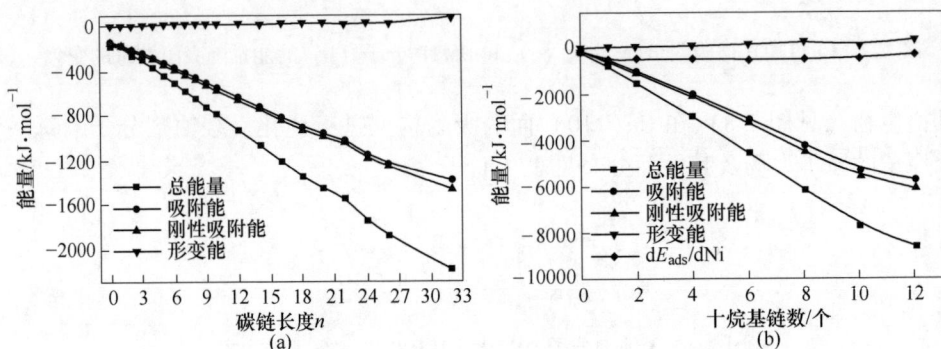

图 7-9　分子吸附过程的能量随 DMTD 衍生物碳链长度（a）和十烷基链数（b）的变化

# 7.3　邻氧萘酮在铝金属加工液中的缓蚀行为

## 7.3.1　邻氧萘酮的分子反应活性

通过密度泛函理论计算了邻氧萘酮（又名香豆素）在气相、水相和油相中的电子结构特征。图 7-10 为邻氧萘酮分子的电荷密度分布和前线轨道分布及不同化学环境中的前线轨道能参数。其中，电荷密度分布图中红色代表电子富集，蓝色代表电子密度较低；前线轨道分布中，红色为电子富集区域，绿色为贫电子区域。由图 7-10（a）可知，邻氧萘酮分子中氧原子，尤其是羰基氧，具有较高的电子富集，其在表面吸附过程中容易向金属原子的空轨道提供孤对电子；同时，邻氧萘酮分子中的 C＝C 双键中也具有较高的电子密度。通过进一步研究其前线轨道分布，发现邻氧萘酮分子的 HOMO 和 LUMO 铺展于整个分子平面，表明邻氧萘酮分子既可以平行吸附于金属表面，又可以垂直吸附于金属表面。

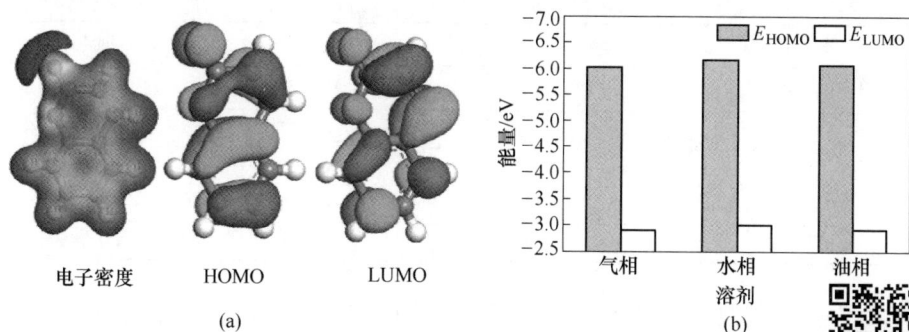

图 7-10 邻氧萘酮分子的电荷密度分布和前线轨道
分布 (a) 及不同化学环境中的前线轨道能参数 (b)

彩图

为研究溶剂化效应对邻氧萘酮分子反应活性的影响，本节通过量子化学计算进一步研究了邻氧萘酮分子在气相、水相和油相 3 种化学环境中的前线轨道能参数（见图 7-10 (b)）。如图 7-10 (b) 所示，邻氧萘酮分子在气相中的 $E_{HOMO}$ 值最大，而在水相中的 $E_{HOMO}$ 值最小，表明水相和油相均不利于提高邻氧萘酮分子的给电子能力；该分子的 $E_{LUMO}$ 值在溶剂为水相时最低，气相时最高，表明水相和油相均能提升邻氧萘酮分子的受电子能力，且水相更为明显。此外，量子化学计算表明邻氧萘酮分子在 3 种溶剂环境中的能隙值 $\Delta E_T$ 均小于 5 eV，表明该分子化学活性较高，为不稳定化学系统，能与金属表面产生吸附作用[3]。邻氧萘酮分子在不同溶剂中的量子化学参数见表 7-5，溶剂对其电子亲和能、电离能、电负性、化学硬度、软度和全局亲电指数等的影响，均与上述结果一致。同时，有机分子向金属表面转移电子分数值 $\Delta N$ 的变化表明，当邻氧萘酮与 Al 和 Fe 表面发生相互作用时，其电子总是从分子转移到金属原子，而当邻氧萘酮与 Cu 金属表面发生相互作用时，溶剂能改变电子转移方向，在气相中，电子从金属转移到有机分子，而在水相和油相中，则电子转移方向相反。

表 7-5 邻氧萘酮分子在不同溶剂中的量子化学参数

| 参数名称 | 气相 | 水相 | 油相 |
| --- | --- | --- | --- |
| $I/eV$ | −6.030 | 6.182 | 6.067 |
| $A/eV$ | −2.896 | 2.996 | 2.907 |
| $\chi/eV$ | 4.463 | 4.589 | 4.487 |
| $\eta/eV$ | 1.567 | 1.593 | 1.580 |
| $\sigma/eV^{-1}$ | 0.638 | 0.628 | 0.633 |
| $\omega/eV$ | 6.356 | 6.610 | 6.371 |
| $\omega^+/eV$ | 4.320 | 4.514 | 4.325 |

| 参数名称 | | 气相 | 水相 | 油相 |
|---|---|---|---|---|
| $\omega^-$ /eV | | 8.783 | 9.103 | 8.812 |
| $\Delta N$/eV | Al | -0.393 | -0.427 | -0.398 |
| | Fe | -0.129 | -0.166 | -0.135 |
| | Cu | 0.005 | -0.034 | -0.002 |
| $\Delta E_{\mathrm{T}}$/eV | | -0.392 | -0.398 | -0.395 |

　　图 7-11 为邻氧萘酮分子在不同溶剂中的福井指数变化。研究表明，溶剂化作用对邻氧萘酮分子福井指数的影响主要集中在内酯环上的原子，包括 O7、C8、C9、C10 和 O11 原子。在气相环境中，O7 和 O11 原子具有最大的 $f_k^-$ 值，表明该原子具有最强的失电子反应活性。而在水相环境中，C9 和 O11 原子的 $f_k^-$ 值最大，因而具有最强的失电子反应活性，同时，C10 原子在水相中的 $f_k^+$ 值明显高于气相中的值。油相溶剂化作用对邻氧萘酮分子福井指数的影响规律与水相中的影响规律相似，但作用较小。

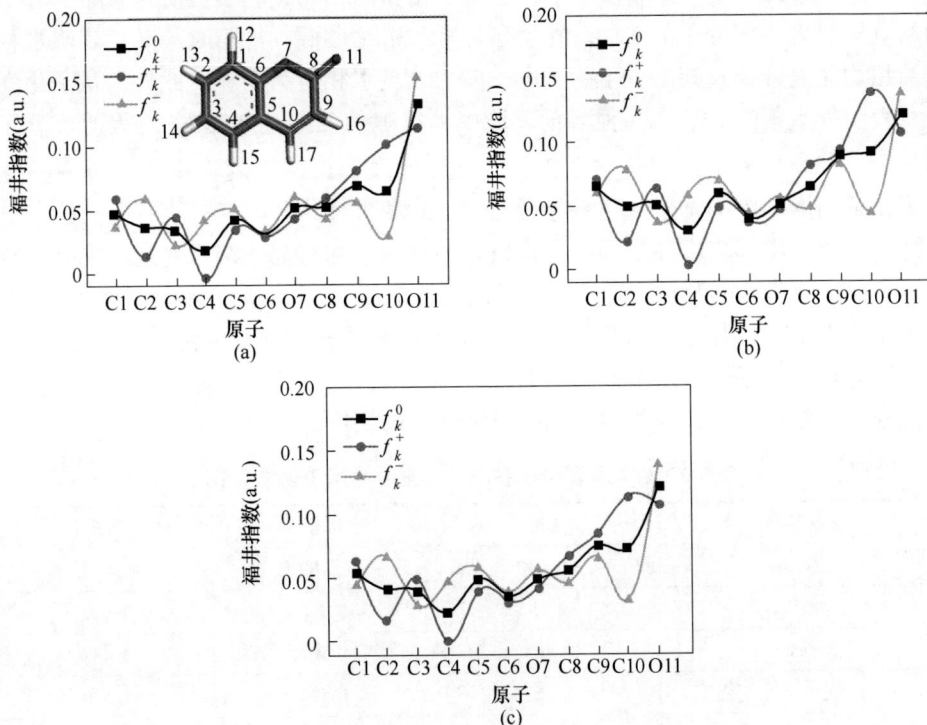

图 7-11　邻氧萘酮分子在不同溶剂中的福井指数变化

(a) 气相；(b) 水相；(c) 油相

(图中数字为原子编号)

### 7.3.2　邻氧萘酮摩擦学性能的实验验证

图 7-12 为邻氧萘酮的轧制油体系在 1200 r/min 摩擦转速条件下的摩擦学性能。由图 7-12（a）可知，随着邻氧萘酮含量（质量分数）的增加，轧制油体系的摩擦系数逐渐减小，并且对于含邻氧萘酮的轧制油体系，摩擦系数曲线呈现明显的局域波动。同时，在实验周期内，摩擦系数随测试时间总体呈现上升趋势。当邻氧萘酮的质量分数为零时，摩擦系数在 0~800 s 区间剧烈增加，当轧制油中含有邻氧萘酮时，摩擦系数曲线总体向下方偏移，这也说明邻氧萘酮具有优异的减摩性能。进一步计算不同轧制油体系的平均摩擦系数可知，随邻氧萘酮含量的增加，各轧制油体系的平均摩擦系数逐渐减小，当质量分数为 0.7% 时，平均摩擦系数最低，且相比于不含邻氧萘酮的体系，其值减小了 20.0%。此外，通过最

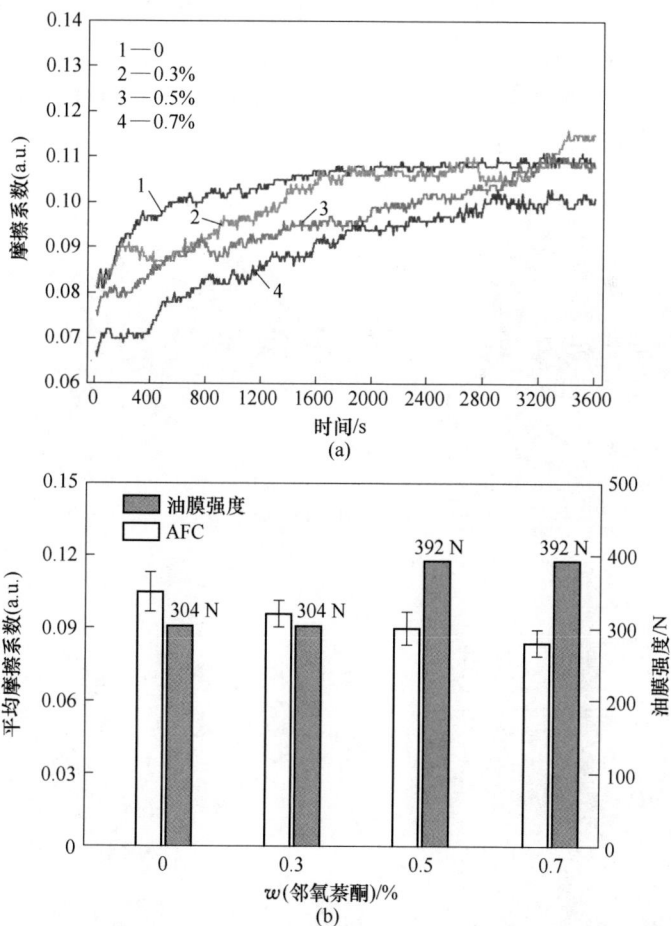

图 7-12　邻氧萘酮的轧制油体系在 1200 r/min 摩擦转速条件下的摩擦学性能

（a）摩擦系数曲线；（b）油膜强度和平均摩擦系数直方图

大无卡咬负荷油膜强度发现，当邻氧萘酮的质量分数增加至 0.5% 时，轧制油体系的油膜强度从 304 N 增加至 392 N。随后，邻氧萘酮含量的增加并未显著提升轧制油体系的极压抗磨能力。

　为进一步研究邻氧萘酮的抗磨减摩性能，实验对不同轧制油体系润滑后的磨斑直径（WSD）进行观察，不同含量邻氧萘酮的轧制油体系润滑条件下磨损表面的 2D 和 3D 图如图 7-13 所示。随着邻氧萘酮的质量分数从零增加至 0.7%，磨斑直径由 563 μm 减小至 508 μm，且四球磨斑形貌更加规整，尤其当质量分数为 0.7% 时，磨斑几何形状为近乎标准的圆形且没有较深的摩擦痕，该质量分数下的磨斑直径与不含邻氧萘酮的轧制油体系相比，磨斑直径减小 11.88%。相较于不含邻氧萘酮的轧制油体系，各体系润滑条件下的四球磨损体积分别降低了 14.8%、25.5% 和 30.4%。因而，该实验现象印证了前文的研究结果，表明邻氧萘酮具有优异的抗磨减摩性能，且其质量分数为 0.7% 时，摩擦学性能最佳。此外，由图 7-13 可知，磨斑中存在颜色较深的区域，且其面积随邻氧萘酮含量的增加逐渐增加。该实验现象与邻氧萘酮分子在金属表面的吸附密切相关，这将通过表面元素分析进一步揭示。

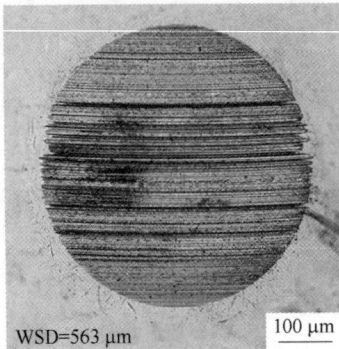
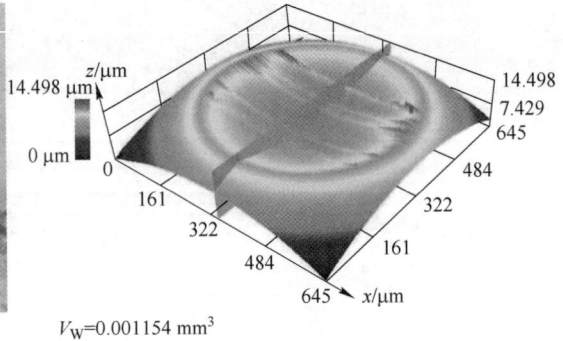

WSD=563 μm　　　100 μm　　　$V_W = 0.001154 \ mm^3$

(a)

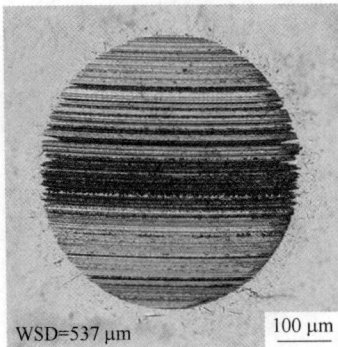
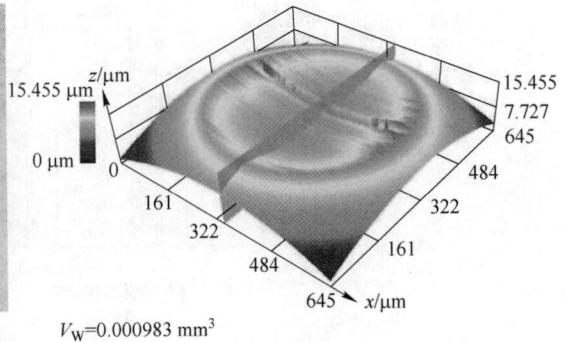

WSD=537 μm　　　100 μm　　　$V_W = 0.000983 \ mm^3$

(b)

WSD=525 μm        100 μm          $V_W=0.000860\ mm^3$

(c)

WSD=508 μm        100 μm          $V_W=0.000803\ mm^3$

(d)

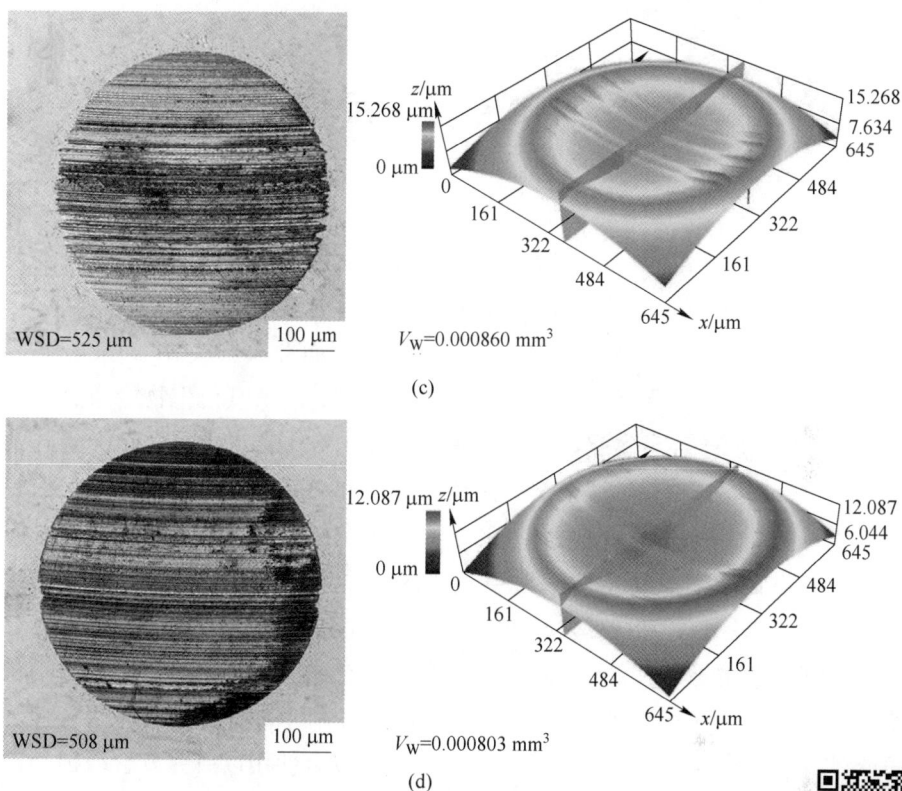

图 7-13　不同含量的邻氧萘酮的轧制油体系
润滑条件下磨损表面的 2D 和 3D 图
(a) 0；(b) 0.3%；(c) 0.5%；(d) 0.7%

彩图

# 参 考 文 献

[1] 夏垒, 孙建林, 刘娜娜, 等. 轧制油对压延电子铜箔的腐蚀 [J]. 材料保护, 2013, 46
    (8)：30-34.

[2] XIONG S, SUN J L, YAN X D. Experimental and theoretical studies for corrosion inhibition of
    copper by 2,5-bis(ethyldisulfanyl)-1,3,4-thiadiazole in rolling oil [J]. International Journal of
    Electrochemical Science, 2016, 9 (11)：10592-10606.

[3] HIREMATH S M, PATIL A S, HIREMATH C S, et al. Structural, spectroscopic
    characterization of 2-(5-methyl-1-benzofuran-3-yl) acetic acid in monomer, dimer and
    identification of specific reactive, drug likeness properties：Experimental and computational study [J].
    Journal of Molecular Structure, 2019, 1178：1-17.

# 8  复合缓蚀剂的协同作用及机理

以铜带冷轧过程为例，为解决其在冷轧润滑过程中出现的腐蚀与氧化变色问题，在金属加工液中加入缓蚀剂是一种行之有效的方法。苯并三氮唑（BTA）作为一种传统的铜缓蚀剂，成本低廉，能通过在铜表面形成一层 BTA-Cu 吸附膜起到较好的缓蚀效果[1]。此外，1,3,4-噻二唑（DMTD）及其衍生物能通过分子中的 N、S 等极性原子与金属配合，发挥良好的钝化作用，也常被用作金属的腐蚀抑制剂[2-4]。然而，单一的缓蚀剂往往存在各自的缺陷且作用效果有限，BTA 的钝化电势区较窄，且其在油中的溶解度较差；而 DMTD 的黏度较高，通常难以乳化。针对这些问题，本章选取上述两种缓蚀剂的衍生物，甲基苯并三氮唑衍生物（$C_{24}H_{42}N_4$，NBTAH）和巯基噻二唑衍生物（$C_{26}H_{50}N_2S_5$，BTDA）作为研究对象，利用长碳链的改性使缓蚀剂在铜带冷轧乳化液中具有良好的溶解度。两种铜带加工液中常用缓蚀剂分子的化学结构式如图 8-1 所示。在分别研究两种缓蚀剂分子各自电化学行为的同时，将两者按一定比例复合使用以研究复合缓蚀剂的协同作用效果，结合量子化学和分子动力学计算，对缓蚀剂的吸附机理及对铜带冷轧乳化液中腐蚀介质粒子的屏蔽作用进行深入探讨。

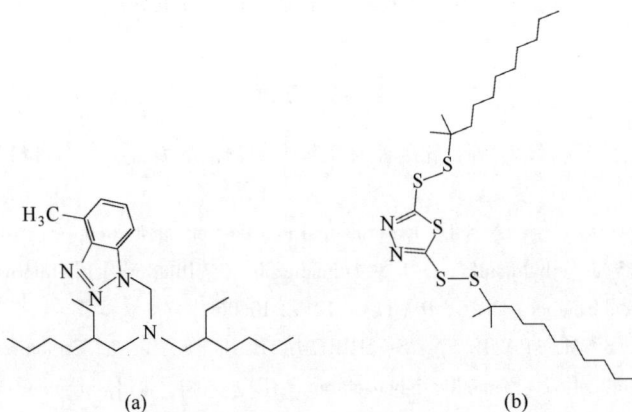

图 8-1  两种铜带加工液中常用缓蚀剂分子的化学结构式

（a）NBTAH 的化学结构式；（b）BTDA 的化学结构式

# 8.1 缓蚀剂的电化学行为与 Langmuir 吸附

## 8.1.1 单一缓蚀剂的电化学行为

图 8-2 为常温下铜电极在含不同浓度单一缓蚀剂 NBTAH 和 BTDA 的 O/W 乳化液中的开路电位 (OCP) 随时间的变化曲线。由图中可以看出两种缓蚀剂的添加均使铜在 O/W 乳化液中的开路电位向正向移动,其中 NBTAH 对开路电位的影响较为复杂,如图 8-2 (a) 所示,在一定的浓度范围内 (≤5 mmol/L),开路电位随着 NBTAH 浓度的增加而增加,而当浓度超过 5 mmol/L 时开路电位反而降低。观察铜电极开路电位随 BTDA 浓度的变化 (见图 8-2 (b)),可以看出随着缓蚀剂浓度的增加,开路电位一直向正向移动,且其数值变化更大,最高能增加约 108 mV。各曲线在 60 min 后基本达到稳态。在含有缓蚀剂的乳化液体系中,开路电位的变化可用来解释其极化效果,由于本节中两种缓蚀剂均使电位正向移动,则说明在铜表面吸附形成的缓蚀剂膜主要影响铜电极的阳极极化行为。一般地,通过开路电位变化的最低值 (±85 mV) 来判定缓蚀剂类别[5],NBTAH 对开路电位正向移动的影响较小,属于典型的混合型缓蚀剂;而 BTDA 对开路电位正向移动的影响较大,属于阳极型缓蚀剂。

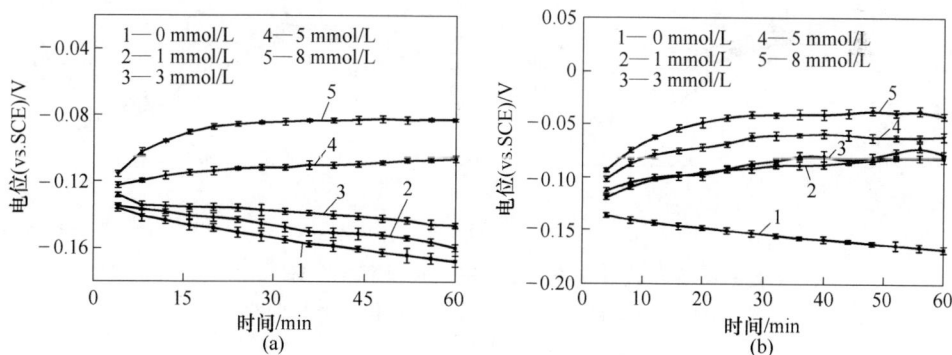

图 8-2　常温下铜电极在含不同浓度单一缓蚀剂 NBTAH (a) 和
BTDA (b) 的 O/W 乳化液中的开路电位随时间的变化曲线

在 60 min 开路电位后测得铜电极在含不同浓度单一缓蚀剂 NBTAH 与 BTDA 的 O/W 乳化液中的动电位极化曲线,如图 8-3 所示。表 8-1 为受不同浓度单一缓蚀剂影响下铜电极的极化曲线参数,其中缓蚀效率 $\eta$ 可按式 (8-1) 进行计算。

$$\eta = \frac{i_{corr,0} - i_{corr}}{i_{corr,0}} \times 100\% \qquad (8-1)$$

式中　$i_{corr,0}$——未加缓蚀剂的自腐蚀电流密度，$A/cm^2$；

　　　$i_{corr}$——含缓蚀剂的自腐蚀电流密度，$A/cm^2$。

动电位极化结果显示空白组乳化液溶液中铜电极的腐蚀电流密度 $i_{corr}$ 为 $7.58×10^{-7}$ $A/cm^2$，缓蚀剂 NBTAH 和 BTDA 的加入使得 $i_{corr}$ 迅速减小，说明铜在乳化液中的腐蚀过程受到抑制。通过观察图 8-3（a）可以发现，当 NBTAH 的浓度不高于 5 mmol/L 时，$i_{corr}$ 随缓蚀剂浓度的增加而减小，而过高浓度（8 mmol/L）缓蚀剂的加入反而会产生拮抗效应，使得腐蚀电流密度上升，此时缓蚀剂在铜表面已经达到饱和吸附，浓度的增加使得吸附在铜表面的 NBTAH 出现脱附现象。而 BTDA 的吸附饱和浓度更大，如图 8-3（b）所示，$i_{corr}$ 随 BTDA 浓度增加而持续降低。两种缓蚀剂的加入均使原 O/W 乳化液中铜电极电位正向移动，其中混合型缓蚀剂 NBTAH 对腐蚀电位的影响较小，而 BTDA 腐蚀电位的影响较大，与开路电位的结果一致。然而比较两者分别作用时电极的腐蚀电流密度 $i_{corr}$，发现 NBTAH 具备更优异的缓蚀性能，通过计算获得的两种分子在各浓度下的缓蚀效率均满足 $\eta$（NBTAH）$>\eta$（BTDA），当 NBTAH 的浓度为 5 mmol/L 时，其缓蚀效率最高达到约 85.7%。

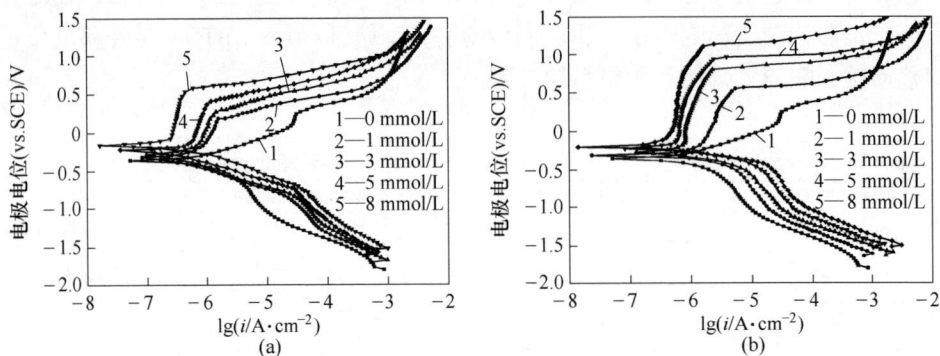

图 8-3　铜电极在含不同浓度单一缓蚀剂 NBTAH（a）和
BTDA（b）的 O/W 乳化液中的动电位极化曲线

表 8-1　受不同浓度单一缓蚀剂影响下铜电极的极化曲线参数

| 不同浓度的缓蚀剂 | $E_{corr}/mV$ | $i_{corr}/A \cdot cm^{-2}$ | $\beta_a/mV \cdot dec^{-1}$ | $\beta_c/mV \cdot dec^{-1}$ | $\eta/\%$ |
| --- | --- | --- | --- | --- | --- |
| 空白组（无缓蚀剂） | −350 | $7.58×10^{-7}$ | 319 | −283 | — |
| 1 mmol/L NBTAH | −314 | $2.23×10^{-7}$ | 207 | −258 | 70.4 |
| 3 mmol/L NBTAH | −308 | $1.95×10^{-7}$ | 193 | −267 | 74.3 |
| 5 mmol/L NBTAH | −269 | $1.08×10^{-7}$ | 198 | −159 | 85.7 |
| 8 mmol/L NBTAH | −283 | $1.51×10^{-7}$ | 210 | −186 | 80.1 |

| 不同浓度的缓蚀剂 | $E_{corr}/mV$ | $i_{corr}/A \cdot cm^{-2}$ | $\beta_a/mV \cdot dec^{-1}$ | $\beta_c/mV \cdot dec^{-1}$ | $\eta/\%$ |
|---|---|---|---|---|---|
| 1 mmol/L BTDA | −272 | $3.98 \times 10^{-7}$ | 232 | −291 | 47.5 |
| 3 mmol/L BTDA | −268 | $3.31 \times 10^{-7}$ | 256 | −144 | 56.3 |
| 5 mmol/L BTDA | −197 | $2.82 \times 10^{-7}$ | 173 | −141 | 62.7 |
| 8 mmol/L BTDA | −190 | $1.99 \times 10^{-7}$ | 262 | −105 | 73.7 |

上述极化曲线结果也显示两种缓蚀剂均表现出对阳极的钝化行为：在阳极反应中，Cu 易失去电子转变成 Cu⁺ 或 Cu²⁺，缓蚀剂的吸附作用使其在铜表面形成一层钝化膜，有效地阻碍了 O/W 乳化液中 $O^{2-}$、$Cl^-$ 等对铜电极的腐蚀。O/W 乳化液中铜电极击穿电位 $E_b$ 随缓蚀剂浓度的变化曲线如图 8-4 所示。其中，空白组乳化液中电极的 $E_b$ 为 0.24 V，随着乳化液中 BTDA 含量的增加，$E_b$ 值基本呈线性增加趋势，其最高值达到 1.12 V，此时铜电极的钝化区的电势窗也在不断扩大。缓蚀剂 NBTAH 的加入对 $E_b$ 值的提升不大，当 NBTAH 浓度较小时（≤2 mmol/L），几乎无钝化效果，在浓度增加至 5 mmol/L 时达到电位饱和，进一步增加浓度则其 $E_b$ 值降低。因为随着 $E_b$ 值的升高，钝化膜的厚度在增加，由此可以看出 BTDA 更倾向于在铜表面形成稳固的钝化膜。以上结果也说明 NBTAH 虽具有更高的缓蚀效率，但是其钝化区比 BTDA 的钝化区更窄，生成的钝化膜容易在电化学腐蚀过程受到破坏，产生新的点蚀。

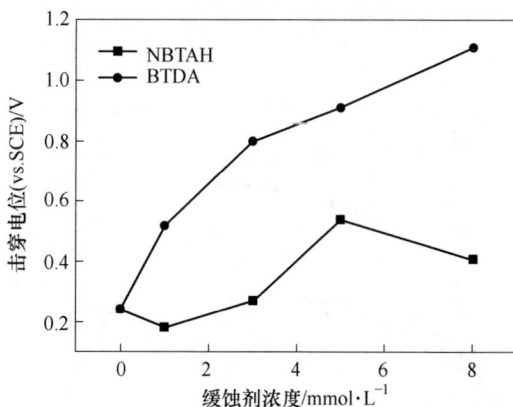

图 8-4　O/W 乳化液中铜电极击穿电位随缓蚀剂浓度的变化曲线

图 8-5 为不同浓度的单一缓蚀剂 NBTAH 和 BTDA 对铜带电极在 O/W 乳化液中阻抗影响的 Nyquist 图。从图中可以看出，两种缓蚀剂的加入均能使乳化液虚部与实部的阻抗值增加，说明缓蚀剂在铜电极表面已经形成一层吸附膜，从而提高了金属的抗腐蚀能力。其中铜电极在乳化液中的阻抗弧随 BTDA 浓度的增加而

逐渐增大，在浓度为 8 mmol/L BTDA 乳化液中达到最大值，而随着 NBTAH 含量的增加，在浓度为 5 mmol/L 时达到饱和，继续增大缓蚀剂浓度反而会使阻抗降低，这与之前极化曲线的结果一致。比较两种分子的阻抗能力发现，NBTAH 分子比 BTDA 分子在高频区呈现出更大的阻抗半径，说明 NBTAH 分子具备更强的缓蚀效果。

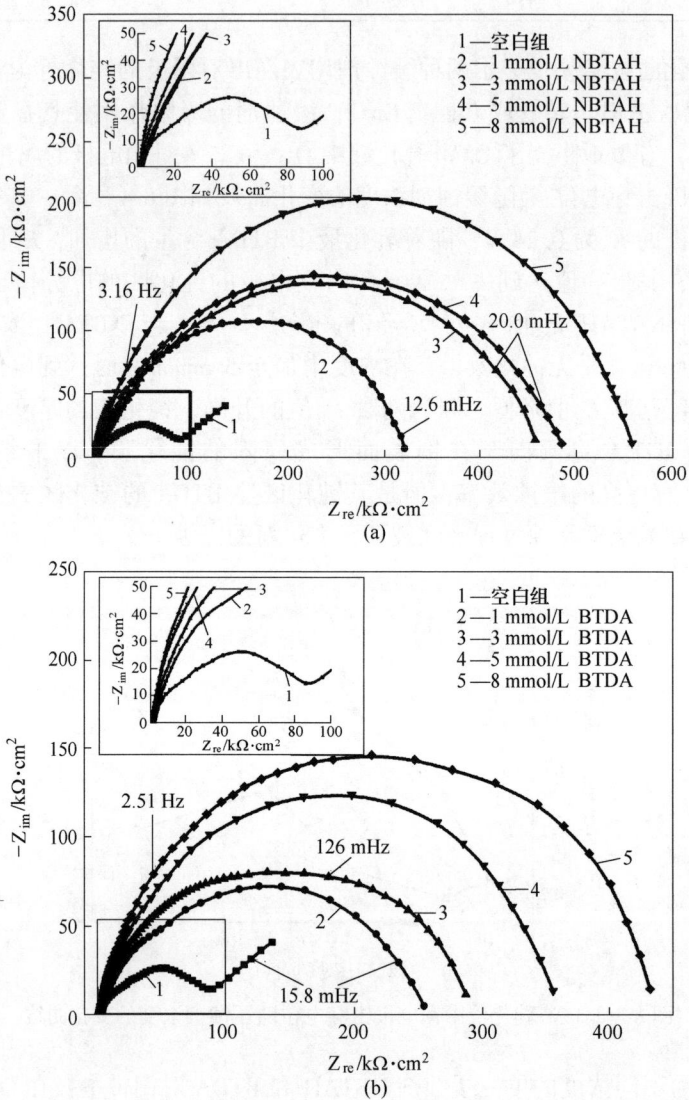

图 8-5　单一缓蚀剂对铜带电极在 O/W 乳化液中阻抗影响的 Nyquist 图

（a）NBTAH；（b）BTDA

上述 Nyquist 阻抗数据也被用作等效电路的拟合分析。对于不添加任何缓蚀剂时的空白组乳化液体系，其阻抗曲线在低频时表现为一条直线而在高频呈现出半圆形的阻抗弧，可以采用 $R(Q(R(Q(RW))))$ 模型进行拟合；而受缓蚀剂 NBTAH 和 BTDA 影响时，曲线整个过程主要受电荷传递过程控制，故使用 $R(Q(R(QR)))$ 模型拟合。铜电极在无缓蚀剂和有缓蚀剂的乳化液中的等效电路如图 8-6 所示。通过计算获得的两种电路拟合模型的误差 $\chi^2 < 1.16 \times 10^{-3}$，拟合精确度较高。值得注意的是，在铜电极与乳化液溶液接触间的膜电阻 $R_f$ 和膜电容 $CPE_f$ 除了包括一价铜化物、乳化剂与助乳化剂，还存在部分有机缓蚀剂的吸附膜，这样能更有效地阻碍电解质溶液渗入基体金属内部，从而减缓腐蚀的进程。

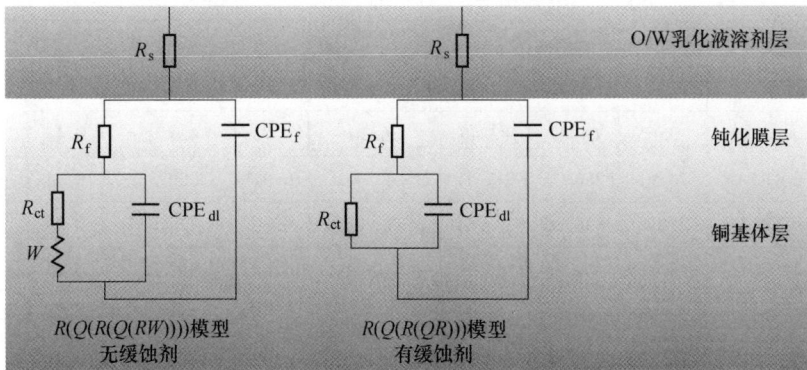

图 8-6 铜电极在无缓蚀剂和有缓蚀剂的乳化液中的等效电路

$R_s$—电化学体系中的乳化液溶液电阻；$CPE_{dl}$—电极表面的双电层电容；
$CPE_f$—膜电容；$R_{ct}$—电荷传递电阻；$W$—Warburg 阻抗；$R_f$ 膜电阻

对上述各元件参数进一步分析可知，常相位元件由式（8-2）给出。

$$Z_{CPE} = \frac{1}{Y_0 (j\omega)^n} \tag{8-2}$$

式中　$Y_0$——CPE 的模值；

j——虚数单位；

$\omega$——角频率；

$n$——弥散效应指数。

$Y_0$ 值与双电层电容大小有关，而 $n$ 由该体系中固-液界面的性质决定，当 $n=-1$ 时，该元件为电感；当 $n=1$ 时，该元件为电容，通常 $0<n<1$[6]。通常来说，在 EIS 阻抗谱中不会表现出完整的阻抗弧，这是由电极材料性能有差异，电极表面粗糙程度不一，以及溶液中分子的吸附效应和弥散效应等因素的影响，导致实

际电容偏离理想的双电层及膜电容结构，因此在等效电路模型中使用常相位元件替代纯电容元件，以减小实际误差。

表 8-2 为铜电极在不同乳化液中的阻抗元件参数。由于此时整个极化过程主要受电荷传递控制，缓蚀剂在铜表面的缓蚀效率 $\eta$ 也可以通过溶液中的极化电阻（$R_p = R_f + R_{ct}$）计算[7]。

$$\eta = \frac{R_p - R_{p,0}}{R_p} \times 100\% \tag{8-3}$$

式中　$R_{p,0}$——未加缓蚀剂的极化电阻，$k\Omega \cdot cm^2$；

　　　$R_p$——含缓蚀剂的极化电阻，$k\Omega \cdot cm^2$。

**表 8-2　铜电极在不同乳化液中的阻抗元件参数**

| 不同浓度的缓蚀剂 | $R_f/k\Omega \cdot cm^2$ | $R_{ct}/k\Omega \cdot cm^2$ | $R_p/k\Omega \cdot cm^2$ | $Q_f$ | | $Q_d$ | | $\eta/\%$ |
| --- | --- | --- | --- | --- | --- | --- | --- | --- |
| | | | | $Y_0/\mu F \cdot cm^{-2}$ | $n_f$ | $Y_0/\mu F \cdot cm^{-2}$ | $n_d$ | |
| 空白组（无缓蚀剂） | 13.63 | 68.83 | 82.46 | 36.30 | 0.73 | 421.95 | 0.45 | — |
| 1 mmol/L NBTAH | 24.91 | 286.26 | 311.17 | 4.34 | 0.91 | 389.36 | 0.74 | 73.5 |
| 3 mmol/L NBTAH | 27.18 | 356.36 | 383.54 | 1.28 | 0.90 | 325.65 | 0.79 | 78.5 |
| 5 mmol/L NBTAH | 43.52 | 462.36 | 505.88 | 3.75 | 0.85 | 354.23 | 0.75 | 83.7 |
| 8 mmol/L NBTAH | 33.85 | 366.64 | 400.29 | 6.38 | 0.82 | 348.12 | 0.75 | 79.4 |
| 1 mmol/L BTDA | 15.85 | 157.40 | 173.25 | 1.15 | 0.92 | 79.64 | 0.81 | 52.3 |
| 3 mmol/L BTDA | 17.63 | 180.59 | 198.22 | 0.85 | 0.92 | 68.52 | 0.82 | 58.6 |
| 5 mmol/L BTDA | 18.25 | 220.07 | 238.32 | 0.93 | | 66.35 | 0.88 | 65.4 |
| 8 mmol/L BTDA | 29.58 | 298.94 | 328.52 | 0.35 | 0.95 | 48.53 | 0.83 | 74.9 |

注：$Q_f$ 为金属-乳化液界面的容抗；$Q_d$ 为乳化液-空气界面的容抗；$Y_0$ 为相关的容抗值。

观察表 8-2 中数据可以发现，在未添加缓蚀剂的空白组乳化液中，由于各种离子强度较高，各种阻抗值包括 $R_p$、$R_f$ 和 $R_{ct}$ 均较小。随着 NBTAH 或 BTDA 的加入及浓度的增加，各阻抗值相应增加，且缓蚀剂对 $R_{ct}$ 的影响较大，也说明此时溶液体系中的传荷过程受到抑制。而在代表电容的两个常相位元件中可以观察到，随着缓蚀剂含量的增加，电容呈现减小趋势，膜容抗 $C_f$ 与双电层容抗 $C_d$ 值可以通过式（8-4）和式（8-5）来解释[8-9]。

$$C_f = \frac{F^2 S}{4RT} \tag{8-4}$$

$$C_d = \frac{\varepsilon_0 \varepsilon}{d} S \tag{8-5}$$

式中　$F$——法拉第常数，C/mol；

  $S$——裸露在乳化液中的电极表面积，$mm^2$；

  $d$——双电层的厚度，mm；

  $\varepsilon_0$——空气的介电常数，F/m；

  $\varepsilon$——双电层的介电常数，F/m。

  相比于空白组乳化液，NBTAH 或 BTDA 分子在铜表面的吸附形成钝化膜，因此电极裸露在乳化液中的面积减小。此外，缓蚀剂的吸附也可以看作是替换水分子对铜表面作用的过程，缓蚀剂的介电常数小于水的介电常数，使得相对介电常数减小，因此会增大双电层与钝化膜的厚度，从而导致双电层电容与膜电容的减小。

## 8.1.2　复合缓蚀剂的协同作用

  上述研究结果表明，NBTAH 分子虽然比 BTDA 分子更能显著减小铜电极在乳化液溶液中的腐蚀电流密度，增加腐蚀阻抗，但是 BTDA 分子具有更高的击穿电位，在铜表面能形成更稳定的钝化膜。为了综合两种缓蚀剂各自的优点，进一步提高乳化液中铜电极的耐腐蚀性能，基于电化学理论，在乳化液中添加由浓度为 5 mmol/L NBTAH 与不同浓度 BTDA 混合得到的复合缓蚀剂，以此研究两者的协同作用。

  图 8-7（a）为不同浓度的 BTDA 对含 5 mmol/L NBTAH 乳化液中铜电极极化曲线的影响。当两种缓蚀剂复合使用时，铜电极的阳极区出现了多次钝化的现象：一次钝化区中击穿电位 $E_b$ 偏低，与单一缓蚀剂作用相比，钝化区显著缩小；而二次钝化区的 $E_b$ 较高，范围较广。图 8-7（b）为击穿电位随复合缓蚀剂中 BTDA 浓度的变化曲线，可以看出两种钝化区中 $E_b$ 值均随 BTDA 浓度的增加呈上

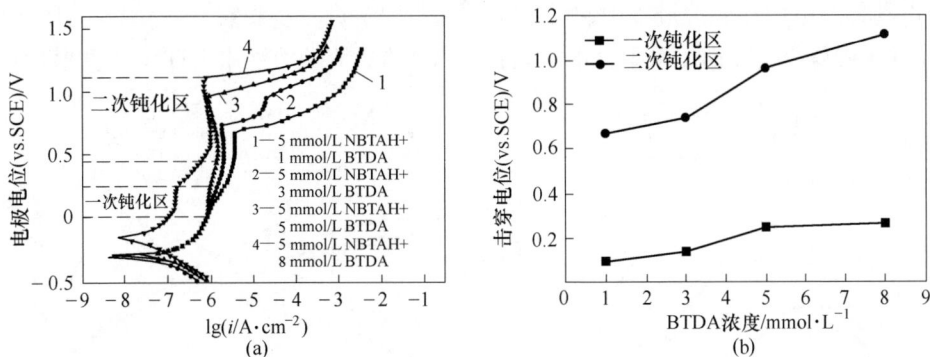

图 8-7　不同浓度的 BTDA 对含 5 mmol/L NBTAH 的乳化液中铜电极极化曲线的影响（a）
和击穿电位随复合缓蚀剂中 BTDA 浓度的变化（b）

升趋势。复合缓蚀剂分子作用下铜带在 O/W 乳化液中的极化曲线参数见表 8-3。随着复合缓蚀剂中 BTDA 浓度的增加，铜电极的腐蚀电位 $E_{corr}$ 升高，腐蚀电流密度 $i_{corr}$ 明显降低。从缓蚀效率 $\eta$ 的变化也可以看出，随着 BTDA 浓度的增加，复合缓蚀剂对铜电极表面的缓蚀作用增强。对比单一缓蚀剂的作用效果发现，当 NBTAH 与较低浓度的 BTDA 复合使用时产生明显的拮抗效应，$\eta$ 值较低；而当 BTDA 的浓度超过 3 mmol/L 时，对铜的缓蚀效果增加。其中，当 5 mmol/L NBTAH+8 mmol/L BTDA 复合使用时，$\eta$ 值最高达到 96.4%，表现出良好的协同缓蚀效果。

**表 8-3　复合缓蚀剂分子作用下铜带在 O/W 乳化液中的极化曲线参数**

| 缓蚀剂组合 | $E_{corr}/mV$ | $i_{corr}/A \cdot cm^{-2}$ | $\beta_a/mV \cdot dec^{-1}$ | $\beta_c/mV \cdot dec^{-1}$ | $\eta/\%$ |
|---|---|---|---|---|---|
| 空白组（无缓蚀剂） | −350 | $7.58\times10^{-7}$ | 319 | −283 | — |
| 5 mmol/L NBTAH+1 mmol/L BTDA | −334 | $1.95\times10^{-7}$ | 265 | −275 | 74.3 |
| 5 mmol/L NBTAH+3 mmol/L BTDA | −327 | $1.12\times10^{-7}$ | 256 | −264 | 85.2 |
| 5 mmol/L NBTAH+5 mmol/L BTDA | −287 | $6.76\times10^{-8}$ | 214 | −261 | 91.1 |
| 5 mmol/L NBTAH+8 mmol/L BTDA | −155 | $2.75\times10^{-8}$ | 265 | −223 | 96.4 |

进一步地，研究复合缓蚀剂对铜电极在乳化液中的交流阻抗的影响，其 Nyquist 阻抗谱图如图 8-8（a）所示。可以看出，随 BTDA 浓度的增加，高频区的阻抗弧半径逐渐增加，即乳化液中复合缓蚀剂对铜的保护作用逐渐增强，其最大阻抗约为 1360 kΩ · cm²，明显高于两种缓蚀剂单独使用的阻抗值。阻抗分布在整个 Nyquist 图的频率范围内的变化均呈现半圆形的阻抗弧，仍符合 $R(Q(R(QR)))$ 等效电路模型，说明在这种情况下，扩散传质过程被强烈阻滞，而电荷传递电阻在腐蚀过程中起着重要作用[10-11]。进一步观察 Bode 图（见图 8-8（b）），在复合缓蚀剂体系中，电极阻抗模 $|Z|$ 的数值随溶液中 BTDA 浓度增加而

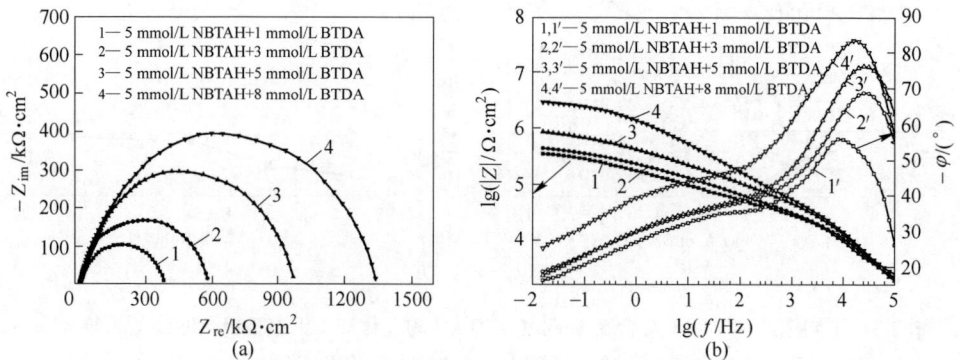

图 8-8　含复合缓蚀剂的 O/W 乳化液对铜电极的交流
阻抗的影响 Nyquist 阻抗谱图（a）和 Bode 图（b）

变大，且在低频区变化幅度更大。与此同时，Bode 图相位角的峰值与宽度均逐渐增大，说明缓蚀剂分子能有效地吸附于铜表面。特别地，当 5 mmol/L NBTAH 与 8 mmol/L BTDA 复合使用时，观察其中 $\lg|Z|$ 与 $\lg f$ 的线性关系，其斜率趋近于 −1，与此同时，相位角的峰值接近 −90°，这显示了典型的电容行为，说明复合缓蚀剂能在铜表面生成稳定的保护膜。

　　不同浓度缓蚀剂的乳化液中铜电极表面 3D 形貌如图 8-9 所示。由图 8-9（a）可以看出，未添加缓蚀剂的乳化液对铜表面的腐蚀程度较大，其表面出现一层较厚的腐蚀层，具有较高的表面粗糙度 $R_a$；浓度为 1 mmol/L 的 NBTAH 的加入对腐蚀表面有明显改善（见图 8-9（b）），其腐蚀类型为局部腐蚀，主要表现为点蚀的腐蚀形貌特征；当 NBTAH 浓度进一步增大到 5 mmol/L 后（见图 8-9（c）），铜表面的点蚀较少，且大部分区域出现一层缓蚀剂膜，表面粗糙度降低至 0.159 μm；同样地，如图 8-9（d）（e）所示，加入不同浓度的 BTDA 也会使铜电极的腐蚀情况比无缓蚀剂处理的情况有所改善，而当添加量较低时铜表面的局部腐蚀仍比较剧烈，点蚀坑较多，再一次说明单一缓蚀剂 NBTAH 比 BTDA 具有更好的缓蚀效果；当两种缓蚀剂复合使用时，如图 8-9（f）（g）所示，铜表面的局部腐蚀及点蚀基本消失，缓蚀剂膜已经覆盖在整个表面，其中当浓度为 5 mmol/L NBTAH 和 8 mmol/L BTDA 复合使用时，铜电极在经过电化学腐蚀实验后保留了相对完整的表面，缓蚀剂膜较厚，且表面粗糙度进一步降低至 0.089 μm，这也反映出两种缓蚀剂的协同作用效果。

　　为进一步探究 NBTAH 和 BTDA 复合缓蚀剂的作用特征，对上述含复合缓蚀剂（5 mmol/L NBTAH+8 mmol/L BTDA）的 O/W 乳化液对铜电极试样进行 XPS 测试，结果如图 8-10 所示。图 8-10（a）中 Cu $2p_{3/2}$ 出现在 932.6 eV 位置，主要由 3 个分峰构成，分别为 Cu 单质、$Cu_2O$ 和一价铜化合物 Cu(Ⅰ)。由于 $O^{2-}$ 的吸收峰强度较小，说明此处主要由 Cu 和 Cu(Ⅰ) 组成。而 Cu $2p_{1/2}$ 主要由两个峰叠加而成，位于 934.7~935.3 eV 之间，峰面积约为 9.25%，分别代表二价铜化合物 Cu(Ⅱ) 和 Cu-BTAH 复合物[12]。从 O 的 $1s$ 图谱中（见图 8-10（b））观察到强度较大的特征峰，其结合能位于 531.8 eV 处，代表羟基—OH 的存在，与乳化液中的油酸成分相关。在 C 的 $1s$ 图谱中（见图 8-10（c）），可以看到 3 个特征吸收峰出现在 284.6 eV、286.4 eV 和 288.8 eV 处，分别代表饱和烷烃链和甲基（C—C/C—H）、醚碳或羟基碳（C—O）及碳氮键（C—N），表明有机缓蚀剂与 $Cu_2O$ 和 CuO 相互作用形成 Cu(Ⅰ)-NBTAH 或 Cu(Ⅰ)-BTDA 的螯合物。进一步观察 N 的 $1s$ 图谱（见图 8-10（d））发现其特征吸收峰位于 398.8 eV 处，表明 N 的不饱和键—N＝的存在[13]，并且其峰位的结合能逐渐向低位偏离，

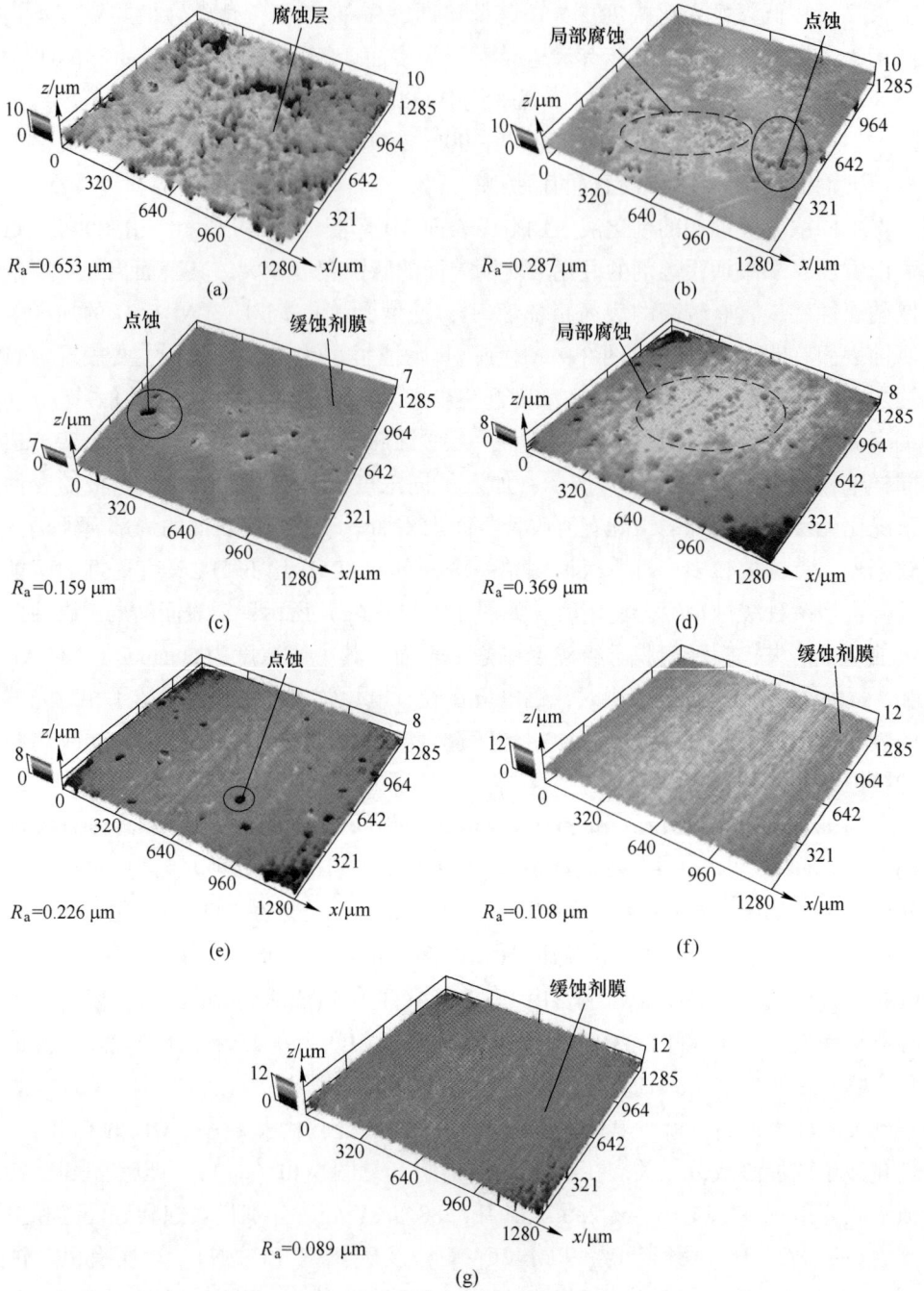

图 8-9   不同浓度缓蚀剂的乳化液中铜电极表面 3D 形貌

(a) 无缓蚀剂；(b) 1 mmol/L NBTAH；(c) 8 mmol/L NBTAH；(d) 1 mmol/L BTDA；(e) 5 mmol/L BTDA；(f) 5 mmol/L NBTAH+1 mmol/L BTDA；(g) 5 mmol/L NBTAH+8 mmol/L BTDA

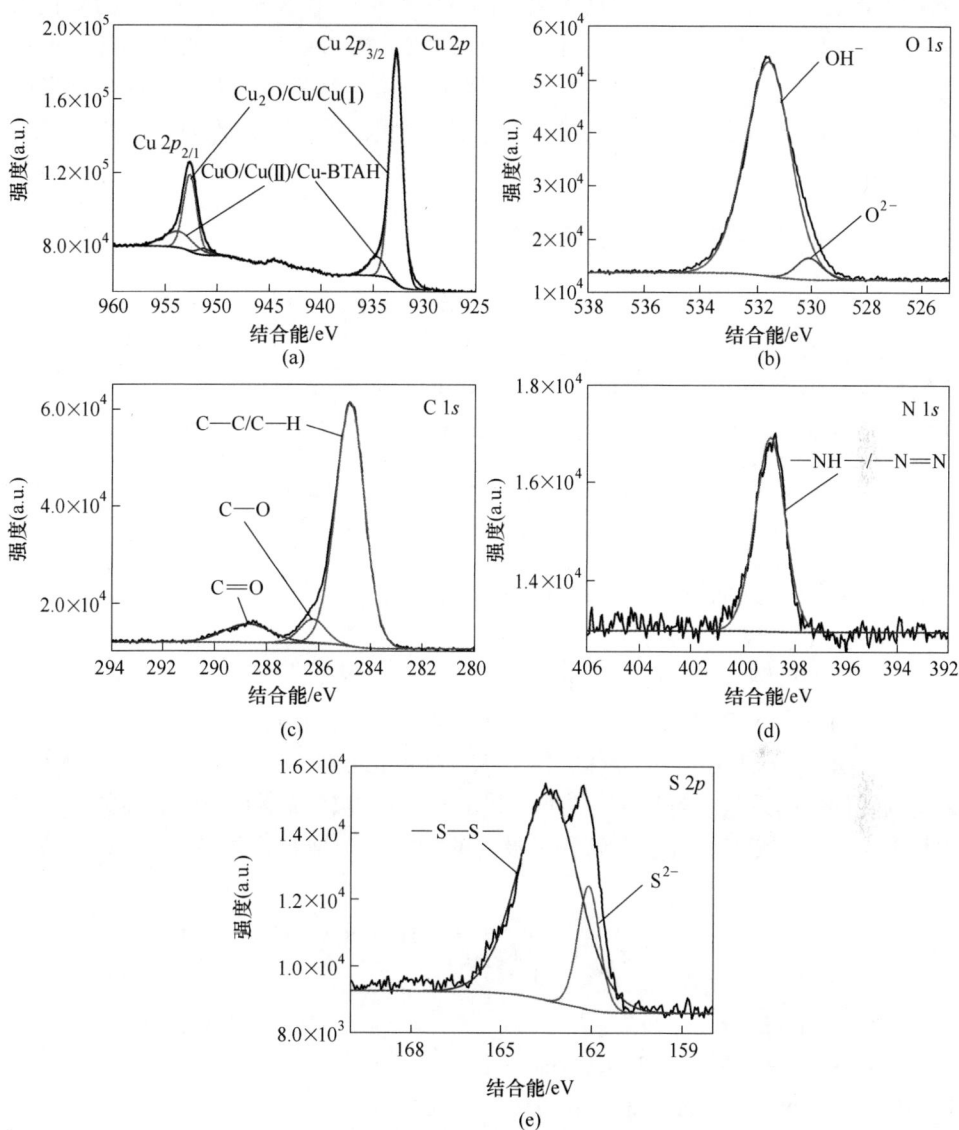

图 8-10 电化学实验后铜电极表面的 XPS 图谱

(a) Cu 2*p* 的 XPS 图谱; (b) O 1*s* 的 XPS 图谱, (c) C 1*s* 的 XPS 图谱;

(d) N 1*s* 的 XPS 图谱; (e) S 2*p* 的 XPS 图谱

且强度有所降低。这也表明 NBTAH 中—N＝N—结构和 BTDA 中—C＝N—结构与铜表面的结合作用导致电子结合能向更低位偏移。最后从 S 的 2*p* 轨道图谱 (见图 8-10 (e)) 中可以看出, 其吸收峰的结合能位于 162.1 eV 和 163.5 eV 处, 分别代表—S—S—键和 $S^{2-}$ 离子[14], 而不属于乳化液中的 $SO_4^{2-}$, 分析发现两峰的面积比接近 4 : 1，证明了 BTDA 分子的真实存在，由于 S$^{2-}$ 与铜及铜的氧化物发生了化学反应，导致峰强度减小。以上 XPS 分析结果表明，NBTAH 和 BTDA 的苯环、氮唑环、噻唑环上的 N、S 等极性原子通过电荷转移在铜表面分别形成含有 Cu-NBTAH 和 Cu-BTDA 螯合物的多层钝化膜，提高了缓蚀效率，起到了良好的吸附效果。

### 8.1.3　Langmuir 吸附特征与润湿行为

　　吸附等温模型是探究有机缓蚀剂分子在铜带表面吸附特征的重要判据。缓蚀剂在铜表面覆盖度 $\theta$ 可以通过上述电化学缓蚀效率 IE 得出。几种典型的吸附等温模型包括 Langmuir、Frumkin、Temkin 和 Bockris-Swinkel 等温式，用于极化曲线和交流阻抗数据的拟合与分析。其中 Langmuir 等温式具有较好的拟合效果。根据吸附式的表达关系满足式 (8-6)。

$$\frac{c}{\theta} = \frac{1}{K_{ads}} + c \tag{8-6}$$

式中　$c$——缓蚀剂的浓度，mmol/L；

　　　$\theta$——覆盖度；

　　　$K_{ads}$——吸附平衡常数，m$^3$/mol。

　　缓蚀剂分子 NBTAH 和 BTDA 分别在铜表面作用的 Langmuir 吸附等温曲线如图 8-11 所示，分别以 $c$ 和 $c/\theta$ 作为横、纵坐标进行线性拟合，可以发现吸附参数之间的线性回归系数接近于 1，说明曲线的拟合程度较高。其中线性曲线斜率的倒数即为吸附平衡常数 $K_{ads}$，而分子吸附的标准吉布斯自由能 $\Delta G_{ads}^{\ominus}$ 可以通过式 (8-7) 得出[15]。

$$K_{ads} = \frac{1}{55.5} \exp\left(-\frac{\Delta G_{ads}^{\ominus}}{RT}\right) \tag{8-7}$$

式中　$T$——温度，K；

　　　$R$——气体常数，8.314 J/(mol·K)；

　　　55.5——溶液中水的浓度，mmol/L。

　　根据吸附定理，$K_{ads}$ 值越大，$\Delta G_{ads}^{\ominus}$ 值越小，意味着吸附能力更强。比较图中两种分子吸附能力的强弱可以发现，无论是 Tafel 还是 EIS 的拟合结果都显示 NBTAH 分子比 BTDA 分子具备更强的吸附性能。其中，两种分子的 $\Delta G_{ads}^{\ominus}$ 均为负值，表明吸附过程具有自发性。一般地，如果 $\Delta G_{ads}^{\ominus}$ >-20 kJ/mol，吸附为伴随着有机缓蚀剂分子与金属表面的静电作用为主的物理吸附过程；而当 $\Delta G_{ads}^{\ominus}$ < -40 kJ/mol 时，吸附是以吸附分子与金属表面间电荷的共享和转移的化学吸附过程为主。根据吉布斯自由能数值的大小，可以判定 NBTAH 与铜表面的吸附是典型的化学吸附过程，而 BTDA 与铜表面的吸附是化学与物理吸附共同存在的吸附过程。两种

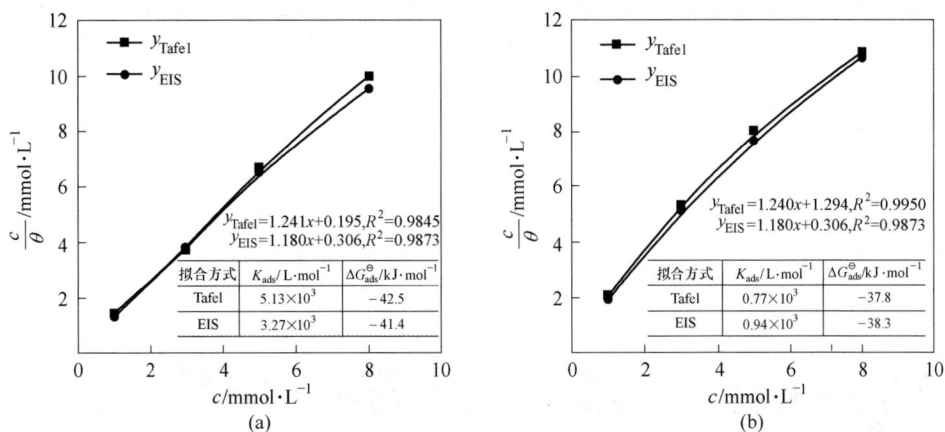

图 8-11　缓蚀剂分子 NBTAH（a）和 BTDA（b）分别在铜表面作用的 Langmuir 吸附等温曲线

分子的 EIS 拟合相关系数更接近于 1，说明用电化学阻抗谱获得的 Langmuir 吸附等温式更准确。

当 O/W 乳化液中加入 NBTAH 和 BTDA 缓蚀剂时，在铜表面呈现不同的吸附行为，且会影响乳化液在铜表面的覆盖度，因此乳化液对铜带表面的润湿行为也会发生改变。液体的润湿性一般用接触角的大小来衡量。本书选取干净、平整的轧后铜带作为金属基板，使用 JC-2000C1 接触角测量仪对不同乳化液在金属表面的润湿行为进行研究。每次实验均滴定 1 mL 等体积的乳化液，待液体与金属接触 10 s 后进行记录，以得到各组乳化液的平衡态润湿角。实验结束后利用"量高法"对接触角进行测量及分析，每次测量重复 3 次，以保证实验的可靠性。以上实验只考虑理想平坦的光滑表面，可以用经典的 Young's 方程进行研究[16]。

$$\cos\theta = \frac{\sigma_{sv} - \sigma_{sl}}{\sigma_{lv}} \tag{8-8}$$

式中　$\sigma_{sv}$——固-气表面张力，mN/m；

　　　$\sigma_{sl}$——固-液表面张力，mN/m；

　　　$\sigma_{lv}$——液-气表面张力，mN/m；

　　　$\theta$——固-液界面接触角，(°)。

由式（8-8）可知，当 $\sigma_{sv} > \sigma_{sl}$ 时，$0 < \cos\theta < 1$，即 $0° < \theta < 90°$，这种情况称固体表面能够被液体润湿，$\theta$ 值越小，则固体表面越容易被待测液体润湿；反之 $\theta$ 值越大，越接近于 90°，则固体表面越不容易被液体润湿。

图 8-12 为不同缓蚀剂对乳化液在轧后铜带表面接触角的影响，可以看出，空白组乳化液在铜带表面的接触角仅为 16.0°，随着缓蚀剂的加入，O/W 乳化液在铜表面的接触角逐渐增大，相比于 BTDA，NBTAH 对接触角的影响更大。铜在

含复合缓蚀剂的乳化液中的接触角增大至 32.5°~34.5°，其数值接近于原乳化液接触角的 2 倍，说明其在铜带表面的润湿行为受到阻碍。由于质量分数为 5% 的 O/W 乳化液含水量较高，该润湿实验也可以用来反映缓蚀剂对铜的亲水或疏水性的影响。不难发现，随着乳化液中缓蚀剂浓度的增加，铜带表面疏水性增加，水分子越难以在金属表面铺展。结合上述对缓蚀剂分子性能的综合分析，可以推断为 NBTAH 和 BTDA 在铜表面形成稳定吸附的同时，缓蚀剂分子占据了水分子在铜表面的吸附位点，阻碍了水对铜带表面的腐蚀，因此还起到了一定的物理隔避效果，初步呈现"吸附与屏蔽"协同作用的特征。

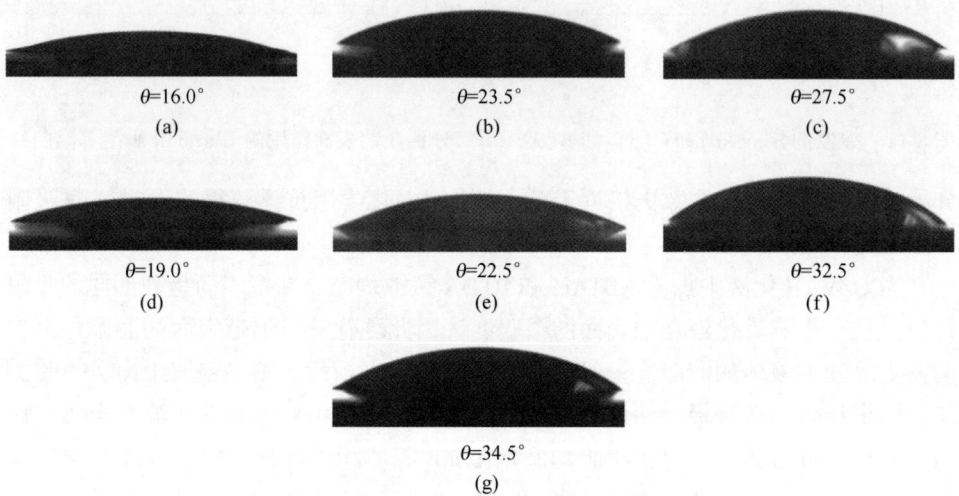

图 8-12    不同缓蚀剂对乳化液在轧后铜带表面接触角的影响

（a）无缓蚀剂；（b）1 mmol/L NBTAH；（c）5 mmol/L NBTAH；（d）1 mmol/L BTDA；（e）8 mmol/L BTDA；（f）5 mmol/L NBTAH+1 mmol/L BTDA；（g）5 mmol/L NBTAH+8 mmol/L BTDA

## 8.2    复合缓蚀剂的量子化学计算与分析

NBTAH 与 BTDA 具有良好的缓蚀效果，这与缓蚀剂分子的结构与性质相关。通过量子化学研究方法计算缓蚀剂分子的活性参数，并对分子态密度进行分析，能进一步揭示缓蚀剂的作用机理。

### 8.2.1    溶剂化条件对缓蚀剂反应活性的影响

溶剂化作用是指溶剂分子通过与离子的相互作用而实现的溶剂分子在离子周围累积的过程。该过程形成离子与溶剂分子的络合物，并释放大量的热，溶剂化作用改变了溶剂和离子的结构[17]，对反应速率、反应进程甚至反应产物产生影响。针对本书的研究，铜带在轧制过程中使用的润滑剂不同，则其中缓蚀剂存在的溶剂介质不同，因此各分子的量子化学参数、反应活性的表现也存在差异。定义混合溶液的相对真空条件的介电常数 $\varepsilon$ 的计算方法如下：

$$\varepsilon_{tot} = X\varepsilon_A + (1 - X)\varepsilon_B \tag{8-9}$$

式中　$\varepsilon_{tot}$——溶液总体介电常数，F/m；

　　$\varepsilon_A$，$\varepsilon_B$——A、B 两种溶剂各自的介电常数，F/m；

　　$X$——所占比例。

在以下 4 种条件下分别进行溶剂化参数设定：真空中不需要考虑溶剂影响；轧制油以十六烷的介电常数为 2.06 F/m 计算；水的 $\varepsilon$ 为 78.54 F/m，质量分数为 5% 的 O/W 乳化液中的 $\varepsilon$ 值依据式（8-9）计算为 74.74 F/m。随后采用量子化学计算对 NBTAH 和 BTDA 两种分子在不同溶剂条件下的前线轨道进行计算，得到最高占据分子轨道能 $E_{HOMO}$、最低空分子轨道能 $E_{LUMO}$ 及能隙值 $\Delta E$ 的变化情况，不同溶剂中 NBTAH 和 BTDA 的前线轨道能及能隙值变化如图 8-13 所示。

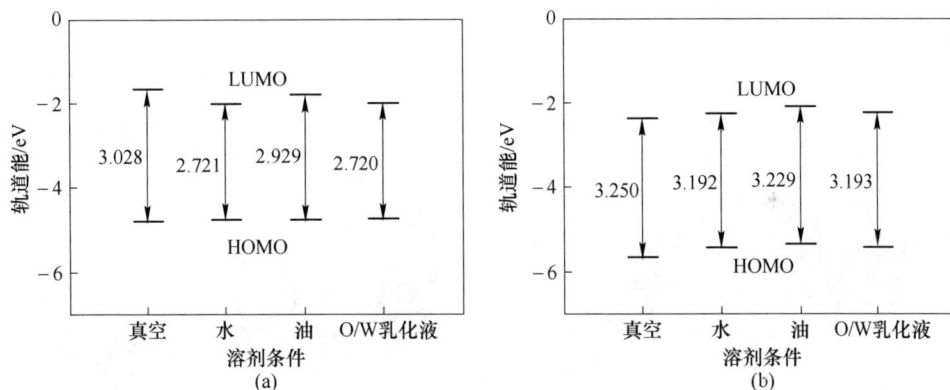

图 8-13　不同溶剂中 NBTAH（a）和 BTDA（b）的前线轨道能及能隙值变化

比较图中缓蚀剂在各溶剂条件下的前线轨道参数可知，缓蚀剂 NBTAH 分子的 $E_{HOMO}$ 值随溶剂条件变化较小，而 $E_{LUMO}$ 值变化较大，在水和 O/W 乳化液溶剂条件中计算得到的缓蚀剂的 $E_{LUMO}$ 值远低于油溶剂和真空环境中的数值，这说明 NBTAH 的得电子能力受到抑制。而对 BTDA 分子而言，其 $E_{HOMO}$ 和 $E_{LUMO}$ 值在油、水和 O/W 乳化液 3 种溶剂中均增加，即 BTDA 在溶剂中更易于参加亲电反应而亲核反应受到抑制。两种缓蚀剂在水与 O/W 乳化液的溶剂中的前线轨道参数接近，且 $\Delta E$ 值明显小于真空和油溶液中的数值，这是因为在水或 O/W 乳化液环境中，溶液中的水分子通过电离与水解，与缓蚀剂极性基团相互作用，使其分子趋向于表现出更高的反应活性。无论在何种溶剂环境中，NBTAH 均具有较高的全局反应活性。

图 8-14 所示为两种缓蚀剂在 O/W 乳化液溶剂条件下的优化构型及在 0.03 （a. u.） 等值面上的前线轨道的分布。观察发现，NBTAH 的最高占据分子轨道（HOMO） 主要分布在芳香环和氮唑环上，其原子基团呈现明显的 π 键，易于与金属的 d 轨道形成配位键；最低空分子轨道（LUMO） 中芳香环和氮唑环上的原子基团活性较低，而与之相邻的 C11、N12、C13、C21 和 C22 等原子附近表现出 π 键。对 BTDA 分子而言，不论是 HOMO 轨道还是 LUMO 轨道，其活性位点均集

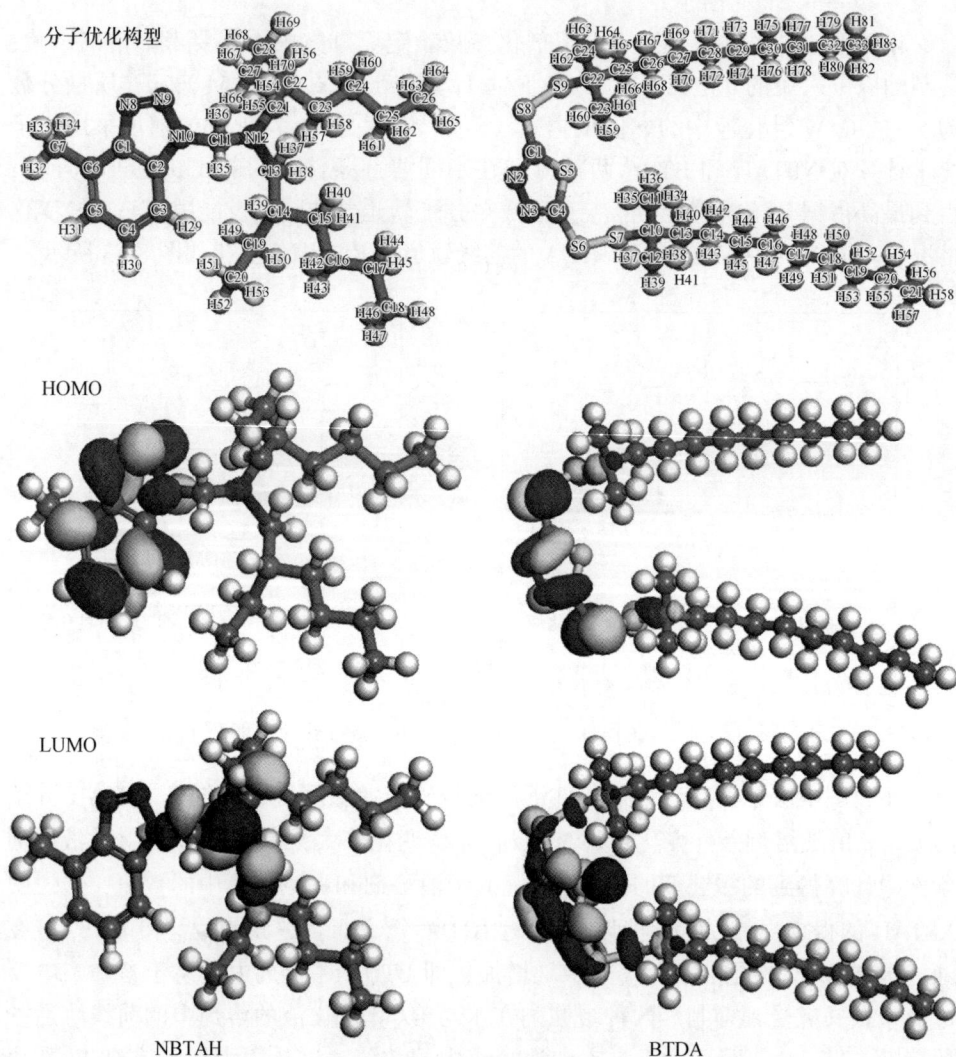

图 8-14 两种缓蚀剂分子在 O/W 乳化液溶剂条件下的优化构型及在 0.03 （a. u.） 等值面上的前线轨道分布

（图中数据指原子编号）

中在噻唑环及与之相邻的 S 原子上，既是分子的亲电反应中心，又是亲核反应中心，表现出较高的活性。其中噻唑环在分子的 HOMO 轨道上呈 $\sigma$ 键，S6、S7、S8、S9 原子呈 $\pi$ 键；而在 LUMO 轨道上同时存在 $\pi$ 键和 $\sigma$ 键，其前线轨道分布更为复杂，这使 BTDA 分子表现出更强的亲核特性。

为确定缓蚀剂分子在 O/W 乳化液溶剂条件下可能的吸附位点，进一步分析各分子中原子的局部活性，对优化后分子中典型原子的福井指数进行计算。该指数不仅可测定分子的反应活性位点及其强弱，还可以确定活性位点的亲核或亲电特性。

表 8-4 列出了缓蚀剂分子中的典型原子在不同溶剂条件下的局部活性参数。

**表 8-4　缓蚀剂分子中的典型原子在不同溶剂条件下的局部活性参数**

| 缓蚀剂分子 | 典型原子 | $f_k^-$ (a.u.) | | | | $f_k^+$ (a.u.) | | | |
|---|---|---|---|---|---|---|---|---|---|
| | | 真空 | 水 | 油 | O/W 乳化液 | 真空 | 水 | 油 | O/W 乳化液 |
| NBTAH | C2 | 0.066 | 0.086 | 0.078 | 0.086 | 0.010 | 0.013 | 0.011 | 0.013 |
| | C3 | 0.065 | 0.088 | 0.076 | 0.089 | 0.015 | 0.021 | 0.017 | 0.021 |
| | C11 | 0.006 | 0.008 | 0.006 | 0.007 | 0.038 | 0.044 | 0.040 | 0.044 |
| | N9 | 0.223 | 0.224 | 0.219 | 0.124 | 0.054 | 0.067 | 0.058 | 0.067 |
| | N10 | 0.228 | 0.280 | 0.245 | 0.281 | 0.046 | 0.054 | 0.051 | 0.054 |
| | N12 | 0.014 | 0.016 | 0.015 | 0.016 | 0.118 | 0.152 | 0.135 | 0.152 |
| | H36 | 0.042 | 0.042 | 0.040 | 0.042 | 0.068 | 0.085 | 0.078 | 0.085 |
| | H65 | −0.003 | −0.002 | −0.002 | −0.002 | −0.001 | −0.001 | −0.002 | −0.001 |
| BTDA | N2 | 0.064 | 0.071 | 0.067 | 0.071 | 0.064 | 0.082 | 0.075 | 0.082 |
| | N3 | 0.062 | 0.075 | 0.070 | 0.075 | 0.068 | 0.080 | 0.073 | 0.080 |
| | S5 | 0.070 | 0.072 | 0.071 | 0.072 | 0.108 | 0.113 | 0.110 | 0.113 |
| | S6 | 0.136 | 0.151 | 0.145 | 0.152 | 0.145 | 0.168 | 0.154 | 0.168 |
| | S9 | 0.098 | 0.110 | 0.108 | 0.110 | 0.096 | 0.120 | 0.113 | 0.120 |
| | C4 | 0.022 | 0.026 | 0.024 | 0.026 | 0.024 | 0.048 | 0.035 | 0.048 |
| | C22 | −0.010 | −0.015 | −0.013 | −0.015 | −0.013 | −0.014 | −0.012 | −0.014 |
| | H60 | 0.015 | 0.017 | 0.016 | 0.017 | 0.016 | 0.018 | 0.017 | 0.018 |
| | H58 | 0 | −0.001 | 0 | 0 | 0 | 0 | −0.001 | −0.001 |

从表 8-4 可以看出，各原子在水和 O/W 乳化液中的福井指数基本一致，N、S 和芳香环上的 C 等活性原子的福井指数在真空条件和油溶液中数值偏低，而在水和 O/W 乳化液溶液中数值偏高，说明溶剂化效应使得缓蚀剂分子中原子表现出更高的局部反应活性。位于 NBTAH 苯环上的 C2、C3 及 N9、N10 等原子具有

相对较高的 $f_k^-$ 值，在亲电反应中容易提供电子；而氮唑环上的 N12 原子具有更高的 $f_k^+$ 值，是分子的亲核反应中心。尤其是在 O/W 乳化液条件下 NBTAH 分子上与 C11 相邻的 H36 的 $f_k^+$ 值达到 0.085，明显高于分子中的其他 H 原子，也表现出亲核反应特点。BTDA 分子的局部活性位点主要位于噻唑环上的 N2、N3、S5、S6 及双硫键上的 S9 等原子，这些原子既是分子的亲核反应中心，又是亲电反应中心，其 $f_k^+$ 值较 $f_k^-$ 值更大，说明 BTDA 分子具有更鲜明的得电子特征，容易参与亲核反应。与缓蚀剂 BTDA 分子相比，NBTAH 分子中的极性原子的福井指数更大，表现出更强的局部活性，与上述前线轨道分析结果一致。

### 8.2.2  复合缓蚀剂的态密度分析

一般情况下，参与化学反应的信息可以通过分析态密度（DOS）来获得，图 8-15（a）（b）分别为两种缓蚀剂分子在铜表面吸附后的态密度分布。由图中峰值曲线的分布可以发现两种缓蚀剂吸附后，并无明显分波穿过费米能级，即说明此时铜表面已经形成了半导电的 Cu-NBTAH/Cu-BTDA 缓蚀层。比较两种分子分别吸附后的分态密度数值，发现其中 BTDA 的电子在低于费米能级在 -15 ~ -5 eV

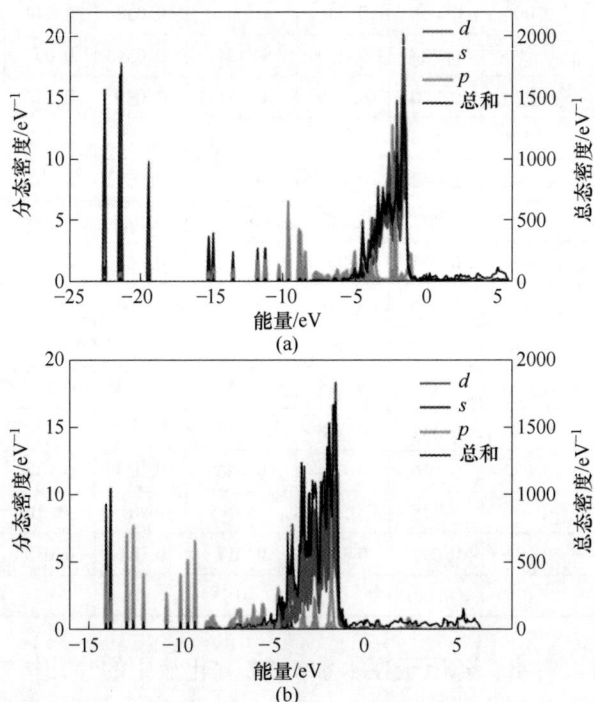

图 8-15  两种缓蚀剂分子在铜表面吸附后的态密度分布

彩图

（a）NBTAH；（b）BTDA

的范围内出现了一些态密度峰，主要显示 BTDA 分子和 Cu 晶面的 2$p$ 和 4$s$ 态的相互作用，其态密度强度在 10 eV 以内，作用效果较弱；而 NBTAH 分子的电子在低于费米能级在 $-8\sim-24$ eV 的范围内出现一些态密度峰，同样显示 BTDA 分子与铜的 $s$、$p$ 轨道杂化，其 $s$ 轨道杂化强度达到 $15\sim20$ eV，作用效果较强，表明 NBTAH 分子比 BTDA 分子更容易在铜表面吸附。

## 参 考 文 献

[1] COTTON J B, SCHOLES I R. Benzotriazole and related compounds as corrosion inhibitors for copper [J]. British Corrosion Journal, 1967, 2 (1): 1-5.

[2] QIN T T, LI J, LUO H Q, et al. Corrosion inhibition of copper by 2, 5-dimercapto-1, 3, 4-thiadiazole monolayer in acidic solution [J]. Corrosion Science, 2011, 53 (3): 1072-1078.

[3] MILAN M A, SNEŽANA M, MARIJA B P. Films formed on copper surface in chloride media in the presence of azoles [J]. Corrosion Science, 2009, 51 (6): 1228-1237.

[4] SHERIF E M, PARK S M. Effects of 2-amino-5-ethylthio-1, 3, 4-thiadiazole on copper corrosion as a corrosion inhibitor in aerated acidic pickling solutions [J]. Electrochimica Acta, 2006, 51 (28): 6556-6562.

[5] OGUZIE E E, LI Y, WANG F H. Effect of 2-amino-3-mercaptopropanoic acid (cysteine) on the corrosion behaviour of low carbon steel in sulphuric acid [J]. Electrochimica Acta, 2008, 53 (2): 909-914.

[6] QUARTARONE G, BATTILANA M, BONALDO L, et al. Investigation of the inhibition effect of indole-3-carboxylic acid on the copper corrosion in 0. 5 M $H_2SO_4$ [J]. Corrosion Science, 2008, 50 (12): 3467-3474.

[7] QIANG Y, ZHANG S, TAN B, et al. Evaluation of ginkgo leaf extract as an eco-friendly corrosion inhibitor of X70 steel in HCl solution [J]. Corrosion Science, 2018, 133: 6-16.

[8] AHAMAD I, PRASAD R, QURAISHI M A. Adsorption and inhibitive properties of some new mannich bases of isatin derivatives on corrosion of mild steel in acidic media [J]. Corrosion Science, 2010, 52 (4): 1472-1481.

[9] TIAN H, LI W, CAO K, et al. Potent inhibition of copper corrosion in neutral chloride media by novel non-toxic thiadiazole derivatives [J]. Corrosion Science, 2013, 73 (73): 281-291.

[10] KOSEC T, QIN Z, CHEN J, et al. Copper corrosion in bentonite/saline groundwater solution: Effects of solution and bentonite chemistry [J]. Corrosion Science, 2015, 90: 248-258.

[11] QIANG Y J, ZHANG S, XU S, et al. Experimental and theoretical studies on the corrosion inhibition of copper by two indazole derivatives in 3. 0% NaCl solution [J]. Journal of Colloid and Interface Science, 2016, 472: 52-59.

[12] GELMAN D, STAROSVETSKY D, EIN-ELI Y. Copper corrosion mitigation by binary inhibitor compositions of potassium sorbate and benzotriazole [J]. Corrosion Science, 2014, 82: 271-279.

[13] KALIMUTHU P, JOHN S A. Nanostructured electropolymerized film of 5-amino-2-mercapto-1,

3,4-thiadiazole on glassy carbon electrode for the selective determination of l-cysteine [J]. Electrochemistry Communications, 2009, 11 (2): 367-370.

[14] TAMILARASAN R, SREEKANTH A. Spectroscopic and DFT investigations on the corrosion inhibition behavior of tris (5-methyl-2-thioxo-1,3,4-thiadiazole) borate on high carbon steel and aluminium in HCl media [J]. RSC Advances, 2013, 3 (45): 23681-23691.

[15] SOLMAZ R, ALTUNBAS E S, DOENE A, et al. The investigation of synergistic inhibition effect of rhodanine and iodide ion on the corrosion of copper in sulphuric acid solution [J]. Corrosion Science, 2011, 53 (10): 3231-3240.

[16] YOUNG T. An essay on the cohesion of fluids [J]. Philosophical Transactions of the Royal Society of London, 1805, 94: 65-87.

[17] 刘波, 张春华. 基于支持向量机构象性 B 细胞表位预测研究 [J]. 吉林大学学报 (信息科学版), 2015, 33 (3): 298-304.

# 9 金属加工液中极压抗磨剂与缓蚀剂的竞争吸附

以铜箔轧制过程的冷轧润滑油为例，其中极压抗磨剂磷酸酯（EK）的存在造成了铜箔的腐蚀，EK 将铜腐蚀生成铜离子或有机络合物溶于轧制油中；缓蚀剂噻二唑（DTA）降低了铜箔腐蚀速率，并增加了其缓蚀效率。因此，在纯铜轧制过程中 $O_2$、基础油、抗磨剂、缓蚀剂之间存在竞争反应和竞争吸附。本章着重模拟单极压抗磨与缓蚀剂在铜表面的竞争吸附模型及吸附作用机理。

## 9.1 极压抗磨剂与缓蚀剂的量子化学计算

### 9.1.1 分子结构与键长

表 9-1 为 VASP 和 Dmol3 计算得到的几何优化后的 DTA 和 EK 分子结构及其键长。通过剑桥结构数据库中列出的数据[1]，比较了 VASP 与使用 Materials Studio 软件的 Dmol3（DFT 方法 B3LYP/GGA/PW91 基组）计算与预测的分子键长。VASP 和 Dmol3 计算的几何优化 DTA 和 EK 分子键长数据的一致性表明该计算方法可以提供合理的添加剂结构，且对后续分子吸附特性的计算是可靠的。

压延铜箔的 XRD 图谱如图 9-1（a）所示。显然（220）晶向为压延铜箔的择优取向，与余博士研究结果一致[2]。因此 Cu 晶体选择 Cu(110) 面，沿 z 轴方向 5 个铜原子层厚度的 Cu(110) 组建 x 轴和 y 轴方向周期性为（6×2）和（6×4）的表面。本章分别计算 2 个尺寸的 2 个气相分子之间的相互作用能，确保在 x 轴和 y 轴方向铜尺寸足够大。表 9-2 给出了 Cu 晶体的晶格常数和分子间的相互作用力。计算结果得知，抗磨剂分子 EK 之间在（6×2）条件下的相互作用能为 0.025 eV，表明分子之间有强烈的排斥力。然而，在（6×2）条件下缓蚀剂分子间的相互作用能为 −0.140 eV，表明分子之间有强烈的分子间吸引力。以上结果均表明，（6×2）尺寸没有足够大至可以排除分子间的自相互作用，这主要是由于周期性边界条件。而在（6×4）模拟尺寸条件下，计算 EK 和 DTA 分子在 Cu(110) 晶面的尺寸相互作用能分别为 0.005 eV 和 0.007 eV。这些计算的分子间作用力很小（<0.010 eV），在吸附能计算结果范围内可忽略。因此，下面吸附能计算 Cu(110) 晶面选用（6×4）单胞。图 9-1（b）（c）分别为 Cu(110) 晶

**表 9-1　VASP 和 Dmol3 计算得到的几何优化后的 DTA 和 EK 分子结构及其键长**

| DTA | | | | EK | | | |
|---|---|---|---|---|---|---|---|

| | 键长/nm | | | | 键长/nm | | |
|---|---|---|---|---|---|---|---|
| 化学键 | Cambridge 数据库 | Dmol3 | VASP | 化学键 | Cambridge 数据库 | Dmol3 | VASP |
| S1—C2 | 0.1716 | 0.1754 | 0.1746 | C1—C2 | 0.1523 | 0.1529 | 0.1521 |
| C2—N2 | 0.1316 | 0.1314 | 0.1310 | C2—C3 | 0.1523 | 0.1531 | 0.1523 |
| N2—N1 | 0.1382 | 0.1359 | 0.1371 | C3—C4 | 0.1523 | 0.1519 | 0.1510 |
| N1—C1 | 0.1316 | 0.1310 | 0.1310 | C4—O1 | 0.1402 | 0.1428 | 0.1425 |
| C1—S1 | 0.1716 | 0.1766 | 0.1746 | O1—C5 | 0.1402 | 0.1421 | 0.1418 |
| C1—S5 | 0.1815 | 0.1774 | 0.1763 | C5—C6 | 0.1523 | 0.1520 | 0.1511 |
| S2—S3 | 0.2024 | 0.2075 | 0.2036 | C6—O2 | 0.1402 | 0.1425 | 0.1424 |
| S5—S4 | 0.2024 | 0.2035 | 0.2063 | O2—C7 | 0.1402 | 0.1422 | 0.1417 |
| S2—C3 | 0.1815 | 0.1846 | 0.1836 | C7—C8 | 0.1523 | 0.1520 | 0.1511 |
| S4—C5 | 0.1815 | 0.1763 | 0.1836 | C8—O3 | 0.1402 | 0.1429 | 0.1429 |
| S3—C2 | 0.1815 | 0.1836 | 0.1847 | O3—C9 | 0.1402 | 0.1414 | 0.1428 |
| C3—C4 | 0.1523 | 0.1519 | 0.1526 | C9—P1 | 0.1856 | 0.1821 | 0.1829 |
| C5—C6 | 0.1523 | 0.1519 | 0.1526 | P1—O4 | 0.1615 | 0.1618 | 0.1612 |
| | | | | P1—O5 | 0.1480 | 0.1479 | 0.1479 |
| | | | | P1—O6 | 0.1615 | 0.1604 | 0.1627 |

体的侧视图和俯视图。Cu(110) 表面几何优化后第一层间距压缩了 10.4%，第二层间距扩张了 4.7%，第三层间距压缩了 1.5%，这与其他 GGA 泛函计算的第一层间距压缩了 9% 和第二层间距扩张了 2% 的结果近似[3]，同时也与 Hatano[4] 实验测量的第一层间距压缩了 11.8% 和第二层间距扩张了 0.1% 的结果一致。结果也表明 5 层原子厚的 Cu 可以满足建模的计算精度。最后，将吸附的分子加入

Cu(110) 模型中。为了降低计算成本，首先使用具有一个 Cu 原子层的简化模型来选择分子的初始构型和初始吸附位点。

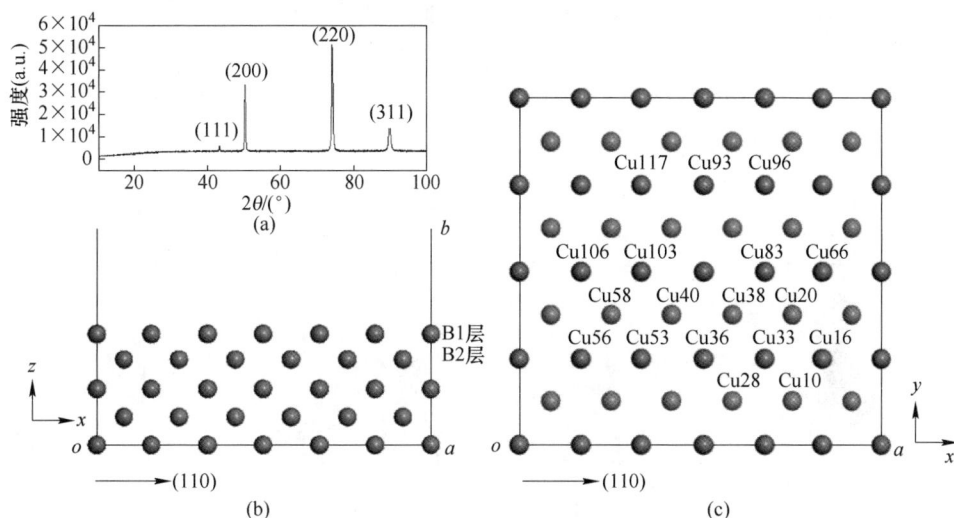

图 9-1 压延铜箔的 XRD 图谱（a）及 Cu(110) 晶体的侧视图（b）和俯视图（c）

（图中数字为原子编号）

表 9-2 Cu 晶体的晶格常数和分子间的相互作用力

| 晶体 | 晶格常数 | | | DTA 分子间相互作用能/eV | EK 分子间相互作用能/eV |
|---|---|---|---|---|---|
| | $a$/nm | $b$/nm | $c$/nm | | |
| Cu(6×2) | 1.5374 | 0.7247 | 3.5125 | −0.140 | 0.025 |
| Cu(6×4) | 1.5374 | 1.4494 | 3.5125 | 0.007 | 0.005 |

## 9.1.2 单分子吸附作用

通常来说，一个体系吸附能的绝对值越高，其构型越稳定。首先需要明确分子在金属表面上的吸附特征，包括化学吸附和物理吸附。吸附类型用于判断分子与金属的相互作用，不包括金属的尺寸效应对分子的影响。化学吸附的特点是分子与金属形成了化学键，物理吸附则是由范德华力造成的。化学吸附中，从键长推断分子与金属之间的距离约为 0.2 nm；$r_{Cov}^{Cu} + r_{Cov}^{N} = 0.121 + 0.074 = 0.195(nm)$，$r_{Cov}^{Cu} + r_{Cov}^{S} = 0.121 + 0.104 = 0.225(nm)$，$r_{Cov}^{Cu} + r_{Cov}^{O} = 0.121 + 0.074 = 0.195(nm)$。而物理吸附的键长相对较长，约为 0.3 nm；范德华力键长的总和 $r_{VDW}^{Cu} + r_{VDW}^{N} = 0.140 + 0.155 = 0.295(nm)$，$r_{VDW}^{Cu} + r_{VDW}^{S} = 0.144 + 0.180 = 0.324(nm)$，$r_{VDW}^{Cu} + r_{VDW}^{O} = 0.144 + 0.152 = 0.296(nm)$。为了研究气相单分子在 Cu(110) 晶面的吸

附行为，利用 Dmol3 建了一层厚的 Cu 原子，把分子导入铜的板面模型，分子在铜表面以不同的位置构造不同的初始构型进行几何优化，极压抗磨剂分子 BT 和 EK 及缓蚀剂分子 DMDT 在 Cu(110) 面吸附前后的构型如图9-2 和图9-3 所示。从图9-2 和图9-3 可知，BT($C_7H_{14}BNO_4$) 和 EK($C_9H_{21}O_6P$) 分子吸附在铜表面形成了 Cu—O 键（$r_{Cu—O} \approx 0.2$ nm）。DMDT（$C_2H_2N_2S_3$）分子与 DTA（$C_6H_{10}N_2S_5$）分子吸附在铜表面形成了 Cu—N/Cu—S 键（$r_{Cu—N/Cu—S} \approx 0.2$ nm）。

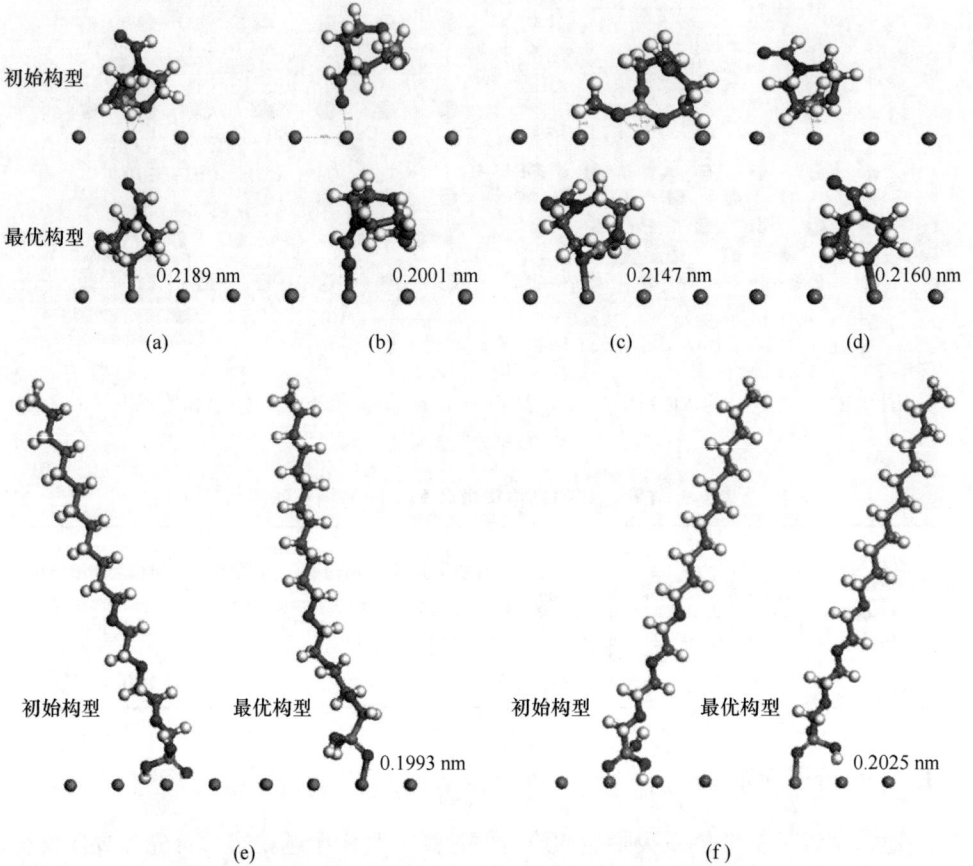

图 9-2　极压抗磨剂分子 BT 和 EK 在 Cu(110) 面吸附前后的构型

(a)~(d) 极压抗磨剂分子 BT 在 Cu(110) 面吸附前后的构型；

(e)(f) 极压抗磨剂分子 EK 在 Cu(110) 面吸附前后的构型

　　研究单个气相分子 EK 和 DTA 在 Cu(110) 面的吸附性能。图9-4（a）(d) 分别给出了极压抗磨剂 EK+Cu(110) 与缓蚀剂 DTA+Cu(110) 初始构型的侧视图。极压抗磨剂 EK 与缓蚀剂 DTA 在 Cu(110) 面吸附的最优构型侧视图和俯视图如图9-4（b）(c)（e）和（f）所示，图中标记了分子与金属形成的键长。

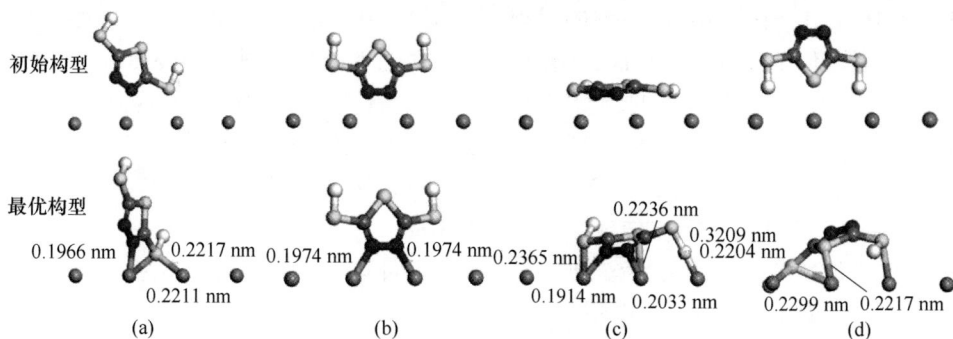

图 9-3　缓蚀剂分子 DMDT 在 Cu(110) 面吸附前后的构型

(a)~(d) 分别代表不同的吸附形态

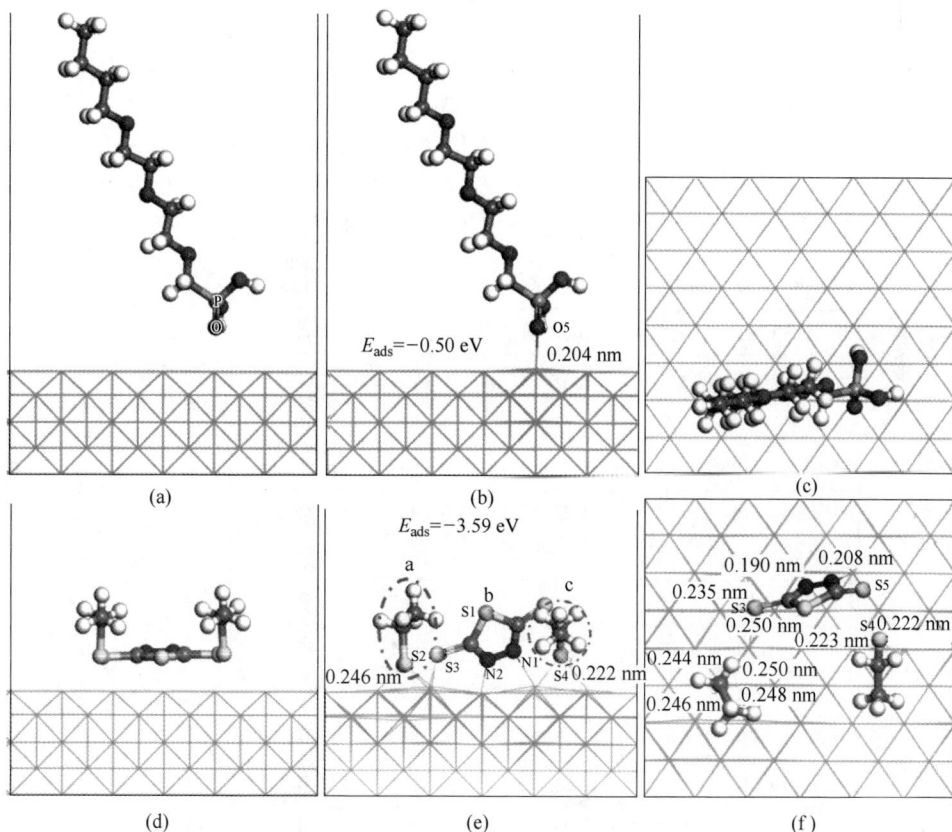

图 9-4　EK 和 DTA 分子在 Cu(110) 面的稳定吸附构型

(a) EK+Cu(110) 初始构型的侧视图；(b) EK+Cu(110) 最优型的侧视图；

(c) EK+Cu(110) 初始构型的俯视图；(d) DTA+Cu(110) 初始构型的侧视图；

(e) DTA+Cu(110) 最优构型的侧视图；(f) DTA+Cu(110) 初始构型的俯视图

(每幅图上面的数据对应其化学吸附能和化学键键长)

EK 和 DTA 分子在 Cu(110) 面的吸附能分别为 -0.50 eV 和 -3.59 eV, 表明 EK 分子微弱地化学吸附在铜表面, 而 DTA 分子强烈地化学吸附在铜表面。EK 分子通过磷酸酯键 (—PO$_3$) 的顶位—O5, 形成 O5—Cu33 吸附模式, 且 O5—Cu33 键长为 0.204 nm。DTA 化学分解为 3 部分, 图 9-4 (e) 分别标记为 a、b 和 c。b 部分噻二唑的 N 原子通过顶位—N1, N2 形成 Cu—N1, N2 吸附模式, 且 N1—Cu93 和 N2—Cu96 键长分别为 0.190 nm 和 0.208 nm。a 和 c 部分通过 S—Cu 键与 Cu 原子形成化学键, 其键长为 0.222~0.250 nm。此外, a 部分 S2 通过中心位—S 与 Cu 成键, b 和 c 部分的 S3 和 S4 以桥位—S 与 Cu 形成 Cu—S 键。

　　由于化学吸附, Cu 发生晶格扭曲。表 9-3 给出了分子吸附在 Cu(110) 面引起 Cu—Cu 键长变化和 Cu 连接的键长。B1 和 B2 分别表示顶层或顶部和第二层的 Cu—Cu 键长。EK 吸附在 Cu(110) 面, 第一层和第二层 Cu—Cu 键最大变化了 0.92%。这是因为 EK 吸附在 Cu(110) 表面, Cu33 原子形成 O5—Cu33 键, Cu33 原子上移 0.013 nm。在这种吸附构型中其他 Cu—Cu 键长变化更小, 则表明铜的吸附是影响 Cu—Cu 键改变的主要因素。然而 DTA 分解成 3 部分, 每一部分在 Cu(110) 面吸附, Cu—Cu 键键长变化超过 5%。在第一层中 Cu—S 连接的 Cu 原子平均上移 0.015 nm, Cu—N 连接的 Cu 原子平均上移 0.022 nm。Cu—N 键形成所引起的平均 Cu—Cu 键长变化高于 Cu—S 键形成引起的键长变化, 且二

表 9-3　分子吸附在 Cu(110) 面引起 Cu—Cu 键长变化和 Cu 连接的键长

| 吸附体系 | Cu—Cu 键 | 备注 | $D_{Initial}$/nm | $D_{Optimized}$/nm | $\Delta D$/% | 化学键 | 键长/nm |
|---|---|---|---|---|---|---|---|
| Cu+DTA | Cu103—Cu40 | B2 | 0.2498 | 0.2626 | 5.10 | Cu103—S2 | 0.250 |
| | Cu103—Cu58 | B2 | 0.2498 | 2.753 | 10.19 | Cu103—S3 | 0.250 |
| | Cu103—Cu108 | B2 | 0.2498 | 0.2668 | 6.79 | | |
| | Cu93—Cu96 | B1 | 0.2562 | 0.2697 | 5.25 | Cu93—N1 | 0.190 |
| | Cu93—Cu70 | B2 | 0.2498 | 0.2646 | 5.89 | | |
| | Cu93—Cu88 | B2 | 0.2498 | 0.2707 | 8.36 | Cu96—N2 | 0.208 |
| | Cu93—Cu98 | B2 | 0.2498 | 0.2694 | 7.84 | | |
| | Cu66—Cu70 | B2 | 0.2498 | 0.2693 | 7.79 | Cu66—S4 | 0.222 |
| Cu+EK | Cu33—Cu16 | B1 | 0.2592 | 0.2597 | 0.18 | Cu33—O5 | 0.204 |
| | Cu33—Cu10 | B2 | 0.2544 | 0.2551 | 0.25 | | |
| | Cu33—Cu20 | B2 | 0.2539 | 0.2562 | 0.92 | | |
| | Cu33—Cu28 | B2 | 0.2551 | 0.2550 | -0.03 | | |
| | Cu33—Cu38 | B2 | 0.2548 | 0.2563 | 0.62 | | |

注: $D_{Initial}$ 和 $D_{Optimized}$ 分别为添加剂吸附前、后的 Cu—Cu 键长, B1 和 B2 为第一层和第二层之间的表面 Cu—Cu 键长。

者均高于 Cu—O 键形成引起的键长变化。结果表明，DTA 与 Cu 的相互作用高于 EK 与 Cu 原子的相互作用，与吸附能的结果一致。

## 9.2 极压抗磨剂与缓蚀剂在铜表面的吸附机理

### 9.2.1 分子的电荷转移分析

缓蚀剂 DTA 化学自分解后吸附在 Cu 表面。在吸附过程中，由于二硫键的键能较低，DTA 分子中 S—S 键断键分解为 3 部分 1,3,4-噻二唑-2,4-二硫醇盐（b 部分）和乙酰硫基（a 和 c 部分），如图 9-5 所示。为了进一步分析 DTA 自分解的 3 部分的总电荷转移，表 9-4 给出了单分子缓蚀剂或分子在 Cu(110) 面吸附前后的电荷、净电荷和电荷转移。首先观察到 Cu 原子正在失去电子，带正电。

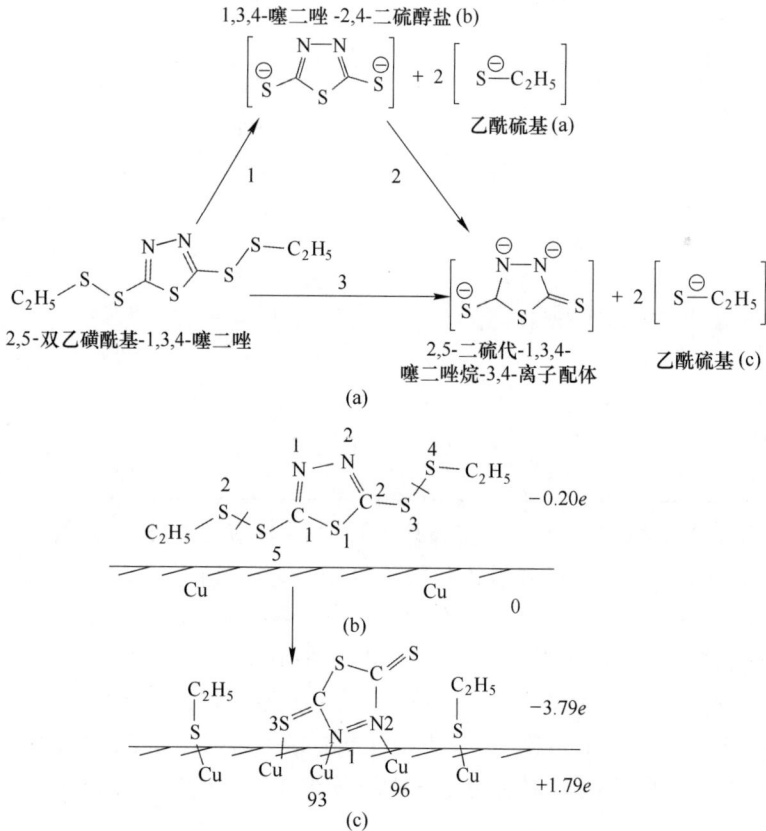

图 9-5 DTA 分子在 Cu(110) 面吸附的分解机理

（a）分子的自分解；（b）S—S 键断裂；（c）Cu—N/Cu—S 键形成

a 和 c 部分乙酰硫基通过 Cu—S 键吸附在铜表面，铜原子的电荷转移到 S 原子，S2 和 S4 获得约 0.4$e$，带负电荷。S2—C3 键和 S4—C5 键的键长从 0.1815 nm（见表 9-1）增加到 0.1836 nm。同时，吸附过程中 a 和 c 部分 C 原子没有明显的电荷转移。

**表 9-4  单分子缓蚀剂或分子在 Cu(110) 面吸附前后的电荷、净电荷和电荷转移**

| DTA 中的原子 | 成键原子 | 属于部分<br>(a/b/c) | $Q_{DTA}$ | $Q_{Cu+DTA}$ | $\Delta Q_{DTA}$ |
|---|---|---|---|---|---|
| S2 | | | -0.01$e$ | -0.47$e$ | 0.46$e$ |
| C3 | —C3—S2—Cu— | a | -0.06$e$ | -0.03$e$ | -0.02$e$ |
| C4 | | | 0.05$e$ | 0.04$e$ | 0 |
| S1 | —C1—S1—C2— | | 0.24$e$ | 0.21$e$ | 0.03$e$ |
| S3 | —C2—S3—Cu— | | 0.15$e$ | -0.25$e$ | 0.4$e$ |
| S5 | —C2—S5—C1— | | 0.12$e$ | 1.18$e$ | -1.06$e$ |
| N1 | —C1—N1—Cu— | b | -1.9$e$ | -1.74$e$ | -0.16$e$ |
| N2 | —C2—N2—Cu— | | -1.87$e$ | -1.84$e$ | -0.03$e$ |
| C1 | —N1—C1—S1— | | 1.58$e$ | 0.01$e$ | 1.57$e$ |
| C2 | —S3—C2—N2— | | 1.54$e$ | 1.35$e$ | 0.19$e$ |
| S4 | | | -0.01$e$ | -0.37$e$ | 0.36$e$ |
| C5 | —C5—S4—Cu— | c | -0.06$e$ | -0.06$e$ | 0 |
| C6 | | | 0.02$e$ | 0.03$e$ | -0.01$e$ |
| Cu(110)<br>面中的原子 | | | $Q'_{\Sigma\,Cu\text{-}slab}$ | $Q'_{\Sigma\,Cu\text{-}slab+DTA}$ | $\Delta Q_{Cu\text{-}slab}$ |
| Cu—slab | | | 0 | +1.79$e$ | -1.79$e$ |

b 部分 1,3,4-噻二唑-2,4-二硫醇盐通过 Cu—N 和 Cu—S 键吸附在 Cu 表面。b 部分的 S3 原子与 Cu 表面成键也获得了约 0.4$e$。由于铜板总共失去约 1.8$e$，除了 3 个 S 原子得到电子，应该还有约 0.6$e$（1.79-0.46-0.4-0.36≈0.6$e$）转移到 N 原子。然而，2 个 N 原子却失去-0.03$e$ 和-0.16$e$。这也意味着 N 原子一定将电子转移给了 N—C 键的 C 原子。实际上，C1 因吸附过程获得约 1.57$e$；由于 C2 与 S3 成键，S3 与 Cu 成键，C2 只得到约 0.19$e$。然而，DTA 分解后悬挂式 C1 与 S3 成键。为了避免孤对电子，S5 失去约 1$e$ 给 C1。因此，C1 总共得到约 1.6$e$。

基于上述分析，图 9-5 给出了 DTA 分子的缓蚀机制，DTA 分子在 Cu(110) 面吸附过程中极性 S—S 键易断键，噻二唑分子分解成 3 部分。DTA 分子是对称性结构，左侧（a 部分）和右侧（c 部分）一样，由于分子在 Cu 表面的特殊分布，分子与 Cu 相互作用，形成 Cu—S 键。分子吸附在 Cu 表面的最稳定的构型通过优化初始构型得到，Cu 板转移了 1.79$e$ 电荷到 DTA 分子。结果表明，DTA 分解成乙酰硫基和 1,3,4-噻二唑-2,4-二硫醇盐，且都带负电荷。在 1,3,4-噻二唑-2,4-二硫醇盐与 Cu 组成的体系，Cu 原子将电子转移给 N 和 S 原子，Cu 原子失电子带正电荷，N 和 S 原子带负电荷。N 原子倾向吸附在 Cu 表面，C═N 双键打开变成 C—N 单键[5-6]，N 与 Cu 形成 Cu—N 键。DTA 分子的 S5 失去 1.06$e$，Cu—S 键长大于 0.3 nm，Cu—S 键不能形成。电子从 S 原子转移到 C 原子形成 C═S 双键，N—N 单键变成 N═N 双键。N—N 和 C—N 键键长分别从 0.1382 nm 和 0.1316 nm 减小到 0.1371 nm 和 0.1310 nm（见表 6-5）。由于电荷转移，Cu 表面带正电。Cu—S 和 Cu—N 键可能形成离子键和共价键混合，强烈地化学吸附在 Cu 表面。

3 部分的总吸附能为 -3.59 eV，分别计算 DTA 分子分解的每个部分的吸附能。每个部分几何优化，其在 Cu(110) 表面的吸附能的顺序 $E_{DTA-a} \approx E_{DTA-c}(-1.816\text{ eV}) < E_{DTA-b}(-2.518\text{ eV})$。3 部分的能量总和值大于 DTA 在 Cu 表面的吸附能，多余的能量来自 3 部分分子间的相互作用。缓蚀剂任一部分（DTA，≥-1.816 eV）在 Cu 表面的吸附能远高于极压抗磨剂（EK，-0.50 eV）。因此，Cu(110) 表面将由缓蚀剂分子分解的部分包围而不是极压抗磨剂分子，则可以保护 Cu 表面，以防止后续被氧化。

## 9.2.2 电子密度分布

研究吸附机理是为了更好地解释其吸附行为。在量子化学计算中，电子密度 $\rho(r)$ 是坐标 $r$ 的函数，在一个小体积内电子的数量定义为 $\rho(r)\text{d}r$。在闭壳分子中，$\rho(r)$ 为基函数 $\varphi$ 总量[7]。

$$\rho(r) = \sum_{\mu} \sum_{\nu} P_{\mu\nu} \phi_{\mu}(r) \phi_{\nu}(r) \tag{9-1}$$

式中 $P_{\mu\nu}$ ——密度矩阵。

电子密度通常呈现等值面的大小和形状，等值面的值取决于选择的密度，或总电子封闭总额的百分比[7]。为进一步研究吸附模型，DTA 吸附在 Cu(110) 面与单分子的 2D 电子密度分布如图 9-6 所示。DTA 3 部分的电子密度分布表明 a 与 c 部分的 C 原子和 S 原子显示较高的电子密度，呈现为红色。Cu 原子的电子构型 $1s^2 2s^2 2p^6 3s^2 3p^6 4s^1 3d^{10}$，易失电子变成 Cu$^+$ 或 Cu$^{2+}$[8-9]。N（$1s^2 2s^2 2p^3$）和 S（$1s^2 2s^2 2p^6 3s^2 3p^4$）等无机原子易得到电子，则 Cu 原子的电子易转移到 N 和 S 原子[10-12]。C1 和 S5 原子的相对较低的电子密度（净正电荷）呈现蓝色，其他原子的电子密度高，呈现红色。DTA 单分子的 1,3,4-噻二唑-2,5-巯基部分和乙硫醇部分的高电子密度与 C、S 和 N 有关，但 H 原子的原子核只有一个质子不显示。

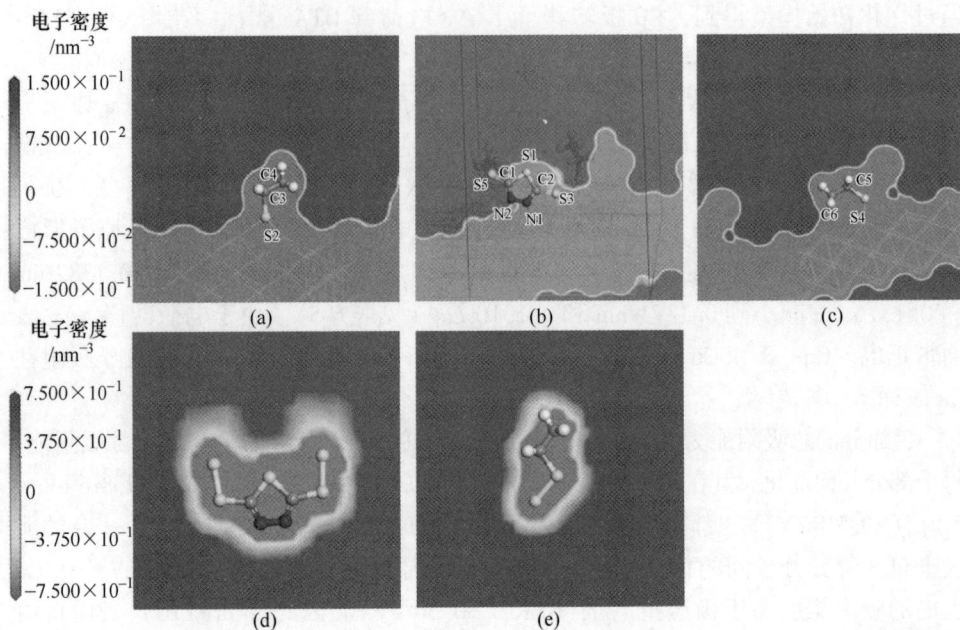

图 9-6　DTA 吸附在 Cu(110) 面与单分子的 2D 电子密度分布

(a) DTA-a 部分；(b) DTA-b 部分；(c) DTA-c 部分；

(d) 1,3,4-噻二唑-2,4-二硫酚部分；(e) 乙硫醇部分

(电子密度相对较低的区域（净正电荷）呈现蓝色；相对较高的电子密度

（净负电荷）呈现红色和区域接近电中性呈现绿色)

彩图

### 9.2.3　分子的吸附构型

根据 EK 与 DTA 分子在轧制油中的占比，图 9-7 给出了 EK 与 DTA 分子在 Cu (110) 面吸附构型。EK 垂直吸附于 Cu 表面，在轧制过程中分子链长自发在金属表面形成分子吸附膜，并在高速高压作用下起到极压抗磨作用（见图 9-7 (c)）。轧制过程可能带走部分 Cu 原子（绿色），如图 9-7 (d) 所示，产生新的表面（白色），额外的 DTA 牢固地吸附在 Cu 表面，增加了表面覆盖率，以防 Cu 腐蚀，如图 9-7 (e)(f) 所示。图 9-7 为极压抗磨剂与缓蚀剂共同作用的示意图，通过计算可知，缓蚀剂吸附在 Cu 表面分解为 3 部分，这 3 部分与 Cu 之间的吸附能均大于极压抗磨剂。因此，当极压抗磨剂和缓蚀剂共同存在于 Cu 表面时，缓蚀剂优先吸附在 Cu 表面，从而避免了极压抗磨剂与 Cu 的吸附造成的氧化腐蚀。

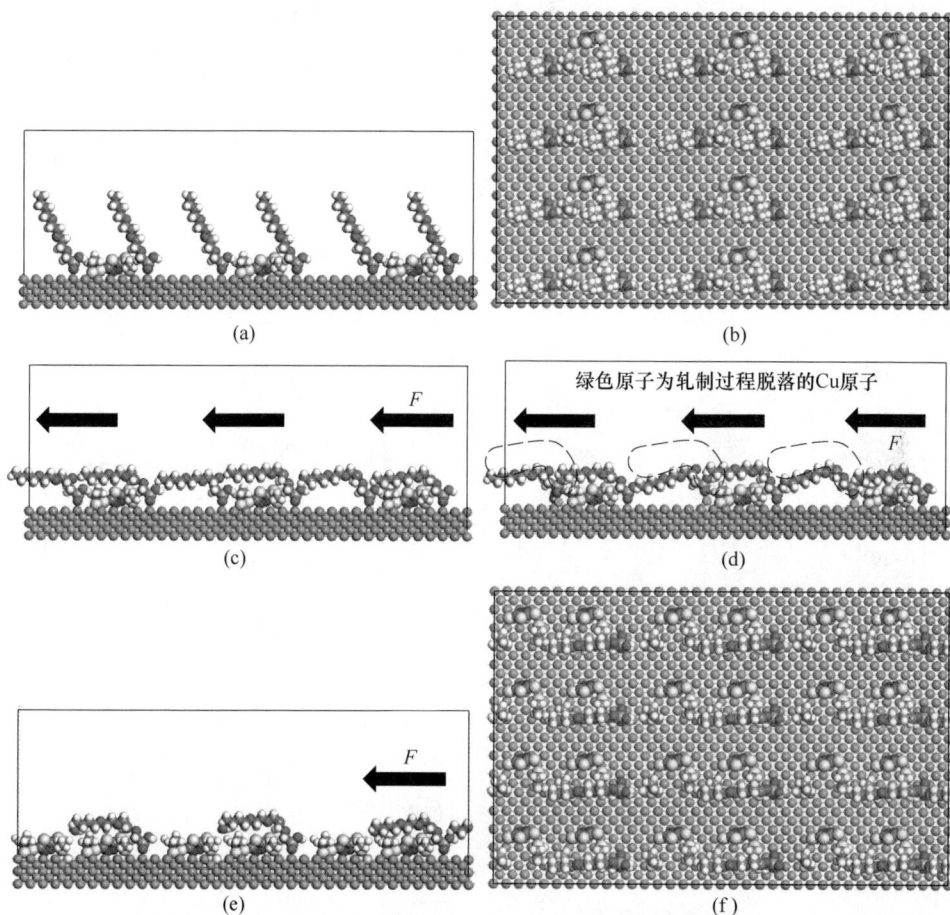

图 9-7　EK 与 DTA 分子在 Cu(110) 面吸附构型

（a）（b）轧制前 EK 与 DTA 分子在 Cu 表面的稳定构型侧视图和俯视图；
（c）（d）轧制过程中分子吸附构型受平行于轧制方向作用力 $F$ 时的侧
视图（轧制过程脱落的绿色原子表示 Cu 原子）；（e）（f）轧后表面 EK
与 DTA 分子吸附构型的侧视图和俯视图

彩图

## 9.2.4　吸附机理验证

为验证 DFT 预测的 DTA 在 Cu 表面的化学分解机理，铜箔表面采用轧制润滑剂含 EK（黑线）和 DTA 和 EK（红线）的高分辨率的 XPS 谱进行了分析，如图 9-8（a）所示。基础油中只添加 EK 时，轧制过程后，Cu $2p$ 峰（黑线）可以分 4 个峰：Cu—O、$Cu_2O$、CuO（Cu $2p_{1/2}$）和 CuO（Cu $2p_{3/2}$）的结合能分别为 933.2 eV、952.5 eV、953.8 eV 和 932.7 eV，均可形成 Cu—O 键。铜轧制过程中氧化和腐蚀后的主要产物是 CuO 和 $Cu_2O$。Cu 和 CuO 均在 Cu $2p$ 谱中 952.5 eV

(a)

(b)　　　　　　　　　　(c)　　　　　　　　　　(d)

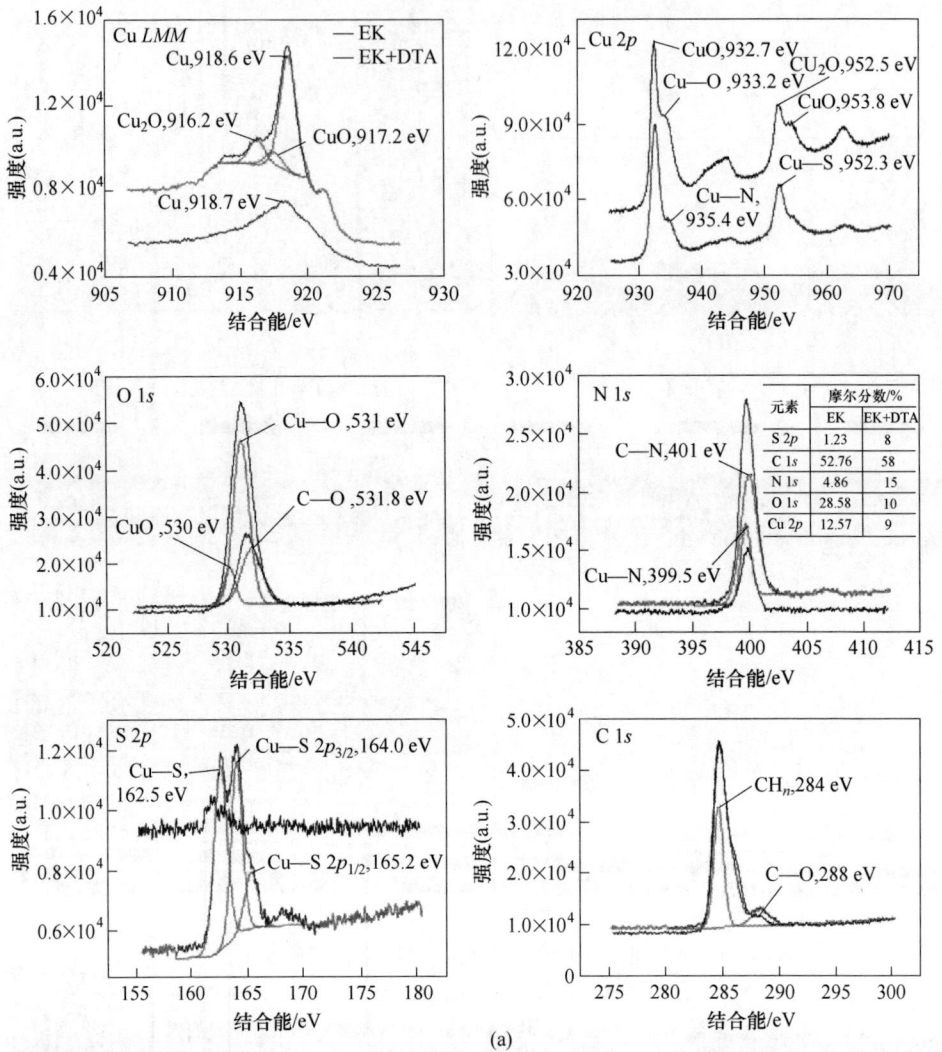

图 9-8　铜箔表面轧制润滑剂中极压抗磨剂和缓蚀剂的表面形貌及吸附强度
(a) 压延铜箔轧制使用 EK、EK 与 DTA XPS 图谱及样品表面的
元素含量；(b) 原样 SEM 图；(c) 含有 DTA 的腐蚀铜试样
SEM 图；(d) 含有极压抗磨剂与缓蚀剂的铜试样 SEM 图

彩图

区域附近，很难分辨，但是通过 Cu *LMM* 俄歇区可清楚观察到 Cu 和 Cu$_2$O 的存在。当基础油添加 EK 和 DTA（红线）时，铜箔表面 Cu 2$p$ 光谱显示 2 个额外的峰：952.3 eV 和 935.4 eV 分别对应 Cu—S[13] 和 Cu—N 键[14-15]。O 1$s$ 峰值（531 eV）对应金属氧化物，其余峰对应氧有机化合物[16]。当 EK 和 DTA（红线）使用时，O 1$s$ 峰值大大降低了。至于 N 1$s$，结合能出现在 399.5 eV 处，这是由于 DTA 分解后通过 N—Cu 强烈地吸附在铜箔表面。基于 S 2$p$ 自旋轨道劈裂为 2 部分，S 2$p_{3/2}$ 和 S 2$p_{1/2}$ 存在 1.2 eV 的峰间隔，对 XPS 分析获得的硫（S 2$p$）光谱进行分峰，其结合能峰值分别在 165.2 eV、164.0 eV 和 162.5 eV 处，均对应有机硫化合物 Cu—S 键[17]。只使用添加剂 EK，N 1$s$ 与 S 2$p$ 无峰值。从 XPS 分析获得高分辨率的碳（C 1$s$）光谱结合能 284.5 eV 和 288.0 eV 的峰值分别对应 CH$_n$ 和 C—O 键[18]，基础油中添加和不添加 DTA 的区别很小。

使用含 DTA 的轧制油轧制得到铜箔表面，经过 XPS 分析可知 O 的峰强下降，而 S 和 N 的峰强增加，C 与不含 DTA 的保持相同。样品表面的元素含量也表现出类似的趋势。结果表明，添加剂或分解产生的含氮化合物强烈地吸附在金属表面，在轧制过程中形成 Cu—N 和 Cu—S 键。样品表面 XPS 分析结果与 DFT 预测一致。DTA 分解后产物强吸附并保护 Cu 表面，以防氧化。使用含添加剂 EK 和 DTA 的轧制油轧制后的铜箔的表面形貌如图 9-8（b）~（d）所示。当轧制油不含缓蚀剂时，表面有不规则的腐蚀坑，可以清楚地看出添加缓蚀剂分子的样品表面纹理。进一步证实了铜箔表面通过 DTA 的化学分解，DTA 分子强烈地吸附在 Cu 表面，防止其被腐蚀。

## 参 考 文 献

[1] JENNINGS G K L. Self-assembled monolayers of alkanethiols on copper provide corrosion resistance in aqueous environments [J]. Colloids and Surfaces A, 1996, 116 (1): 105-114.

[2] WATARU F, KUMIO A, TOSHIHIKO Y. Controllable magnetic properties of layered copper hydroxides, Cu$_2$(OH)$_3$X(X = carboxylates) [J]. Applied Clay Science, 1999, 14 (15): 281-303.

[3] SCENDO M. Corrosion inhibition of copper by potassium ethyl xanthate in acidic chloride solutions [J]. Corrosion Science, 2005, 47 (11): 2778-2791.

[4] HATANO T, KUROSAWA Y, MIYAKE J. Effect of material processing on fatigue of FPC rolled copper foil [J]. Journal of Electronic Materials, 2000, 29 (5): 611-616.

[5] LI W, HE Q, PEI C, et al. Experimental and theoretical investigation of the adsorption behaviour of new triazole derivatives as inhibitors for mild steel corrosion in acid media [J]. Electrochimica Acta, 2007, 52 (22): 6386-6394.

[6] FENG L, YANG H, WANG F. Experimental and theoretical studies for corrosion inhibition of carbon steel by imidazoline derivative in 5% NaCl saturated Ca(OH)$_2$ solution [J].

Electrochimica Acta, 2011, 56 (58): 427-436.

[7] HEHRE W J. A guide to molecular mechanics and quantum chemical calculations [J]. Optical Engineering, 2012, 40 (51): 083604.

[8] SAHA S K, GHOSH P, HENS A, et al. Density functional theory and molecular dynamics simulation study on corrosion inhibition performance of mild steel by mercaptoquinoline Schiff base corrosion inhibitor [J]. Physica E: Low-dimensional Systems and Nanostructures, 2015, 19 (66): 332-341.

[9] LIU J, CUKIER R I, BU Y, et al. Glucose-promoted localization dynamics of excess electrons in aqueous glucose solution revealed by ab initio molecular dynamics simulation [J]. Journal of Chemical Theory and Computation, 2014, 10 (10): 4189-4197.

[10] KHALED K F, EL-MAGHRABY A. Experimental, Monte Carlo and molecular dynamics simulations to investigate corrosion inhibition of mild steel in hydrochloric acid solutions [J]. Arabian Journal of Chemistry, 2014, 7 (3): 319-326.

[11] BRUNK E, ROTHLISBERGER U. Mixed quantum mechanical∕molecular mechanical molecular dynamics simulations of biological systems in ground and electronically excited states [J]. Chemical Reviews, 2015, 115 (12): 6217-6263.

[12] HOSPITAL A, GOÑI J R, OROZCO M, et al. Molecular dynamics simulations: Advances and applications [J]. Advances and Applications in Bioinformatics and Chemistry Aabc, 2015, 10 (1): 37-47.

[13] MARCUS G D A P. X-ray photoelectron spectroscopy analysis of copper and zinc oxides and sulphides [J]. Surface and Interface Analysis, 1992, 24 (18): 39-46.

[14] COSULTCHI A, ROSSBACH P, HERNANDEZ C I. XPS analysis of petroleum well tubing adherence [J]. Surface and Interface Analysis, 2003, 35 (3): 239-245.

[15] MAZALOV L N, SEMUSHKINA G I, LAVRUKHINA S A, et al. X-ray spectral and photoelectron study of the electronic structure of copper phthalocyanine and its fluoro-substituted analog [J]. Journal of Structural Chemistry, 2012, 53 (6): 1046-1055.

[16] BEAMSON G, BRIGGS D. High resolution XPS of organic polymers-The Scienta ESCA300 Database [DB/OL]. Wiley Interscience, 1992, Appendices 3. 1.

[17] AHMED H, FRANCESCO A, DEVILLANOVA F I, et al. Copper ( I ) complexes with N-Methylbenzothiazole-2-thione and -2-selone [J]. Transition Metal Chemistry, 1985, 40 (10): 368-370.

[18] LEADLEY S R. The use of XPS to examine the interaction of poly (acrylic acid) with oxidized metal substrates [J]. Journal of Electron Spectroscopy and Related Phenomena, 1997, 85 (1/2): 107-121.

# 10　金属加工液中添加剂的定量构效关系

以铜箔轧制润滑过程为例，使用铜箔轧制油后，轧制油会在铜箔表面形成吸附油膜，而经酸洗脱脂等处理后，仍有少量的轧制油成分吸附在铜箔表面，这主要是缓蚀剂。而实际轧制过程中也希望铜箔表面吸附一定量的缓蚀剂，防止铜箔表面腐蚀。吸附过程与缓蚀作用有着密切的关系。如果能用分子动力学方法计算吸附过程的各参数，将对深入了解吸附过程的本质、确定缓蚀作用机理、理论上筛选轧制润滑添加剂起到决定性的作用[1-2]。

目前关于金属加工液添加剂的定量结构-活性相关的研究仍不多见，针对轧制油添加剂腐蚀环境缓蚀剂的定量构效关系研究更是未见报道，而将定量构效关系方法应用到缓蚀剂研究领域，可开辟缓蚀剂研究的新方向和新途径、构建定量构效关系模型、设计新分子，有效预测缓蚀剂的缓蚀性能优劣，避免或减少不必要的重复实验和浪费。

## 10.1　定量构效理论及建模方法

### 10.1.1　统计建模方法

统计建模方法是定量构效关系研究的基本数学方法。这些方法可将待研究化合物结构参数与其生物特性及活性关联起来，建立统计模型。通过模型分析，可对化合物进行合理分类，了解其特性或活性变化规律并探索其原因等，同时可预测未知化合物的特性或活性等。

定量的构效关系（QSAR），是使用数学模型来描述分子结构和分子的某种物理或化学性能之间的关系。其基本假设是化合物的分子结构包含了决定其物理、化学及生物等方面的性质信息，而这些物理化学性质则进一步决定了该化合物的生物活性。进而，化合物的分子结构性质数据与其物理或化学性能也应存在某种程度上的相关。

#### 10.1.1.1　多元线性回归

多元线性回归（multiple linear regression，MLR）是 QSAR 研究中最基本的数学建模方法。在研究多个互相独立自变量与因变量之间的线性关系时，采用多元线性回归分析通常可以获得满意结果。在 MLR 方程中，因变量与每个自变量存在的线性关系可用数学模型式（10-1）表示。

$$\hat{y} = b_0 + bx_1 + bx_2 + \cdots + b_n x_n \tag{10-1}$$

式中　$b_0$——常数项；

　　　$x_j$——自变量；

　　　$b_j$——因变量 $y$ 对自变量 $x_j$ 的偏回归系数，它表示在其他自变量为常数

　　　　　　时，该自变量每变化 1 个单位而使因变量 $y$ 平均改变的数值。

与一元线性回归曾经定义过的相关系数 $r$ 类似，在多元线性回归中，系数 $R^2$ 表示回归方程对原有数据拟合程度的好坏。

$R^2$ 的定义为

$$R^2 = \frac{1 - \sum_{i=1}^{n} (y_i - \hat{y}_j)^2}{\sum_{i=1}^{n} (y_i - \bar{y})^2} \tag{10-2}$$

式中　$y_i$——观测到的生物活性值；

　　　$\hat{y}_j$——生物活性模型估计值；

　　　$\bar{y}$——$n$ 个样本的生物活性平均值。

$R^2$ 值越接近于 1，表明模型对样本拟合能力越强。建立的 QSAR 方程应具有显著性意义，即方程的标准偏差不能过分大于生物活性的标准偏差，$F$ 值检验的显著性水平要在 95% 以上，且自变量的回归系数在 95% 可信度上是显著的。

### 10.1.1.2　遗传算法

遗传算法（genetic algorithm，GA）是一种用计算机模拟生物自然进化过程搜索最优解的方法，即借鉴生物界自然选择和遗传机制的高度并行、随机和自适应的搜索算法[3]。该算法的主要思路来源于生物进化过程，尤其适合处理变量筛选等寻优问题。

### 10.1.1.3　偏最小二乘法

通过最小化误差的平方和找到一组数据的最佳函数匹配。用最简的方法求得一些不可知的真值，而令误差平方之和为最小。很多其他的优化问题也可通过最小化能量或最大化熵用最小二乘形式表达。

### 10.1.1.4　神经网络算法

逻辑性的思维是指根据逻辑规则进行推理的过程。它先将信息转化成概念，并用符号表示，然后根据符号运算按串行模式进行逻辑推理。这一过程可以写成串行的指令，让计算机执行。然而，直观性的思维是将分布式存储的信息综合起来，结果是忽然间产生想法或解决问题的办法。

Tarko[4]、Wang[5] 和 Wu[6] 等人根据 QSAR 关系提出了缓蚀剂在金属表面吸附的一般模型，通过算出所选分子的前线轨道能量拟合方程，求得有关常数，用

以分析缓蚀剂分子的缓蚀作用机理。Elashry 等人[7]采用 AM1、PM3、MNDO 等量子化学方法计算了 19 种唑类化合物的前线轨道能量、偶极矩、分子体积、总负电荷等参量，并分析了这些参数与缓蚀效率的关系，得到了缓蚀作用方程。

### 10.1.2 最优建模方法的确定

按照《润滑剂承载能力的测定　四球法》（GB/T 3142—2019）在四球摩擦磨损实验机上对不同链长的脂肪醇和脂肪酸酯等添加剂的油膜强度和摩擦系数的实验值和预测值见表 10-1。通过量子化学计算得到的添加剂分子的参数见表 10-2。

**表 10-1　添加剂的油膜强度和摩擦系数的实验值和预测值**

| 编号 | 名称 | 结构 | 油膜强度/N | | 摩擦系数 | |
|---|---|---|---|---|---|---|
| | | | 实验值 | 预测值（GA） | 实验值 | 预测值（GA） |
| 1 | 十醇 | HO—(链状结构) | 216 | 207.83 | 0.0565 | 0.05789 |
| 2 | 十二醇 | HO—(链状结构) | 235 | 240.60 | 0.0552 | 0.05684 |
| 3 | 十四醇 | HO—(链状结构) | 255 | 261.38 | 0.05356 | 0.05628 |
| 4 | 十六醇 | HO—(链状结构) | 265 | 271.56 | 0.0525 | 0.05607 |
| 5 | 十八醇 | HO—(链状结构) | 275 | 272.07 | 0.0661 | 0.05612 |
| 6 | 十二酸 | (链状结构)O OH | 255 | 268.42 | 0.093 | 0.09506 |
| 7 | 十二酸乙酯 | (链状结构)O OH | 392 | 385.48 | 0.134 | 0.13223 |
| 8 | 硬脂酸丁酯 | (链状结构)O O | 392 | 394.66 | 0.0771 | 0.0809 |
| 9 | 己二酸辛酯 | (链状结构)O O O O | 333 | 335.99 | 0.1078 | 0.10955 |
| 10 | 三羟油酸酯 | (链状结构)O O OH OH HO | 431 | 427.53 | 0.1095 | 0.10836 |
| 11 | 季戊油酸酯 | (链状结构)O O HO OH | 412 | 418.35 | 0.1107 | 0.10941 |

注：GA 为遗传算法。

## 表 10-2　添加剂分子的量子化学参数[8]

| 编号 | 可旋转键 | 氢键供体 | 氢键受体 | AlgP系数 | AlgP98 | 折射率 | 反射率 | 平均Balaban指数 | 最大Balaban指数 | Wiener指数 |
|---|---|---|---|---|---|---|---|---|---|---|
| 1 | 9 | 1 | 1 | 3.32 | 3.71 | 49.7 | 9.92 | 2.67 | 2.70 | 220 |
| 2 | 11 | 1 | 1 | 4.11 | 4.62 | 58.9 | 11.92 | 2.74 | 2.76 | 364 |
| 3 | 13 | 1 | 1 | 4.91 | 5.53 | 68.1 | 13.92 | 2.79 | 2.81 | 560 |
| 4 | 15 | 1 | 1 | 5.70 | 6.45 | 77.3 | 15.92 | 2.83 | 2.85 | 816 |
| 5 | 17 | 1 | 1 | 6.49 | 7.36 | 86.5 | 17.92 | 2.86 | 2.88 | 1140 |
| 6 | 11 | 1 | 2 | 4.03 | 4.57 | 58.6 | 10.43 | 2.84 | 2.90 | 444 |
| 7 | 12 | 0 | 2 | 4.40 | 5.14 | 68.2 | 12.40 | 2.94 | 3.03 | 647 |
| 8 | 20 | 0 | 2 | 7.64 | 8.86 | 104.9 | 20.36 | 3.01 | 3.07 | 2215 |
| 9 | 21 | 0 | 4 | 6.07 | 7.31 | 106.8 | 19.98 | 3.20 | 3.34 | 2655 |
| 10 | 24 | 3 | 5 | 4.89 | 5.28 | 115.6 | 19.04 | 3.36 | 3.48 | 3241 |
| 11 | 23 | 2 | 4 | 6.29 | 6.83 | 118.4 | 19.10 | 3.37 | 3.47 | 3241 |

| 编号 | Zagreb指数 | IC指数 | BIC指数 | CIC指数 | SIC指数 | 原子组成 | 分子面积/nm² | 分子体积/nm³ | 分子密度/g·m⁻³ | 溶剂表面积/nm² |
|---|---|---|---|---|---|---|---|---|---|---|
| 1 | 38 | 1.31 | 0.39 | 2.15 | 0.38 | 35.14 | 2.628 | 0.1934 | 0.82 | 4.5108 |
| 2 | 46 | 1.20 | 0.33 | 2.50 | 0.32 | 40.90 | 3.076 | 0.2281 | 0.82 | 5.1318 |
| 3 | 54 | 1.10 | 0.29 | 2.80 | 0.28 | 46.62 | 3.521 | 0.2624 | 0.82 | 5.7509 |
| 4 | 62 | 1.02 | 0.26 | 3.07 | 0.25 | 52.32 | 4.109 | 0.3037 | 0.80 | 6.8187 |
| 5 | 70 | 0.95 | 0.23 | 3.29 | 0.22 | 57.99 | 4.404 | 0.3317 | 0.82 | 6.9954 |
| 6 | 52 | 2.09 | 0.55 | 1.71 | 0.55 | 44.36 | 3.132 | 0.2326 | 0.86 | 5.2189 |
| 7 | 60 | 2.13 | 0.53 | 1.88 | 0.53 | 50.31 | 3.572 | 0.2669 | 0.86 | 5.8714 |
| 8 | 92 | 1.67 | 0.36 | 2.92 | 0.36 | 73.62 | 5.628 | 0.4182 | 0.81 | 9.2674 |
| 9 | 102 | 2.03 | 0.43 | 2.67 | 0.43 | 81.36 | 5.504 | 0.4191 | 0.88 | 8.6737 |
| 10 | 114 | 2.85 | 0.59 | 1.95 | 0.59 | 88.37 | 5.741 | 0.4447 | 0.90 | 8.8997 |
| 11 | 114 | 2.85 | 0.59 | 1.95 | 0.59 | 87.38 | 5.846 | 0.4531 | 0.88 | 8.9931 |

| 编号 | 溶剂占据体积 /nm³ | $E_{HOMO}$ /eV | $E_{LUMO}$ /eV | 表面面积 /nm² | 总偶极 /e·nm | x 轴偶极 /e·nm | y 轴偶极 /e·nm | z 轴偶极 /e·nm | 极化率 /F·m |
|---|---|---|---|---|---|---|---|---|---|
| 1 | 0.6915 | −10.82 | 2.79 | 2.635 | 0.186 | 0.079 | 0.138 | 0.096 | 20.53 |
| 2 | 0.8015 | −10.79 | 2.79 | 3.079 | 0.186 | 0.081 | 0.137 | 0.096 | 24.43 |
| 3 | 0.90912 | −10.75 | 2.80 | 3.522 | 0.184 | 0.077 | 0.137 | 0.095 | 28.32 |
| 4 | 1.0800 | −10.51 | 1.75 | 4.148 | 0.169 | 0.002 | 0.138 | 0.099 | 32.90 |
| 5 | 1.1300 | −10.69 | 2.84 | 4.422 | 0.191 | 0.122 | 0.110 | −0.097 | 36.13 |
| 6 | 0.8148 | −10.83 | −0.29 | 3.143 | 0.301 | 0.178 | −0.187 | 0.156 | 24.67 |
| 7 | 0.9263 | −10.70 | −0.10 | 3.567 | 0.261 | 0.038 | −0.258 | −0.022 | 28.60 |
| 8 | 1.4800 | −10.05 | −0.38 | 5.661 | 0.279 | 0.129 | −0.245 | −0.037 | 45.67 |
| 9 | 1.4100 | −10.79 | −0.20 | 5.548 | 0.001 | 0 | 0 | 0 | 45.17 |
| 10 | 1.4700 | −8.61 | −0.45 | 5.778 | 0.512 | 0.295 | −0.098 | −0.407 | 48.03 |
| 11 | 1.4900 | −8.60 | −0.28 | 5.871 | 0.328 | 0.194 | −0.179 | −0.194 | 49.22 |

注：IC—信息内容；BIC—键信息；CIC—补充信息内容；SIC—结构信息。

根据以上 4 种 QSAR 建模方法，利用计算得到的量子化学参数分别构造其理想的数学模型，计算其相关系数的平方，见表 10-3，比较其可靠性。由表 10-3 可知 4 种 QSAR 建模方法的相关系数的平方排序为：偏最小二乘法<多元线性回归<神经网络算法<遗传算法，且神经网络算法与遗传算法得出的值非常接近。

**表 10-3  4 种 QSAR 建模方法的 $R^2$ 值**

| 建模方法 | $R^2$ | |
|---|---|---|
| | 摩擦强度 | 摩擦系数 |
| 多元线性回归 | 0.874948 | 0.858589 |
| 偏最小二乘法 | 0.808111 | 0.800379 |
| 遗传算法 | 0.999382 | 0.999007 |
| 神经网络算法 | 0.976936 | 0.999574 |

添加剂分子油膜强度、摩擦系数与剩余值的预测值与实验值分别如图 10-1 和图 10-2 所示。在 4 种 QSAR 方法建立模型方程后，预测了一系列化合物的油膜强度与摩擦系数，预测误差与平均实验误差接近。添加剂分子的油膜强度 QSAR 模型中，采用遗传算法的相关系数的平方是 0.9993，相对其余 3 种模型，该模型具有较高的一致性，没有明显的异常值，说明遗传算法构建的模型预测添加剂分子的油膜强度相对准确。在添加剂分子的摩擦系数的 QSAR 模型中，相关系数的

平方是 0.9990，结合图 10-2 中实验值及剩余值的比较，进一步说明此模型可以用来预测添加剂分子的摩擦系数。综合图 10-1 和图 10-2 可知，遗传算法是最佳的 QSAR 模型的确定方法。

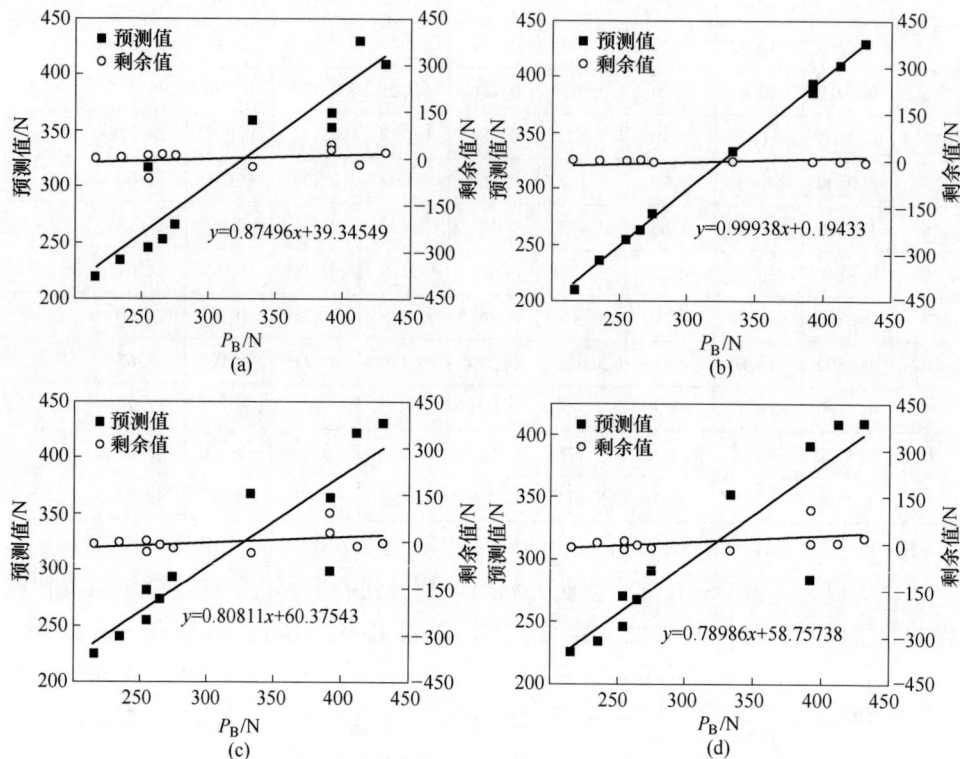

图 10-1　不同建模方法得到的添加剂分子油膜强度与剩余值的预测值

（a）多元线性回归；（b）遗传算法；（c）偏最小二乘法；（d）神经网络算法

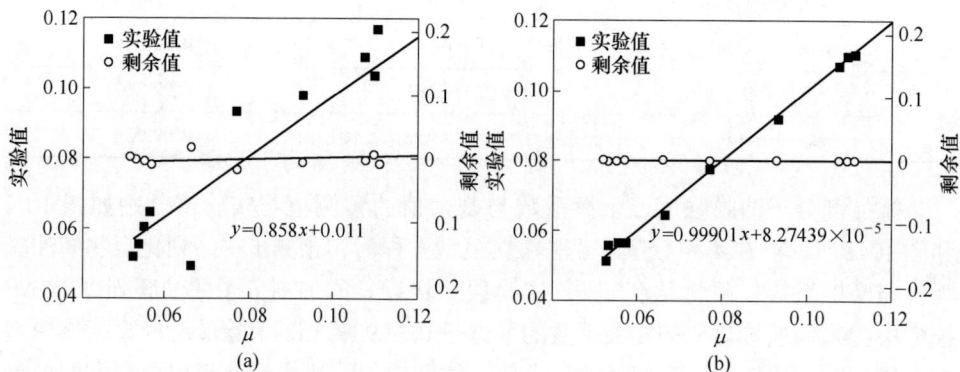

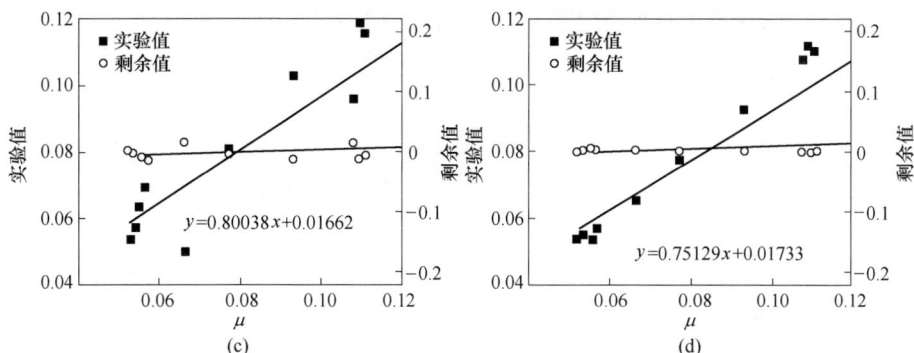

图 10-2 不同建模方法得到的添加剂分子摩擦系数与剩余值的实验值
(a) 多元线性回归;(b) 遗传算法;(c) 偏最小二乘法;(d) 神经网络算法

## 10.2 润湿性的定量构效模型

以添加剂在铜箔板(厚度约为 0.18 mm)表面的润湿角为研究对象,用 Materials Studio 软件计算一系列分子结构描述符,采用 QSAR-GA 方法建立预测模型。其研究结果将为铜箔轧制油动态润滑性能提供理论指导。

选用的添加剂分子为十二醇、硬脂酸丁酯、疏基噻二唑等,均为分析纯。实验所用金属加工液由矿物基础油和质量分数为 0.5% 的添加剂组成。润滑剂的黏度和表面张力是其润湿性能的重要指标,按照《石油产品运动粘度测定法和动力粘度计算法》(GB/T 265—1988)中测试润滑剂在 40 ℃ 和 100 ℃ 的运动黏度 $\nu$,并根据双对数公式(式(10-3))转化为室温(23 ℃)的运动黏度。金属加工液的表面张力通过《涂料、溶剂、表面活性剂溶液和相关材料溶液的表面和界面张力的标准测试方法》(ASTM D1331—14)吊环法进行测试,该测试还测量了其在铜表面的静态接触角。

$$\lg[\lg(\nu + C)] = K - m\lg T \qquad (10-3)$$

式中   $C$——常数;

      $K$——常数;

      $T$——开尔文温度,K;

      $m$——黏度-温度的斜率。

采用密度泛函理论,运用 Materials Studio 软件包中的 Gaussian 模块,使用 B3LYP 方法,对添加剂分子进行几何结构优化,确定所得结构能量为势能面上的极小点。运用 Dmol3 模块,在 GGA/PW91 基组水平上对其进行几何优化[9],并计算得到添加剂分子前线轨道分布及偶极矩、极化率等化学参数,用于分析添加剂分子反应活性。应用遗传算法构建 QSAR 模型,通过 LOF 值评估该模型的合格度，最终得到最佳的 QSAR 模型。

### 10.2.1　润湿性能研究

　　表 10-4 为添加剂分子的结构和润湿性能，列出了不同添加剂制备的轧制油在铜箔表面铺展过程中用于表征润湿性能的参数和实验误差。轧制油运动黏度阻碍其铺展过程，由表 10-4 可知，轧制油润湿角与其运动黏度成正比，同时也受添加剂表面张力的影响。添加剂分子的运动黏度、表面张力、润湿角与其分子结构、反应活性密切相关[10]。含氨基/巯基的添加剂分子具有较高的表面张力，更容易在铜表面形成液滴且不易铺展，同时比含羧基的分子在铜表面形成的接触角大。与含羧基的有机物相比，含醇基团的分子能使接触角更大；羧基上添加烷基链也会增加表面的润湿性。当极性基团被酯化（如硬脂酸丁酯），润湿角随表面张力增加而增加。

**表 10-4　添加剂分子的结构和润湿性能**

| 编号 | 名称 | 结构 | 润湿角/(°) | 误差/(°) | 运动黏度/m²·s⁻¹ | 误差/m²·s⁻¹ | 表面张力/mN·m⁻¹ | 误差/mN·m⁻¹ |
|------|------|------|------|------|------|------|------|------|
| W-1 | 十二醇 | | 14.82 | ±0.07 | 15.64 | ±0.02 | 28.09 | ±0.05 |
| W-2 | 硬脂酸丁酯 | | 11.14 | ±0.22 | 12.56 | ±0.31 | 27.37 | ±0.04 |
| W-3 | 含氮硼酸酯 | | 18.25 | ±0.21 | 38.45 | ±0.17 | 43.21 | ±0.06 |
| W-4 | 油酸 | | 10.31 | ±0.07 | 23.32 | ±0.32 | 26.15 | 0 |
| W-5 | 月桂胺 | | 8.37 | ±0.44 | 20.23 | ±0.09 | 25.04 | ±0.04 |
| W-6 | 月桂酸 | | 6.39 | ±0.52 | 17.34 | ±0.42 | 23.58 | ±0.07 |
| W-7 | 月桂甲酯 | | 7.03 | ±0.45 | 16.03 | ±0.65 | 23.87 | ±0.04 |
| W-8 | 十二硫醇 | | 6.43 | ±0.75 | 20.74 | ±0.75 | 23.62 | ±0.04 |
| W-9 | 十二烷基磷酸 | | 17.81 | ±0.53 | 20.23 | ±0.32 | 41.57 | ±0.02 |

| 编号 | 名称 | 结　构 | 润湿角/(°) | 误差/(°) | 运动黏度/m²·s⁻¹ | 误差/m²·s⁻¹ | 表面张力/mN·m⁻¹ | 误差/mN·m⁻¹ |
|---|---|---|---|---|---|---|---|---|
| W-10 | 十二烷硫基噻二唑 | | 14.65 | ±0.45 | 37.30 | ±0.65 | 27.84 | ±0.03 |
| W-11 | 2-十二烷基乙氨基苯并三氮唑 | | 9.90 | ±0.32 | 16.43 | ±0.53 | 25.57 | ±0.04 |
| W-12 | 十二烷基苯并三氮唑 | | 8.92 | ±0.23 | 16.53 | ±0.32 | 25.41 | ±0.05 |
| W-13 | 十二烷基甲基苯并三氮唑 | | 8.79 | ±0.03 | 45.22 | ±0.45 | 25.33 | ±0.04 |
| W-14 | 十二烷基胺基甲苯并三氮唑 | | 9.24 | ±0.54 | 86.21 | ±0.41 | 25.87 | ±0.02 |
| W-15 | 十二烷基硫基甲苯并三氮唑 | | 9.03 | ±0.13 | 100.31 | ±0.32 | 25.46 | ±0.01 |
| W-16 | 十二烷基磷酸二氢 | | 19.66 | ±0.21 | 208.43 | ±0.23 | 44.38 | ±0.02 |
| W-17 | 十二烷基磷酸酯 | | 21.05 | ±0.12 | 320.42 | ±0.12 | 46.24 | ±0.05 |
| W-18 | 十九烷基磷酸酯 | | 18.36 | ±0.25 | 140.47 | ±0.21 | 43.57 | ±0.04 |

## 10.2.2  添加剂分子的反应活性及参数筛选

通过计算得到的 18 种添加剂分子的量子化学参数与润湿角 $\theta$、黏度 $\eta$ 和表面张力的预测值 $\gamma$ 见表 10-5。表中列出的分子结构参数包括了 $AlgP$ 系数 $\zeta$、氢键供给 $D$、极化率 $P$、折射率 $\varphi$、柔性指数 $\beta$、结构信息内容（SIC 指数，$\varepsilon$）、信息内容（IC 指数，$C$）、键的信息内容（BIC 指数，$B$）、总相对分子质量 $\lambda$、原子组成 $A$、溶剂表面面积 $S$、元素指数 $N$、总能量 $E$、$E_{HOMO}$、$E_{LUMO}$ 和 $z$ 轴偶极[8]。从表 10-5 中可明显看出，添加剂分子极性基团不同（如 W-1、W-5 和 W-8，W-14 和 W-15），其分子结构参数和分子稳定性也不同。对于相同类型的添加剂（如 W-6 和 W-7、W-12 和 W-13），随着分子碳链长度的增加，分子柔性指数、偶极矩、比表面积、极化率、总能量与接受电子的能力增强，而分子的给电子能力、$AlgP$ 系数、分子的稳定性呈相反趋势，但其波动范围不明显。共价键的偶极矩和极性越大，分子的偶极矩也越大。分子在金属表面的吸附能随分子的极矩和极性增加而增加，分子的吸附能力增强。随着分子链长的增加，分子的吸附能力提高，则表面张力增加，分子的润湿角与黏度减小。

**表 10-5  添加剂分子的量子化学参数与润湿角、黏度和表面张力的预测值**

| 编号 | $AlgP$ 系数 | 氢键供给 | 极化率 /F·m | 折射率 /m³·mol⁻¹ | 柔性指数 | IC 指数 | BIC 指数 | SIC 指数 | 总相对分子质量 | 原子组成 |
|---|---|---|---|---|---|---|---|---|---|---|
| W-1 | 4.11 | 1 | 0.587 | 58.94 | 11.92 | 1.20 | 0.33 | 0.32 | 186.34 | 40.90 |
| W-2 | 8.44 | 2 | 1.556 | 114.13 | 22.35 | 1.58 | 0.34 | 0.34 | 368.65 | 79.38 |
| W-3 | 3.98 | 4 | -0.004 | 78.79 | 11.24 | 2.08 | 0.48 | 0.48 | 277.17 | 73.06 |
| W-4 | 7.20 | 2 | 1.091 | 95.49 | 18.36 | 1.55 | 0.35 | 0.35 | 312.54 | 67.84 |
| W-5 | 3.77 | 1 | -1.298 | 60.60 | 11.92 | 1.20 | 0.33 | 0.32 | 185.35 | 41.48 |
| W-6 | 4.03 | 2 | 2.643 | 58.68 | 10.43 | 2.09 | 0.55 | 0.55 | 200.32 | 44.36 |
| W-7 | 4.06 | 2 | 2.985 | 63.45 | 11.41 | 2.17 | 0.56 | 0.56 | 214.35 | 47.34 |
| W-8 | 4.70 | 1 | 0.405 | 65.07 | 12.68 | 1.20 | 0.33 | 0.32 | 200.38 | 40.90 |
| W-9 | 4.04 | 3 | -0.216 | 67.51 | 10.41 | 2.09 | 0.52 | 0.52 | 250.32 | 57.17 |
| W-10 | 10.63 | 5 | -1.467 | 149.88 | 21.70 | 1.84 | 0.36 | 0.37 | 486.88 | 102.37 |
| W-11 | 9.76 | 3 | 2.068 | 161.03 | 18.52 | 2.65 | 0.49 | 0.51 | 495.82 | 108.37 |
| W-12 | 5.86 | 2 | 1.053 | 92.55 | 7.27 | 2.71 | 0.57 | 0.62 | 287.45 | 61.50 |
| W-13 | 5.73 | 2 | 1.055 | 97.22 | 7.41 | 2.89 | 0.60 | 0.65 | 301.48 | 64.53 |
| W-14 | 5.47 | 3 | 1.327 | 100.24 | 8.08 | 2.85 | 0.59 | 0.63 | 316.49 | 69.26 |
| W-15 | 6.40 | 3 | 1.642 | 104.71 | 8.51 | 2.85 | 0.59 | 0.63 | 333.54 | 71.72 |
| W-16 | 7.25 | 4 | 3.982 | 96.85 | 17.03 | 1.65 | 0.37 | 0.37 | 350.48 | 79.97 |
| W-17 | 4.54 | 6 | 0.606 | 91.33 | 16.89 | 1.65 | 0.37 | 0.37 | 354.42 | 80.73 |
| W-18 | 6.82 | 3 | 0.992 | 99.71 | 17.10 | 1.65 | 0.37 | 0.37 | 348.51 | 78.87 |

| 编号 | 溶剂表面面积 /nm² | 元素指数 | 总能量 /kcal·mol⁻¹ | $E_{HOMO}$ /eV | $E_{LUMO}$ /eV | z 轴偶极 /e·nm | $\theta$ /(°) | $\eta$ /m²·s⁻¹ | $\gamma$ /mN·m⁻¹ |
|---|---|---|---|---|---|---|---|---|---|
| W-1 | 5.0804 | 12.00 | -2217.12 | -10.70 | 2.92 | -0.031 | 9.55 | 10.89 | 26.85 |
| W-2 | 8.9732 | 24.00 | -4376.30 | -10.68 | -0.11 | -0.028 | 11.63 | 11.97 | 26.54 |
| W-3 | 6.1623 | 15.00 | -3478.65 | -9.76 | -2.10 | 0 | 16.87 | 47.03 | 42.61 |
| W-4 | 7.6768 | 20.00 | -3753.32 | -10.68 | -0.31 | -0.017 | 11.75 | 26.34 | 26.71 |
| W-5 | 5.1248 | 12.00 | -2117.23 | -9.71 | 3.13 | -0.130 | 9.83 | -13.76 | 26.09 |
| W-6 | 5.2106 | 12.00 | -2506.68 | -10.87 | -0.52 | 0.244 | 8.90 | 0.40 | 26.31 |
| W-7 | 5.4909 | 13.00 | -2662.14 | -10.79 | -0.47 | 0.288 | 8.28 | 22.79 | 22.15 |
| W-8 | 5.1508 | 12.00 | -2060.04 | -8.98 | -0.27 | 0.041 | 7.08 | 32.98 | 23.87 |
| W-9 | 5.8842 | 12.00 | -2997.26 | -9.99 | -1.37 | -0.022 | 17.19 | 33.57 | 40.26 |
| W-10 | 10.2750 | 26.00 | -5011.81 | -8.37 | -1.20 | -0.147 | 16.26 | 30.03 | 28.01 |
| W-11 | 10.6303 | 32.00 | -5670.77 | -8.58 | -3.81 | 0.207 | 8.61 | 21.25 | 25.48 |
| W-12 | 6.5585 | 18.00 | -3317.92 | -8.48 | -0.89 | 0.105 | 9.08 | 40.08 | 23.57 |
| W-13 | 6.7883 | 19.00 | -3472.50 | -8.39 | -0.90 | 0.106 | 9.00 | 30.30 | 25.95 |
| W-14 | 6.9716 | 19.00 | -3685.59 | -8.25 | -0.76 | 0.133 | 10.77 | 78.46 | 27.51 |
| W-15 | 7.1692 | 19.00 | -3667.37 | -8.47 | -0.94 | 0.164 | 10.19 | 92.84 | 25.31 |
| W-16 | 7.6072 | 18.00 | -4251.13 | -10.25 | -1.82 | 0.292 | 15.97 | 206.09 | 44.63 |
| W-17 | 7.9270 | 16.00 | -4580.21 | -10.38 | -1.94 | 0.174 | 23.98 | 315.87 | 46.90 |
| W-18 | 8.0434 | 19.00 | -4087.85 | -9.98 | -1.37 | 0.099 | 15.20 | 148.75 | 43.39 |

注：1 cal = 4.186 J。

为构建 QSAR 模型，运用 GA 进行添加剂分子的表面张力、润湿角和黏度的统计分析。首先，添加剂分子的单变量分析见表 10-6。此表用于评估这些数据的可靠性及这些数据是否适合进行下一步统计分析。表 10-6 中的偏度（skewness）用于表征数据分布的对称性，偏度定义中包括正态分布（偏度等于零），左偏分布（也称负偏分布，其偏度小于零），右偏分布（也称正偏分布，其偏度大于零）。峰度（kurtosis）又称峰态系数，表征概率密度分布曲线在平均值处峰值高低的特征数。这个统计量需要与正态分布相比较，峰度为零，表示该总体数据分布与正态分布的陡缓程度相同；峰度大于零，表示该总体数据分布较正态分布陡峭，为尖顶峰；峰度小于零，表示该总体数据分布较正态分布平坦，为平顶峰。峰度的绝对值数值越大，表示其分布形态的陡缓程度与正态分布的差异程度越大。表10-6中的偏度和峰度表明，该数据分布趋于正态分布。

表 10-6　添加剂分子的单变量分析

| 参数名称 | $\theta/(°)$ | $\eta/\mathrm{m}^2 \cdot \mathrm{s}^{-1}$ | $\gamma/\mathrm{mN} \cdot \mathrm{m}^{-1}$ |
|---|---|---|---|
| 样本数 | 18 | 18 | 18 |
| 数值范围 | 14.66 | 320.19 | 22.66 |
| 最大值 | 21.05 | 320.42 | 46.24 |
| 最小值 | 6.39 | 0.23 | 23.58 |
| $x_i$ | 12.23 | 63.10 | 30.68 |
| $\bar{x}$ | 10.10 | 22.03 | 26.01 |
| 变化 | 22.92 | 6636.81 | 68.29 |
| $\sigma$ | 4.93 | 83.83 | 8.50 |
| mad | 4.33 | 60.04 | 7.29 |
| 偏度 | 0.46 | 1.84 | 0.88 |
| 峰度 | -1.43 | 2.54 | -1.16 |

注：$x_i$ 为平均值；$\bar{x}$ 为中间值；$\sigma$ 为标准偏差；mad 为平均绝对偏差。

其中，标准偏差：

$$\sigma = \frac{1}{n-1}\sqrt{\frac{1}{n-1}\sum_{i=1}^{n}(x_i - \bar{x})^2} \tag{10-4}$$

平均绝对偏差：

$$\mathrm{mad} = \frac{1}{n}\sum_{i=1}^{n}|x_i - \bar{x}| \tag{10-5}$$

方差：

$$V_x = \sum_{i=1}^{n}\frac{(x_i - \bar{x})^2}{n} \tag{10-6}$$

偏度：

$$S_x = \sum_{i=1}^{n}\frac{(x_i - \bar{x})^3}{n} \tag{10-7}$$

峰度：

$$K_x = \sum_{i=1}^{n}\frac{(x_i - \bar{x})^4}{n} \tag{10-8}$$

### 10.2.3　数据分析与模型的建立

在建立模型的过程中，先采用遗传运算法对众多的描述符进行筛选，接着根据相关系数平方 $R^2$、交叉验证系数 $R_{CV}^2$ 及 Fisher 准则 $F$ 对模型进行筛选。表10-7列出了7个变量的相关矩阵，主要为相关系数矩阵和润湿性能参数。同时获得了两个变量之间的相关系数，其数值在-1.0~1.0之间波动；当相关系数为 1.0 或-1.0时，表示两个变量完全正或负相关；当相关系数为零时，表明两个变量无关。分子描述符之间的相关系数越高，则表示两个变量高度相关，也称强相关。从表 10-7 可知，分子的表面张力与润湿角强相关。

表 10-7　7 个变量的相关矩阵

| 变量名称 | $\theta$ | $D$ | $N$ | $E$ | $E_{HOMO}$ | $S$ | $P$ |
|---|---|---|---|---|---|---|---|
| $\theta$ | 1 | | | | | | |
| $D$ | 0.6979 | 1 | | | | | |
| $N$ | 0.01541 | 0.3174 | 1 | | | | |
| $E$ | −0.38889 | 0.2591 | −0.89207 | 1 | | | |
| $E_{HOMO}$ | −0.25482 | 0.4713 | 0.43024 | −0.27235 | 1 | | |
| $S$ | 0.25622 | 0.3545 | 0.95226 | −0.96309 | 0.29757 | 1 | |
| $P$ | −0.08692 | 0.6979 | 0.00933 | −0.13406 | −0.09066 | −0.00999 | 1 |

| 变量名称 | $\eta$ | $\zeta$ | $C$ | $B$ | $S$ | $N$ | $P$ |
|---|---|---|---|---|---|---|---|
| $\eta$ | 1 | | | | | | |
| $\zeta$ | 0.00582 | 1 | | | | | |
| $C$ | −0.05645 | 0.14383 | 1 | | | | |
| $B$ | −0.17198 | −0.19667 | 0.91864 | 1 | | | |
| $S$ | 0.23413 | 0.92558 | 0.19944 | −0.16091 | 1 | | |
| $N$ | 0.01520 | 0.927983 | 0.35401 | −0.00539 | 0.94689 | 1 | |
| $P$ | 0.41026 | −0.0954 | 0.43385 | 0.47721 | −0.02028 | 0.00933 | 1 |

| 变量名称 | $\gamma$ | $D$ | $\varphi$ | $\beta$ | $\varepsilon$ | $A$ | $E_{LUMO}$ | $\lambda$ |
|---|---|---|---|---|---|---|---|---|
| $\gamma$ | 1 | | | | | | | |
| $D$ | 0.6603 | 1 | | | | | | |
| $\varphi$ | −0.0323 | 0.4713 | 1 | | | | | |
| $\beta$ | 0.2262 | 0.3545 | 0.5536 | 1 | | | | |
| $\varepsilon$ | −0.2727 | −0.0044 | 0.0629 | −0.7051 | 1 | | | |
| $A$ | 0.2970 | 0.7039 | 0.9362 | 0.6070 | −0.0032 | 1 | | |
| $E_{LUMO}$ | −0.3756 | −0.6422 | −0.5911 | −0.2046 | −0.3481 | −0.7183 | 1 | |
| $\lambda$ | 0.1702 | 0.6363 | 0.9738 | 0.6190 | 0.0018 | 0.9844 | −0.6688 | 1 |

| 变量名称 | $\theta$ | $\eta$ | $\gamma$ | $\varphi$ | $\beta$ | $E_{HOMO}$ | $E_{LUMO}$ | $\lambda$ |
|---|---|---|---|---|---|---|---|---|
| $\theta$ | 1 | | | | | | | |
| $\eta$ | 0.6385 | 1 | | | | | | |

| 变量名称 | $\theta$ | $\eta$ | $\gamma$ | $\varphi$ | $\beta$ | $E_{HOMO}$ | $E_{LUMO}$ | $\lambda$ |
|---|---|---|---|---|---|---|---|---|
| $\gamma$ | 0.9429 | 0.6846 | 1 | | | | | |
| $\varphi$ | 0.1062 | 0.0971 | -0.0323 | 1 | | | | |
| $\beta$ | 0.3611 | 0.1866 | 0.2262 | 0.5536 | 1 | | | |
| $E_{HOMO}$ | -0.2549 | -0.0994 | -0.2849 | 0.5125 | -0.2945 | 1 | | |
| $E_{LUMO}$ | -0.2863 | -0.3196 | -0.3756 | -0.5911 | -0.2046 | -0.2893 | 1 | |
| $\lambda$ | 0.2948 | 0.2704 | 0.1702 | 0.9738 | 0.6190 | 0.4041 | -0.6688 | 1 |

　　遗传算法（GA）需进行 3 个步骤的连续迭代，即从种群中选择个体、重组个体交叉、离散变异。使用 GA 算法，从前线分子轨道能量、偶极矩、部分电荷、分子表面积、分子体积等 30 个反映分子微观特征和溶剂化效应的结构参数中，筛选出主要的结构参数，建立添加剂分子在铜表面上的润湿性能-结构参数定量关系方程。根据适应度标准，该 QSAR 模型的评分值与 GA 方程回归的可靠性密切相关，因此需要进一步对组建的相关系数矩阵进行回归分析。

　　弗里德曼马丁-LOF 值和 $F$ 值分别作为评估 QSAR 模型和曲线回归的重要参数。$F$ 值越高，GA 构建的 QSAR 模型越准确。

　　弗里德曼马丁-LOF 值满足

$$\text{LOF} = \frac{\text{SSE}}{M\left(1 - \lambda\, \dfrac{c + dp}{M}\right)} \tag{10-9}$$

式中　SSE——误差的平方和；

　　　　$M$——设置中样品的总数量；

　　　　$\lambda$——安全系数，其值为 0.99，以确保表达式中的分母永远不能成为零，所以 LOF 总是明确的；

　　　　$c$——模型中术语的数量（除了常数项）；

　　　　$d$——一个按比例缩小的平滑参数；

　　　　$p$——包含在所有模型中描述符的总数（同样忽略了常数项）。

　　回归系数指 $Y$ 变量的总方差的分数解释遗传函数近似方程。回归系数 $R$ 满足

$$R^2 = \frac{\text{SSR}}{\text{SST}} \tag{10-10}$$

式中　SSR——回归的平方和 SSR＝SST－SSE；

　　　　SST——总平方和。

　　调整的回归系数：

$$R_a^2 = \frac{\mathrm{SSE}(n-p)}{\dfrac{\mathrm{SST}}{n-1}} \tag{10-11}$$

式中　$p$——回归方程参数的数量；

　　　$n$——模型构建的数据点的数量。

回归系数交互验证平方：

$$R_{CV}^2 = 1 - \frac{\mathrm{PRESS}}{\mathrm{SST}} \tag{10-12}$$

式中　PRESS——模型的预测平方和。

一般来说，回归系数 $F$ 值越大，模型就越好。

$$F = \frac{\mathrm{SSR}(p-1)}{\dfrac{\mathrm{SSE}}{n-p}} \tag{10-13}$$

$$计算实验误差 = \left(\frac{\mathrm{SSPE}}{\mathrm{Replicate\ ponits}}\right)^{\frac{1}{2}} \tag{10-14}$$

式中　SSPE——纯误差的平方和。

$$非典型\,\mathrm{LOF}\,最小误差(95\%) = \left(\frac{\mathrm{SSLOF}}{\dfrac{n-p-\mathrm{d}f_{pe}}{F_{cr}}}\right)^{\frac{1}{2}} \tag{10-15}$$

通过 GA 算法构建的用于预测分子间的润湿角（作为分子的描述符函数）、黏度（作为分子的描述符函数）、表面张力（作为分子的描述符函数）及润湿角（作为黏度、表面张力及分子的描述符函数）QSAR 模型，遗传运算近似有效表见表 10-8。

**表 10-8　遗传运算近似有效表**

| 公式 | $\theta = -16.4273\xi + 434.6761C - 2364.8017B + 0.9464S - 38.2326E + 35.0125P + 336.8515$ | $\eta = -0.2499S - 1.8990N - 0.0116E + -1.7685P + 26.9312$ | $\gamma = -4.0103D - 1.4466\varphi - 1.7535\beta - 45.7276\varepsilon + 0.8614A + 0.3743\lambda + 47.7472$ | $\theta'(\eta,\ \gamma) = -0.0045\eta + 0.6118\gamma + 0.9759 E_{\mathrm{LUMO}} + 0.0187\lambda - 11.2523$ |
|---|---|---|---|---|
| LOF | 20.1962 | 493.5674 | 6.3917 | 4.1863 |
| $R^2$ | 0.9733 | 0.9894 | 0.9986 | 0.9945 |
| $R_a^2$ | 0.9717 | 0.9888 | 0.9985 | 0.9941 |
| $R_{CV}^2$ | 0.9692 | 0.9888 | 0.9984 | 0.9936 |
| 回归系数 $F$ 值 | 619.7374 | 1587.1050 | 11756.690 | 3055.3270 |

| 临界 SOR<br>$F$ 值<br>（95%）[11] | 4. 4534 | 4. 4534 | 4. 45340 | 4. 4534 |
|---|---|---|---|---|
| LOF 点[11] | 17 | 17 | 17 | 17 |
| 非典型 LOF<br>最小误差<br>（95%） | 1. 7314 | 8. 5593 | 0. 9740 | 0. 7883 |

图 10-3 给出了添加剂分子的润湿角、运动黏度、表面张力和作为运动黏度与表面张力函数的润湿角的剩余值和预测值的散点图，预测值与实验值非常接近。从图 10-3（b）（c）可知添加剂分子的运动黏度 QSAR 模型中，$R_{CV}^2 = 0.9894$（$R^2 = 0.9888$，$F = 1587.1050$）；而其表面张力 QSAR 模型中，$R_{CV}^2 = 0.9986$（$R^2 =$

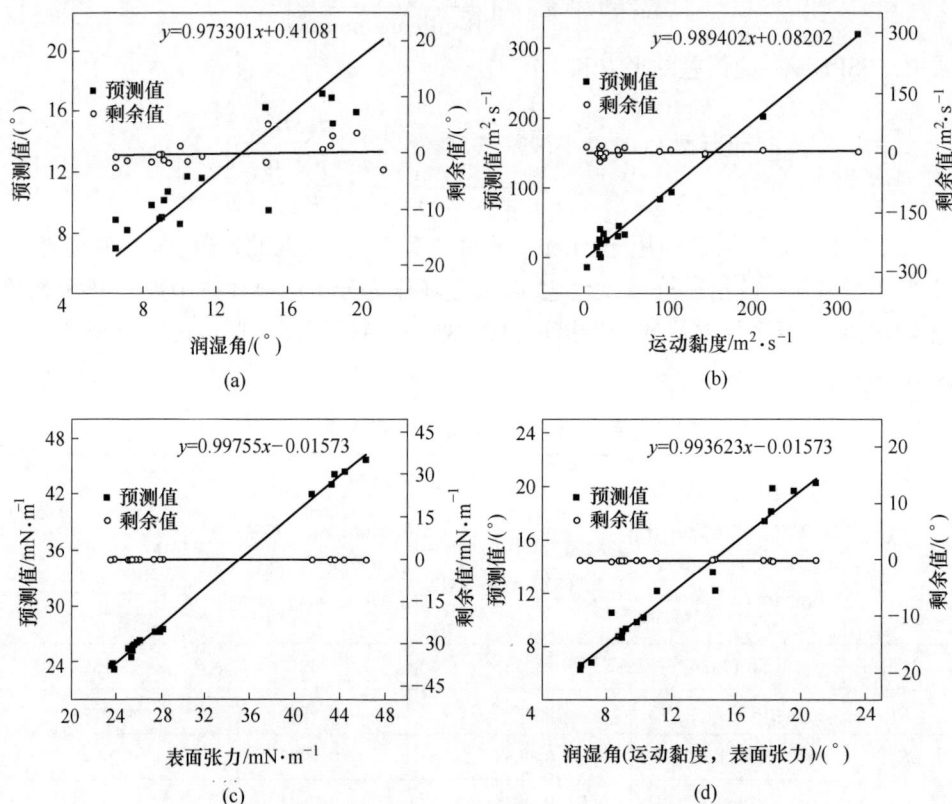

图 10-3　添加剂分子的润湿角（a）、运动黏度（b）、表面张力（c）和作为运动黏度与表面张力函数的润湿角（d）的剩余值和预测值

0.9984，$F = 1587.1175$）。$R^2_{CV}$ 值均大于 0.95，表明分子的黏度和表面张力与分子的描述符强相关。结合图 10-3 中实验值及预测值的比较，进一步说明此模型可以用来预测添加剂分子的运动黏度和表面张力。比较图 10-3（a）和（d），添加剂分子的润湿角（作为黏度、表面张力及分子的描述符函数）QSAR 模型中，由 $R^2_{CV} = 0.9936$（$R^2 = 0.9945$，$F = 3055.3277$）可知 $\theta'(\eta, \gamma)$ 模型具有更好的稳健性，更适合用于预测分子的润湿角。

　　QSAR 模型的离群分析给出了两种图：GA 预测值与剩余值的散点图（见图 10-4（a））和 GA 样本数量与剩余值的散点图（见图 10-4（b））。添加剂分子的润湿角的离群值如图 10-4 所示，其中润湿角作为黏度、表面张力及分子的描述符函数。离群值指在数据中有一个或几个数值与其他数值相比差异较大。每个图包含两条虚线表示的两个标准偏差（−2.5 和 2.0），超过该值可以被认为是离群值。从图 10-4 可知，预测结果的数值均在该范围，不属于异常值，进一步表明回归的 QSAR 模型可用于预测分子的润湿性能。

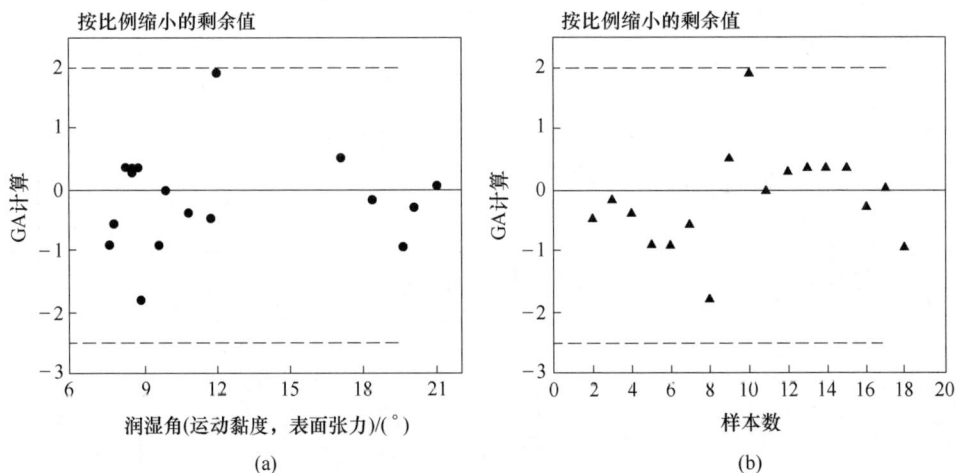

图 10-4　添加剂分子的 QSAR 的离群分析
（a）GA 预测值与剩余值的散点图；（b）GA 样本数量与剩余值的散点图

## 10.3　摩擦学性能的定量构效模型

　　以添加剂对工艺润滑的摩擦系数与油膜强度值为研究对象，用 Materials Studio 软件计算一系列分子结构描述符，采用 QSAR 方法建立预测模型。研究结果将为筛选绿色添加剂提供参考，为添加剂的大规模工业化应用提供理论指导。

　　实验中使用的添加剂分子为八醇、十醇、十二醇、十四醇、十六醇、十八醇、二十醇、二十二醇、十酸、十二酸、十四酸、十六酸、十八酸、硬脂酸丁酯、己二酸辛酯、三羟油酸酯、季戊油酸酯等，均为分析纯。在 MRS-10A 四球摩擦磨损实验机上测试轧制油的摩擦系数与油膜强度。

### 10.3.1　摩擦学性能参数

在四球摩擦磨损实验机上测量得到的不同链长的脂肪醇和脂肪酸酯等添加剂的摩擦系数和油膜强度见表 10-9。油膜强度的大小反映了添加剂分子吸附膜抗压强度的高低，摩擦系数则代表吸附膜剪切强度的大小。

表 10-9　添加剂的摩擦系数和油膜强度

| 编号 | 名称 | 结　构 | 摩擦系数 | 误差 |
|------|------|--------|---------|------|
| C-1 | 八醇 | HO⌒⌒⌒⌒ | 0.0623 | ±0.0012 |
| C-2 | 十醇 | HO⌒⌒⌒⌒⌒ | 0.0565 | ±0.0021 |
| C-3 | 十二醇 | HO⌒⌒⌒⌒⌒⌒ | 0.0552 | ±0.0015 |
| C-4 | 十四醇 | HO⌒⌒⌒⌒⌒⌒⌒ | 0.0535 | ±0.0019 |
| C-5 | 十六醇 | HO⌒⌒⌒⌒⌒⌒⌒⌒ | 0.0525 | ±0.0018 |
| C-6 | 十八醇 | HO⌒⌒⌒⌒⌒⌒⌒⌒⌒ | 0.0661 | ±0.0009 |
| C-7 | 二十醇 | HO⌒⌒⌒⌒⌒⌒⌒⌒⌒⌒ | 0.0585 | ±0.0013 |
| C-8 | 二十二醇 | HO⌒⌒⌒⌒⌒⌒⌒⌒⌒⌒⌒ | 0.0543 | ±0.0024 |
| C-9 | 硬脂酸丁酯 | | 0.0771 | ±0.0012 |
| C-10 | 己二酸辛酯 | | 0.1078 | ±0.0832 |
| C-11 | 三羟油酸酯 | | 0.1095 | ±0.0731 |
| C-12 | 季戊油酸酯 | | 0.1107 | ±0.0934 |
| C-13 | 十二酸乙酯 | | 0.1340 | ±0.0121 |
| C-14 | 十二酸 | | 0.0930 | ±0.023 |

续表 10-9

| 编号 | 名称 | 结　　构 | 油膜强度/N | 误差/N |
|------|------|---------|-----------|--------|
| P-1 | 十醇 | | 216 | ±9 |
| P-2 | 十二醇 | | 235 | ±5 |
| P-3 | 十四醇 | | 255 | ±8 |
| P-4 | 十六醇 | | 265 | ±8 |
| P-5 | 十八醇 | | 275 | ±7 |
| P-6 | 十酸 | | 240 | ±5 |
| P-7 | 十二酸 | | 255 | ±10 |
| P-8 | 十四酸 | | 275 | ±12 |
| P-9 | 十六酸 | | 314 | ±3 |
| P-10 | 十八酸 | | 333 | ±6 |
| P-11 | 硬脂酸丁酯 | | 392 | ±15 |
| P-12 | 己二酸辛酯 | | 333 | ±3 |
| P-13 | 三羟油酸酯 | | 431 | ±3 |
| P-14 | 季戊油酸酯 | | 412 | ±5 |
| P-15 | 十二酸乙酯 | | 392 | ±7 |
| P-16 | 亚磷酸酯 | | 637 | ±6 |

从表10-9中可明显看出，添加剂类型不同，分子极性基团不同，添加剂表现出不同的油膜承载能力。对于相同类型的添加剂，随着分子碳链长度的增加，油膜强度也会提高，摩擦系数均呈下降趋势。研究发现四球实验获得的摩擦系数总是比冷轧测试的摩擦系数小[12]，主要是因为在冷轧过程中摩擦副的主要润滑状态为混合润滑（0.06 <$\mu$< 0.1）和边界润滑（$\mu$> 0.1）。而且添加剂化学吸附作用导致的边界润滑，在冷轧过程中对金属有很强的黏附作用，从而影响其摩擦系数。

### 10.3.2　极压抗磨剂分子的化学参数分析

由于反应物之间的相互作用仅发生在分子的前线轨道之间，通过研究分子的最高占据轨道（HOMO）和最低空轨道（LUMO）来分析添加剂分子的吸附行为。计算得到的极压抗磨剂分子的量子化学参数见表10-10。

表 10-10　极压抗磨剂分子的量子化学参数

| 编号 | 摩擦系数 | $E_{HOMO}$ /eV | $E_{LUMO}$ /eV | $\Delta E$ /eV | 氢键供给体 | 折射率 /m³·mol⁻¹ | 偶极矩 /e·nm | 表面面积 /nm² | 极化率 /F·m |
|---|---|---|---|---|---|---|---|---|---|
| C-1 | 0.0623 | −10.88 | 2.78 | 13.67 | 1 | 40.53 | 0.070 | 2.1913 | 16.65 |
| C-2 | 0.0565 | −10.82 | 2.79 | 13.61 | 1 | 49.74 | 0.073 | 2.6286 | 20.52 |
| C-3 | 0.0552 | −10.79 | 2.79 | 13.58 | 1 | 58.94 | 0.074 | 3.0730 | 24.42 |
| C-4 | 0.0535 | −10.75 | 2.80 | 13.54 | 1 | 68.14 | 0.073 | 3.5173 | 28.32 |
| C-5 | 0.0525 | −10.51 | 1.75 | 12.26 | 1 | 77.34 | 0.077 | 4.1459 | 32.90 |
| C-6 | 0.0661 | −10.69 | 2.84 | 13.53 | 1 | 86.54 | 0.074 | 4.4195 | 36.11 |
| C-7 | 0.0585 | −10.65 | 2.79 | 13.44 | 1 | 95.75 | 0.070 | 4.8581 | 40.03 |
| C-8 | 0.0543 | −10.91 | 2.52 | 13.43 | 1 | 104.95 | 0.076 | 5.4120 | 44.31 |
| C-9 | 0.0771 | −10.05 | −0.38 | 9.67 | 0 | 104.92 | 0.091 | 5.6612 | 45.67 |
| C-10 | 0.1078 | −10.78 | −0.19 | 10.59 | 0 | 106.83 | 0.0006 | 5.5276 | 45.17 |
| C-11 | 0.1095 | −8.60 | −0.44 | 8.16 | 3 | 115.63 | 0.207 | 5.7538 | 48.03 |
| C-12 | 0.1107 | −8.59 | −0.27 | 8.31 | 2 | 118.46 | 0.113 | 5.8430 | 49.22 |
| C-13 | 0.1340 | −10.70 | −0.10 | 10.59 | 0 | 68.19 | 0.080 | 3.5639 | 28.60 |
| C-14 | 0.0930 | −10.82 | −0.24 | 10.57 | 1 | 58.67 | 0.107 | 3.1457 | 24.66 |

续表 10-10

| 编号 | 油膜强度 /N | $E_{HOMO}$ /eV | $E_{LUMO}$ /eV | $\Delta E$ /eV | 氢键供给体 | 折射率 /m³·mol⁻¹ | 偶极矩 /e·nm | 表面面积 /nm² | 极化率 /F·m |
|---|---|---|---|---|---|---|---|---|---|
| P-1 | 216 | −10.82 | 2.79 | 13.61 | 1 | 49.74 | 0.074 | 2.6358 | 20.53 |
| P-2 | 235 | −10.79 | 2.79 | 13.58 | 1 | 58.94 | 0.074 | 3.0791 | 24.43 |
| P-3 | 255 | −10.75 | 2.80 | 13.54 | 1 | 68.14 | 0.074 | 3.5228 | 28.32 |
| P-4 | 265 | −10.51 | 1.75 | 12.26 | 1 | 77.35 | 0.078 | 4.1486 | 32.90 |
| P-5 | 275 | −10.69 | 2.84 | 13.53 | 1 | 86.55 | 0.078 | 4.4220 | 36.13 |
| P-6 | 240 | −10.82 | −0.25 | 10.57 | 1 | 49.48 | 0.108 | 2.6943 | 20.79 |
| P-7 | 255 | −10.83 | −0.29 | 10.54 | 1 | 58.68 | 0.107 | 3.1432 | 24.67 |
| P-8 | 275 | −10.81 | −0.28 | 10.53 | 1 | 67.88 | 0.107 | 3.5859 | 28.56 |
| P-9 | 314 | −10.78 | −0.33 | 10.45 | 1 | 77.08 | 0.111 | 4.0323 | 32.45 |
| P-10 | 333 | −10.73 | −0.32 | 10.41 | 1 | 86.29 | 0.112 | 4.4776 | 36.34 |
| P-11 | 392 | −10.05 | −0.38 | 9.67 | 0 | 104.93 | 0.091 | 5.6611 | 45.67 |
| P-12 | 333 | −10.79 | −0.20 | 10.59 | 0 | 106.83 | 0.001 | 5.5480 | 45.17 |
| P-13 | 431 | −8.61 | −0.45 | 8.16 | 3 | 115.64 | 0.207 | 5.7783 | 48.03 |
| P-14 | 412 | −8.60 | −0.28 | 8.32 | 2 | 118.46 | 0.113 | 5.8709 | 49.22 |
| P-15 | 392 | −10.70 | −0.10 | 10.60 | 0 | 68.20 | 0.080 | 3.5673 | 28.60 |
| P-16 | 637 | −10.75 | −6.25 | 4.50 | 0 | 92.03 | 0.094 | 4.7202 | 40.18 |

由前线轨道理论可知：$E_{HOMO}$ 表示分子给电子的能力，值越高，说明分子给电子的能力越强，反之越弱；而 $E_{LUMO}$ 指分子接受电子的能力，其值越低，说明该分子越容易接受电子，反之不易接受电子。而 $\Delta E$（$\Delta E = E_{LUMO} - E_{HOMO}$）是分子稳定性的重要衡量指标，其值越大，说明分子越稳定。从表 10-10 中可明显看出，添加剂类型不同，分子极性基团不同，表现出不同的分子给或接受电子的能力与分子稳定性。且相同类型的添加剂，随分子碳链长度的增加（<18），也会导致分子给电子的能力下降，分子的稳定性也呈下降趋势，其波动范围不大。分子键的偶极矩越大，表示键的极性越大；分子的偶极矩越大，表示分子的极性越大。随着分子链长的增加，添加剂的摩尔折射率、偶极矩、比表面积与极化率均呈增加趋势，分子的吸附能力增强，则其油膜强度逐渐提高，摩擦系数减小。

### 10.3.3 模型的建立与验证

在建立 QSAR 模型的过程中，先采用 GA 算法对分子的描述符进行筛选，选取最适宜的 9 个变量用来作为添加剂摩擦系数与油膜强度的 QSAR 模型参数变量，9 个变量的相关系数矩阵见表 10-11。

**表 10-11　9 个变量的相关系数矩阵**

| 变量名称 | $\mu$ | 氢键供给体 | $\varphi$ | 偶极矩 | $E_{HOMO}$ | $E_{LUMO}$ | $\Delta E$ | $S$ | $P$ |
|---|---|---|---|---|---|---|---|---|---|
| $\mu$ | 1 | | | | | | | | |
| 氢键供给体 | 0.0384 | 1 | | | | | | | |
| $\varphi$ | 0.3600 | 0.2664 | 1 | | | | | | |
| 偶极矩 | 0.2637 | 0.8041 | 0.2539 | 1 | | | | | |
| $E_{HOMO}$ | 0.4858 | 0.7122 | 0.6448 | 0.7367 | 1 | | | | |
| $E_{LUMO}$ | −0.8550 | −0.0317 | −0.4906 | −0.3420 | −0.5654 | 1 | | | |
| $\Delta E$ | −0.8125 | −0.2949 | −0.6058 | −0.5318 | −0.7962 | 0.9492 | 1 | | |
| $S$ | 0.3423 | 0.2021 | 0.9957 | 0.2208 | 0.6067 | −0.5052 | −0.6020 | 1 | |
| $P$ | 0.3525 | 0.2316 | 0.9988 | 0.2376 | 0.6273 | −0.5000 | −0.6060 | 0.9990 | 1 |
| 变量名称 | $P_B$ | 氢键供给体 | $\varphi$ | 偶极矩 | $E_{HOMO}$ | $E_{LUMO}$ | $\Delta E$ | $S$ | $P$ |
| $P_B$ | 1 | | | | | | | | |
| 氢键供给体 | −0.1224 | 1 | | | | | | | |
| $\varphi$ | 0.2471 | 0.7538 | 1 | | | | | | |
| 偶极矩 | 0.6563 | 0.1767 | 0.1853 | 1 | | | | | |
| $E_{HOMO}$ | 0.3820 | 0.7041 | 0.6121 | 0.6978 | 1 | | | | |
| $E_{LUMO}$ | −0.8499 | 0.2340 | −0.2206 | −0.3898 | −0.1078 | 1 | | | |
| $\Delta E$ | −0.8983 | −0.0021 | −0.3926 | −0.5723 | −0.4053 | 0.9525 | 1 | | |
| $S$ | 0.6220 | 0.1666 | 0.1704 | 0.9981 | 0.6894 | −0.3613 | −0.5435 | 1 | |
| $P$ | 0.6563 | 0.1767 | 0.1853 | 1.0000 | 0.6978 | −0.3898 | −0.5723 | 0.9981 | 1 |

　　通过 GA 构建了同类型添加剂分子的摩擦系数与油膜强度的最优方程，添加剂分子的遗传运算结果见表 10-12。分子的摩擦系数、油膜强度均与氢键供给体、分子的表面面积呈负相关，与偶极矩呈正相关，且与极化率相关；分子吸附在金属表面形成一层润滑油膜，分子结构参数对于摩擦系数的影响大于油膜强度的影响，与相关系数结果一致[11]。

**表 10-12　添加剂分子的遗传运算结果**

| 公式 | $Y = -0.0493X_1 + 0.0317X_5 + 0.0381X_2 - 0.0127X_9 + 0.0026X_7 - 0.1045X_3 + 0.1363$ | $Y' = -103.9663X_1 + 148.1621X_2 + 100.6231X_3 - 8.1201X_7 + 272.6352$ |
|---|---|---|
| | $Y$：油膜强度；$Y'$：摩擦系数；$X_1$：氢键供给体；$X_2$：偶极矩；$X_3$：极化率；$X_5$：分子折射率；$X_7$：表面面积；$X_9$：$\Delta E$ | |
| LOF | $9.9 \times 10^{-5}$ | 918.99243000 |

| | | |
|---|---|---|
| $R^2$ | 0.9826 | 0.9912 |
| $R_a^2$ | 0.9776 | 0.9853 |
| $R_{CV}^2$ | 0.9606 | 0.9767 |
| 是否回归 | 是 | 是 |
| 回归系数 $F$ 值 | 95.7404 | 169.2796 |
| 临界 SOR $F$ 值（95%） | 3.8899 | 3.3862 |
| LOF 点 | 7 | 9 |
| 非典型 LOF 最小误差（95%） | 0.00289 | 9.39205 |

　　为了进一步验证回归模型的合理性和预测能力，在建立模型方程后，预测了添加剂分子的摩擦系数与油膜强度的预测值及剩余值，如图 10-5 所示，预测值与实验值具有较好的一致性，其相应误差值也接近。添加剂分子的摩擦系数和油膜强度 QSAR 模型中，$R_{CV}^2$ 均大于 0.96，$R^2$ 均大于 0.98，$F$ 均大于 95，表明该模型具有很好的可预见性，可以用来预测同类型添加剂分子的摩擦系数和油膜强度。

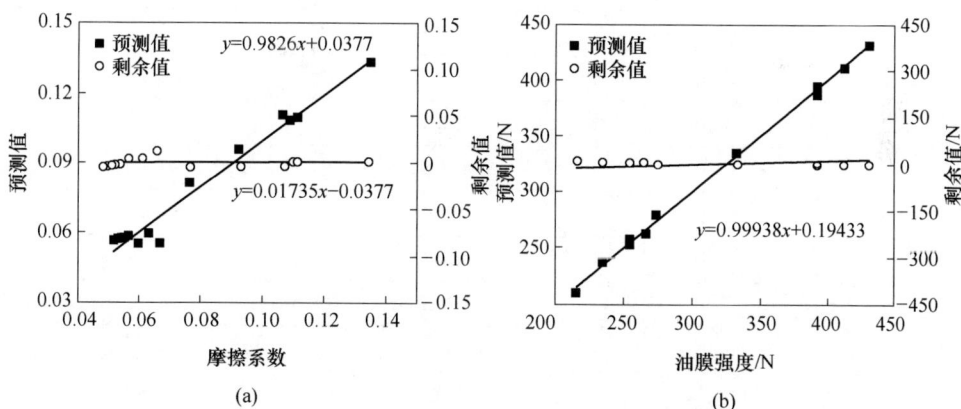

图 10-5　添加剂分子的摩擦系数（a）、油膜强度（b）的预测值与剩余值

# 10.4　缓蚀剂缓蚀效率的定量构效模型

## 10.4.1　缓蚀效率研究

　　通过质量损失法实验研究获得的二巯基噻二唑及其不同链长的衍生物对 Cu 的吸附能和缓蚀效率见表 10-13。从表 10-13 中可明显看出，缓蚀剂分子极性基团不同，在金属表面形成的吸附构型不同，因此具有不同的吸附能和不同的缓蚀

效率。而且,随着噻二唑分子二巯基碳链长度的增加,吸附能逐渐增加,缓蚀效率缓慢提高。通过比较二者的吸附能与缓蚀效率,发现其变化趋势一致,则表明吸附能的大小间接反映了缓蚀效率的高低。

表 10-13　二巯基噻二唑及其不同链长的衍生物对 Cu 的吸附能和缓蚀效率

| 编号 | R | 吸附能/kJ · mol$^{-1}$ | 缓蚀效率/% |
|------|------|------|------|
| 1 | H | −146.70 | 88.02 |
| 2 | CH$_3$ | −177.95 | 88.41 |
| 3 | C$_2$H$_5$ | −214.42 | 88.85 |
| 4 | C$_3$H$_7$ | −242.94 | 89.23 |
| 5 | C$_4$H$_9$ | −282.10 | 89.72 |
| 6 | C$_5$H$_{11}$ | −329.50 | 90.15 |
| 7 | C$_6$H$_{13}$ | −370.19 | 90.51 |
| 8 | C$_7$H$_{15}$ | −415.63 | 90.94 |
| 9 | C$_8$H$_{17}$ | −459.60 | 91.37 |
| 10 | C$_9$H$_{19}$ | −504.66 | 91.83 |
| 11 | C$_{10}$H$_{21}$ | −549.57 | 92.23 |
| 12 | C$_{12}$H$_{25}$ | −639.90 | 92.67 |
| 13 | C$_{14}$H$_{29}$ | −726.33 | 93.09 |
| 14 | C$_{16}$H$_{33}$ | −815.82 | 93.45 |
| 15 | C$_{18}$H$_{37}$ | −905.96 | 93.98 |
| 16 | C$_{20}$H$_{41}$ | −958.12 | 94.36 |
| 17 | C$_{22}$H$_{45}$ | −1026.21 | 94.72 |
| 18 | C$_{24}$H$_{49}$ | −1149.35 | 95.14 |
| 19 | C$_{26}$H$_{53}$ | −1230.83 | 95.53 |
| 20 | C$_{32}$H$_{65}$ | −1381.74 | 97.92 |

### 10.4.2　缓蚀剂分子的反应活性参数选择

本小节直接对 20 个噻二唑类缓蚀剂分子的初始结构进行构建,然后通过 Geometry Optimization 模块,对所有的分子进行几何结构优化,以获得能量最低的构象。为保证实验条件的一致性,所有分子计算使用的优化参数均需一致: Materials Studio/Dmol3/Geometry Optimization/GGA/PW91,计算所得缓蚀剂分子的量子化学参数见表 10-14。从表 10-14 中可明显看出,添加剂分子极性基团不同，表现出不同的分子给出或接受电子的能力与分子稳定性。随着分子碳链长度的增加，旋转角增加，分配系数 $AlgP$ 和 $AlgP98$ 增加，原子型的分配系数增大，分子的折射率和柔性指数也增加，Balaban 指数 $JX$ 和 $JY$ 降低，其余拓扑指数（Wiener 指数和 Zagreb 指数）和分子结构参数（分子表面面积、极化率、偶极矩、分子体积等）等却逐渐增加，分子给出电子的能力 $E_{HOMO}$ 周期性波动，时而减小，时而增加，其波动范围在 0.01%。随着分子链长的增加，分子的吸附能力增强。

### 表 10-14　缓蚀剂分子的量子化学参数

| 编号 | R | 旋转角/(°) | $AlgP$ 系数 | $AlgP98$ 系数 | 折射率/F·m | 柔性指数 | Balaban 指数 $JX$ | Balaban 指数 $JY$ |
|---|---|---|---|---|---|---|---|---|
| 1 | H | 2 | 1.61 | 2.32 | 38.92 | 1.36 | 2.75 | 3.03 |
| 2 | $CH_3$ | 2 | 1.88 | 2.68 | 48.51 | 2.56 | 2.48 | 2.72 |
| 3 | $C_2H_5$ | 4 | 2.56 | 3.38 | 58.01 | 3.96 | 2.30 | 2.49 |
| 4 | $C_3H_7$ | 6 | 3.50 | 4.43 | 67.06 | 5.50 | 2.17 | 2.33 |
| 5 | $C_4H_9$ | 8 | 4.29 | 5.34 | 76.26 | 7.13 | 2.08 | 2.21 |
| 6 | $C_5H_{11}$ | 10 | 5.09 | 6.25 | 85.46 | 8.83 | 2.01 | 2.13 |
| 7 | $C_6H_{13}$ | 12 | 5.88 | 7.16 | 94.66 | 10.59 | 1.96 | 2.06 |
| 8 | $C_7H_{15}$ | 14 | 6.67 | 8.07 | 103.87 | 12.38 | 1.91 | 2.00 |
| 9 | $C_8H_{17}$ | 16 | 7.46 | 8.99 | 113.07 | 14.20 | 1.88 | 1.96 |
| 10 | $C_9H_{19}$ | 18 | 8.26 | 9.90 | 122.27 | 16.05 | 1.85 | 1.93 |
| 11 | $C_{10}H_{21}$ | 20 | 9.05 | 10.81 | 131.47 | 17.92 | 1.83 | 1.90 |
| 12 | $C_{12}H_{25}$ | 24 | 10.63 | 12.64 | 149.88 | 21.70 | 1.79 | 1.85 |
| 13 | $C_{14}H_{29}$ | 28 | 12.22 | 14.46 | 168.28 | 25.52 | 1.76 | 1.82 |
| 14 | $C_{16}H_{33}$ | 32 | 13.80 | 16.29 | 186.68 | 29.38 | 1.74 | 1.79 |
| 15 | $C_{18}H_{37}$ | 36 | 15.39 | 18.11 | 205.09 | 33.26 | 1.73 | 1.77 |
| 16 | $C_{20}H_{41}$ | 40 | 16.97 | 19.94 | 223.49 | 37.16 | 1.71 | 1.75 |
| 17 | $C_{22}H_{45}$ | 42 | 17.77 | 20.85 | 232.69 | 39.12 | 1.71 | 1.74 |
| 18 | $C_{24}H_{49}$ | 52 | 21.73 | 25.41 | 278.70 | 48.94 | 1.68 | 1.71 |
| 19 | $C_{26}H_{53}$ | 56 | 23.32 | 27.24 | 297.11 | 52.88 | 1.67 | 1.70 |
| 20 | $C_{32}H_{65}$ | 64 | 26.49 | 30.88 | 333.92 | 60.79 | 1.66 | 1.69 |

| 编号 | R | Wiener 指数 | Zagreb 指数 | $E_{HOMO}$ /eV | $E_{LUMO}$ /eV | Vertex 指数 | Edge 指数 | 分子表面面积/nm² |
|---|---|---|---|---|---|---|---|---|
| 1 | H | 41 | 32 | -9.4659 | -1.3648 | 53.30 | 75.06 | 1.3241 |
| 2 | $CH_3$ | 91 | 40 | -8.9715 | -1.1989 | 75.06 | 98.11 | 1.7772 |
| 3 | $C_2H_5$ | 173 | 48 | -8.9183 | -1.1729 | 98.11 | 122.21 | 2.2078 |
| 4 | $C_3H_7$ | 295 | 56 | -8.9136 | -1.1733 | 122.21 | 147.21 | 2.6473 |
| 5 | $C_4H_9$ | 465 | 64 | -8.8991 | -1.1332 | 147.21 | 172.97 | 3.0964 |
| 6 | $C_5H_{11}$ | 691 | 72 | -8.9191 | -1.1611 | 172.97 | 199.42 | 3.5282 |
| 7 | $C_6H_{13}$ | 981 | 80 | -8.9208 | -1.1554 | 199.42 | 226.48 | 3.9548 |
| 8 | $C_7H_{15}$ | 1343 | 88 | -8.9214 | -1.1780 | 226.48 | 254.08 | 4.3838 |
| 9 | $C_8H_{17}$ | 1785 | 96 | -8.9266 | -1.1397 | 254.08 | 282.19 | 4.8810 |
| 10 | $C_9H_{19}$ | 2315 | 104 | -8.9247 | -1.1682 | 282.19 | 310.76 | 5.2550 |
| 11 | $C_{10}H_{21}$ | 2941 | 112 | -8.9254 | -1.1585 | 310.76 | 339.76 | 5.6996 |
| 12 | $C_{12}H_{25}$ | 4513 | 128 | -8.9274 | -1.1550 | 369.16 | 398.93 | 6.5544 |
| 13 | $C_{14}H_{29}$ | 6565 | 144 | -8.9274 | -1.1559 | 429.05 | 459.50 | 7.4288 |
| 14 | $C_{16}H_{33}$ | 9161 | 160 | -8.9280 | -1.1562 | 490.26 | 521.32 | 8.3002 |
| 15 | $C_{18}H_{37}$ | 12365 | 176 | -8.9283 | -1.1565 | 552.66 | 584.27 | 9.1707 |
| 16 | $C_{20}H_{41}$ | 16241 | 192 | -8.9288 | -1.1557 | 616.13 | 648.24 | 10.0417 |
| 17 | $C_{22}H_{45}$ | 18451 | 200 | -8.9290 | -1.1554 | 648.24 | 680.59 | 10.4538 |
| 18 | $C_{24}H_{49}$ | 32541 | 240 | -8.9307 | -1.1520 | 812.15 | 845.55 | 12.8441 |
| 19 | $C_{26}H_{53}$ | 39745 | 256 | -8.9318 | -1.1502 | 879.14 | 912.91 | 13.6633 |
| 20 | $C_{32}H_{65}$ | 57193 | 288 | -8.9276 | -1.1648 | 1015.26 | 1049.71 | 15.3652 |

| 编号 | R | Edge 振幅 | Vertex 等式 | 极化率 /F·m | 偶极矩 /e·nm | 分子体积 /nm³ | $E_{ads}$ (GA) | IE (GA) |
|---|---|---|---|---|---|---|---|---|
| 1 | H | 486.11 | 61.90 | 15.00 | 0.4282 | 0.10143 | 147.02 | 0.32 |
| 2 | $CH_3$ | 794.99 | 82.77 | 18.93 | 0.4871 | 0.13644 | 176.52 | 1.43 |
| 3 | $C_2H_5$ | 1190.32 | 104.68 | 22.75 | 0.4942 | 0.16999 | 212.13 | 2.30 |
| 4 | $C_3H_7$ | 1676.25 | 127.46 | 26.54 | 0.5186 | 0.20362 | 246.40 | 3.46 |
| 5 | $C_4H_9$ | 2256.19 | 151.02 | 30.37 | 0.4951 | 0.23770 | 285.78 | 3.68 |
| 6 | $C_5H_{11}$ | 2933.07 | 175.25 | 34.15 | 0.3244 | 0.27161 | 326.76 | 2.75 |
| 7 | $C_6H_{13}$ | 3709.48 | 200.09 | 37.97 | 0.3297 | 0.30501 | 373.40 | 3.20 |

| 编号 | R | Edge振幅 | Vertex等式 | 极化率/F·m | 偶极矩/e·nm | 分子体积/nm³ | $E_{ads}$（GA） | IE（GA） |
|---|---|---|---|---|---|---|---|---|
| 8 | $C_7H_{15}$ | 4587.74 | 225.47 | 41.75 | 0.3323 | 0.33870 | 416.51 | 0.88 |
| 9 | $C_8H_{17}$ | 5569.95 | 251.36 | 45.62 | 0.3182 | 0.37268 | 449.59 | 10.01 |
| 10 | $C_9H_{19}$ | 6658.04 | 277.71 | 49.39 | 0.3249 | 0.40666 | 506.39 | 1.74 |
| 11 | $C_{10}H_{21}$ | 9158.83 | 331.66 | 53.25 | 0.3431 | 0.44026 | 552.01 | 2.44 |
| 12 | $C_{12}H_{25}$ | 12102.87 | 387.10 | 60.86 | 0.3273 | 0.50845 | 643.19 | 3.29 |
| 13 | $C_{14}H_{29}$ | 15501.39 | 443.86 | 68.49 | 0.3280 | 0.57490 | 727.62 | 1.29 |
| 14 | $C_{16}H_{33}$ | 19364.40 | 501.80 | 76.12 | 0.3279 | 0.64217 | 812.18 | 3.75 |
| 15 | $C_{18}H_{37}$ | 23700.90 | 560.82 | 83.76 | 0.3279 | 0.70982 | 894.55 | 11.41 |
| 16 | $C_{20}H_{41}$ | 26049.31 | 590.70 | 91.40 | 0.3275 | 0.77774 | 974.52 | 16.40 |
| 17 | $C_{22}H_{45}$ | 39630.33 | 743.47 | 95.22 | 0.3228 | 0.81280 | 1019.66 | 6.55 |
| 18 | $C_{24}H_{49}$ | 45936.78 | 806.00 | 114.32 | 0.3161 | 0.97992 | 1150.31 | 0.97 |
| 19 | $C_{26}H_{53}$ | 60081.70 | 933.50 | 121.96 | 0.3091 | 0.104746 | 1234.68 | 3.85 |
| 20 | $C_{32}H_{65}$ | 258.41 | 42.29 | 137.22 | 0.3347 | 0.118309 | 1378.42 | 3.32 |

### 10.4.3  预测模型的建立与验证

表 10-15 列出了 5 个变量的相关矩阵。由表 10-15 可知，吸附能与 Edge 指数、Vertex 指数、分子表面面积和极化率为负相关关系，且参数之间的关联性很高（>0.99）；而 Edge 指数与 Vertex 指数、分子表面面积和极化率为正相关关系，且参数之间的关联性很高（>0.99）；同时 Vertex 指数与分子表面面积和极化率呈正相关关系，且参数之间的关联性也很高（>0.99）；缓蚀效率与 Wiener指数、Edge 振幅、Vertex 等式和分子表面面积呈正相关，且参数之间的关联性强（>0.86）；Wiener 指数与 Edge 振幅、Vertex 等式和分子表面面积呈正相关，且参数之间的关联性较强（>0.91）；Edge 振幅与 Vertex 等式和分子表面面积呈正相关，且参数之间的关联性很强（>0.96）。这 5 个变量被用来作为缓蚀剂吸附能与缓蚀效率 QSAR 模型的参数变量。

**表 10-15  5 个变量的相关矩阵**

| 变量名称 | 吸附能 | Edge 指数 | Vertex 指数 | $E_{HOMO}$ | 分子表面面积 | 极化率 |
|---|---|---|---|---|---|---|
| 吸附能 | 1 | | | | | |
| Edge 指数 | −0.9948 | 1 | | | | |

续表 10-15

| 变量名称 | 吸附能 | Edge 指数 | Vertex 指数 | $E_{HOMO}$ | 分子表面面积 | 极化率 |
|---|---|---|---|---|---|---|
| Vertex 指数 | −0.9945 | 0.9999 | 1 | | | |
| $E_{HOMO}$ | −0.2836 | 0.2640 | 0.2614 | 1 | | |
| 分子表面面积 | −0.9973 | 0.9990 | 0.9988 | 0.2866 | 1 | |
| 极化率 | −0.9979 | 0.9988 | 0.9986 | 0.2873 | 0.9999 | 1 |
| 变量名称 | 缓蚀效率 | Wiener 指数 | Edge 振幅 | Vertex 等式 | $E_{HOMO}$ | 分子表面面积 |
| 缓蚀效率 | 1 | | | | | |
| Wiener 指数 | 0.8607 | 1 | | | | |
| Edge 振幅 | 0.9109 | 0.9912 | 1 | | | |
| Vertex 等式 | 0.9732 | 0.9371 | 0.9742 | 1 | | |
| $E_{HOMO}$ | 0.3488 | 0.1395 | 0.1738 | 0.2595 | 1 | |
| 分子表面面积 | 0.9811 | 0.9194 | 0.9618 | 0.9986 | 0.2866 | 1 |

计算得到缓蚀剂分子关于吸附能与缓蚀效率的 QSAR 最优方程, 缓蚀剂分子的遗传运算结果见表 10-16。缓蚀剂分子的吸附能与缓蚀效率均与分子表面面积呈正相关, 且在缓蚀剂分子的吸附能 QSAR 模型中, $R_{CV}^2 = 0.9995$ ($R^2 = 0.9997$, $F = 15522.87$); 缓蚀效率 QSAR 模型中, $R_{CV}^2 = 0.9834$ ($R^2 = 0.9982$, $F = 2102.34$), 根据相关系数平方 $R^2$、交叉验证系数 $R_{CV}^2$ 及 Fisher 准则 $F$ 的结果可知, 这些 QSAR 模型具有良好的稳健性。

**表 10-16  缓蚀剂分子的遗传运算结果**

| 公式 | $Y = 61.6811X_1 - 56.7031X_2 + 2.6507X_3 - 86.1148X_4 - 813.1537$ | $Y' = 0.0008X_5 - 0.0015X_7 + 0.1101 X_6 - 0.0333X_3 + 88.1375$ |
|---|---|---|
| | $Y$: 吸附能; $Y'$: 缓蚀效率; $X_1$: Edge 指数; $X_2$: Vertex 指数; $X_3$: 分子表面面积; $X_4$: 极化率; $X_5$: Wiener 指数; $X_6$: Edge 振幅; $X_7$: Vertex 等式 | |
| LOF | 100.6231 | 0.0373 |
| $R^2$ | 0.9997 | 0.99823 |
| $R_a^2$ | 0.9997 | 0.9982 |
| $R_{CV}^2$ | 0.9995 | 0.9834 |
| 是否回归 | 是 | 是 |
| 回归系数 $F$ 值 | 15522.87 | 2102.34 |
| 临界 SOR $F$ 值 (95%) | 3.1039 | 3.1039 |
| LOF 点 | 15 | 15 |
| 非典型 LOF 最小误差 (95%) | 5.1169 | 0.0984 |

缓蚀剂分子的缓蚀效率与吸附能的预测值与剩余值如图 10-6 所示。从图 10-6 中可以看出，吸附能和缓蚀效率的预测值与实验值基本一致，预测误差与平均实验误差接近，两个预测模型的相关系数均高达 0.99，说明 GA 构建的 QSAR 模型可以用来预测同类型缓蚀剂分子的吸附能和缓蚀效率。

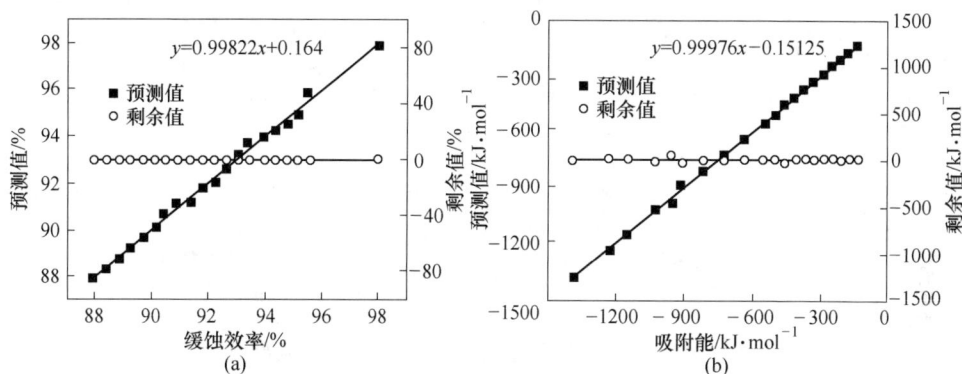

图 10-6　缓蚀剂分子的缓蚀效率（a）与吸附能（b）的预测值与剩余值

缓蚀剂分子的吸附能与缓蚀效率的离群值如图 10-7 所示，其由 QSAR 模型预测获得。从图 10-7 可知，预测的吸附能、缓蚀效率值与剩余值，以及其样本数与剩余值均在标准偏差范围内，且预测结果呈正、负均匀分布，则表明 GA 回归得到的同类型缓蚀剂分子的吸附能和缓蚀效率 QSAR 模型具有合理性和准确性。

本章通过四球摩擦磨损实验、接触角与表面张力测试、质量损失实验等方法分别对多种添加剂分子的摩擦学性能、润湿性能与缓蚀性能进行了研究，利用遗传运算法对分子结构描述符进行筛选，研究了添加剂分子的结构分别与其摩擦系

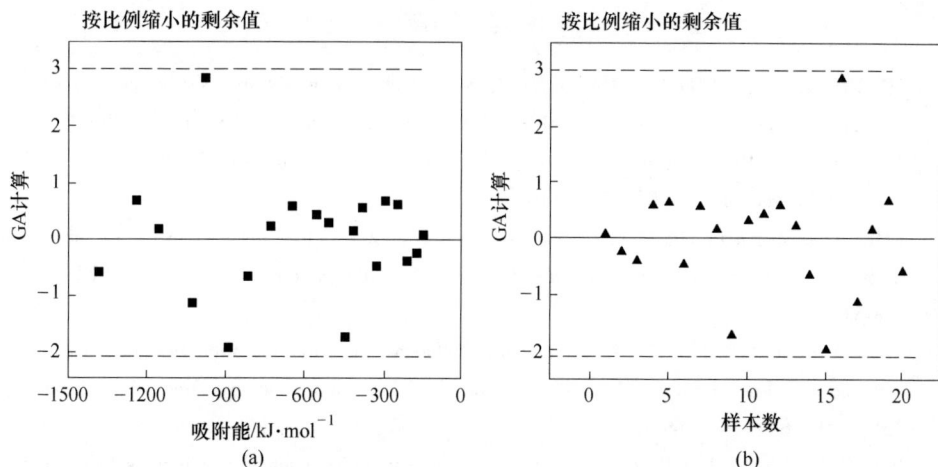

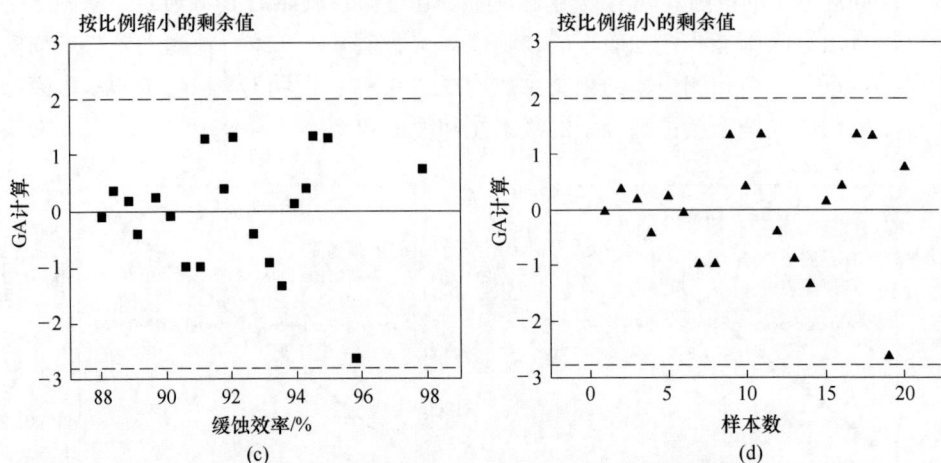

图 10-7　缓蚀剂分子的吸附能与缓蚀效率的离群值

(a) (b) 缓蚀剂分子的吸附能的离群值；(c) (d) 缓蚀剂分子的缓蚀效率的离群值

（虚线为离群值异常的界线，超出虚线范围的即为异常值）

数、油膜强度、润湿角、黏度、吸附能与缓蚀效率之间的定量关系，分别得出了摩擦系数、油膜强度、润湿角、黏度、吸附能与缓蚀效率预测模型，模型的相关系数 $R^2$ 均大于 0.98，并对模型进行了内部验证，交叉验证系数 $R_{CV}^2$ 均大于 0.96，说明建立的模型具有良好的稳健性，且所建立的模型具有良好的预测能力。因此，本章所建立的添加剂分子的结构分别与其摩擦系数、油膜强度、润湿角、黏度、吸附能与缓蚀效率的模型真实可靠，可用于添加剂分子的摩擦学性、润湿性能与缓蚀性能预测，并为轧制润滑添加剂分子的设计合成提供参考和指导。

# 参 考 文 献

[1] SIMONS G, WEIPPERT C, DUAL J, et al. Size effects in tensile testing of thin cold rolled and annealed Cu foils [J]. Materials Science and Engineering A, 2006, 416 (1/2): 290-299.

[2] LARSSON R. Modelling the effect of surface roughness on lubrication in all regimes [J]. Tribology International, 2009, 40 (4): 512-516.

[3] KÖKER R. A genetic algorithm approach to a neural-network-based inverse kinematics solution of robotic manipulators based on error minimization [J]. Information Sciences, 2013, 222 (2): 528-543.

[4] TARKO L, SUPURAN C T. QSAR studies of sulfamate and sulfamide inhibitors targeting human carbonic anhydrase isozymes Ⅰ, Ⅱ, Ⅸ and Ⅻ [J]. Bioorganic and Medicinal Chemistry, 2013, 21 (6): 1404-1409.

[5] WANG Z, QIN Y, WANG P, et al. Sulfonamides containing coumarin moieties selectively and potently inhibit carbonic anhydrases Ⅱ and Ⅸ: Design, synthesis, inhibitory activity and 3D-

QSAR analysis [J]. European Journal of Medicinal Chemistry, 2013, 66 (15): 1-11.

[6] WU X, ZENG H, ZHU X, et al. Novel pyrrolopyridinone derivatives as anticancer inhibitors towards CdC7: QSAR studies based on dockings by solvation score approach [J]. European Journal of Pharmaceutical Sciences, 2013, 50 (3): 323-334.

[7] ELASHRY E, ELNEMR A, ESAWY S, et al. Corrosion inhibitors Part II: Quantum chemical studies on the corrosion inhibitions of steel in acidic medium by some triazole, oxadiazole and thiadiazole derivatives [J]. Electrochimica Acta, 2006, 51 (19): 3957-3968.

[8] XIONG S, SUN J, XU Y, et al. QSPR models for the prediction of friction coefficient and maximum non-seizure load of lubricants [J]. Tribology Letters, 2015, 60 (1): 1301-1308.

[9] KURITA N, INOUE H, SEKINO H. Adjustment of Perdew-Wang exchange functional for describing van der Waals and DNA base-stacking interactions [J]. Chemical Physics Letters, 2003, 370 (1/2): 161-169.

[10] BONO L, IVAN B, DAMIR N, et al. Correlation of liquid viscosity with molecular structure for organic compounds using different variable selection methods [J]. Arkivoc, 2002, 2 (4): 45-49.

[11] KHALED K F. Modeling corrosion inhibition of iron in acid medium by genetic function approximation method: A QSAR model [J]. Corrosion Science, 2011, 53 (11): 3457-3465.

[12] SUN J, YI M, SUN Q, et al. Experimental investigation of the relationship between lubricants' tribological properties and their lubricating performances in cold rolling [J]. Journal of Tribology, 2014, 136 (3): 034502.

# 11 金属加工液中的纳米添加剂

粒径在 1~100 nm 之间的纳米粒子作为一种新型润滑添加剂，展现了其优异的摩擦学性能。将纳米粒子分散到水中制备的胶体悬浊液可用作水基润滑液，有效解决了纯水润滑不足的问题，同时进一步促进了热轧过程中以水代油的转化，对减少工业污水排放、降低污水处理难度有深远意义。已发现的能够用作润滑添加剂的纳米粒子主要有金属单质、金属氧化物、硫化物、稀土化合物、石墨烯及其衍生物、复合纳米粒子等几大类，常见纳米润滑粒子的种类及应用情况如图 11-1 所示。金属单质和金属氧化物，如铜单质、银单质、二氧化钛、二氧化锌等，由于种类繁多、性能优异、制备简单，往往应用更为广泛。硫化物和石墨烯材料往往是具有片层结构的二维材料，虽然润滑效果优异，但也同时存在着分散稳定性不佳的问题。为了进一步解决纳米片的分散稳定性问题，常常通过溶剂热法或微波法制备由纳米片与类球形纳米粒子组成的复合纳米粒子。近年来，零维纳米材料（如碳量子点）也常常被用来对纳米粒子进行改性修饰，从而获得性能更优的杂化纳米复合材料。

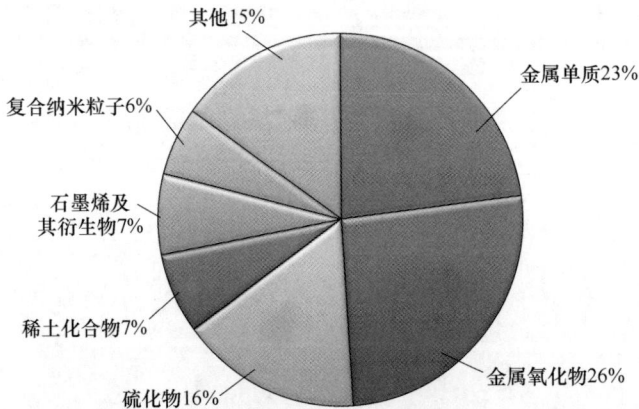

图 11-1　常见纳米润滑粒子的种类及应用情况

## 11.1　纳米粒子的润滑机理

目前，被广泛认同的纳米粒子作为润滑剂的作用机理主要有以下 4 种，即滚珠轴承效应、薄膜润滑机制、微量磨削作用和自修复作用。纳米粒子润滑机理图如图 11-2 所示。滚珠轴承效应指利用固态纳米粒子的滚动，将滑动摩擦转化为滚动摩擦，从而减小接触面间的摩擦力（见图 11-2（a））；薄膜润滑机制指利用纳米粒子较高的表面活性，在摩擦载荷下，使其与金属表面发生物理或化学吸附作用，形成一层均匀的包覆性保护膜，以减小表面的磨损（见图 11-2（b））；微量磨削作用指利用小尺寸硬质纳米粒子，对较小的表面凸峰起到抛光作用，降低金属表面粗糙度，提高表面光洁度（见图 11-2（c））；对于表面较大的凹痕，纳米粒子会填充到凹痕处，利用摩擦热发生熔融和烧结，以修复凹痕，即自修复作用（见图 11-2（d））。

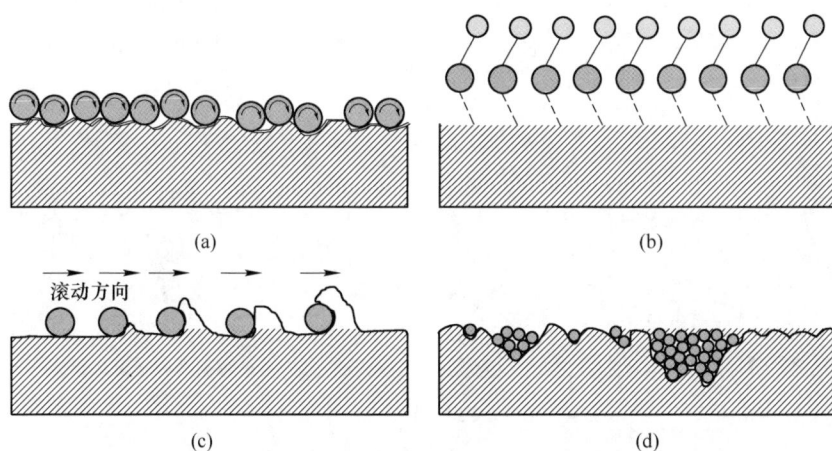

(a)                                     (b)

滚动方向

(c)                                     (d)

图 11-2　纳米粒子润滑机理图

（a）滚珠轴承效应；（b）薄膜润滑机制；（c）微量磨削作用；（d）自修复作用

## 11.1.1　滚珠轴承效应

一般球状或类球状的纳米润滑粒子在摩擦副表面可以起到微轴承的作用，往往会在摩擦力的作用下发生滚动，将摩擦类型由滑动摩擦变为滚动摩擦，从而降低摩擦系数，减小摩擦副的磨损。其作用效果较为显著，无论是从直观的光学表面图像，还是表面粗糙度的数值，都可以发现表面平整度明显提高。Kao 等人[1] 选用球状的 $TiO_2$ 纳米粒子作为铸铁摩擦副的润滑剂，通过对磨损表面的观测与分析发现，可以利用滚珠轴承效应使金属表面磨痕深度降低 80% 以上。不同润滑条件下的轧后光学表面如图 11-3 所示，可以直观地看出，仅使用石蜡油进行润滑时，磨损表面上有较多的犁沟，从表面粗糙度的数值上也可以看出，纳米粒子对磨损表面光洁度的改善作用明显。Luo 等人[2] 制备了平均粒径为 75 nm 的 $Al_2O_3$ 纳米润滑添加剂，将其分散到润滑油中，并对其摩擦磨损性能进行探究，发现由于滚珠轴承效应的存在，纳米粒子的加入可以显著提高润滑油的摩擦学性能，该研究进一步说明 $TiO_2$、$Al_2O_3$ 的球状或类球状纳米粒子可以发挥滚珠轴承效应，来提高润滑油液的减摩抗磨效果。然而纳米粒子滚珠轴承作用的实现存在前提条件。陈爽等人[3]研究发现，在摩擦过程中，尤其是在摩擦微接触区的局部高温高压作用下，纳米粒子必须仍能保持一定的刚性才有可能发挥滚珠轴承作用。根据已有的研究不难总结出，滚珠轴承效应发挥作用需要 5 个必要条件：第一，纳米粒子必须是球状或类球状等容易发生滚动的形状；第二，纳米粒子或纳米团簇的直径大于或接近金属表面凹痕的尺寸；第三，纳米粒子在当前正压力下能够保持一定刚性且金属基体的硬度较大，不易在滚动过程中发生纳米粒子的严重变形或嵌入；第四，纳米粒子不易与金属发生相互作用，且纳米粒子在对应工况下不会发生烧结；第五，纳米粒子需分散于摩擦副表面的润滑油液膜中，以保证粒子在表面自由滚动。

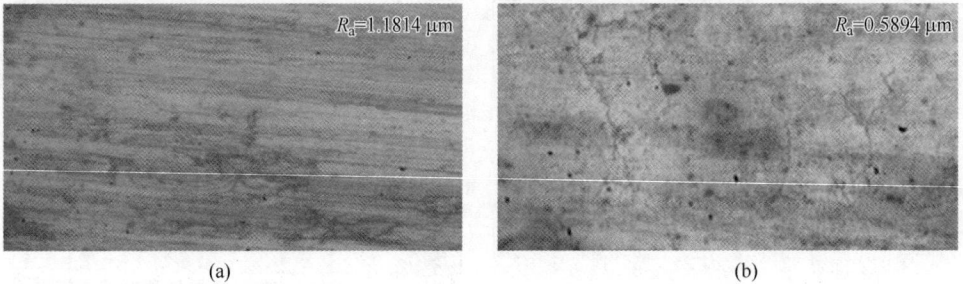

图 11-3　不同润滑条件下的轧后光学表面
（a）石蜡油润滑；（b）石蜡油+$TiO_2$ 纳米粒子润滑

## 11. 1. 2　薄膜润滑机制

表面活性较高的纳米润滑粒子在摩擦力的作用下会吸附到摩擦副表面，形成物理吸附膜，甚至与基体发生化学反应生成化学吸附膜，这种物理或化学吸附膜可以对摩擦副表面起到一定的保护作用，而且由于摩擦生热和正压力的存在，吸附作用会更容易发生。Xie 等人[4]将 $MoS_2$ 纳米粒子应用于镁合金板带的轧制过程中，通过对轧后表面进行分析，发现在轧制过程中纳米粒子能够吸附到镁合金表面并与之发生化学反应，形成由 $MgS$、$MgSO_4$、$MoO_3$ 组成的化学反应膜，未反应的 $MoS_2$ 纳米粒子还能在金属表面形成物理吸附膜，$MoS_2$ 纳米粒子与镁合金表面相互作用机理示意图如图 11-4 所示。一方面，$MoS_2$ 纳米粒子中的 Mo 原子与镁基体表面氧化物中的氧相互作用生成 $MoO_3$，而 S 原子与金属镁及氧化物中的 O 原子共同作用生成 $MgSO_4$；另一方面，当镁基体表面的氧化物较少或被磨损过程消耗后，$MoS_2$ 纳米粒子中的 S 原子先与基体中的 Mg 原子发生相互作用生成

MgS，新生成的 MgS 暴露在空气中，再与空气中的氧气发生反应生成 $MgSO_4$，而 $MoS_2$ 纳米粒子中的 Mo 原子则直接与其中的 O 原子发生相互作用，生成 $MoO_3$。

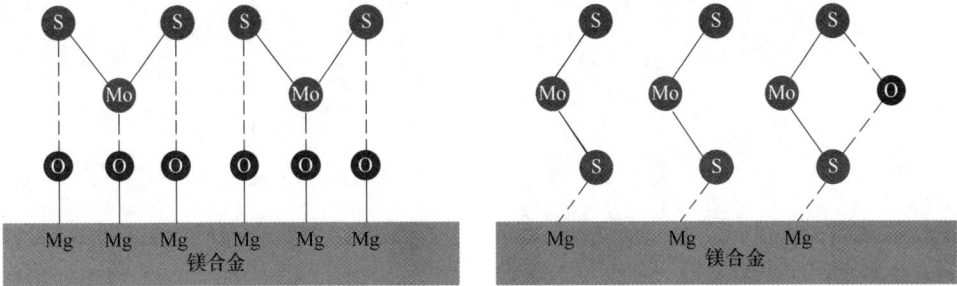

图 11-4  $MoS_2$ 纳米粒子与镁合金表面相互作用机理示意图

纳米润滑薄膜的韧性和抗弯强度均优于一般薄膜，这层薄膜不一定是由纳米粒子与金属间发生化学反应形成的，还可能是由纳米粒子与金属基体间的物理吸附过程形成的。Peña-Parás 等人[5]在全合成油中添加了 $CuO/Al_2O_3$ 复合纳米润滑粒子，并通过摩擦磨损实验对其作用效果进行研究，通过对表面的观察与分析，发现其中 CuO 纳米粒子可以在金属表面形成物理吸附膜，从而起到保护表面、减小磨损的作用。叶毅等人[6]将硼酸盐、硅酸盐、烷氧基铝等无机材料纳米粒子作为极压添加剂，发现这些纳米粒子并未与摩擦金属表面发生化学反应，而是其中的有效元素（如 B、Si 等）渗入金属表面，形成具有极佳抗磨效果的渗透层或扩散层，并称这一过程为"原位摩擦化学处理"。

上述研究均表明，在摩擦过程中，纳米粒子能够吸附到金属表面形成保护膜，其作用本质主要是依靠粒子与金属间的相互作用。而对于纳米粒子的薄膜润滑机制也存在限定条件，首先，纳米粒子和金属间必须存在较强的相互作用力，从而可以形成化学键或氢键，也或者存在范德华力连接；其次，纳米粒子不会对金属表面产生腐蚀，且吸附膜必须是均匀的；最后，纳米粒子在金属表面形成的吸附膜必须具有良好的铺展性和承载能力。

## 11.1.3  微量磨削作用

使用较坚硬的小尺寸纳米润滑粒子作为润滑材料时，纳米润滑粒子还可以削去摩擦副表面的微凸体，相当于对摩擦副表面进行抛光，从而提高摩擦副表面的光洁度。在 Luo 等人[2]的研究中，自制的含 $Al_2O_3$ 纳米粒子的润滑剂能对金属表面起到微量切削和抛光作用，在摩擦实验中，分别使用不含纳米粒子的基础油和纳米粒子质量分数为 0.1% 的基础油进行润滑，不含纳米粒子和添加纳米粒子的基础油润滑条件下的磨损形貌如图 11-5 所示。通过对磨损表面的观察，可以看出表面犁沟明显变浅、变细。

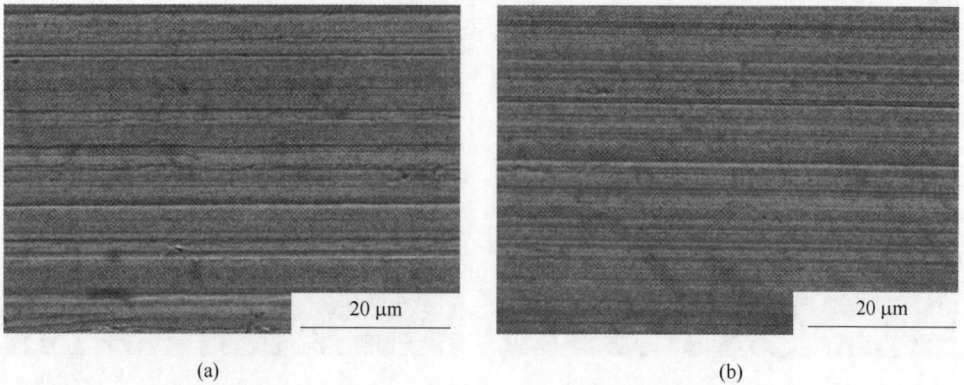

图 11-5　不含纳米粒子(a) 和添加纳米粒子 (b) 的基础油润滑条件下的磨损形貌

　　Wu 等人[7]制备的金刚石纳米粒子，属于硬度较高的粒子，将其分散到润滑油中，发现纳米态金刚石粒子还可以通过微量磨削作用来抛光表面，显著改善润滑油的摩擦磨损性能。这两个研究中的 $Al_2O_3$ 纳米粒子和金刚石纳米粒子都属于硬度较大的粒子，这也是纳米粒子想要发挥其微量磨削作用的必要条件之一，但纳米粒子的硬度还必须接近金属摩擦副的硬度，如果纳米粒子的硬度过大，就会对表面产生划伤，过小则无法起到抛光作用。可以认为，利用加工液中的硬质纳米粒子作为抛光材料属于一种精密抛光方法，可对表面粗糙度为 0.1～1.0 nm 的超光滑表面进行抛光处理，这样可以增大摩擦副的接触面积，从而起到降低摩擦系数、提高润滑油承载能力的作用。而这些纳米粒子发挥抛光作用的第二个条件，即它们必须存在于磨损表面的润滑油液膜中，以保证纳米粒子自由滑动。此外，金属表面的凸峰高度不能太大，因为纳米微粒的抛光仅适用于磨损表面一些细小凸峰的切削与抛光，或对较平整的表面进行进一步改善，当摩擦副表面较粗糙时，纳米微粒的机械抛光作用对润滑剂摩擦学性能的改善效果不明显。这是由于纳米粒子只能通过对表面原子产生原子级的弹性破坏等作用，抛光摩擦副表面的纳米级凸峰时，摩擦副表面粗糙度越小、越光滑，纳米微粒的添加对其摩擦学性能的改善越显著。

## 11.1.4　自修复作用

　　当纳米润滑粒子的粒径较小或摩擦副表面粗糙度较高时，小颗粒的纳米粒子还能填充到摩擦副表面的凹痕中，通过烧结成膜对表面起到修复作用。Wang 等人[8]将纳米铜粉应用于 45 号钢摩擦副表面的润滑，研究其减摩抗磨作用和表面修复作用，发现利用纳米铜粉润滑后，钢的表面质量得到了明显提高，于是将清洗干净的磨损表面进行分析。EDS 能谱结果表明，除 45 号钢自身原有的 Fe 峰外，出现了一些较强的 Cu 峰。这是因为纳米铜粉可以填充到钢球表面的凹痕中，并通过烧结作用平整凹痕，而且所形成的烧结膜与金属表面能够稳定结合。

岳文等人[9]制备了微纳米级硅酸盐矿物微粒，并将其作为添加剂加入润滑油中，发现在摩擦磨损过程中，利用摩擦产生的机械摩擦作用、摩擦化学作用和摩擦电化学作用，通过摩擦副与润滑材料产生能量交换和物质交换，从而在摩擦表面形成梯度修复层，可以补偿摩擦副的磨损与腐蚀，形成磨损的自修复效应。纳米粒子的这种自修复作用并不仅仅是纳米粒子对摩擦表面微损伤和划痕的简单堆积式的填充，而是在摩擦过程中高温高压作用下熔化或烧结到表面的凹痕中，与摩擦副基体紧密结合形成连续的填充，从而实现对摩擦表面的"修复"，产生这一现象的原因是纳米粒子的表面能较高，表面原子数量众多，纳米粒子熔化时所需的内能远小于金属基体材料，即熔点更低。从这些研究中不难发现，纳米润滑粒子的表面凹痕修复作用主要针对一些低熔点、易烧结的纳米粒子，如纳米级的金属单质、硅酸盐化合物等，而且这些粒子都可以与金属基体相互渗透甚至形成固溶体，此外纳米粒子的尺寸必须远小于表面凹痕的尺寸，以保证纳米粒子的有效填充。

在实际复杂工况条件下，这 4 种润滑机理往往共同作用。例如，一些低熔点的球状纳米粒子，在对金属表面的较大凹痕进行填充和修复后，多余的球状纳米粒子还将发挥滚珠轴承作用；而对于硬度较大的球状纳米粒子，则在对表面进行微量切削和抛光打磨后，其余粒子利用滚珠轴承作用进行润滑；还有的纳米粒子既可以与金属表面发生化学反应形成化学反应膜，反应后生成的其他非金属化合物又能以物理吸附的方式在金属表面形成物理吸附膜。

# 11.2　纳米粒子分散稳定性强化机制

纳米粒子具有较高的表面能，极易相互靠近发生团聚而沉降。为阻止纳米粒子间的相互吸引，需要对纳米粒子进行表面改性，使纳米粒子原本光滑的表面上附着游离的支链，形成吸附层。利用吸附层的物理屏蔽作用，阻止粒子相互接触，避免纳米粒子的团聚。表面改性剂通常由 3 个部分组成，头部为具有较强吸附性的活性基团，尾部为起到阻隔作用的较长直链，两者通过中间的连接性基团形成稳定结合。表面改性剂分子结构示意图如图 11-6 所示。头部通常为氮和氧的衍生物，反应活性适中；连接基团多为反应活性更强的基团；尾部主要由二烷基二硫代磷酸（dialkyl dithiophosphate，DDP）、烷基磷酸酯、硬脂酸、油酸、丙烯酸乙基己酯（ethyl hexyl acrylate，EHA）、含氮有机化合物等长链烃基提供[10]。

头部和连接基团共同组成了吸附基团，吸附基团再与纳米粒子紧密结合来对纳米粒子表面进行改性。利用量子化学和分子动力学方法，通过计算表面改性剂

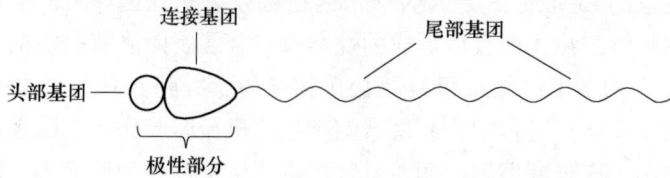

图 11-6　表面改性剂分子结构示意图

中各官能团的反应活性及其在纳米粒子表面的吸附能力，可以实现从分子层面进行表面改性剂的筛选和表面改性方案设计。

### 11.2.1　表面改性剂的分子设计

以 6 种典型极性官能团（羟基、胺基、酯基、醚基、酰胺基和酚基）为例，基于分子轨道理论，利用量子化学计算获得了含上述 6 种极性官能团的有机物分子在水溶剂中的前线轨道能。6 种典型极性官能团在水溶剂中的化学参数计算结果见表 11-1，包括最高占有轨道能 $E_{HOMO}$ 和最低空轨道能 $E_{LUMO}$ 等。$E_{HOMO}$ 值越高表明分子给出电子的能力越强，$E_{LUMO}$ 值越低则代表分子接受电子的能力越强。两者的差值 $\Delta E$（$\Delta E = E_{HOMO} - E_{LUMO}$）是反映该分子活性高低的重要参数，其值越小，表示分子活性越高。此外，依据 $E_{HOMO}$ 值和 $E_{LUMO}$ 值还可以计算分子的硬度 $\eta$、软度 $S$、化学势 $\mu$ 和亲电指数 $\omega$ 等，计算公式见式（5-2）~式（5-5）。硬度 $\eta$ 越小、亲电指数 $\omega$ 与软度 $S$ 越大的分子越易于在纳米粒子表面吸附。

**表 11-1　6 种典型极性官能团在水溶剂中的化学参数计算结果**

| 结构简式 | 极性官能团 | $E_{HOMO}$ /eV | $E_{LUMO}$ /eV | $\Delta E$ /eV | $\eta$/eV | $\mu$/eV | $S$/eV$^{-1}$ | $\omega$/eV |
|---|---|---|---|---|---|---|---|---|
| $C_{18}H_{37}OH$ | 羟基 | −6.210 | 1.364 | 7.574 | 3.787 | −2.423 | 0.264 | 1.550 |
| $C_{18}H_{37}NH_2$ | 胺基 | −5.351 | 1.555 | 6.906 | 3.453 | −1.898 | 0.290 | 1.043 |
| $C_{18}H_{37}COOCH_3$ | 酯基 | −6.682 | −1.092 | 5.590 | 2.795 | −3.887 | 0.358 | 5.406 |
| $C_{18}H_{37}OCH_3$ | 醚基 | −5.915 | 1.543 | 7.458 | 3.729 | −2.186 | 0.268 | 1.281 |
| $C_{18}H_{37}CONH_2$ | 酰胺基 | −6.013 | −0.516 | 5.497 | 2.748 | −3.264 | 0.364 | 3.877 |
| $C_{18}H_{37}C_6H_4OH$ | 酚基 | −5.424 | −1.534 | 3.890 | 1.945 | −3.479 | 0.514 | 6.223 |

分析表 11-1 可知，6 种典型极性官能团反应活性由强到弱依次是：酚基>酰胺基>酯基>胺基>醚基>羟基。酚基、酰胺基和酯基等反应活性更强的基团可用作表面改性剂的连接基团，反应活性稍弱于它们的胺基、醚基和羟基则可用作头部基团。酚基化合物得失电子的能力都很强；酰胺基和酯基给出电子的能力较

弱，但得到电子的能力较强；胺基给出电子的能力很强，但得到电子的能力很弱；醚基和羟基给出和得到电子的能力都很弱。

　　6种典型极性官能团在水溶剂条件下的分子优化构型的前线轨道分布如图11-7所示。分析可知，反应活性较强的连接基团化合物，其HOMO和LUMO主要分布在酚基、酰胺基和酯基官能团上。对于头部基团，其前线轨道分布在官能团紧邻的碳链上，羟基化合物的最高占有轨道分布在羟基官能团附近的碳链上，

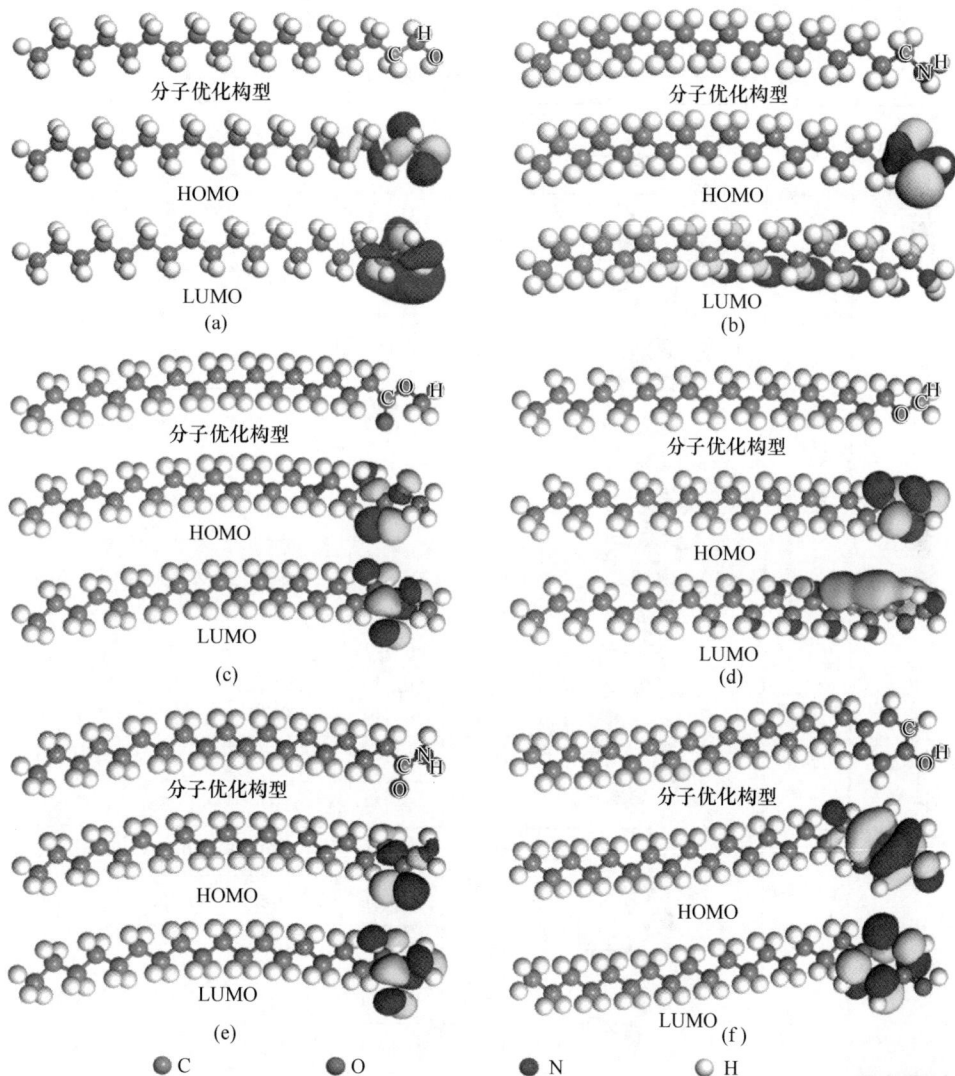

图11-7　6种典型极性官能团在水溶剂条件下的
分子优化构型及前线轨道分布

（a）羟基；（b）胺基；（c）酯基；（d）醚基；（e）酰胺基；（f）酚基

彩图

胺基和醚基化合物的最低空轨道主要分布在紧邻碳链上。为进一步确定这些官能团上特定原子在反应过程中得失电子的能力，对其局部反应活性进行分析，计算了相关参数，6 种官能团中特定原子在水溶剂中的密立根（Mulliken）电荷和福井（Fukui）指数见表 11-2。化学反应体系由亲电反应和亲核反应共同组成，亲电反应中原子给出电子，具有较高亲电性指数 $f_k^-$；亲核反应中原子接受电子，具有较高亲核性指数 $f_k^+$；在自由基反应中，原子间通过形成共用电子对来成键，自由基指数 $f_k^0$ 较高。

表 11-2  6 种极性官能团在水溶剂中的密立根电荷和福井指数

| 化学式 | 官能团 | 部分原子位置及编号 | 原子及其编号 | 电荷 | $f_k^-$ (a.u.) | $f_k^+$ (a.u.) | $f_k^0$ (a.u.) |
|---|---|---|---|---|---|---|---|
| $C_{18}H_{38}O$ | 羟基 | | O19 | $-0.685e$ | 0.413 | $-0.175$ | 0.119 |
| | | | H57 | $0.373e$ | 0.090 | 0.785 | 0.438 |
| $C_{18}H_{39}N$ | 胺基 | | H40 | $0.165e$ | 0 | 0.108 | 0.054 |
| | | | H44 | $0.165e$ | 0.002 | 0.122 | 0.062 |
| | | | H48 | $0.166e$ | 0.009 | 0.116 | 0.062 |
| | | | H52 | $0.171e$ | 0.040 | 0.106 | 0.073 |
| | | | N56 | $-0.757e$ | 0.424 | $-0.026$ | 0.199 |
| $C_{20}H_{40}O_2$ | 酯基 | | C56 | $0.566e$ | 0.067 | 0.289 | 0.178 |
| | | | O57 | $-0.413e$ | 0.057 | 0.100 | 0.079 |
| | | | O58 | $-0.434e$ | 0.267 | 0.233 | 0.250 |
| $C_{19}H_{40}O$ | 醚基 | | O19 | $-0.431e$ | 0.356 | $-0.008$ | 0.174 |
| | | | H51 | $0.173e$ | 0.018 | 0.122 | 0.070 |
| | | | H52 | $0.173e$ | 0.018 | 0.128 | 0.073 |
| | | | H55 | $0.174e$ | 0.154 | 0.159 | 0.156 |
| | | | H56 | $0.174e$ | 0.153 | 0.162 | 0.157 |
| $C_{19}H_{39}ON$ | 酰胺基 | | C56 | $0.523e$ | 0.077 | 0.254 | 0.166 |
| | | | O57 | $-0.486e$ | 0.451 | 0.221 | 0.336 |
| | | | N58 | $-0.734e$ | 0.069 | 0.123 | 0.096 |

续表 11-2

| 化学式 | 官能团 | 部分原子位置及编号 | 原子及其编号 | 电荷 | $f_k^-$ (a.u.) | $f_k^+$ (a.u.) | $f_k^0$ (a.u.) |
|---|---|---|---|---|---|---|---|
| $C_{24}H_{42}O$ | 酚基 | | C54 | $-0.241e$ | 0.058 | 0.127 | 0.093 |
| | | | C55 | $-0.259e$ | 0.081 | 0.129 | 0.105 |
| | | | C57 | $-0.272e$ | 0.079 | 0.130 | 0.105 |
| | | | C58 | $-0.234e$ | 0.063 | 0.127 | 0.095 |
| | | | O63 | $-0.680e$ | 0.142 | 0.037 | 0.089 |

从表 11-2 可以看出,对于羟基化合物,亲电反应中羟基氧原子给出电子能力更强,而亲核反应中羟基上的氢原子接受电子能力更强;对于胺基化合物,亲电反应中胺基氮原子给出电子,亲核反应中与胺基紧邻的碳原子上的氢原子接受电子,且这些氢原子中距离胺基越近的氢原子接受电子能力越强;对于酯基和酰胺基化合物,亲电反应与亲核反应中碳氧双键中的氧原子都具有较高的活性,同时碳氧双键中的碳原子在亲核反应中也展现了较高活性;对于醚基化合物,亲电反应主要依靠醚键氧原子,而亲核反应主要依靠紧邻碳原子上的氢原子;对于酚基化合物,酚基氧原子参与亲电反应,而苯环上直接与氢原子相连的碳原子参与亲核反应。

通过对极性官能团反应活性的计算,依据分子设计的理念,选定酚基、酰胺基和酯基作为连接基团,胺基、醚基和羟基作为头部基团。为了使头部能更好地吸附到纳米粒子上,拟在头部引用多个胺基、醚基或羟基,初步选定 4 种表面改性剂作为待选,即三乙醇胺硬脂酸酯(triethanolamine sterate,TEAS,$C_{17}H_{35}COOCH_2CH_2N(CH_2CH_2OH)_2$)、烷基酚聚氧乙烯醚(alkylphenol ethoxylates,APEO,$C_{12}H_{25}C_6H_4O(CH_2CH_2O)_4H$)、季戊四醇硬脂酸单酯(pentaerythrityl tetrastearate,PETS,$C_{17}H_{35}COOCH_2C(CH_2OH)_3$)和油酸二乙醇酰胺(oleic diethanolamide,ODEA,$C_{17}H_{34}CON(CH_2CH_2OH)_2$)。TEAS 分子中的连接基团为酯基,头部为胺基多元醇;PETS 分子中的连接基团同样为酯基,但头部基团为多元醇;ODEA 分子的头部为多元醇,而连接基团为酰胺基,尾部中含有烯基官能团;APEO 分子的头部为聚醚,通过酚基(连接基团)与尾部烷基链相连。

## 11.2.2 溶剂对表面改性剂反应活性的影响

在表面改性剂分子设计阶段,计算官能团反应活性时,所设定的环境条件为真空条件,而实际上很多分子的反应活性往往与溶剂环境相关。为探究 4 种表面改性剂分子是否适用于水基纳米加工液环境,对它们在水、油和酒精 3 种溶剂环境下的前线轨道能进行计算。在计算过程中,油的介电常数取十六烷的介电常数

(2.06 F/m)，水的介电常数取 78.54 F/m，酒精的介电常数取 24.3 F/m，不同溶剂中表面改性剂的前线轨道如图 11-8 所示。由图可知，不同溶剂中，TEAS 分子、APEO 分子与 PETS 分子的前线轨道能变化较小，且变化趋势相同，在油溶剂中，TEAS 分子、APEO 分子与 PETS 分子的 $E_{HOMO}$ 值和 $E_{LUMO}$ 值均略高于酒精溶剂和水溶剂，说明在油溶剂中，它们给出电子的能力提高，而接受电子的能力下降。对于 APEO 分子与 PETS 分子，其 $E_{HOMO}$ 和 $E_{LUMO}$ 的差值 $\Delta E$ 几乎没有变化，说明它们的反应活性受溶剂影响较小。而 TEAS 分子在油溶剂中的 $\Delta E$ 值略高于酒精溶剂和水溶剂，即油溶剂中其反应活性被抑制。与之相反，ODEA 分子在油溶剂中的 $\Delta E$ 值明显低于酒精溶剂和水溶剂，其给出或接受电子的能力在油溶剂中均显著提升，油溶剂环境有助于提升其反应活性，因此 ODEA 分子更适合用作油基液中的表面改性剂。

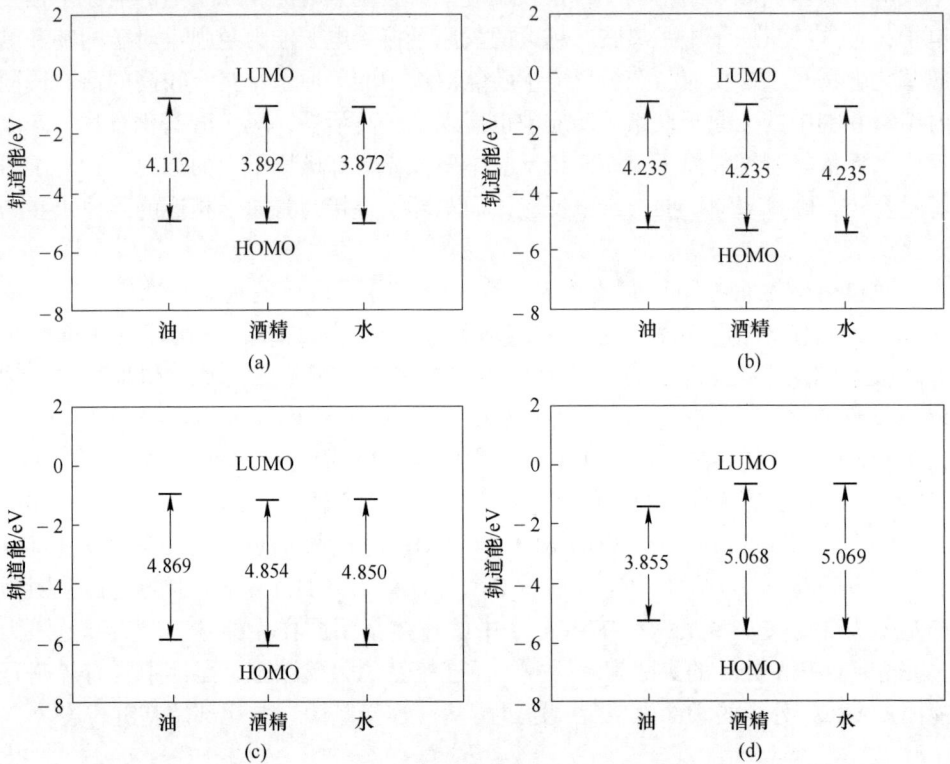

图 11-8　不同溶剂中表面改性剂的前线轨道
(a) TEAS 分子；(b) APEO 分子；(c) PETS 分子；(d) ODEA 分子

　　为明确不同溶剂条件下，表面改性剂在改性过程中可能存在的吸附位点，以及典型原子在不同溶剂中的反应活性差异，对 4 种表面改性剂在油、酒精和水 3

种溶剂中的福井指数进行计算，不同溶剂条件下表面改性剂中典型原子的亲电性指数和亲核性指数见表 11-3。对于 TEAS 分子和 APEO 分子，在酒精中的反应活性与水溶剂中的反应活性几乎相同，且略高于油溶剂中的反应活性；对于 PETS 分子，在酒精溶剂和水溶剂中的反应活性相近，在油溶剂中其亲电反应活性最强，但亲核反应活性最弱；对于 ODEA 分子，在 3 种溶剂中的反应活性各不相同，且不同原子的变化趋势也不相同，对于亲电反应活性较高的原子，在油溶剂中的反应活性最高，酒精溶剂中的反应活性最低，而亲核反应活性更强的 C18 和 O19 在酒精溶剂和水溶剂中的反应活性相近，且略高于油溶剂中的反应活性。从原子角度分析，TEAS 分子中，头部胺基多元醇中的氮原子参与亲电反应，连接基团中的酯基碳氧双键氧原子参与亲核反应；APEO 分子在化学反应中，主要由连接性基团酚基参与给出或接受电子，氧原子给出电子，苯环上的碳原子接受电子；PETS 分子中头部羟基氧原子更易给出电子，连接性酯基碳氧双键中的碳原子和氧原子更易接受电子；ODEA 分子中，头部的反应活性较低，尾部烯基中的双键碳原子给出电子参与亲电反应，连接基团中的酰胺基碳氧双键接受电子参与亲核反应。综上所述，在反应过程中，活性较强的连接性基团更容易接受电子参与亲核反应，而活性适中的头部或尾部基团则更易给出电子参与亲电反应。当

表 11-3 表面改性剂中典型原子的亲电性指数和亲核性指数

| 表面改性剂分子 | 典型原子及其编号 | $f_k^-$ (a.u.) | | | $f_k^+$ (a.u.) | | |
|---|---|---|---|---|---|---|---|
| | | 油 | 酒精 | 水 | 油 | 酒精 | 水 |
| TEAS | C18 | 0.005 | 0.006 | 0.006 | 0.271 | 0.301 | 0.303 |
| | O19 | 0.033 | 0.015 | 0.013 | 0.232 | 0.244 | 0.245 |
| | N23 | 0.233 | 0.235 | 0.236 | −0.005 | −0.002 | −0.002 |
| APEO | C3 | 0.047 | 0.059 | 0.060 | 0.117 | 0.136 | 0.138 |
| | C4 | 0.057 | 0.070 | 0.071 | 0.093 | 0.110 | 0.111 |
| | C6 | 0.063 | 0.076 | 0.077 | 0.121 | 0.141 | 0.143 |
| | C7 | 0.034 | 0.044 | 0.045 | 0.102 | 0.121 | 0.122 |
| | O8 | 0.118 | 0.120 | 0.121 | 0.020 | 0.024 | 0.023 |
| PETS | C18 | −0.030 | −0.023 | −0.022 | 0.225 | 0.237 | 0.238 |
| | O19 | 0.028 | 0.023 | 0.022 | 0.213 | 0.228 | 0.229 |
| | O25 | 0.314 | 0.267 | 0.260 | −0.006 | 0 | 0 |
| ODEA | C9 | 0.144 | 0.100 | 0.130 | 0.006 | 0.001 | 0.001 |
| | C10 | 0.140 | 0.097 | 0.127 | 0.005 | −0.001 | 0 |
| | C18 | 0.034 | 0.022 | 0.021 | 0.207 | 0.248 | 0.251 |
| | O19 | 0.049 | 0.060 | 0.046 | 0.186 | 0.189 | 0.191 |

头部基团中有多个极性官能团时，活性较强的官能团会更易参与反应，如 TEAS 分子。当头部基团与连接基团的反应活性相差较大时，如 APEO 分子，其连接性基团酚基反应活性远远大于头部基团中的醚键，则头部基团不参与反应，只有连接基团上的原子得失电子。当尾部基团中的官能团活性强于头部基团时，尾部基团也可以代替头部基团参与亲电反应，如 ODEA 分子。

### 11.2.3　表面改性剂与 MoS$_2$ 纳米粒子的吸附

通过分子动力学模拟可以明确表面改性剂与纳米粒子的吸附行为。以 MoS$_2$ 纳米粒子为例，基于 XRD 图谱中所测得的 MoS$_2$ 纳米片表面择优晶面，即 MoS$_2$（002）面，研究了4种表面改性剂在 MoS$_2$ 纳米片特定晶面上的吸附能，从而选择合适的表面改性剂。计算过程中平面波截断能采用 $R_c = 260$ eV，迭代过程中的收敛精度设置为 $2.0 \times 10^{-6}$ eV。首先构建 MoS$_2$ 晶胞模型，切取（002）面，模型尺寸为 3.166 nm×3.166 nm×3.158 nm，对所构建的 MoS$_2$（002）表面模型进行结构优化。同时构建尺寸为 3.16 nm×3.16 nm×3.16 nm 的晶胞盒子，将不同的表面改性剂分子放入4个不同的晶胞盒子中，每个盒子中表面改性剂分子的数量为10个，并同时放入20个水分子，分别对其结构进行优化。构建 MoS$_2$ 与表面改性剂界面模型，并在模型上层设置厚度为 4.0 nm 的真空层。对所构建的界面模型进行优化，并进行分子动力学模拟，分析不同表面改性剂在 MoS$_2$（002）面的吸附构型，吸附前后的 MoS$_2$ 与表面改性剂的界面模型如图11-9所示。从图11-9可以看出，在水基体系中，表面改性剂分子能够自发地吸附到 MoS$_2$ 晶体表面，而水分子则游离于体系中。根据能量守恒定律，利用式（11-1）对 MoS$_2$ 与表面改性剂间的吸附能进行计算[11]，计算结果见表11-4。

$$E_{ads} = E_{tot} - E_{mol} - E_{sur} \tag{11-1}$$

式中　$E_{ads}$——吸附能，kcal/mol，1 cal=4.186 J；

$E_{tot}$——表面改性剂分子和纳米粒子表面的体系总能量，kcal/mol；

$E_{mol}$——孤立表面改性剂分子的能量，kcal/mol；

$E_{sur}$——未吸附表面改性剂分子时纳米粒子表面的能量，kcal/mol。

由表11-4可知，对于所有实验组，吸附能均为负值，且主要由范德华力提供，属于物理吸附。在水溶剂中，ODEA 与 MoS$_2$ 表面的吸附能明显低于其他3种表面改性剂与 MoS$_2$ 表面的吸附能。其他3种表面改性剂与 MoS$_2$ 表面的吸附能较为接近，其中 TEAS 与 MoS$_2$ 表面的吸附能略高，模拟结果与量子化学计算中前线轨道能的计算结果相对应，因此选定 TEAS 作为 MoS$_2$ 纳米粒子分散的理想表面改性剂。

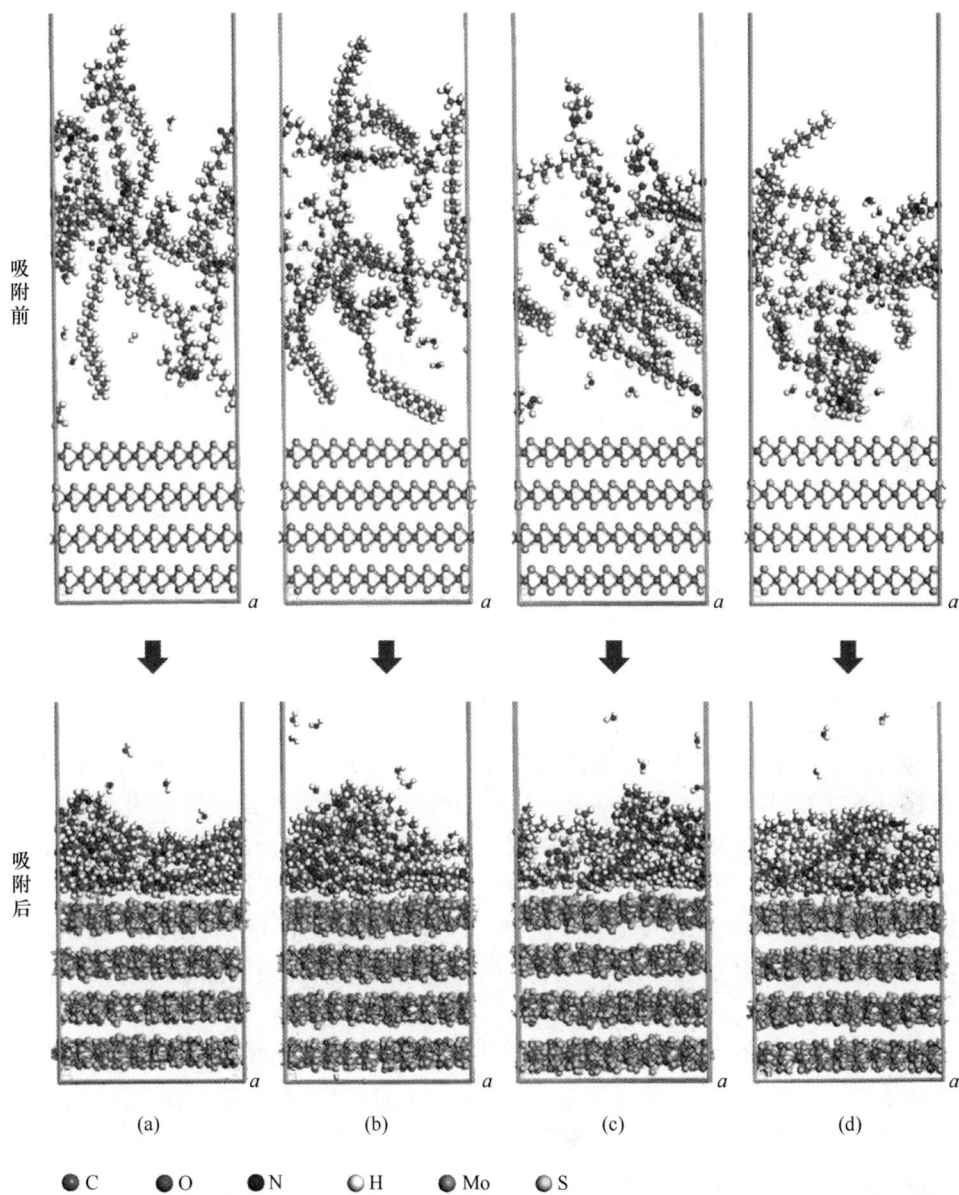

吸附前

吸附后

(a)                    (b)                    (c)                    (d)

●C      ●O      ●N      ○H      ●Mo      ○S

图 11-9   吸附前后的 $MoS_2$ 与表面改性剂的界面模型

（a）吸附前后的 $MoS_2$ 与 TEAS 的界面模型；（b）吸附前后的 $MoS_2$ 与
APEO 的界面模型；（c）吸附前后的 $MoS_2$ 与 PETS 的界面模型；
（d）吸附前后的 $MoS_2$ 与 ODEA 的界面模型

彩图

**表 11-4　待选表面改性剂在纳米粒子表面的吸附性能**　　　（kcal/mol）

| 表面改性剂 | 能量及参数 | $E_{ads}$ | $E_{tot}$ | $E_{mol}$ | $E_{sur}$ |
|---|---|---|---|---|---|
| TEAS | 总和 | −187.50 | 49997.43 | 681.87 | 49503.06 |
| | 化学键 | 0 | 51630.82 | 606.71 | 51024.11 |
| | 范德华力 | −187.50 | −1633.39 | 75.16 | −1521.05 |
| APEO | 总和 | −185.23 | 48757.34 | 548.49 | 48394.08 |
| | 化学键 | 0 | 50533.13 | 574.61 | 49958.52 |
| | 范德华力 | −185.23 | −1775.79 | −26.12 | −1564.44 |
| PETS | 总和 | −183.15 | 50602.81 | 568.72 | 50217.24 |
| | 化学键 | 0 | 52274.48 | 547.30 | 51727.18 |
| | 范德华力 | −183.15 | −1671.66 | 21.42 | −1509.94 |
| ODEA | 总和 | −172.09 | 50113.99 | 628.64 | 49657.44 |
| | 化学键 | 0 | 51771.36 | 567.52 | 51203.84 |
| | 范德华力 | −172.09 | −1657.37 | 61.12 | −1546.40 |

注：1 cal = 4.186 J。

### 11.2.4　改性 $MoS_2$ 纳米片的制备及表征

依据量子化学计算和分子动力学模拟结果，采用 TEAS 作为主要的表面改性剂对 $MoS_2$ 纳米片进行表面改性。利用三乙醇胺和硬脂酸在温度范围为 60~80 ℃的反应来合成以 TEAS 为主要成分的复合表面改性剂，由三乙醇胺提供头部的胺基多元醇，以此作为锚固端；由硬脂酸提供尾部的长链烃基，以此作为溶剂化端；利用两者之间的酯化反应提供酯基，以此作为连接基团。将制备的表面改性剂用于 $MoS_2$ 纳米片的表面改性，并通过调整三乙醇胺和硬脂酸的用量及配比来制备性能最优的表面改性剂。

改性 $MoS_2$ 纳米片的制备流程图如图 11-10 所示。取 500 g 的去离子水，并将其分成 3 份：第一份取 100 g，作为去离子水 1 号（DW1）；第二份取 100 g，作为去离子水 2 号（DW2）；第三份取 300 g，作为去离子水 3 号（DW3）。将三乙醇胺（TEA）加入到 DW1 中，同时将硬脂酸（SA）加入到 DW2 中。将 2 杯溶液加热至 60~80 ℃，利用恒温磁力搅拌机恒温搅拌 30 min。利用玻璃棒引流，将包含 TEA 的 DW1 缓慢导入包含 SA 的 DW2 中，在保温状态下继续搅拌 30 min，以获得表面改性剂。为了确定 TEA 和 SA 的最优配比，设计 5 个梯度实验，控制 TEA 和 SA 的总质量为 12 g，且 TEA 和 SA 的质量比依次为 5∶1、2∶1、1∶1、1∶2 和 1∶5。为探究 TEA 和 SA 的总质量对改性效果的影响，根据确定的最优配比，又设置了 5 个总质量不同的实验组，即 6 g、9 g、12 g、15 g 和18 g。将 1 g

的十二烷基硫酸钠（SDS）和 4 g 未改性的 MoS$_2$ 纳米片依次加入 DW3 中，加热至 60~80 ℃，恒温搅拌 30 min，来获得能暂时保持稳定分散的 MoS$_2$ 纳米片的预分散液（p-MoS$_2$ 纳米流体），其中 SDS 的作用是润湿剂。利用玻璃棒引流，将制备的表面改性剂缓慢加入到 p-MoS$_2$ 纳米流体中，将该混合液的温度保持在 60~80 ℃之间，搅拌 30 min 后冷却至 25 ℃，最终得到改性 MoS$_2$ 纳米轧制液。

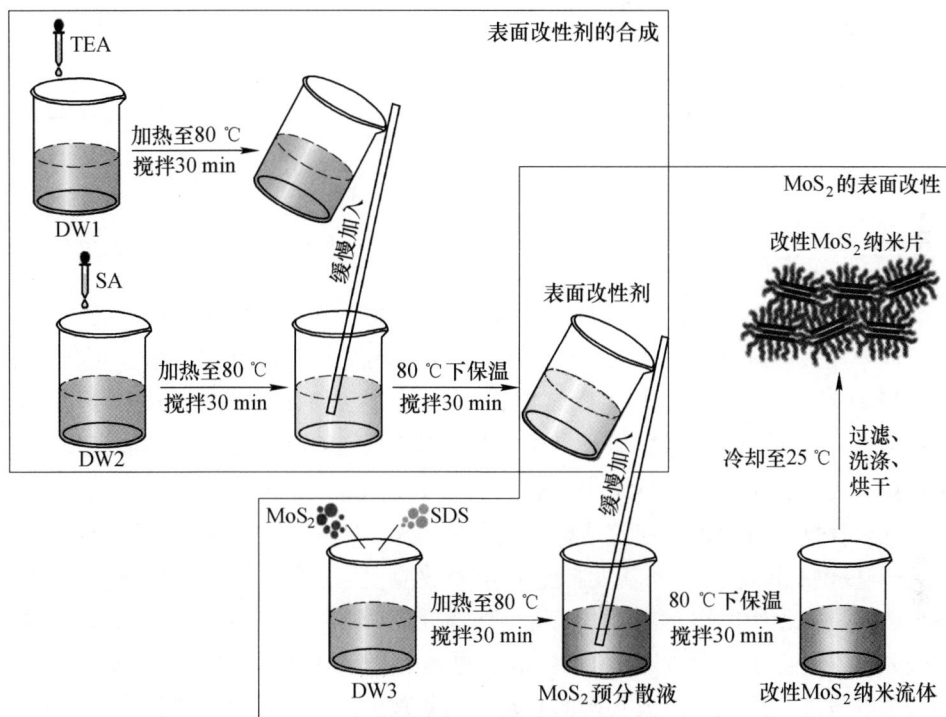

图 11-10 改性 MoS$_2$ 纳米片的制备流程图

为探究不同的 TEA 和 SA 的总质量及质量比对改性效果的影响，对不同实验组制备得到的改性 MoS$_2$ 纳米轧制液进行 Zeta 电位的测定，并以未改性的 MoS$_2$ 纳米轧制液作为对照组。表面改性剂的成分和质量与改性 MoS$_2$ 纳米制液的 Zeta 电位如图 11-11 所示。Zeta 电位的绝对值（|ZP|值）通常被用来反映纳米流体的分散稳定性。|ZP|≥60 mV 意味着纳米流体具有极好的分散稳定性，悬浮液中没有出现纳米粒子的团聚。而 |ZP|值低于 60 mV 而高于 45 mV，代表纳米流体有较好的分散稳定性。当 |ZP|值在 30~45 mV 之间，表示纳米流体的分散稳定性一般。对于 |ZP|值小于 30 mV 的纳米流体，可认为该悬浮液已经开始变得不稳定，纳米粒子极易发生团聚和沉降。

从图 11-11（a）中可以看出，利用传统方法添加六偏磷酸钠（SHMP）作为

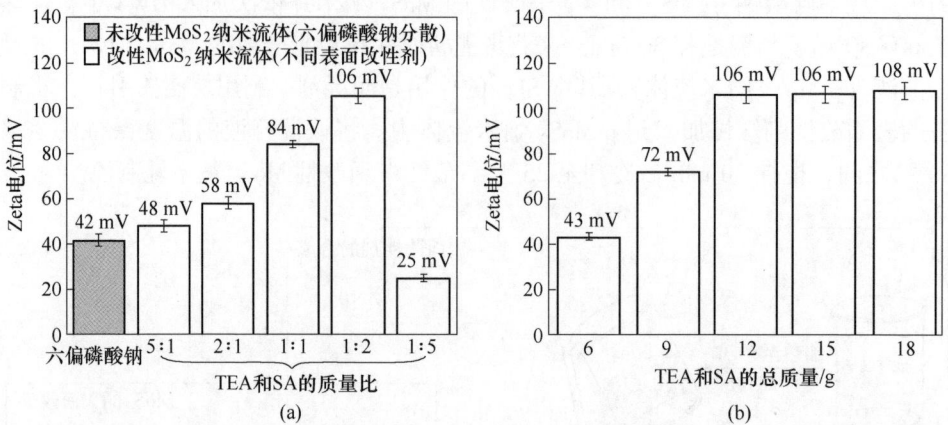

图 11-11　表面改性剂的成分（a）和质量（b）与改性 $MoS_2$ 纳米轧制液的 Zeta 电位

分散剂制备的 $MoS_2$ 纳米轧制液的分散稳定性一般，仅能在短时间内保持稳定分散。而采用表面改性法制备的改性 $MoS_2$ 纳米轧制液具有极好的分散稳定性，尤其是当 TEA 和 SA 的质量比为 1 : 2 时，|ZP| 值达到 106 mV。在 TEA 分子中有 3 个羟基，在 60~80 ℃条件下，其中 1 个羟基会优先与 SA 分子中的羧基发生酯化反应，另外 2 个羟基和分子中的胺基会吸附到 $MoS_2$ 纳米片表面。因此，合成的表面改性剂一方面能够稳定地吸附到 $MoS_2$ 纳米片的表面，另一方面能够利用 SA 分子提供的尾部长链烃基发挥空间位阻效应。当 SA 的质量过高时，即 TEA 与 SA 的质量比为 1 : 5 时，|ZP| 值显著降低至 25 mV，表示悬浊液的分散稳定性较差。这是由于随着 SA 质量的提高，更多的 TEA 分子中的羟基与 SA 分子中的羧基发生酯化反应，造成头部的吸附性羟基减少，影响了表面改性剂在纳米粒子表面的吸附，进而影响了改性效果。根据图 11-11（a）中的实验结果，可以确定 TEA 和 SA 的最优质量比为 1 : 2。根据该质量比制备了 TEA 和 SA 总质量不同的改性 $MoS_2$ 纳米轧制液，其 Zeta 电位如图 11-11（b）所示。从图中实验结果可以看出，随着 TEA 和 SA 总质量的增加，改性 $MoS_2$ 纳米轧制液的分散稳定性先不断提高后趋于稳定，以此可确定 12 g 为 TEA 和 SA 的最优总质量。

　　对静置 48 h 后的纳米轧制液进行宏观观察，进一步明确其的长时间分散稳定性，实验结果如图 11-12 所示。从图 11-12（a）中可以看出，当表面改性剂中 SA 质量过低时，改性 $MoS_2$ 纳米片由于分散稳定性不佳而发生团聚和沉淀。而当 SA 质量过高时（TEA 与 SA 的质量比为 1 : 5），悬浊液中并没有发生明显沉淀，而是在液体的上层出现了明显的絮凝。一方面，过多的 SA 影响了表面改性剂在 $MoS_2$ 纳米片表面的吸附；另一方面，多余的 SA 相互吸引，连同被吸附的 $MoS_2$ 纳米片一起形成了大块的团聚物，而此团聚物中的主要成分为密度小于水的 SA

（$\rho_{SA}=0.84\ \text{g/cm}^3$），因此整体浮于液体上层。图 11-12（b）中的实验结果再次证明，对于 4 g 的 $MoS_2$ 纳米片，TEA 和 SA 的最优总质量为 12 g。

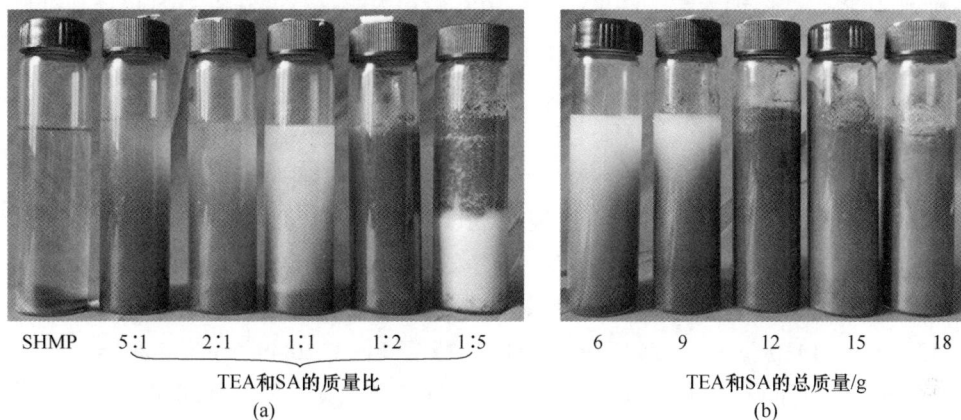

| SHMP | 5:1 | 2:1 | 1:1 | 1:2 | 1:5 | | 6 | 9 | 12 | 15 | 18 |

TEA和SA的质量比 　　　　　　　　　　　　TEA和SA的总质量/g

(a) 　　　　　　　　　　　　　　　　　　　(b)

图 11-12　不同表面改性剂成分（a）和质量（b）制备改性 $MoS_2$
纳米轧制液静置 48 h 后的宏观形貌

为进一步探究 TEAS 分子在 $MoS_2$ 表面的嫁接方式和嫁接量，构建尺寸为 3.161 nm×3.161 nm 的 $MoS_2$ 表面和 TEAS 分子数分别为 1 个、5 个、10 个、15 个和 20 个的无定型结构。利用 $MoS_2$ 表面模型和 TEAS 分子的无定型结构，分别构建 5 个 $MoS_2$-TEAS 界面模型，计算界面间的吸附能。$MoS_2$-TEAS 界面间的吸附能计算结果见表 11-5。

**表 11-5　$MoS_2$-TEAS 界面间的吸附能计算结果**

| TEAS 分子数/个 | 总吸附能/kcal·mol$^{-1}$ | 化学键能量/kcal·mol$^{-1}$ | 非化学键作用/kcal·mol$^{-1}$ |
| --- | --- | --- | --- |
| 1 | −45.76 | 0 | −45.76 |
| 5 | −146.51 | 0 | −146.51 |
| 10 | −197.77 | 0 | −197.77 |
| 15 | −196.68 | 0 | −196.68 |
| 20 | −195.12 | 0 | −195.12 |

注：1 cal=4.186 J。

由表 11-5 可知，TEAS 分子与 $MoS_2$ 间的吸附能完全来自非化学键作用，两者之间的吸附作用是由静电作用和范德华力提供的物理吸附作用。随着 TEAS 分子数量的增加，界面间的吸附能先不断增大后保持不变，当 TEAS 分子数量大于 10 个后，吸附能不再增大。为进一步确定 TEAS 分子的嫁接量，对 TEAS 分子数为 6 个、7 个、8 个和 9 个的界面吸附能进行计算，吸附能依次为−156.11 kcal/mol、−167.06 kcal/mol、−198.74 kcal/mol 和−197.56 kcal/mol。由此可确定尺寸为

3. 161 nm×3. 161 nm 的 MoS₂ 纳米片上最多能够吸附 8 个 TEAS 分子。

为对制备的改性 MoS₂ 纳米片进行表征研究，选取所得的最优改性方案，利用滤纸片将改性后纳米粒子滤出，先后用酒精和丙酮进行冲洗以去除残余有机物杂质，并在室温条件下晾干备用。利用傅里叶变换红外光谱仪（FT-IR）对改性前后的 MoS₂ 纳米片进行表征，改性前后 MoS₂ 纳米片的 FT-IR 光谱如图 11-13 所示。从图中可以看出，改性 MoS₂ 纳米片的 FT-IR 光谱中出现了未改性 MoS₂ 纳米片的 FT-IR 光谱中没有出现的特征峰。683 cm⁻¹ 和 715 cm⁻¹ 处的特征峰对应羟基（O—H）的面外弯曲振动峰，而出现在 1260~1331 cm⁻¹ 之间的特征峰对应羟基（O—H）的面内弯曲振动峰。1724 cm⁻¹ 处的 C=O 的伸缩振动峰和 1181~1260 cm⁻¹ 处的 C—O 的伸缩振动峰表明改性 MoS₂ 纳米片表面存在酯基。1412 cm⁻¹、1430 cm⁻¹、1472 cm⁻¹ 处的特征峰和 2849 cm⁻¹、2915 cm⁻¹、2954 cm⁻¹ 处的特征峰则分别属于烷基中 C—H 的弯曲振动峰和伸缩振动峰。结果表明，在改性 MoS₂ 纳米片表面吸附了大量来自表面改性剂的有机物官能团。

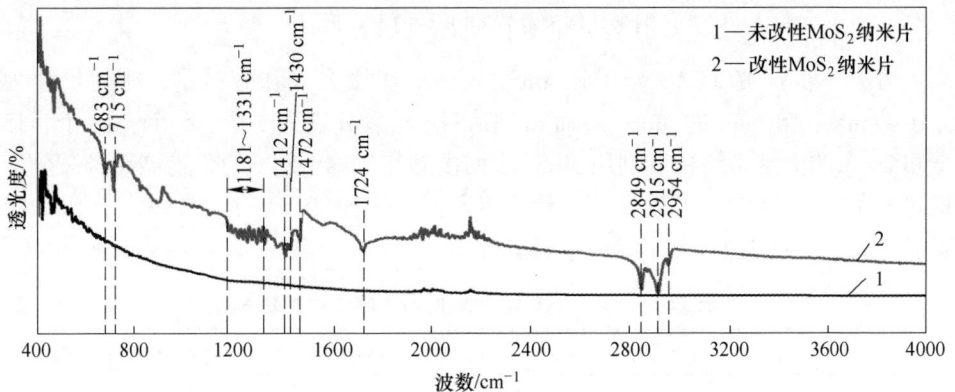

图 11-13　改性前后 MoS₂ 纳米片的 FT-IR 光谱

为进一步表征改性 MoS₂ 纳米片的微观形貌，将改性后的 MoS₂ 纳米片利用超声波分散到无水乙醇中，随后利用针管将分散液滴加到铜网上进行自然烘干，然后利用透射电子显微镜（TEM）进行观察，并进行能谱分析，改性 MoS₂ 纳米片的 TEM 形貌和 EDS 能谱如图 11-14 所示。从图 11-14 中可以看出，在改性 MoS₂ 纳米片的表面有一层颜色较浅的包覆层（区域 B）出现在原本的 MoS₂ 纳米片表面（区域 A）。对区域 A 和区域 B 进行 EDS 能谱分析，实验结果表明区域 B 中没有 Mo 和 S 的出现，而是由 C、N 和 O 构成，说明 TEM 形貌中颜色较浅的区域为来自表面改性剂的非晶相有机物包覆层，而颜色较深的部分为晶体相 MoS₂ 纳米片。利用高分辨透射电镜对改性后的纳米粒子进行观察，发现非晶相有机物包覆层的厚度为 15~17 nm。上述结果表明，表面改性剂能均匀地吸附到 MoS₂ 纳

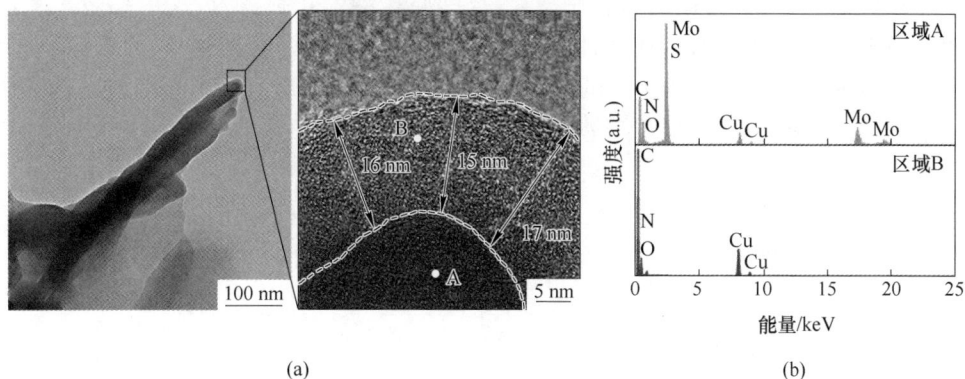

图 11-14　改性 $MoS_2$ 纳米片的 TEM 形貌（a）和 EDS 能谱（b）

米片表面，形成厚度为 15~17 nm 的溶剂化层，强化了纳米粒子的分散稳定性。

# 11.3　纳米粒子摩擦学行为动态分析

## 11.3.1　表面改性对纳米粒子摩擦学性能的影响

　　表面改性剂与 $MoS_2$ 之间吸附过程的分子动力学模拟结果表明，纳米粒子吸附了表面改性剂后，$MoS_2$ 的结构发生了变化，而这些结构上的变化在影响分散稳定性的同时还有可能会影响润滑效果。为此，选取最优改性方案制备的改性 $MoS_2$ 纳米轧制液为研究对象，并选取以 SHMP 为分散剂制备的未改性 $MoS_2$ 纳米轧制液为对照实验组，首先通过四球摩擦磨损实验进行摩擦学性能的研究，再借助分子动力学模拟，从分子角度明确表面改性对 $MoS_2$ 摩擦学性能的影响。

　　依据《润滑剂承载能力的测定　四球法》（GB/T 3142—2019）和《润滑脂抗磨性能测定法（四球机法）》（SH/T 0204—1992），分别进行了油膜强度 $P_B$ 的测定实验和长磨实验，测定并计算长磨实验中的平均摩擦系数及磨后钢球表面的平均磨斑直径，以反映改性 $MoS_2$ 纳米轧制液的承载能力和减摩抗磨效果。改性 $MoS_2$ 纳米轧制液的摩擦学性能见表 11-6。

表 11-6　改性 $MoS_2$ 纳米轧制液的摩擦学性能

| 轧制液 | $P_B$/N | 平均摩擦系数 | 底球磨斑直径/mm | | | |
|---|---|---|---|---|---|---|
| | | | 球1 | 球2 | 球3 | 平均值 |
| 改性 $MoS_2$ 纳米轧制液 | 696 | 0.058 | 0.604 | 0.612 | 0.602 | 0.606 |
| 未改性 $MoS_2$ 纳米轧制液 | 392 | 0.089 | 0.880 | 0.874 | 0.876 | 0.877 |

相较于未改性 $MoS_2$ 纳米轧制液，改性 $MoS_2$ 纳米轧制液的 $P_B$ 值显著提高。$P_B$ 值反映了纳米轧制液的成膜性，$P_B$ 值越高，说明摩擦副表面形成的润滑膜的承载能力越强。表 11-6 中更低的平均摩擦系数和平均磨斑直径则表明改性 $MoS_2$ 纳米轧制液具有更优异的减摩抗磨效果。长磨实验中摩擦系数随时间变化曲线如图 11-15 所示。从图中可以看出，当使用未改性 $MoS_2$ 纳米轧制液作为润滑剂时，钢球间摩擦系数值的波动更剧烈。而当使用改性 $MoS_2$ 纳米轧制液时，不仅摩擦系数显著降低，摩擦系数曲线的波动性也明显得到缓解。

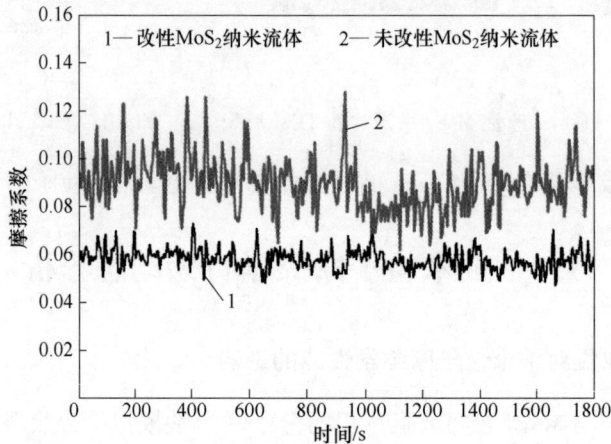

图 11-15　长磨实验中摩擦系数随时间变化曲线

钢球磨损表面的光学形貌和 SEM 图如图 11-16 所示，图中未改性 $MoS_2$ 纳米轧制液润滑的磨损表面磨斑直径（0.877 mm）明显大于改性 $MoS_2$ 纳米轧制液润滑的磨损表面磨斑直径（0.606 mm）。当改性 $MoS_2$ 纳米轧制液被用作润滑剂时，如图 11-16（a）所示，磨损表面的犁沟和黏着磨损得到了显著缓解。而图 11-16（b）中未改性 $MoS_2$ 纳米轧制液润滑的磨损表面上可以看到很多宽而深的犁沟，同时存在大片的黏着磨损。进一步说明，表面改性处理后的 $MoS_2$ 纳米片制备的轧制液，能够有效减少摩擦过程中造成的表面质量缺陷问题。

## 11.3.2　改性 $MoS_2$ 纳米片的层间滑动作用

表面改性一方面提高了 $MoS_2$ 纳米片的分散稳定性，另一方面改变了 $MoS_2$ 纳米片的晶体结构，这两方面的改变都将引起 $MoS_2$ 纳米片摩擦学性能的变化。分子动力学模拟方法能够帮助我们探究表面改性处理对 $MoS_2$ 晶体结构的影响，从分子尺度探究其摩擦学性能，尤其是在高压条件下的摩擦学性能。

图 11-17 为未改性 $MoS_2$ 模型和改性 $MoS_2$ 模型图，图中分别构建了不含 TEAS 的 4 层 $MoS_2$ 片模型（简称 Model-U）和上、下表面吸附了 TEAS 表面改性

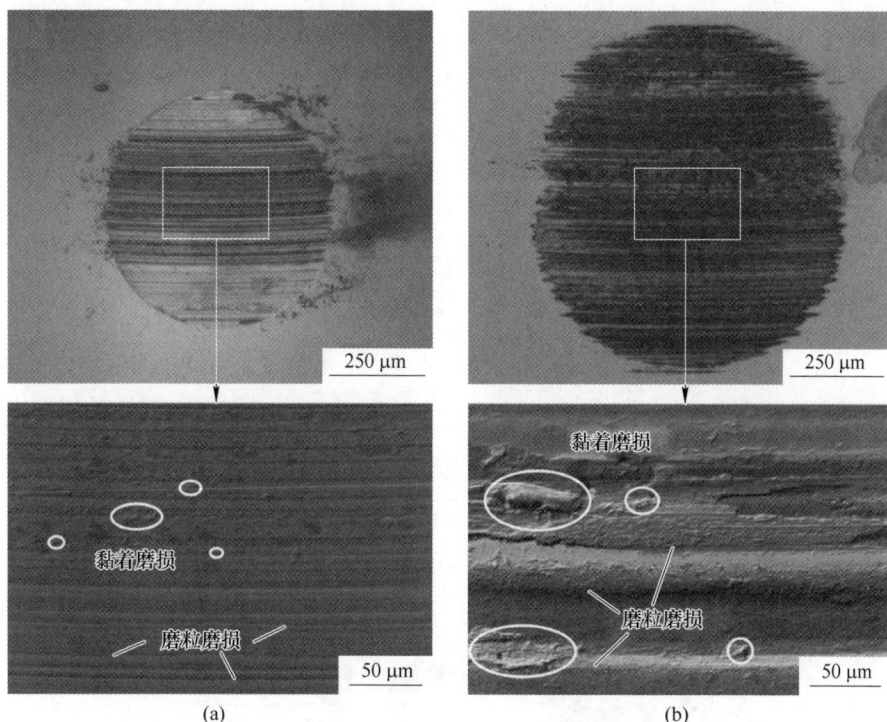

图 11-16　钢球磨损表面的光学形貌和 SEM 图
(a) 改性 MoS$_2$ 纳米轧制液润滑的磨损表面光学形貌和 SEM 图；
(b) 未改性 MoS$_2$ 纳米轧制液润滑的磨损表面光学形貌和 SEM 图

剂的 4 层 MoS$_2$ 片模型（简称 Model-M）。$z$ 轴方向上设置厚度为 10.0 nm 的真空层，$x$ 轴方向和 $y$ 轴方向设置为周期性边界。计算所用的势能函数和原子相互作用参数遵循 Universal 力场，控温方式为 Nóse-Hoover 方法。Model-U 中的 4 个片层自下而上依次被命名为 Sheet U1、Sheet U2、Sheet U3 和 Sheet U4，而 Model-M 中的 4 个片层自下而上依次被命名为 Sheet M1、Sheet M2、Sheet M3 和 Sheet M4。Sheet U1 和 Sheet U2 被设置为 Layer U1，Sheet U3 和 Sheet U4 被设置为 Layer U2，下层表面改性剂分子、Sheet M1 和 Sheet M2 被设置为 Layer M1，上层表面改性剂分子、Sheet M3 和 Sheet M4 被设置为 Layer M2。

　　分子动力学模拟过程按照以下 4 个步骤进行：第一，对初始模型进行结构优化；第二，选择 NVT 系综[12]进行了为期 1000 ps 的模拟运算，以确保结构充分弛豫，运算过程中温度控制在 298 K（即室温 25 ℃）；第三，在模型表面施加大小为 1.0 GPa 的沿 $z$ 轴方向的法向压力，并重复第二步操作以确保结构充分弛豫；第四，进行剪切模拟，令 Layer U1 和 Layer U2（Layer M1 和 Layer M2）沿 $x$ 轴方向进行相对运动，运动速度为 0.005 nm/ps，模拟温度被控制在 1 K，以减

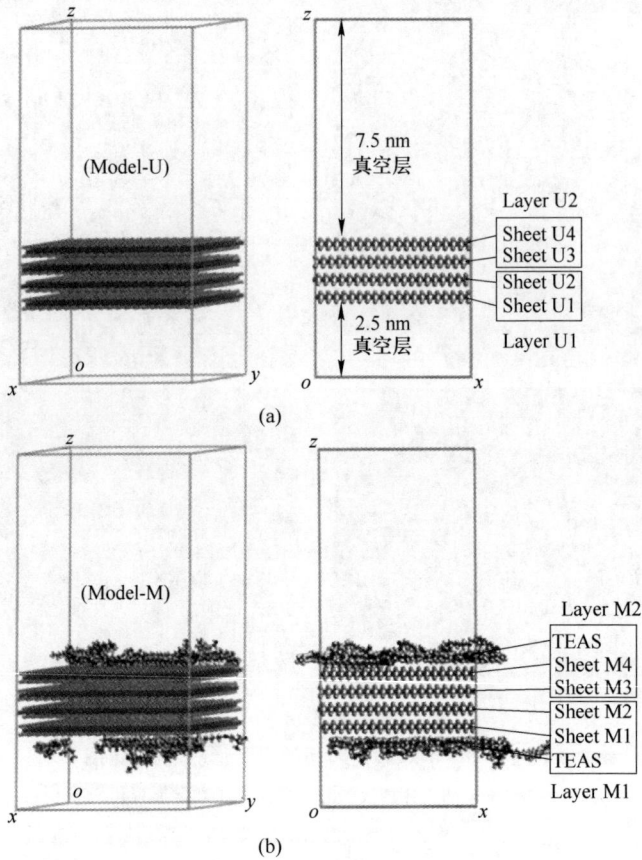

图 11-17　未改性 $MoS_2$ 模型（a）和改性 $MoS_2$ 模型（b）

小热力学干扰，模拟时间为 500 ps。模拟实验中需要分析的参数有径向分布函数
（RDF）、层间吸附能、均方位移和层间剪切应力。对第二步所得到的模型进行了
径向分布函数、均方位移和层间吸附能的计算，对第三步得到的模型进行了径向
分布函数和层间吸附能的计算，对第四步得到的模型进行层间剪切应力的计算。
计算过程中，将 Sheet 1（即 Sheet U1 和 Sheet M1）设置为参考面，对加压前、
后（即第二步和第三步）得到的平衡态模型进行分析，计算 Sheet 2（即 Sheet
U2 和 Sheet M2）、Sheet 3（即 Sheet U3 和 Sheet M3）和 Sheet 4（即 Sheet U4 和
Sheet M4）面中各原子的径向分布函数，加压前和加压后的 RDF 曲线及平衡态模
型如图 11-18 所示。

　　由于 Sheet 1 中的各原子被设置为参考原点，可通过径向分布函数来计算各
片层之间的距离，加压前和加压后的 RDP 曲线平衡态模型同样如图 11-18 所示。
从图中可以看出，表面改性处理后，$MoS_2$ 的片层间距有所增加，尤其是施加法

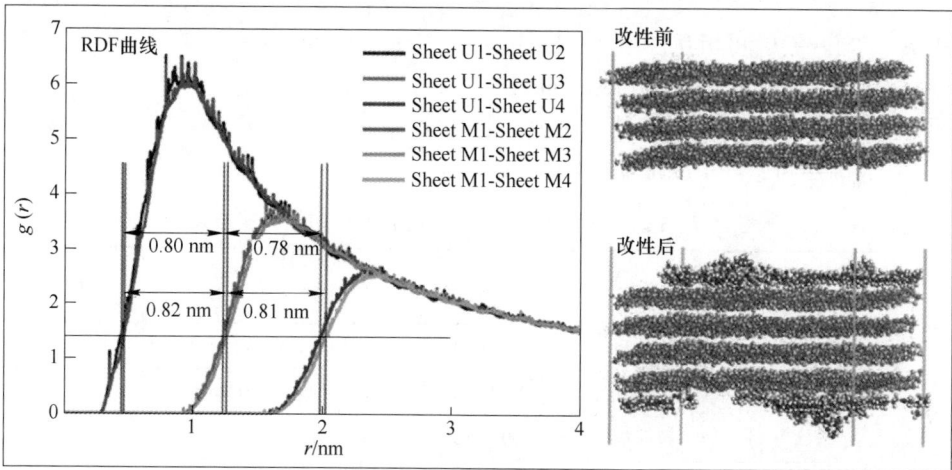

(a)

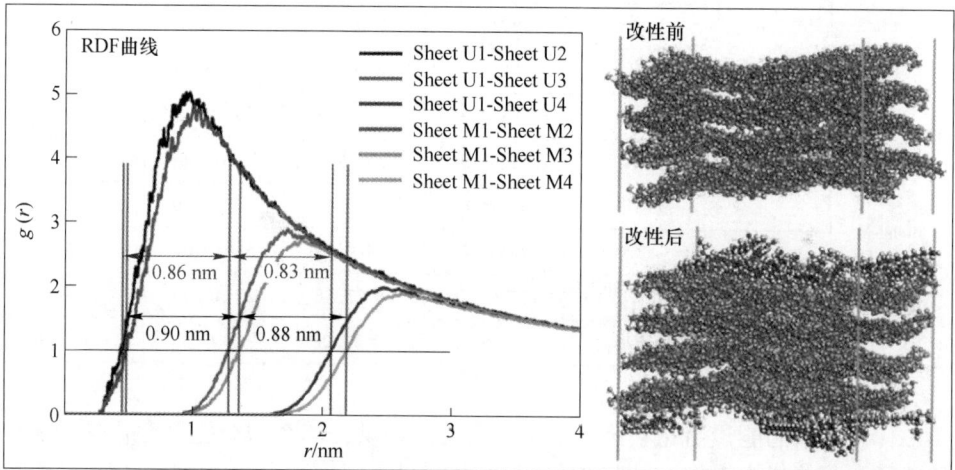

(b)

图 11-18 加压前 (a) 和加压后 (b) 的 RDF 曲线及平衡态模型

彩图

向压力后，片层间距从 0.845 nm 增加到 0.89 nm，即使是对于未施加法向压力的体系，片层间距也从 0.790 nm 增加到 0.815 nm。随着层间距离的增大，层间的范德华力也极有可能随之发生变化，片层间发生相对滑动的阻力也会有所降低。

层间距离的计算值只能定性地分析片层间的相互作用，为了定量地分析表面改性处理对片层间相互作用的影响，利用式（11-2）计算 Layer 1（即 Layer U1 和 Layer M1）与 Layer 2（即 Layer U2 和 Layer M2）之间的相互作用能，计算结果见表 11-7。

$$E_{\text{int}} = E_{\text{tot}} - E_{\text{L1}} - E_{\text{L2}} \tag{11-2}$$

式中　$E_{\text{int}}$——层间相互作用能，kcal/mol，1 cal = 4.186 J；

　　　$E_{\text{tot}}$——体系总能量，kcal/mol；

　　　$E_{\text{L2}}$——Layer 2 的能量，kcal/mol；

　　　$E_{\text{L1}}$——Layer 1 的能量，kcal/mol。

表 11-7　Layer 1 与 Layer 2 之间的相互作用能计算结果

| 模型 | 法向压力 /GPa | 能量 /kcal · mol$^{-1}$ | $E_{\text{tot}}$ | $E_{\text{L1}}$ | $E_{\text{L2}}$ | $E_{\text{int}}$ |
|---|---|---|---|---|---|---|
| Model-U | 0 | 总和 | 198154.88 | 99310.02 | 99600.90 | −756.04 |
| | | 化学键 | 204219.72 | 101951.77 | 102267.95 | 0 |
| | | 范德华力 | −6064.85 | −2641.76 | −2667.05 | −756.04 |
| | 1.0 | 总和 | 174832.57 | 87613.36 | 87962.86 | −743.65 |
| | | 化学键 | 179256.56 | 89507.79 | 89748.77 | 0 |
| | | 范德华力 | −4423.99 | −1894.43 | −1785.91 | −743.65 |
| Model-M | 0 | 总和 | 198377.75 | 99111.41 | 99992.45 | −726.11 |
| | | 化学键 | 204955.94 | 102034.30 | 102921.64 | 0 |
| | | 范德华力 | −6578.19 | −2922.88 | −2929.20 | −726.11 |
| | 1.0 | 总和 | 172439.24 | 86484.49 | 86650.61 | −695.86 |
| | | 化学键 | 177769.56 | 88723.56 | 89046.00 | 0 |
| | | 范德华力 | −5330.32 | −2239.08 | −2395.38 | −695.86 |

注：1 cal = 4.186 J。

　　任意体系的能量由化学键和范德华力共同提供，体系的总能量和化学键提供的能量和范德华力提供的能量均可以通过 LAMMPS 模块计算得到。从表 11-7 中可以看出，Layer 1 与 Layer 2 之间的相互作用能为负值，即片层间的相互作用为吸附作用，且该吸附作用完全由范德华力提供。相较于未改性的 $MoS_2$，改性处理使得 $MoS_2$ 片层之间的吸附能降低，且对于改性后的 $MoS_2$，施加法向压力会使得层间吸附能降低得更显著。

　　为探究改性处理对 $MoS_2$ 层间滑动能力的影响，对第二步得到的平衡体系中的 Layer 1 和 Layer 2 的均方位移进行计算，计算结果如图 11-19 所示，其中 $k$ 为扩散系数。均方位移越高说明扩散系数越高，也就意味着滑动能力更强。对于同一个模型，Layer 1 和 Layer 2 的均方位移是比较接近的，而代表着改性后 $MoS_2$ 的模型 Model-M 明显具有更高的扩散能力，即片层间更易发生相对滑动。

　　为了进一步明确改性剂处理对 $MoS_2$ 层间滑动能力的影响，利用第四步剪切模拟得到的模型进行层间剪切应力的计算，层间剪切应力随时间变化曲线如图 11-20 所示。

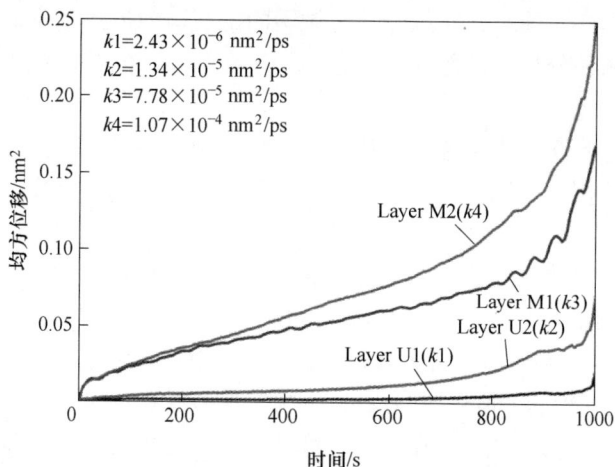

图 11-19　改性前后 Layer 1 和 Layer 2 的均方位移

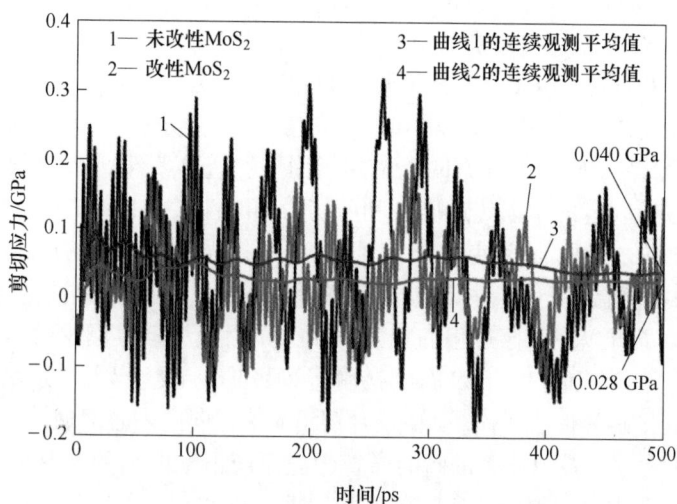

图 11-20　层间剪切应力随时间变化曲线

从图 11-20 中可以看出，层间剪切应力是周期性变化的，为了比较改性处理对 $MoS_2$ 层间剪切应力的影响，进一步弱化数据波动对实验结果的干扰，对连续观测平均值进行了计算。改性处理后，一方面可以有效缓解层间剪切应力的波动；另一方面能有效降低层间剪切应力，层间剪切应力的平均值由 0.040 GPa 降低到 0.028 GPa。

### 11.3.3　$MoS_2$ 和 $Al_2O_3$ 纳米粒子的协同润滑机理

采用分子动力学模拟方法，能够重现纳米粒子在摩擦副表面的摩擦学行为，进一步从微观角度揭示纳米粒子作为润滑剂的作用机理，并为传统的实验方法和结果提供理论支持。同时，通过对纳米粒子的微观运动形式及摩擦过程中原子扩散过程进行预测和分析，进而从原子和分子尺度阐述不同纳米粒子的协同减摩抗磨机理。

通常，在边界润滑或混合润滑状态下，摩擦副的接触区并没有充足的流体以阻止金属表面的相互接触[13]，并且当重点考察两种纳米粒子及其协同作用对摩擦过程的影响时，在分子动力学模拟过程中不考虑流体分子的作用。基于上述分析，综合考虑模拟体系的总尺寸、合理性和准确性，构建的 3 个分子动力学模拟模型如图 11-21 所示，分别包含 $MoS_2$ 粒子（Model-M）、$Al_2O_3$ 粒子（Model-A）和 $MoS_2$-$Al_2O_3$ 复合粒子（Model-MA）。上、下摩擦副为各包含 6974 个原子的 Fe 表面，沿 $x$ 轴、$y$ 轴和 $z$ 轴方向的尺寸为 10.0 nm×6.0 nm×1.5 nm，不同的纳米粒子被约束在两个表面之间。在 Model-M 中含有 4 层单层的 $MoS_2$ 纳米片，每一层的尺寸为 5.75 nm×3.01 nm×0.41 nm（见图 11-21（a））；Model-A 中的球形 $Al_2O_3$ 纳米粒子的直径为 2.5 nm（见图 11-21（b））；在 Model-MA 中，为保证纳米粒子的总浓度一致，$MoS_2$ 和 $Al_2O_3$ 粒子的体积均减半，即包含 2 层 $MoS_2$ 纳米片和直径为 2.0 nm 的 $Al_2O_3$ 粒子（见图 11-21（c））。

模拟体系的总尺寸为 10.0 nm×6.0 nm×6.4 nm，分别包含 16575、15442 和 15750 个原子，在 $x$ 轴和 $y$ 轴方向上施加了周期性边界条件。Fe 层划分为了 6 个部分：原子位置固定的用以传递压力和剪切力的刚性层（1 和 6），控制体系温度的恒温层（2 和 5）及自由变形层（3 和 4）。控温方式采用 Nose-Hoover 恒温器[14]，施加在恒温层上，保持体系的温度为 298 K，热阻尼参数为 10 ps$^{-1}$。自由变形层的原子可以在摩擦过程的相互作用力下自由移动。图中的 A1、A2 分别代表 $MoS_2$ 片层与金属上、下表面的接触界面；B1、B2 分别代表 $Al_2O_3$ 粒子与上、下表面的接触界面；C 代表 $MoS_2$ 片层沿 $z$ 轴方向的中心区域。

图 11-22 为 3 个模拟体系的瞬时摩擦力随系统滑动距离的变化曲线及摩擦力的平均值。从图中可以得知，所有的摩擦力曲线都在一个稳定的值附近振荡。含 $MoS_2$-$Al_2O_3$ 复合粒子的体系具有极低的摩擦力，平均摩擦力相对于仅含 $MoS_2$ 或 $Al_2O_3$ 粒子体系分别降低了 57.1% 和 71.9%，表明两种纳米粒子共同作用实现了优异的协同润滑性能。由图 11-22（c）可以发现，Model-MA 的摩擦力曲线的振荡幅度最小，说明协同润滑体系具有最佳的稳定性。此外，值得注意的是，Model-M 和 Model-A 的摩擦力曲线呈现截然不同的振荡方式。前者的摩擦力先逐渐上升，在体系滑动 15.0 nm 后显著下降并在 25.0 nm 时达到最低，然而随后继续增加到较高的水平；后者的摩擦力变化呈现明显的周期性波动。

为了解释上述现象出现的原因，对摩擦过程中刚性层受到的沿 $z$ 轴方向的压力进行了研究，3 个模拟体系中刚性层受到的法向压力随滑动位移的变化如图 11-23 所示。3 个体系的平均压力大小顺序与摩擦力一致，即 Model-A>Model-M>

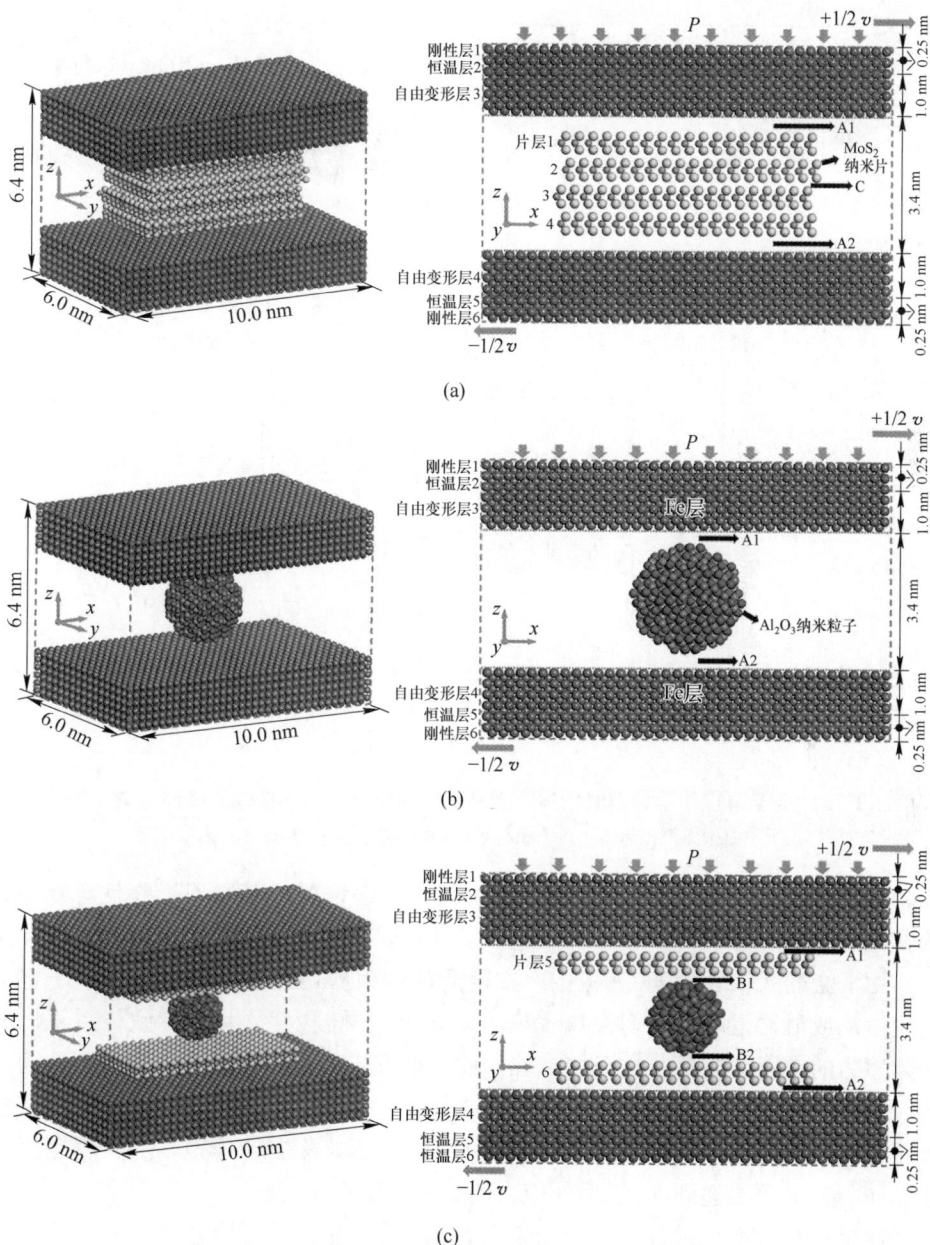

图 11-21　含纳米粒子的分子动力学模型

（a）含 $MoS_2$ 纳米粒子的分子动力学模型；（b）含 $Al_2O_3$ 纳米粒子的动力学模型；
（c）含 $MoS_2$-$Al_2O_3$ 纳米粒子的动力学模型

彩图

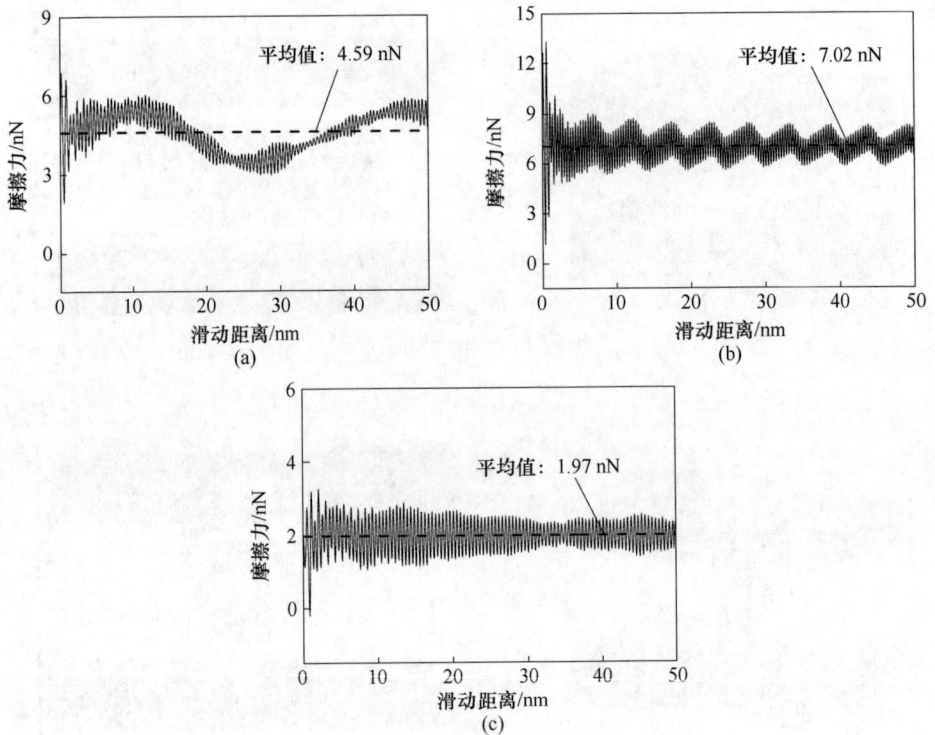

图 11-22   3 个模拟体系的瞬时摩擦力随系统滑动位移的变化曲线及摩擦力的平均值
（a）Model-M 模拟体系；（b）Model-A 模拟体系；（c）Model-MA 模拟体系

Model-MA。其中，Model-A 体系的压力曲线的振荡情况极其剧烈，并且与摩擦力的变化有很强的关联性。球形 $Al_2O_3$ 粒子具有远高于钢板表面的硬度，因此在压力作用下会嵌入较软的 Fe 基板中。在随后的约束剪切过程中，球形的粒子也会出现滚动或滑动运动，周期性地"嵌入—挤出—再嵌入"，从而导致体系正压力和摩擦力的周期性振荡，关于纳米粒子的运动方式将在后续部分详细讨论。而对于 Model-M 和 Model-MA 体系，如图 11-23（a）和（c），压力没有出现振荡或幅度很轻微。这一现象反映了柔软易形变的 $MoS_2$ 纳米片层能分担一部分摩擦力和法向压力，因而传递到 Fe 表面的应力的变化幅度不显著。

在金属相对滑动过程中，运动表面的接触会导致严重的摩擦和黏着，约 60% 的动能会以摩擦热的形式散失，尤其在纳米粒子与金属的界面处[15]，因此摩擦体系的温度分布对研究纳米粒子的润滑行为非常重要。图 11-24 为不同体系在 1000 ps（滑动位移 50.0 nm）时沿 $z$ 轴方向的温度分布，其中的坐标原点为模型 $z$ 轴方向的中心，正值表示靠近顶部 Fe 层的位置。对于仅含 $MoS_2$ 的体系，如图 11-24（a）所示，A1 和 A2 处的温度显著降低（约 650 K），表明该体系的摩

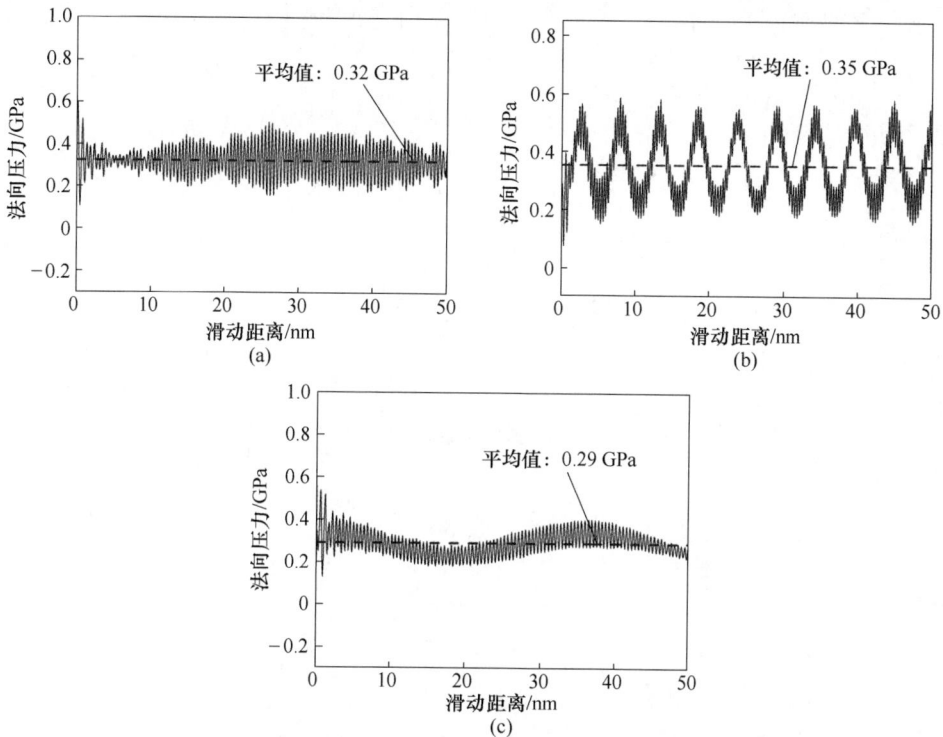

图 11-23   3 个模拟体系中刚性层受到的法向压力随滑动位移的变化
（a）Model-M 模拟体系；（b）Model-A 模拟体系；（c）Model-MA 模拟体系

擦程度较为温和。当仅采用 $Al_2O_3$ 粒子作为润滑剂时，如图 11-24（b）所示，在粒子与 Fe 表面的界面处（A1 和 A2）出现了高达 750 K 的尖峰，说明该处的摩擦较为剧烈。Gattinoni 等人[16] 的相关研究发现滑动摩擦系统的预期温度分布曲线为在中心有最高值的抛物线形。而在本节研究中，$Al_2O_3$ 粒子内部（-1.3 ~ 1.3 nm）的温度分布非常均匀且较低，约为 600 K。这是因为 $Al_2O_3$ 极高的热导率，促进了摩擦热的均匀分布。此外，体系中心位置（C）出现了温度峰值，这是 $MoS_2$ 片层间的内摩擦热累积造成的，说明 $MoS_2$ 的润滑作用能通过层间滑移实现。对于含复合粒子的摩擦体系（见图 11-24（c）），各个位置的温度均低于 600 K。B1 和 B2 处的峰值表明层状 $MoS_2$ 与球状 $Al_2O_3$ 粒子之间也出现了摩擦，这一行为显著分担了滑动过程中作用在 Fe 表面的摩擦力。

通过研究和分析纳米颗粒在摩擦表面间的运动，进一步揭示了 $MoS_2$ 和 $Al_2O_3$ 纳米粒子的协同润滑效应。图 11-25 为 3 个摩擦体系在初始阶段（0 ps）、滑动阶段（250 ps）和最终阶段（1000 ps）的状态图，图中被标记为浅灰色的原子用来观察运动情况。$Al_2O_3$ 粒子绕 $y$ 轴的旋转角度，以及 $Al_2O_3$ 和 $MoS_2$ 的质心

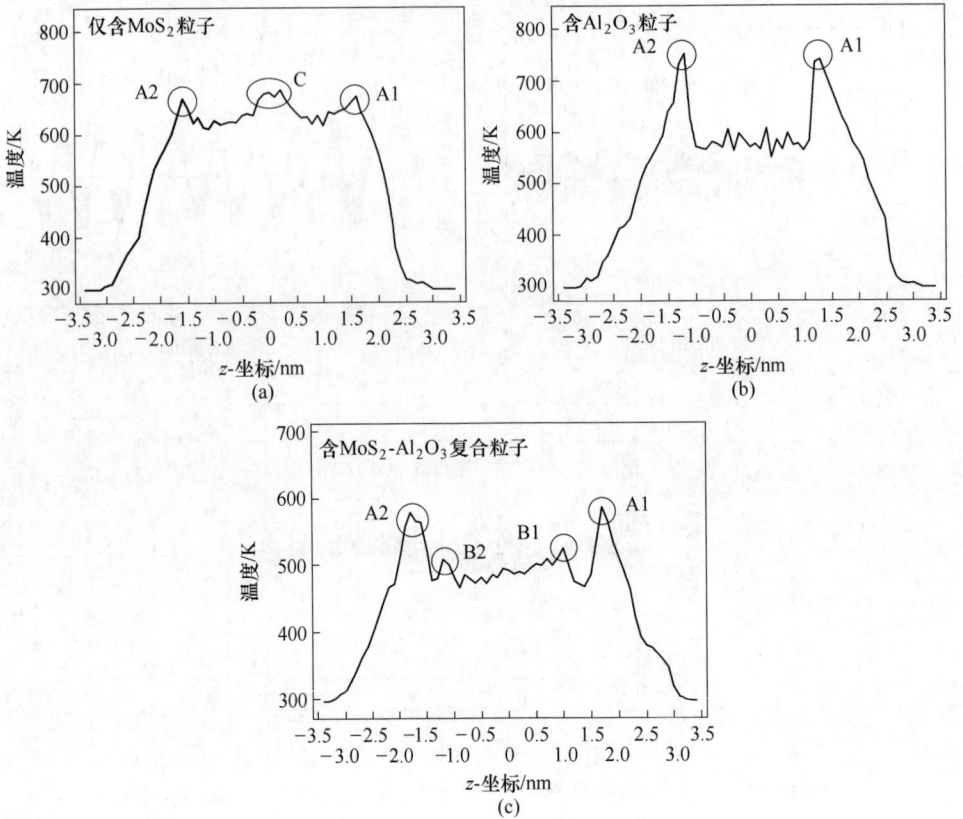

图 11-24　3 个模拟体系在 1000 ps 时沿 z 轴方向的温度分布

（a）Model-M 模拟体系；（b）Model-A 模拟体系；（c）Model-MA 模拟体系

相对于顶部 Fe 层平移的位移随体系滑动距离的变化如图 11-26 所示，数值增加表示纳米粒子的旋转或平移与顶部 Fe 层移动方向相同，反之方向相反。图中的虚线表示 Al$_2$O$_3$ 粒子进行"无滑动"滚动时的理想转动角度值，即 Fe 基板的滑动速度等于粒子线速度，且此时的相对位移应为零。为衡量摩擦过程中 Al$_2$O$_3$ 的运动模式，在此提出了一个新参数"滚动/滑动系数 $K_{rs}$"：

$$K_{rs} = \frac{\pi \alpha D_n}{360 L_n} \tag{11-3}$$

式中　$\alpha$——纳米粒子滚动运动的角位移，（°）；

　　　$D_n$——纳米粒子的直径，nm；

　　　$L_n$——金属层滑动的距离，nm。

当 $K_{rs}$ 的值为 0 或 1 时，分别表示纳米粒子为纯滑动或纯滚动运动。

从图 11-25 中 Al$_2$O$_3$ 的运动过程可以直观地发现，纳米粒子阻止了摩擦表面

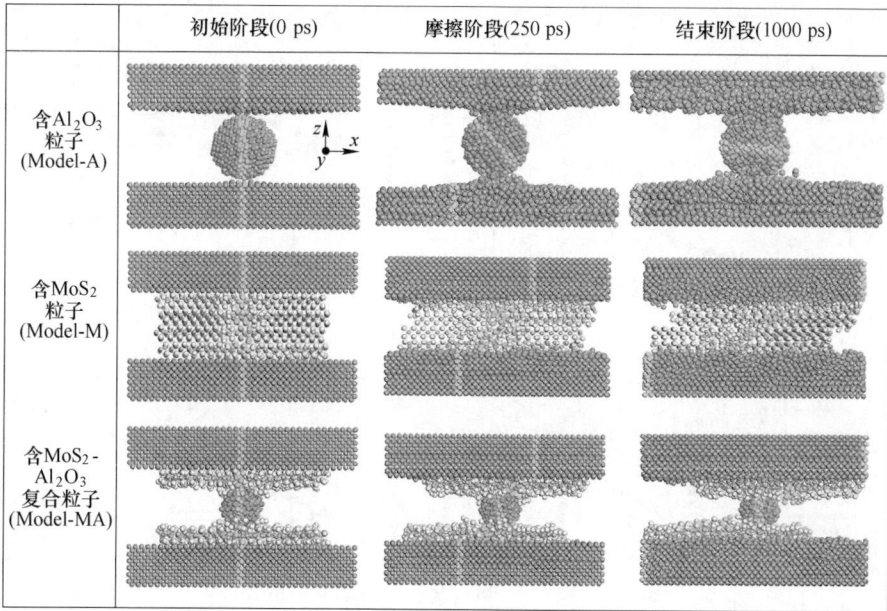

图 11-25 3 个摩擦体系在不同模拟时刻的静态快照

的直接接触并发生稳定的滚动运动，实现了润滑作用。同时，随着摩擦过程的进行，球形纳米粒子出现了微量的变形。结合图 11-26（a），体系滑动的前 15.0 nm 中，$Al_2O_3$ 粒子的滚动运动占据主导地位，伴随着轻微的滑动运动，这种滚动和滑动共存的情况与 Joly-Pottuz 等人[17] 的研究一致。此后随着摩擦过程的进行，粒子与 Fe 基体相对位移变化曲线的斜率显著增大，旋转角度曲线逐渐变平缓，说明滑动运动越来越显著。此过程的 $K_{rs}$ 值为 0.51，即 $Al_2O_3$ 单独存在时其在摩擦副间的运动由 51% 的滚动和 49% 的滑动组成。通过比较和分析图 11-26（a）中 Model-A 在 250 ps 和 1000 ps 时的静态图，发现在界面处有一定量的 Fe 原子黏附到纳米粒子上，这可能是纳米粒子的滚动运动被抑制的主要因素。此外，球形 $Al_2O_3$ 的变形也导致了上述现象的出现。

层状 $MoS_2$ 粒子在摩擦过程的运动情况完全不同，如图 11-25 所示，其运动模式为层间滑移。片层间的剪切强度非常低，因此系统的摩擦力下降。结合图 11-26（b），在压力和剪切力作用下，$MoS_2$ 纳米粒子顶部的片层 1 和 2 与底部的片层 3 和 4 按照相反的方向滑动，同时沿相同方向滑移的片层间也出现了明显的相对位移。系统 Model-M 中的摩擦力包含两部分：Fe 表面与 $MoS_2$ 的摩擦力；$MoS_2$ 片层间的内摩擦。经计算，当 Fe 表面的滑动距离达到最终的 50.0 nm 时，最顶部和最底部 $MoS_2$ 片层（1 和 4）的相对位移为 27.39 nm，这一结果表明作用在金属表面的摩擦有约 54.8% 的面积被 $MoS_2$ 层间的内摩擦替代了，有效地缓

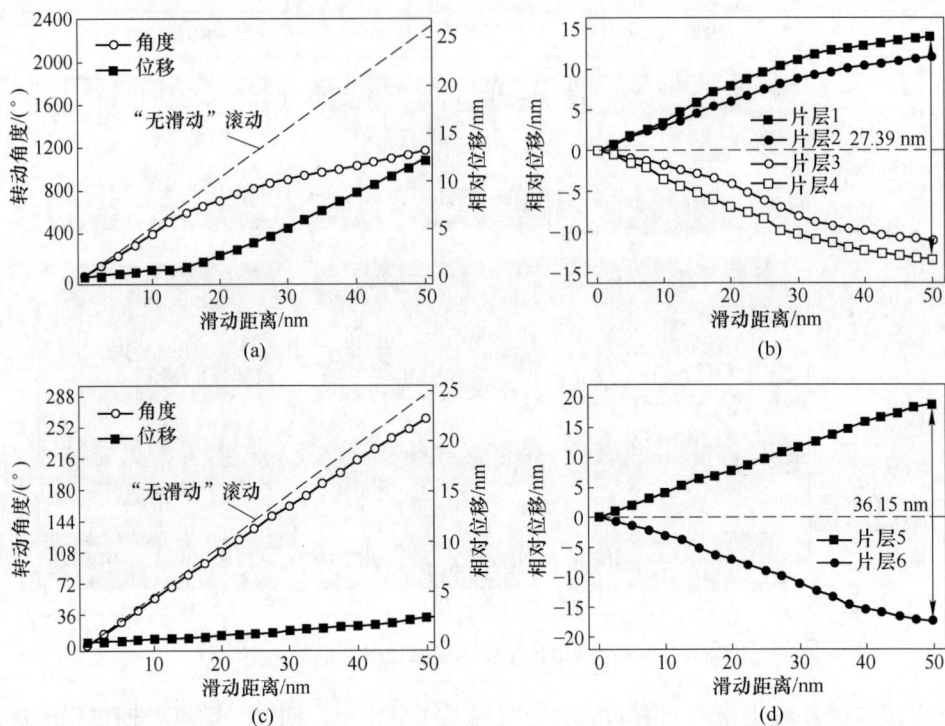

图 11-26　$Al_2O_3$ 粒子和 $MoS_2$ 粒子在不同体系模型中的旋转角度和相对位移

（a）（c）$Al_2O_3$ 粒子分别在 Model-A 和 Model-MA 中的旋转角度和相对位移；

（b）（d）$MoS_2$ 粒子在 Model-M 和 Model-MA 中的相对位移

和了摩擦磨损。被限制在金属之间的 $MoS_2$ 也出现了明显的压缩变形，这一现象能解释图 11-23（a）中的法向压力比单独使用 $Al_2O_3$ 时更低更稳定。

　　进一步地，如图 11-25 所示，$MoS_2$-$Al_2O_3$ 复合粒子的润滑性能可归因于不同润滑机制的协同作用。与上述结果相似，$MoS_2$ 片层间发生了相对滑动，同时 $Al_2O_3$ 粒子在 $MoS_2$ 顶部的片层 5 与底部的片层 6 之间移动。不同的是，从图 11-26（c）可以得知，$Al_2O_3$ 的运动几乎是"无滑动"的滚动，尤其是在 Fe 摩擦副的前 20.0 nm 滑动距离内，旋转角度曲线与"无滑动"滚动的理想曲线基本重合。此时的 $K_{rs}$ 值达到 0.91，进一步表明滚动运动占据主导地位。片层 5 与 6 的相对位移也高于单一 $MoS_2$ 润滑条件下的值，约为 36.15 nm。因此，在 $MoS_2$ 和 $Al_2O_3$ 共存的摩擦体系中，$MoS_2$ 也能更有效地将摩擦副间的摩擦转化为内摩擦（72.3%）。此外，通过对比图 11-25 中最终状态（50.0 nm）时的静态图，可以发现 3 个模型的 Fe 表面都有不同程度的变形，尤其是仅含单一 $Al_2O_3$ 纳米粒子的摩擦系统。

　　不同润滑条件下底层摩擦副的磨损表面形貌如图 11-27 所示。3 个模型的磨损面中间都出现了一个明显的犁沟状磨痕，大量的 Fe 原子被剥落并堆积在磨痕边缘。平均磨痕深度与摩擦力的大小顺序一致：Model-A（0.52 nm）>Model-M（0.37 nm）>Model-MA（0.24 nm），磨痕深度可以反映磨损量的高低。虽然 $Al_2O_3$ 粒子润滑时的磨损表面的磨痕最深，但犁沟内部比其他情况光滑很多。这是因为在边界润滑条件下，金属表面的摩擦主要来自局部微凸体的接触，而硬度极高的 $Al_2O_3$ 的运动可以有效去除这些微凸体，降低表面粗糙度，即纳米粒子的"抛光机制"。Shi 等人[18]的研究也表明这种光滑规则的犁沟磨痕通常是由纳米粒子的滑动运动而不是滚动运动造成的。当较软的 $MoS_2$ 粒子与金属表面接触时，如图 11-27（b）（c）所示，难以通过"抛光机制"提高表面质量，但体系的磨损率明显降低，证明了其对摩擦表面的有效保护作用。

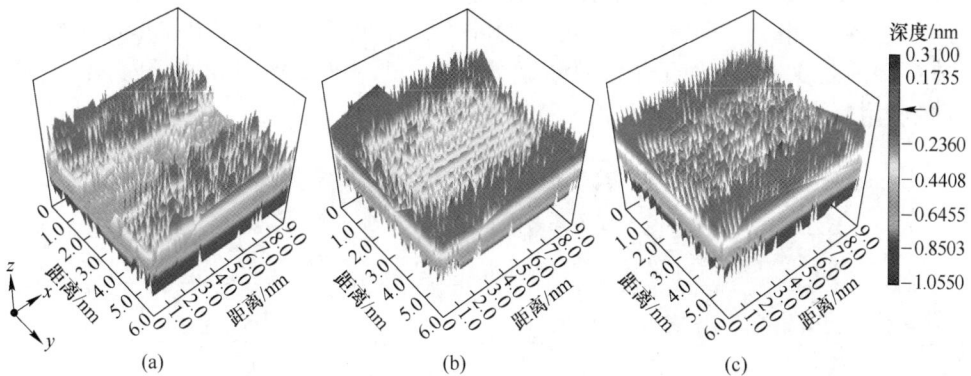

图 11-27　不同润滑条件下底层摩擦副的磨损表面形貌
（a）$Al_2O_3$ 纳米粒子；（b）$MoS_2$ 纳米粒子；（c）$MoS_2$-$Al_2O_3$ 纳米粒子

为进一步阐明 $MoS_2$ 和 $Al_2O_3$ 粒子在原子尺度上的协同润滑机制，研究了 Fe 表面与纳米粒子中原子的扩散行为。图 11-28 显示了金属表面与纳米粒子的摩擦界面处原子的扩散及形成摩擦膜的结构。由于摩擦过程中产生了热量与形变，一部分 Fe 原子也扩散到了摩擦膜中。分子动力学中原子的运动用一般均方位移 MSD 和扩散系数 $D$ 来衡量。

如图 11-28（a）所示，$Al_2O_3$ 粒子中的部分 Al 和 O 原子进入 Fe 基体中。由于 $Al_2O_3$ 极高的化学稳定性和硬度，不易与摩擦副表面的 Fe 原子反应，因此出现这一现象的主要原因是物理嵌入而不是化学扩散作用。同时由于 $Al_2O_3$ 的压入而剥落的游离 Fe 原子吸附在了纳米粒子表面。而当 $MoS_2$ 与金属直接接触时，如图 11-28（b）（c）所示，界面处可以观察到明显的摩擦膜。扩散到摩擦膜中的 S 和 Fe 原子分布较为均匀，在一定程度上反映了摩擦膜的稳定性。3 个体系中的典型扩散原子，Al 原子和 S 原子的均方位移和扩散系数分别见图 11-29 和表 11-8。从结果可以发现，各个模型中的 Al 原子的均方位移和扩散系数均比 S 原子小一个数量级以上（约 1/50），这也表明 $MoS_2$ 粒子具有更高的化学活性。在高温摩擦过程中，MoS$_2$ 粒子易于与摩擦表面金属发生化学反应，协助形成摩擦保护膜，而惰性的 Al$_2$O$_3$ 粒子与 Fe 间的摩擦化学反应不显著，因此发生扩散的难度较高。

在本节研究中，在摩擦副摩擦过程中 MoS$_2$ 粒子与金属接触的界面处积累的热量和机械能显著促进了各种原子的扩散，同时生成的摩擦膜能够在摩擦表面快速铺展开，减缓了后续摩擦过程的材料磨损。另外，从图 11-28（c）中可以发现，在 MoS$_2$ 片层与 Al$_2$O$_3$ 的接触区域也出现了 S 原子向 Al$_2$O$_3$ 粒子表面的扩散和吸附。由此可以推断，球形 Al$_2$O$_3$ 在 Model-MA 中更倾向于滚动运动，这与 S 原子在其表面吸附扩散形成的润滑性薄膜有关。Model-A 中 Al 原子的扩散系数高于 Model-MA 中 Al 原子的扩散系数，这是因为前者的摩擦界面温度（见图 11-24（b）中的 A1 和 A2）明显高于后者（见图 11-24（c）中的 A1 和 A2），从而加速了扩散过程。相反，虽然 Model-MA 中 MoS$_2$ 与 Fe 间的温度低于 Model-M 中 MoS$_2$ 与 Fe 间的温度，但 S 原子扩散系数略微升高，进一步证实了 S 原子向 Al$_2$O$_3$ 粒子的吸附，为原子提供了额外的扩散通道。

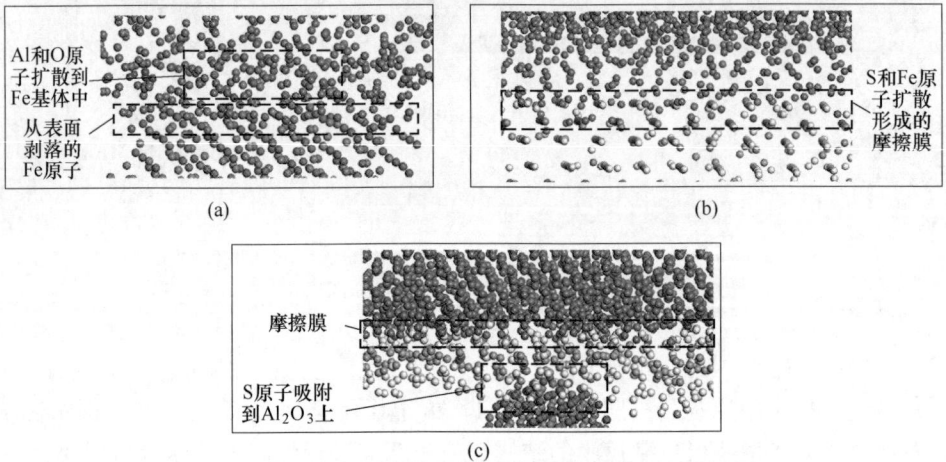

图 11-28　纳米粒子润滑时摩擦界面处原子的扩散及润滑膜结构

（a）Al$_2$O$_3$ 纳米粒子；（b）MoS$_2$ 纳米粒子；（c）MoS$_2$-Al$_2$O$_3$ 纳米复合粒子

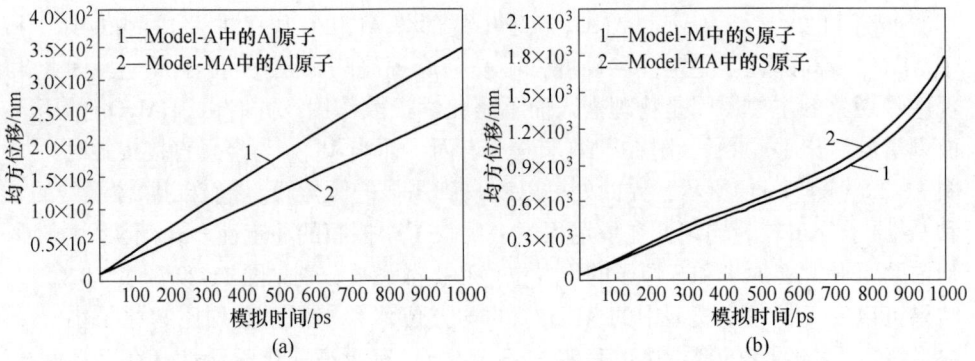

图 11-29　不同体系中 Al 原子（a）和 S 原子（b）扩散的均方位移

表 11-8　Al 和 S 原子在不同摩擦体系中的扩散系数

| 扩散原子 | 扩散系数/$m^2 \cdot s^{-1}$ | 扩散原子 | 扩散系数/$m^2 \cdot s^{-1}$ |
|---|---|---|---|
| Model-A 中的 Al 原子 | $5.82 \times 10^{-9}$ | Model-M 中的 S 原子 | $2.40 \times 10^{-8}$ |
| Model-MA 中的 Al 原子 | $4.21 \times 10^{-9}$ | Model-MA 中的 S 原子 | $2.59 \times 10^{-8}$ |

　　基于实验结果和分析，$MoS_2$-$Al_2O_3$ 纳米复合粒子的协同润滑机理示意图如图 11-30 所示。

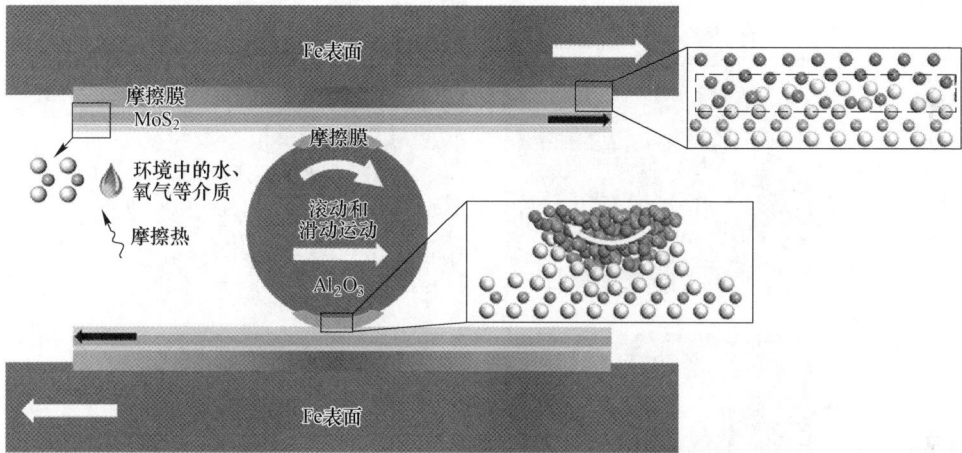

图 11-30　$MoS_2$-$Al_2O_3$ 纳米复合粒子的协同润滑机理示意图

　　首先，$MoS_2$ 和 Fe 表面间形成的摩擦膜能够显著降低摩擦力，防止黏着磨损。由于摩擦热及环境中的水、空气等物质，摩擦膜的形成涉及一系列复杂的物理化学过程：（1）S 原子和 Fe 原子的扩散保证了摩擦膜与金属基体的结合强度，如图 11-30 中的虚线框所示；（2）摩擦膜中会出现具备较高力学性能和低剪切强度的新生化合物，如 $Fe_2(SO_4)_3$、FeS、铁氧化物等，这些化合物能够保护基体金属免受持续磨损且具备一定的自润滑性能。其次，在 $MoS_2$ 和 $Al_2O_3$ 纳米粒子的接触界面，S 原子也吸附到了 $Al_2O_3$ 表面。模拟结果表明这些吸附原子促进了 $Al_2O_3$ 纳米粒子的滚动运动，抑制了高摩擦力的滑动运动，而 $Al_2O_3$ 纳米粒子的滚动运动反过来又促进了 $MoS_2$ 的层间滑动机制。最后，$MoS_2$ 片层的存在阻止了高硬度 $Al_2O_3$ 纳米粒子嵌入较软的 Fe 基体中，一方面有效地降低了磨损率，另一方面可以防止 $Al_2O_3$ 纳米粒子的滚动运动被抑制；同时 $Al_2O_3$ 纳米粒子也起到了分离 $MoS_2$ 不同片层的作用，避免高活性的 $MoS_2$ 因变形、相互缠绕和化学反应而使层间滑动被抑制。

### 11.3.4　铜纳米粒子的润滑及自修复作用

从宏观形貌可以发现，与干轧和使用基础液相比，使用含纳米铜的热轧润滑液可以使表面氧化皮更加致密，表面更加平整，同时表面呈现金属光泽，而非氧化铁皮的红褐色。为了研究微观层面纳米铜粒子在热轧过程中对钢板表面的影响，对使用质量分数为 0.4% 的纳米铜热轧润滑液的钢板截面进行透射电子显微镜（TEM）观察。纳米铜热轧润滑液的轧后截面 TEM 和 EDS 分析如图 11-31 所示。

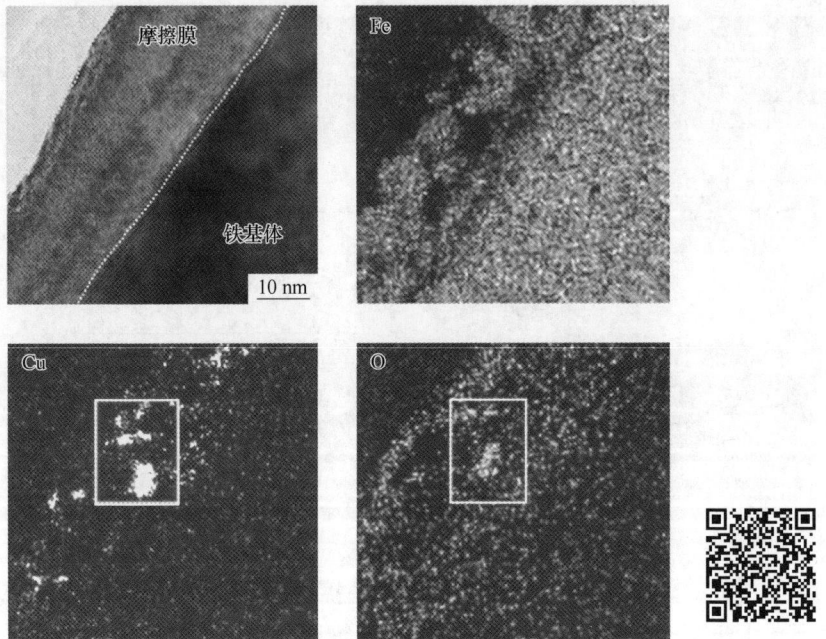

图 11-31　纳米铜热轧润滑液的轧后截面 TEM 和 EDS 分析

彩图

在轧后钢板的横截面可以清晰看到一层厚度约为 20 nm 的摩擦膜，说明在高温和高压环境下，铜纳米粒子与钢板表面发生摩擦烧结，使基体表面与产生的摩擦膜紧密结合。通过 EDS 分析可以看出，在摩擦膜中存在少量富集的铜和氧及大量的铁。如图 11-31 中红色标注区域所示，铜和氧的分布存在一定程度的相关性，说明在热轧过程中铜纳米粒子发生了氧化。而摩擦膜中存在的大量铁则表明在热轧过程中从钢板表面剥落的铁屑和氧化铁皮转移到了摩擦膜中。为了进一步对摩擦膜的化学成分进行分析，对轧后钢板表面进行 XPS 分析（见图 11-32），分析参考了 NISI XPS 标准数据库 4.1 版本。C 1$s$ 能谱中显示的波峰分别在 284.39 eV、284.89 eV、285.48 eV 和 288.3 eV，结合 O 1$s$ 在 532.20 eV 的波峰，可以推断热轧液分散剂中的有机分子吸附在了钢板表面[19]。Cu $2p$ 的能谱中显示有 4 个波峰，其中 932.7 eV 和 952.56 eV 处对应的是单质 Cu[20]，933.60 eV 和 953.70 eV 处对应的是 CuO。Fe $2p$ 能谱中 706.90 eV 和 720.20 eV 对应的是 Fe 化合物和 Cu 化合物，709.20 eV 和 723.52 eV 对应的是 $Fe_3O_4$，而 713.70 eV 和 724.20 eV 对应的是 Fe 化合物和 Cu 的氧化物，结合 O $1s$ 能谱中波峰 530.58 eV 和 531.40 eV 分别对应的是 $Fe_2O_3$ 和 $Cu_2O$，说明在 503.58 eV 处的 $O^{2-}$ 结合能分配给了 $Fe_2O_3$，而在 531.40 eV 处结合能分配给了 $Cu_2O$。通过 XPS 能谱分析可以基本判断摩擦膜是由 $Fe_2O_3$、$Fe_3O_4$[21]、$Cu_2O$、CuO、Fe 和 Cu[22]微粒及非晶态有机化合物组成的，通过避免摩擦副的直接接触而达到抑制黏着磨损保护表面质量的作用。

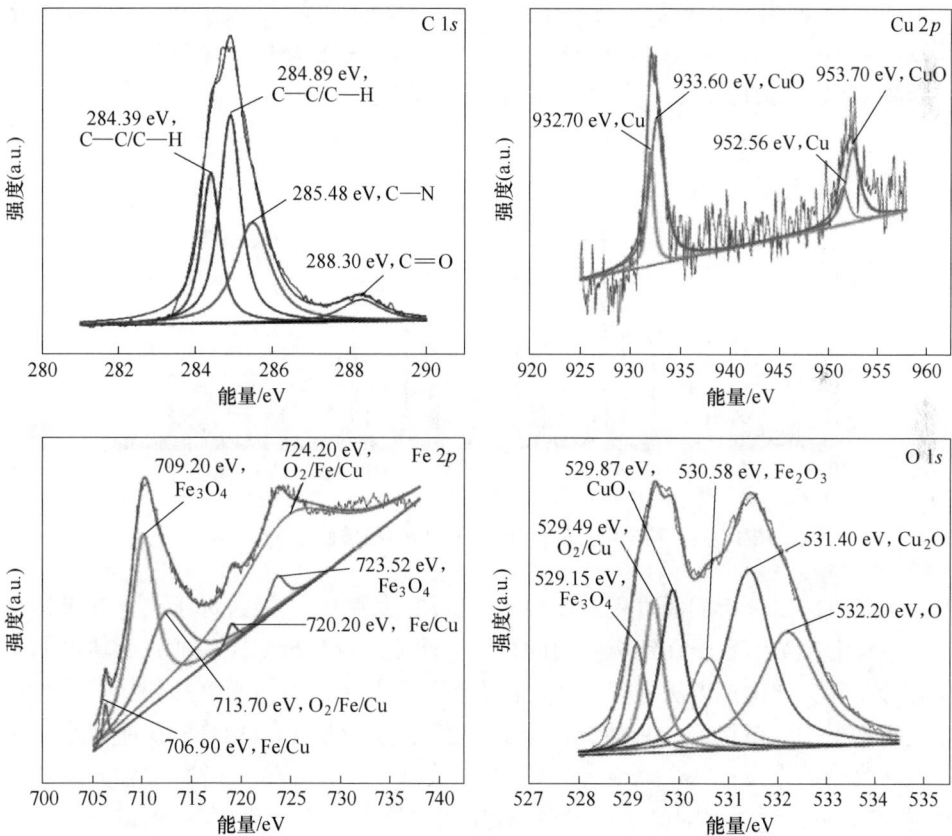

图 11-32 纳米铜润滑液轧后表面 XPS 能谱分析

摩擦膜的生成可以推断热轧润滑液中的铜纳米粒子可能会与基体发生相互作用，从而发生表面微合金化。为了研究摩擦膜与钢板表面的相互作用及铜纳米粒子在钢板表面的合金化效应，对轧后钢板表面进行 X 射线衍射分析，纳米铜热轧润滑液的轧后钢板横截面 XRD 图谱如图 11-33 所示，纳米铜润滑液的质量分数为

0.4%。图中显示的铁为钢板的基体[23]，其中在 18.30°、30.10°、35.46°、43.10°、56.99°和 62.58°处的衍射峰完全符合 $Fe_5CuO_8$[24] 的（111）、（220）、（311）、（400）、（511）和（440）布拉格衍射（JCPDS 76-2294）。与热扩散实验后钢板表面存在的物质不同，结合图 11-31 中的 EDS 元素扫描，在热轧过程中生成的摩擦膜中的铜纳米粒子被氧化成 CuO 后，在高压和高温的条件下与基体及钢板表面剥落的铁屑形成了 $Fe_5CuO_8$。

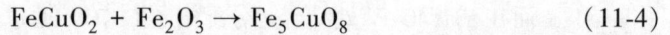

$$FeCuO_2 + Fe_2O_3 \rightarrow Fe_5CuO_8 \tag{11-4}$$

$Fe_5CuO_8$ 为尖晶石结构[25]，其中第一个 $Fe^{3+}$ 与 4 个等效 $O^{2-}$ 结合形成共角四面体 $FeO_4$，第二个 $Fe^{3+}$ 与 6 个 $O^{2-}$ 结合形成 $FeO_6$ 八面体，$Cu^+$ 与 4 个等效 $O^{2-}$ 结合形成 $CuO_4$ 四面体。随着轧制的进行，铜纳米粒子不断与铁基体、氧气和氧化铁皮中的 $Fe_2O_3$ 结合形成 $Fe_5CuO_8$，抑制了氧气与钢板表面发生反应，从而抑制了疏松氧化铁皮的生成，对钢板的表面质量起到了保护作用。

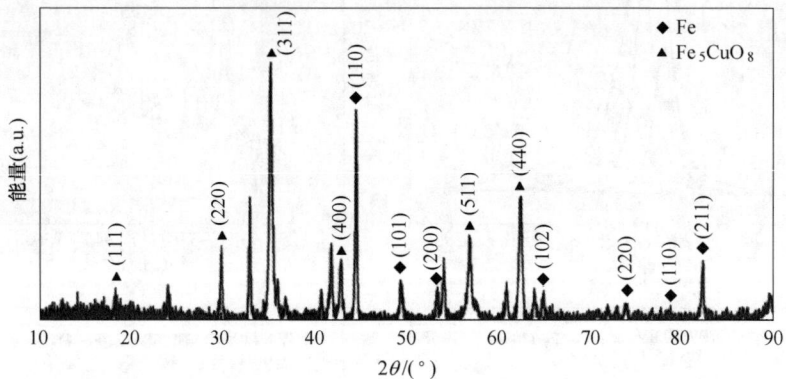

图 11-33　纳米铜热轧润滑液的轧后钢板横截面 XRD 图谱

为了进一步分析润滑过程中铜纳米粒子的运动方式，通过分子动力学模拟从分子层面对铜纳米粒子在钢板表面的自修复性能进行分析。模拟通过经典的非平衡态分子动力学模拟方法，分别建立没有铜纳米粒子的摩擦模型和使用铜纳米粒子进行润滑的摩擦模型，来研究原子的扩散行为。使用 LAMMPS 软件创建一对钢板作为摩擦表面，每个钢板含有 6391 个铁原子，沿 $x$ 轴、$y$ 轴、$z$ 轴方向的尺寸为 10.0 nm×5.5 nm×1.5 nm，在钢板中间放置直径为 3.0 nm 的铜纳米粒子作为纳米粒子的摩擦润滑模型（见图 11-34（a））。在 $x$ 轴方向和 $y$ 轴方向施加周期性边界条件，沿 $z$ 轴方向在顶部施加正压力并沿着上、下钢板的 $x$ 轴方向分别添加 $+1/2\ v$ 和 $-1/2\ v$ 的反向移动速度来模拟剪切过程。摩擦系统模拟模型如图 11-34（b）所示。

将有限元钢板分为刚性层和自由层，用嵌入原子势（EAM）模拟金属原子 Fe-Fe、Fe-Cu 和 Cu-Cu 间的相互作用力。约束剪切模拟包括 3 个阶段，首先是不

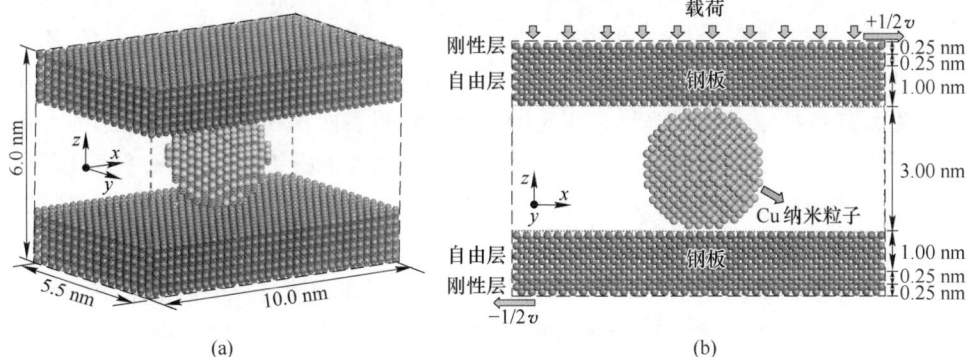

图 11-34　摩擦系统模拟模型

（a）钢板与纳米粒子模型；（b）施加边界条件后的摩擦系统模型

施加外力的 150 ps 平衡状态，然后是通过正则系综（NVT）和 Langevin 恒温器模拟使摩擦系统温度保持在 1323 K 并逐渐在钢板顶部施加 100 MPa 的载荷，使系统再次达到平衡状态（200 ps）。最后通过为正则系综模拟（NVE）在钢板顶部和底部的刚性层分别施加大小为 0.05 nm/ps 且方向相反的滑动速度。摩擦模拟使用 1 fs 的时间步长，持续时间为 1000 ps。模拟过程中原子运动速度通过 Verlet 积分算法计算，系统的法向应力是上、下钢板刚性层的压力之和。模拟不同阶段无铜纳米粒子与有铜纳米粒子润滑的摩擦模型静态图如图 11-35 所示。

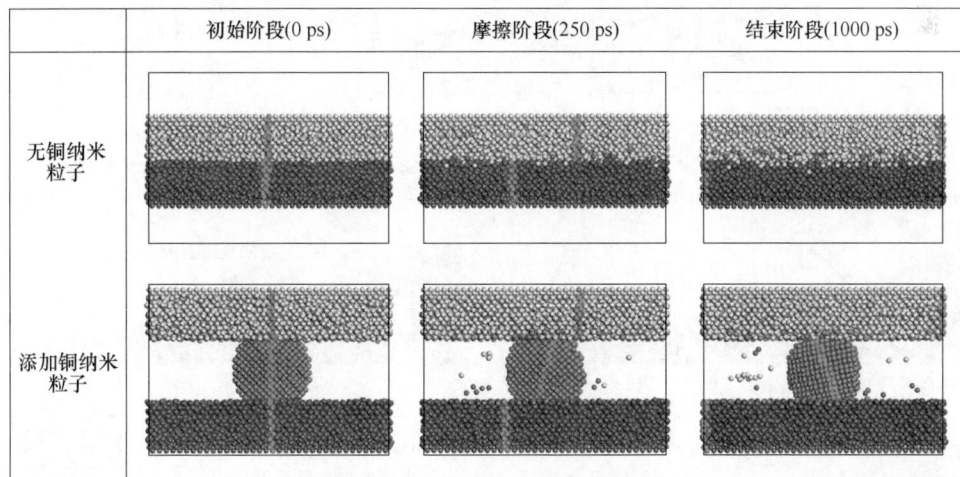

图 11-35　模拟不同阶段无铜纳米粒子与有铜纳米粒子
润滑的摩擦模型静态图

（图中黄色为钢板顶部，蓝色为钢板底部，
橙色为铜纳米粒子）

彩图

图 11-35 中绿色原子用于观察摩擦过程中原子的可视化运动。从图中可以发现，在没有铜纳米粒子进行润滑时，两端的铁原子被紧密地挤压在一起。摩擦过程中两端的铁原子都存在向另一端进行扩散的现象，反映了摩擦过程中黏着磨损的发生，这也从原子层面解释了在轧制过程中钢板表面存在黏着磨损的原因。而从使用铜纳米粒子进行润滑的模型中可以发现，球形的铜纳米粒子在摩擦过程中同时存在滚动和滑动两种运动，通过式（11-3）计算滚动/滑动系数 $K_{rs}$ 来判断铜纳米粒子的运动模式。

通过计算，铜纳米粒子的 $K_{rs}$ 值为 0.741，说明在摩擦过程中铜纳米粒子的运动形式是以 74.1% 的滚动与 25.9% 的滑动组成的。从图 11-35 中也可以发现，在摩擦过程中铜纳米粒子发生了变形，有一部分的铜原子扩散到了两端的钢板中，填补了因摩擦而剥落的铁原子的空位，这可以证明在摩擦过程中铜原子会扩散到钢板近表面，并在摩擦表面形成摩擦膜，对表面缺陷进行修复。综合实验表征和分子动力学模拟结果，分析热轧过程中铜纳米粒子对钢板表面的自修复机理如图 11-36 所示。

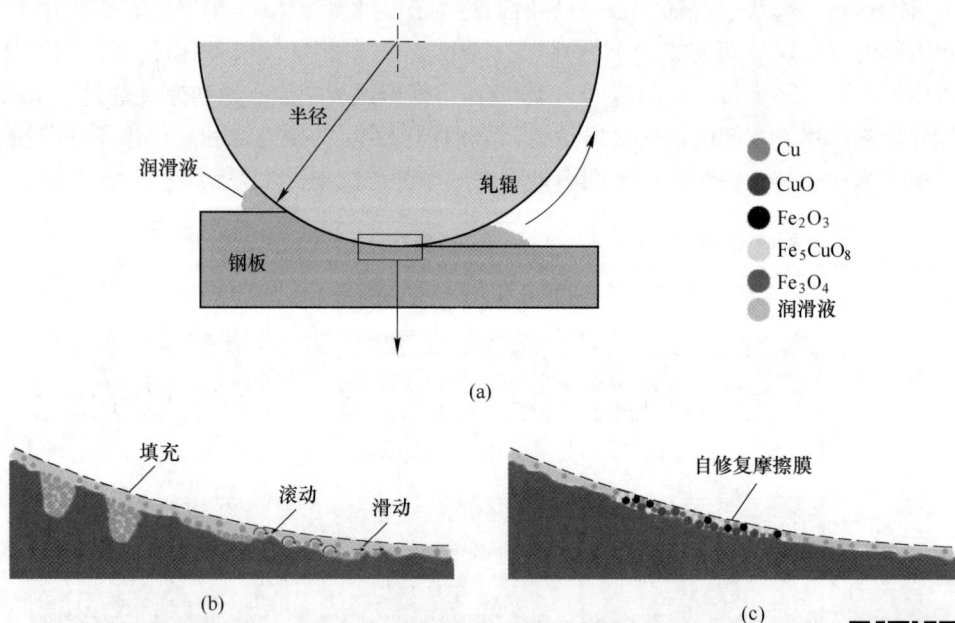

图 11-36　热轧过程中铜纳米粒子对钢板表面的自修复机理
(a) 自修复机理示意图；(b) 铜纳米粒子自修复作用；
(c) 自修复摩擦膜修复作用

彩图

铜纳米粒子的自修复可分为纳米粒子自身对表面缺陷的修复如图 11-36 (a)(b) 所示，由于铜纳米粒子的小尺寸效应，其硬度一般为普通铜单质的 3~5 倍。

在热轧过程中铜纳米粒子会填充到钢板表面的犁沟和划痕中，并且由于铜纳米粒子在摩擦副之间的运动形式以滚动为主，同时伴随着部分的滑动，因此在粒子滚动时会对钢板表面起到滚动抛光作用，而滑动则会对表面起到微量切削作用，使得钢板表面变得平整。同时，在高温高压的作用下，铜纳米粒子会与基体发生化学反应，与水、氧气及钢板表面形成以 Cu、CuO、$Fe_2O_3$、$Fe_3O_4$ 及合金化合物 $Fe_5CuO_8$ 组成的自修复摩擦膜。摩擦膜的存在，避免了钢板表面与轧辊的直接接触，同时使钢板表面硬度增加，有效抑制了严重的黏着磨损的发生。

## 参 考 文 献

[1] KAO M J, LIN C R. Evaluating the role of spherical titanium oxide nanoparticles in reducing friction between two pieces of cast iron [J]. Journal of Alloys and Compounds, 2009, 483 (1): 456-459.

[2] LUO T, WEI X. Tribological properties of $Al_2O_3$ nanoparticles as lubricating oil additives [J]. Ceramics International, 2014, 40 (5): 7143-7149.

[3] 陈爽, 刘维民, 欧忠文, 等. 油酸表面修饰 PbO 纳米微粒作为润滑油添加剂的摩擦学性能研究 [J]. 摩擦学学报, 2001 (5): 344-347.

[4] XIE H M, JIANG B, HU X Y, et al. Synergistic effect of $MoS_2$ and $SiO_2$ nanoparticles as lubricant additives for magnesium alloy-steel contacts [J]. Nanomaterials, 2017, 7 (154): 1-16.

[5] PEÑA-PARÁS L, TAHA-TIJERINA J, GARZA L, et al. Effect of CuO and $Al_2O_3$ nanoparticle additives on the tribological behavior of fully formulated oils [J]. Wear, 2015, 332-333: 1256-1261.

[6] 叶毅, 董浚修, 陈国需, 等. 纳米硼酸盐的摩擦学特性初探[J]. 润滑与密封, 2000 (4): 20-21.

[7] WU Y Y, TSUI W C, LIU T C. Experimental analysis of tribological properties of lubricating oils with nanoparticle additives [J]. Wear, 2007, 262 (7): 819-825.

[8] WANG X L, YING Y L, ZHANG G N. Study on antiwear and repairing performances about mass of nano-copper lubricating additives to 45 steel [J]. Physics Procedia, 2013, 50 (1): 466-472.

[9] 岳文, 王成彪, 田斌, 等. 陶瓷润滑油添加剂对钢/钢接触疲劳及磨损性能的影响 [J]. 材料热处理学报, 2006, 27 (6): 118-123.

[10] 刘俊铭. 聚氧乙烯基醚水基润滑液摩擦学特性研究 [D]. 北京: 北京交通大学, 2010.

[11] KORNHERR A, HANSAL S, HANSL W E G, et al. Molecular dynamics simulations of the adsorption of industrial relevant silane molecules at a zinc oxide surface [J]. Journal of Chemical Physics, 2003, 119 (18): 9719-9728.

[12] 齐尚奎, 冯良波, 高玲, 等. 二硫化钼粉晶表面氧化机理研究 [J]. 摩擦学学报, 1995, 15 (1): 39-44.

[13] TANG Z, LI S. A review of recent developments of friction modifiers for liquid lubricants

（2007-present）［J］. Current Opinion in Solid State and Materials Science, 2014, 18 (3): 119-139.

［14］ EVANS D J, HOLIAN B L. The Nose-Hoover thermostat［J］. The Journal of Chemical Physics, 1985, 83 (8): 4069-4074.

［15］ BERRO H, FILLOT N, VERGNE P, et al. Energy dissipation in non-isothermal molecular dynamics simulations of confined liquids under shear［J］. The Journal of Chemical Physics, 2011, 135 (13): 134708.

［16］ GATTINONI C, HEYES D M, LORENZ C D, et al. Traction and nonequilibrium phase behavior of confined sheared liquids at high pressure［J］. Physical Review E, 2013, 88 (5): 052406.

［17］ JOLY-POTTUZ L, BUCHOLZ E W, MATSUMOTO N, et al. Friction properties of carbon nano-onions from experiment and computer simulations［J］. Tribology Letters, 2010, 37 (1): 75-81.

［18］ SHI J Q, FANG L, SUN K. Friction and wear reduction via tuning nanoparticle shape under low humidity conditions: A nonequilibrium molecular dynamics simulation［J］. Computational Materials Science, 2018, 154: 499-507.

［19］ CUI S, ZHU H, TIEU A K, et al. Insights into the behavior of polyphosphate lubricant in hot rolling of mild steel［J］. Wear, 2019, 426-427: 433-442.

［20］ SIMONOVIS J P, HUNT A, WALUYO I. In situ ambient pressure XPS study of Pt/Cu (111) single-atom alloy in catalytically relevant reaction conditions［J］. Journal of Physics D: Applied Physics, 2021, 54 (19): 194004.

［21］ SEDKI M, ZHAO G, MA S C, et al. Linker-free magnetite-decorated gold nanoparticles ($Fe_3O_4$-Au): Synthesis, characterization, and application for electrochemical detection of arsenic (Ⅲ)［J］. Sensors, 2021, 21 (3): 883.

［22］ STENLID J H, SANTOS E C D, JOHANSSON A J, et al. Properties of interfaces between copper and copper sulphide/oxide films［J］. Corrosion Science, 2021, 183: 109313.

［23］ BAGUS P, NELIN C, BRUNDLE C, et al. Combined multiplet theory and experiment for the Fe $2p$ and $3p$ XPS of FeO and $Fe_2O_3$［J］. The Journal of Chemical Physics, 2021, 154: 094709.

［24］ PERSSON K. Materials data on $Fe_5CuO_8$ by materials project［J］. The Materials Project, 2020, 7: 1207415.

［25］ KHEDR M, BAHGAT M, RADWAN M, et al. Effect of $Cu^{2+}$ on the magnetic properties and reducibility of $Fe_2TiO_5$［J］. Journal of Materials Processing Technology, 2007, 190 (1/2/3): 153-159.

# 12 石墨烯及其衍生物在金属加工液中的应用

在摩擦过程中，具有低界面剪切强度、高分子活性和表面能等特性的石墨烯易吸附在摩擦副表面，形成易剪切的润滑薄膜。但使用石墨烯作为纳米流体的固体添加剂时，存在分散稳定性差和磨损腐蚀等问题[1-2]。而氧化石墨烯（graphene oxide，GO）作为石墨烯的衍生物，几乎继承了石墨烯所有的优异特性。氧化石墨烯表面富含羟基（—OH）、羧基（—COOH）和环氧基（C—O—C）等氧官能团，亲水基团的存在有利于稳定分散[3]。同时，高比表面积的特性导致氧化石墨烯表面出现褶皱，该结构可在一定程度上抑制其团聚。

相关学者通过传统的摩擦学实验，并结合多种表征手段对磨损表面进行分析，石墨烯及其衍生物在金属表面的摩擦学行为和润滑机理已被广泛讨论和研究，但原子和分子水平上的理论支撑还不深入，尚未构建可视化的纳米尺度润滑模型。在分子动力学模拟过程中，建立金属上表面-纳米粒子-金属下表面的润滑体系，对系统施加法向压力并设置剪切速率，即可模拟或还原摩擦副的剪切滑移过程。随后对摩擦过程中纳米粒子的运动方式、体系温度和力等数值进行解析，研究摩擦系数、摩擦力、分子取向分布、润滑膜结构和密度等的演变过程，以全面评估石墨烯及其衍生物在金属加工液中的摩擦学行为，弥补传统摩擦学实验的不足，推动石墨烯及其衍生物在金属加工液中的应用。

## 12.1 石墨烯及其衍生物

### 12.1.1 石墨烯的基本结构和性质

石墨烯的原子排列与石墨的单原子层相同，是由 $sp^2$ 杂化碳原子以蜂巢晶格在二维平面上有序排列而成。石墨烯可以想象为由碳原子和其共价键形成的原子尺寸网。严格意义上，单原子厚度（单层）的碳单质被称为石墨烯。但实际研究中，通常把层数较少（寡层）或含有其他原子（如氮、氧或氢）的类似结构也称为石墨烯。石墨烯被认为是构建其他碳的同素异性体的基础单元。单层石墨烯、零维富勒烯、一维碳纳米管和三维石墨的结构示意图如图 12-1 所示，石墨烯卷曲为闭合结构，即构成富勒烯；石墨烯沿着轴向卷曲，即构成碳纳米管；多层石墨烯平行、有序地堆叠，即构成石墨。

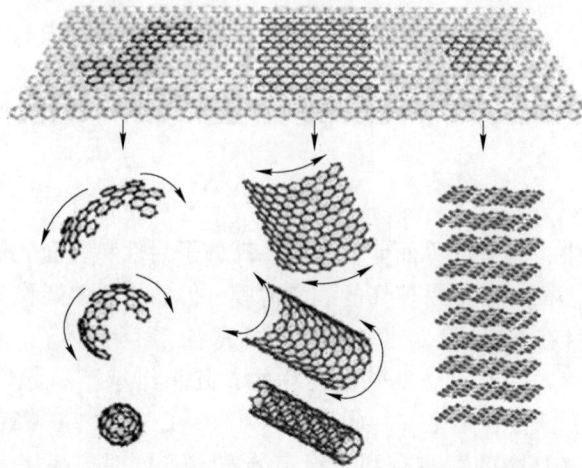

图 12-1　单层石墨烯、零维富勒烯、一维碳纳米管和三维石墨的结构示意图

石墨烯的特殊结构决定了其独特的性质。从分子层面上考虑，石墨烯中碳原子的许多性质和苯环上的碳原子有类似之处，然而由于石墨烯由无数个六元环构成，并且其边缘氢原子对分子贡献远小于苯环，因此其许多性质又有所不同；从宏观层面看，石墨烯就是单层石墨，它的边缘性质和石墨有一定程度上的类似[4]。2D 结构的石墨烯具有优异的电子特性，且导电性依赖于片层的形状和片层数[5-6]，据悉，石墨烯是目前已知的导电性能最出色的材料，可运用于导电高分子复合材料，这也使其在微电子领域、半导体材料、晶体管和电池等方面极具应用潜力[7]。如果用石墨烯制造微型晶体管将能够大幅度提升计算机的运算速度，其传输电流的速度比电脑芯片里的硅快 100 倍。石墨烯的导热性能（3000 W/(m·K)）也很突出，且优于碳纳米管[8]。石墨烯的表面积很大，McAllister 等人[9]通过理论计算得出石墨烯单层的表面积为 2630 $m^2/g$，这个数据是活性炭的 2 倍多，可用于水净化系统。

石墨烯具有非常特殊的力学性能和化学性能。实验检测到的石墨烯的杨氏模量高达 1.0 TPa，弹性常数为 15 N/m，其断裂强度高达 42 N/m，是钢铁材料强度的 200 倍[10]。这些数据与石墨烯的层数有关，同时也取决于其边缘位置和表面的缺陷。石墨烯因为同时具有面内的 C—C σ 键和面外的 π 电子，所以，一方面具有很高的结构稳定性及热和化学稳定性；另一方面如果适当对官能团进行修饰，将会使石墨烯具有丰富的化学活性。石墨烯的反应活性更多地集中在它的缺陷和边界官能团上。

## 12.1.2　石墨烯和氧化石墨烯的制备方法

以石墨为原料制备氧化石墨，是低成本、大量制备石墨烯或氧化石墨烯的起点。到目前为止，石墨烯的制备方法可以归结为两个基本的思路[11]：一是以石墨为原料，通过削弱乃至破坏石墨层间的范德华力使片层剥离，从而获得石墨烯；二是通过破坏含碳化合物中的化学键，以碳原子的定向组装方式让碳原子沿平面方向生长，从而获得石墨烯。第一种获取途径简单易行、成本低，适合大规模生产，这种途径的方法有机械剥离法、化学插层法和氧化还原法。第二种获取途径成本较高，工艺过程控制较复杂，所得石墨烯适合应用在精密度要求较高的应用光学及微电子领域，这种途径的方法有气相沉积法、外延法和有机合成法。

氧化石墨烯的制备通常分为两步，即氧化石墨的制备和氧化石墨的剥离。在一些条件下，石墨能够与强氧化剂反应，使其片层间带上羧基、羟基等基团，石墨层间距变大，从而形成氧化石墨。目前较为常用的方法主要有 Brodie 法[12]、Staudenmaier 法[13] 和 Hummers 法[14]。

尽管氧原子的介入导致了石墨层间距增大，但石墨间仍然有部分的范德华力的束缚，因此，若想得到单层的氧化石墨烯，还需要向得到的氧化石墨施加一定的外力，将氧化石墨烯从氧化石墨的范德华力束缚中解离出来，从而成为单层的氧化石墨，即氧化石墨烯。常用的方法有热膨胀法和超声分散法。热膨胀法的原理是通过高温处理使氧化石墨表面的环氧基和羟基等含氧官能团分解成 $CO_2$ 和 $H_2O$ 蒸气，其蒸气产生的层间压力就可能大于层间的范德华力而使氧化石墨膨胀并剥离成氧化石墨烯，但这种热处理得到的氧化石墨烯剥离不完全（比表面积为 $100\ m^2/g$），远小于理论完全剥离值（$2600\ m^2/g$），且会造成氧化石墨烯片层折叠成蠕虫状。超声分散法的原理是利用超声波强大的能量作用于液体，使其产生很多的微小气泡，这些气泡在闭合过程中产生的"空化"效应可形成瞬间高压和局部高温（$180\sim200\ ℃$），从而使片层迅速剥落而成为氧化石墨烯片。其方程式可表示为

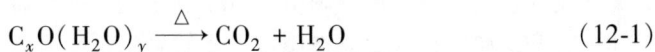

$$C_xO(H_2O)_y \xrightarrow{\triangle} CO_2 + H_2O \tag{12-1}$$

Ramesh 等人[15]对氧化石墨悬浮液进行超声分散，所得的分散液静置数周仍未出现明显沉降，且 Stankovich 等人[16]采用同样的方法进一步通过原子力显微镜（AFM）分析其剥离的氧化石墨烯已达到纳米级，证明其已实现完全剥离。Geng 等人[17]将天然石墨鳞片在甲酸中超声、离心、干燥，制备了完全剥离和稳定的氧化石墨烯，与传统方法相比，这种方法的特别之处在于使氧化石墨的制备与剥离同时进行，缩短了传统方法所需的近 2/3 的时间，且避免了使用硫酸、氯化物等有毒的物质。目前多采用超声剥离制备氧化石墨烯，因为超声作用的剥离程度相对较高，且超声前、后氧化石墨烯与氧化石墨的化学结构基本不变，即此过程无化学变化，而热膨胀法易使表面的官能团减少，影响氧化石墨烯与聚合物的复合。

### 12.1.3　氧化石墨烯的特征和优势

　　氧化石墨烯是单层的氧化石墨，是石墨烯重要的派生物。氧化石墨烯的结构与石墨烯大体相同，只是在一层碳原子构成的二维空间无限延伸的基面上连接有大量的含氧官能团，如羟基（—OH）、环氧基团（C—O—C）、羰基（C＝O）、羧基（—COOH）等，其中羟基和环氧基团主要位于石墨烯的基面上，而羰基和羧基则处在石墨烯的边缘处[18]，这使其不需要表面活性剂就能在水中很好地分散，氧化石墨烯结构示意图如图 12-2 所示。

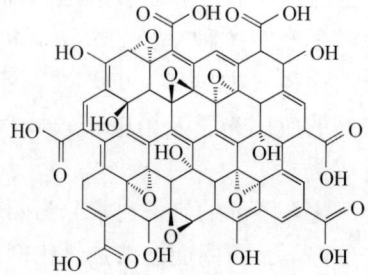

图 12-2　氧化石墨烯结构示意图

　　氧化石墨烯具有石墨烯特殊的片状、蜂窝状结构，同时其表面的含氧官能团赋予了氧化石墨烯一些特殊的性质：

　　（1）分散性及其层离特性。氧化石墨烯是典型的准二维空间结构，层内原子以强共价键的形式结合，而层间原子则是通过各种含氧官能团以较弱的氢键结合。一般认为，氧化石墨烯在外力（如超声波）的作用下，能够在水中或碱水中形成稳定性较好的胶体或悬浮液。同时，其层间含氧官能团的存在，使得氧化石墨烯容易与高聚物或其他极性分子复合[19]。

　　（2）电学性能。氧化石墨烯片层含有丰富的含氧极性官能团（—OH，—COOH），因此，氧化石墨烯也可以被看成是电子和离子混合作用的聚阴离子的传导体。此外，氧化石墨烯也可以因为层间得到电子或失去电子而成为电子或空穴的传导体。

　　（3）热稳定性。氧化石墨烯是一种热不稳定化合物。常温下，氧化石墨烯会缓慢地自动脱氧，颜色逐渐由褐色变成黑色。如果对其进行缓慢加热，则可以使其脱氧速度加快。因此，在制备干燥的氧化石墨烯粉末过程中，干燥温度最好不要超过 50 ℃。

　　（4）氧化还原特性。氧化石墨烯具有一定的氧化还原性，其氧化能力与 $PbO_2$ 相当，既能与还原剂发生还原反应，又能与氧化剂发生氧化反应。氧化石墨烯被进一步氧化后，其六方形骨架结构上的六个碳原子均被氧化成了羧基，转化为苯六酸[20]。

　　（5）离子交换特性。氧化石墨烯中含有大量的含氧官能团，共约 25 mmol/g[21]。一般认为，氧化石墨烯的离子交换电荷主要来源于酸性官能团，其离子交换的容量可以达到 3.0~3.5 mmol/g，比蒙脱石的离子交换容量（0.60~1.20 mmol/g）大 3~4 倍[22]。氧化程度不同，氧化石墨烯的离子交换能力也有所差异，但是关于两者具体的关系尚没有定论。

因此，氧化石墨烯表面的含氧官能基团一方面赋予了氧化石墨烯的亲水性，使其能够吸附大量的水分子，同时赋予了氧化石墨烯一些新的特性，如分散性、与聚合物的兼容性、表面易修饰性等[23]；另一方面这些功能基团及一些较大的极性分子接入，使层面内的 π 键断裂，氧化石墨烯分子更能够以单层的状态存在于分散剂中。

# 12.2　石墨烯基纳米材料的功能化

## 12.2.1　氧化石墨烯的表面改性

用于表面改性的活性剂主要有阳离子活性剂、有机异氰酸酯、长链脂肪族胺、长链脂肪族醇类、烷基胺及氨基酸等。改性一方面使得氧化石墨片层间距拉大，另一方面使制得的氧化石墨烯（GO）具有更强的分散稳定性。Stankovich 等人[24]将氧化石墨进行异氰酸酯改性，使氧化石墨的羧基和羟基分别转变成氨基化合物和氨基甲酸盐，从而降低其亲水性，过滤后将改性后的氧化石墨分散于邻苯二甲酸二甲酯（DMF）溶剂中，并施以超声波，使氧化石墨片层剥落，形成稳定的无明显沉降现象的氧化石墨烯分散液，且在其他极性质子溶剂（如 N-甲基吡咯啉（NMP）、二甲基亚砜（DMSO）、六甲基磷酰胺（HMPA））中也能形成稳定的胶状分散体系。此外，Wei 等人[25]通过带有负电的 GO 纳米片和带正电的聚二甲基二烯丙基氯化铵（PDDA）修饰的 $Fe_3O_4$ 纳米粒子之间的相互静电作用，合成了具有优异磁性能的 $GO/Fe_3O_4$ 纳米复合材料，如图 12-3 所示，GO 的褶皱结构将 $Fe_3O_4$ 纳米粒子包覆其中，阻碍了 $Fe_3O_4$ 纳米粒子体积的变化，同时也阻止了 $Fe_3O_4$ 纳米粒子的脱附和团聚。图 12-3 为 $GO/Fe_3O_4$ 纳米复合材料合成过程示意图。

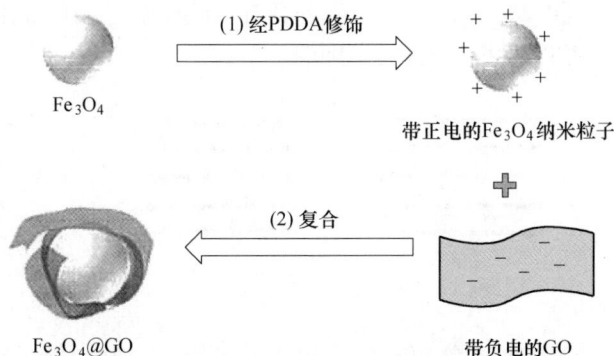

图 12-3　$GO/Fe_3O_4$ 纳米复合材料合成过程示意图

　　杨建国等人[26]利用阳离子表面活性剂十六烷基三甲基溴化胺对氧化石墨进行插层改性后再施以超声波，使其表面亲油性得以改善，同时其表面能降低、层间距增大。Liu 等人[27]利用长链脂肪族辛醇将氧化石墨改性，制备了聚醋酸乙烯酯/氧化石墨插层复合材料。Matsuo 等人[28]先后采用阳离子表面活性剂、烷基胺及氯硅烷类和乙氧基硅烷类对氧化石墨进行表面改性，而且还通过生色团的嫁接制成了荧光薄膜材料。以上几种方法中，异氰酸酯改性手段运用较多。Stankovich 等人[16]在聚对苯乙烯磺酸钠（PSS）的溶液中对氧化石墨进行剥离和还原，得到了聚合物包覆石墨烯，一方面使得石墨烯间的接触面积显著降低，另一方面，该方法得到的石墨烯可以很好地溶于水中，且溶液具有极高的稳定性，放置一年也不会发生团聚。Si 等人[4]也采用类似的方法，将施以超声波后的氧化石墨烯分散液用硼氢化钠进行还原，然后进行磺化处理，将微量的磺酸根（—$SO_3H$）引入片层表面，这样可以防止石墨烯团聚。Song 等人[29]将氧化石墨烯进行羧基改性，改性后的氧化石墨烯可应用于葡萄糖的检测和缓冲液及稀释溶液等。

## 12.2.2　氧化石墨烯与无机纳米复合材料

　　氧化石墨烯具有独特的二维结构，拥有完全开放的表面，尤其是其表面的含氧活性基团，能够与其他无机材料之间形成很强的相互作用，因此，其可以作为载体材料成功地应用于制备石墨烯基复合材料。而且，石墨烯内在的优异性能也能改善单一材料在性能方面的局限性，使石墨烯基复合材料呈现与众不同的优异特性。石墨烯上负载的粒子可分为纳米金属粒子、金属化合物。将金属及其化合物负载到石墨烯表面会形成一系列新型复合材料，这些材料不仅可以阻止石墨烯片层间聚集，而且能量和电子在石墨烯及金属（化合物）之间能够有效地传递，使得这类材料兼具碳材料和金属的特性。Zhu 等人[30]在不需要任何化学添加剂的情况下，在水-异丙醇体系中采用原位化学合成法将 CuO 纳米粒子沉积到 GO 表面。通过调控 CuO 与 GO 的比例，得到具有不同性质的 GO/CuO 复合材料。图12-4 为 GO/CuO 纳米复材料的合成机理图。

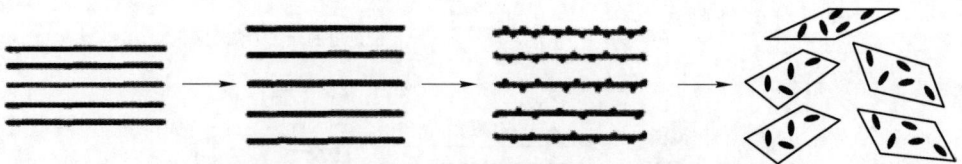

图 12-4　GO/CuO 纳米复合材料的合成机理图

　　Xu 等人[31]采用原位化学沉积法合成了 GO/$Co_3O_4$纳米复合材料，其合成过程如图 12-5 所示。在该复合材料中，$Co_3O_4$纳米粒子尺寸均一并且均匀分散在氧化石墨烯层间，阻止了氧化石墨烯的团聚。同时，该复合材料对于高氯酸铵的热分解也具有较高的催化活性。

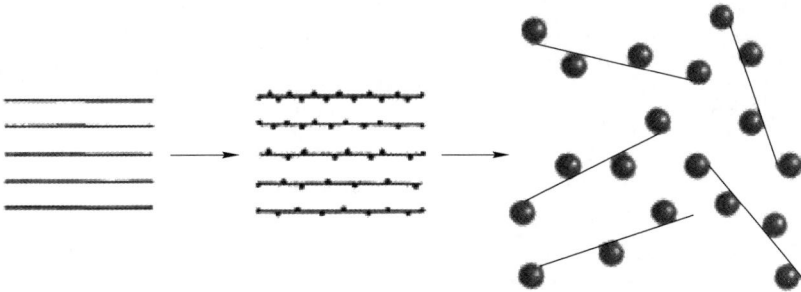

图 12-5　GO/Co$_3$O$_4$纳米复合材料的合成过程示意图

### 12.2.3　氧化石墨烯与有机物纳米复合材料

石墨被强氧化剂氧化后所含有的丰富的含氧官能团使之具有高度的化学可协调性，这些含氧官能团的引入使得有机物分子极易通过共价键嵌入氧化石墨层间形成纳米复合材料。在氧化石墨烯以前，有关碳基材料/有机物复合材料的研究已经有很多，尤其是基于富勒烯、碳纳米管和有机物或高聚物复合材料的研究[32-33]。氧化石墨烯作为碳材料中独特的一种，同样可以作为添加载体与有机物进行复合。由于氧化石墨烯在不同溶剂中的分散问题得到了较好的解决，因此氧化石墨烯与有机物复合材料的制备更加容易。

从目前的报道来看，溶液共混、熔融共混、原位聚合是常用的石墨烯与有机物和聚合物的复合材料制备方法。改善氧化石墨烯化合物在油中分散的另一种化学方法是通过酰胺键将活性位点上的烷基链（如缺陷和边缘）接枝到 GO 表面上。这种烷基化改性促进了化学官能化 GO 在油中的稳定分散，这提供了低摩擦阻力，使摩擦表面之间的磨损显著减少[34]。Li 等人[35]采用溶液混合法制备了 GO/丁腈橡胶纳米复合材料，并且分别在干摩擦和水润滑的条件下研究了其摩擦学性能。结果表明，在干摩擦条件下，材料的摩擦系数和磨损速率起初随着 GO 含量的增大而减小，随后增大；在水润滑条件下，材料的摩擦系数和磨损速率则随着 GO 含量增大而减小。

Verdejo 等人[36]成功制备氧化石墨烯/硅树脂复合的多孔材料。这种复合材料质轻且具有良好的热稳定性和散热性，可用于解决大功率设备的散热问题，而且通过 SEM 表征发现，添加的氧化石墨烯处于泡沫的孔交界处，这使得每个孔之间都连接更紧密，从而提高了多孔复合材料的力学性能。宋浩杰等人[37]研究了 GO/聚醚醚酮复合材料的制备及其摩擦学性能，通过真空环境下在聚四氟乙烯的基片上制备出 GO/聚醚醚酮薄膜，具体制备过程如图 12-6 所示。摩擦学实验结果表明，与碳纳米管增强的复合材料相比，GO/聚醚醚酮复合材料具有更高的摩擦学性能。

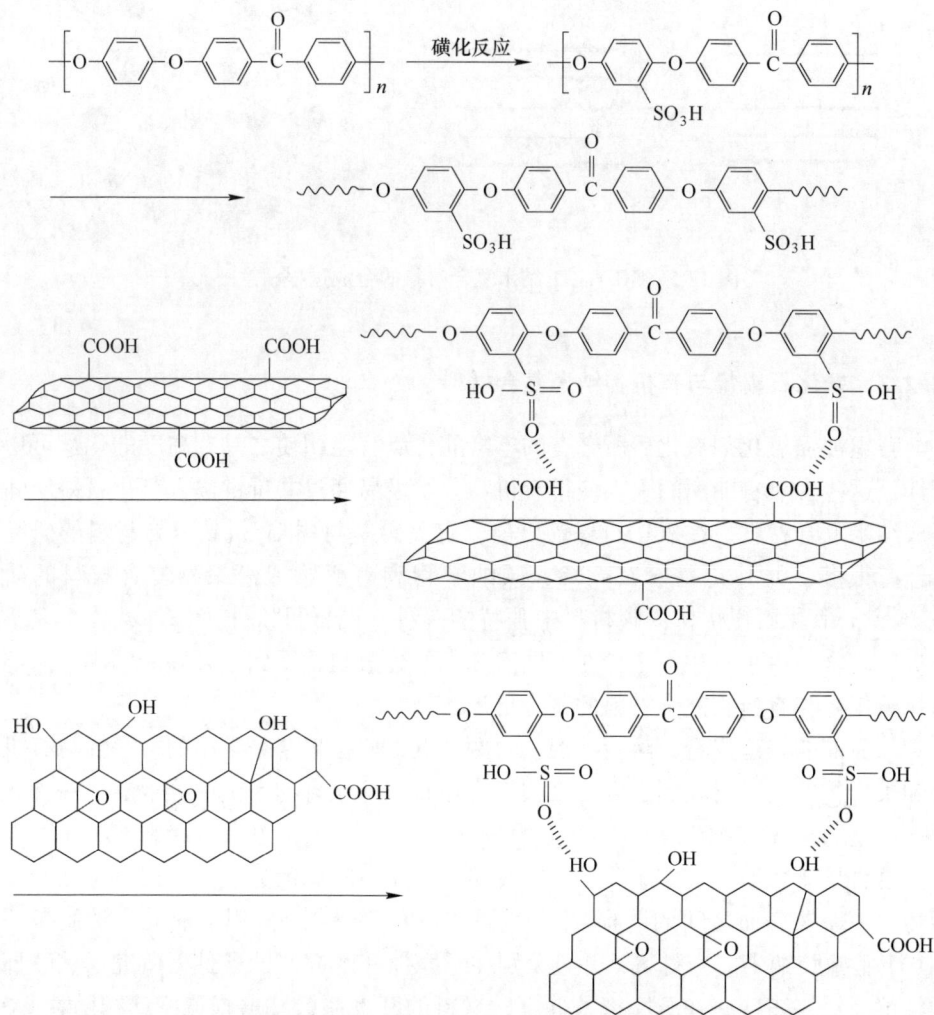

图 12-6　GO/聚醚醚酮复合材料制备过程

### 12. 2. 4　氧化石墨烯基纳米复合材料在摩擦润滑领域的应用研究

氧化石墨烯具有优异的力学和摩擦学性能，并且导热性能好，比表面积大，来源广泛，是一种理想的润滑添加剂。近年来，以氧化石墨烯为载体材料制备性能更加优异的纳米复合材料成为了各国研究人员关注的热点，研究金属氧化物纳米复合材料及有机物（聚合物）基纳米复合材料都是一些较好的切入点。目前，关于氧化石墨烯复合材料的研究，主要集中在制备透明的电极或膜材料，用在航天器的机身、太阳能电池、储氢材料、离子导电体、防静电装置、超级电容器等方面，而对其在摩擦学及润滑方面的研究较少。

石墨烯主要是由单层碳原子紧密堆积而成的二维蜂窝状晶体结构，其理论厚度约为 0.34 nm，并具有优异的电学、光学、化学、力学和热学等特性。除此之外，研究表明石墨烯及其衍生物的独特的二维结构导致其具有优异的润滑特性，因此其作为润滑添加剂具有良好的应用发展前景。石墨烯作为润滑添加剂时，存在分散稳定性差和直接引起表面化学腐蚀及磨损等问题。氧化石墨烯作为石墨烯衍生物之一，具有高氧含量的单层材料，其典型特征在于 C 与 O 的原子数量比小于 3.0，并且通常接近 2.0。氧化石墨烯由于具有比表面积大、表面存在皱褶及丰富的含氧官能团等特殊性能，可增强氧化石墨烯与其他分子的相互作用，有利于提高其分散稳定性。随着生产技术及表征技术的不断进步，氧化石墨烯的二维结构也在不断完善。通过利用 X 射线光电子能谱、傅里叶变换红外光谱、固体核磁共振、拉曼光谱、密度泛函理论等技术手段对氧化石墨烯的结构进行分析可知，氧化石墨烯基面上广泛存在环氧基团、羟基、羰基、内酯、酮等含氧官能团，且羟基和环氧官能团在基面上随机分布，而羰基和羧基则主要分布在片层边缘上，图 12-7 为氧化石墨烯的二元结构模型。

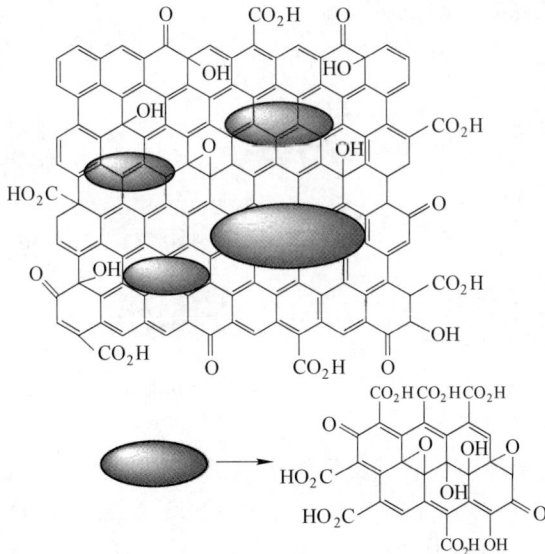

图 12-7　氧化石墨烯的二元结构模型

　　由于独特的二维结构及随机分布的含氧官能团，氧化石墨烯在电子、光学、机械、电学性能及化学反应性等方面表现出各种优良的特性。含氧官能团的引入使得单层石墨烯结构复杂化，因此氧化石墨烯具有一些与石墨烯不同的性质。首先，含氧官能团的引入使得石墨烯的内层 π 键断裂，导致氧化石墨烯导电能力减弱。其次，氧化石墨烯是使用氧化剂对石墨烯进行处理后得到的产物，在氧化过程中会破坏石墨烯的结构。若氧化石墨烯上的含氧官能团较多且 π 键被破坏的程度较深，则制备出的氧化石墨烯会出现较强的亲水性；若氧化石墨烯上含有较少的含氧官能团且 π 键被破坏的程度较浅，即氧化程度较弱，则制备出的氧化石墨烯会出现较强的疏水性。

　　氧化石墨烯具有较薄的纳米层状结构、较高的力学性能及易分散性能，因此作为润滑添加剂具有良好的应用前景。目前，国内外大量研究发现，将适量的氧化石墨烯作为纳米润滑添加剂添加到不同溶剂中不仅可以起到减摩抗磨的作用，还能显著提高润滑剂的承载能力。然而，氧化石墨烯作为添加剂在不同介质中的稳定分散是目前极具挑战性的课题，因此改性氧化石墨烯作为润滑添加剂在润滑领域具有广阔的发展前景。Song 等人[38]使用一种简单的水解方法大规模合成 $\alpha\text{-}Fe_2O_3$ 纳米棒/氧化石墨烯（GO）复合材料，如图 12-8 所示，其中 $\alpha\text{-}Fe_2O_3$ 纳米棒直径为 3~5 nm，长度为 15~30 nm。与仅含有 GO 纳米片的润滑油相比，含有 $\alpha\text{-}Fe_2O_3$/GO 复合材料的润滑油具有更好的摩擦磨损性能。摩擦测试表明纳米片层进入两接触面之间形成滑动摩擦表面，GO 摩擦膜不但可以承受高负载的钢球，还可以防止摩擦副表面直接接触。

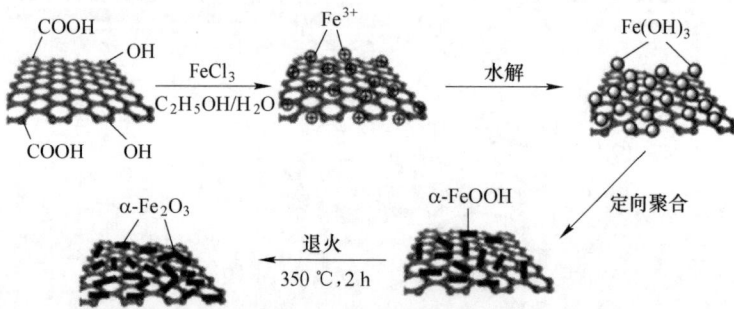

图 12-8　$\alpha\text{-}Fe_2O_3$/GO 复合材料制备过程

　　在 $\alpha\text{-}Fe_2O_3$ 纳米棒/GO 复合材料的基础上，Song 等人[39]还开发了一种水热合成 $MoS_2$/GO 复合材料的方法，如图 12-9 所示。在 $MoS_2$/GO 复合材料中，GO 的存在促进了其在基础油中的分散。$MoS_2$/GO 复合材料的官能团与基础油官能团之间的范德华相互作用和氢键作用起着至关重要的作用，并提供了长期的分散稳定性。摩擦学结果表明，基础油中 $MoS_2$/GO 复合材料通过降低摩擦磨损参数，显著提高了润滑性。由于 $MoS_2/GO$ 复合材料的弱叠层状结构提供了较低的剪切阻力，从而提高了材料的润滑性。钢盘磨损轨迹上的 EDS 和 XPS 分析结果表明接触界面上形成了 $MoS_2/GO$ 复合转移膜。研究表明，完全分散的 $MoS_2/GO$ 复合材料通过降低摩擦磨损，可以显著改善润滑剂的摩擦学性能。这是由于 GO 的引入增强了 $MoS_2$ 的附着力，防止了摩擦氧化。同样吸附在 GO 表面的 $MoS_2$ 均匀分布、相互隔离，说明氧化石墨烯与 $MoS_2$ 具有协同润滑作用。

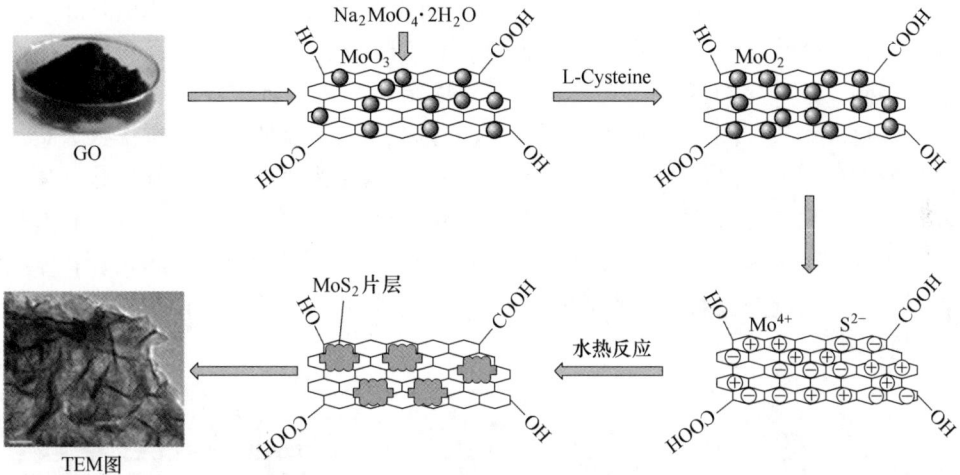

图 12-9 $MoS_2/GO$ 复合材料的制备过程

Mungse 等人[40]通过酰胺键将还原性氧化石墨烯（rGO）中的羧基官能团与 ODA 偶联，制备了 rGO-ODA 复合材料。长烷基链的存在促进了其在 10W-40 工业油中的稳定分散，对其高效的摩擦学性能具有重要意义。摩擦学实验表明，在轧制过程中 rGO-ODA 不仅可以降低摩擦，还可以提高钢球的抗磨性能。这主要是由于化学功能化还原性氧化石墨烯的稳定分散使其薄片间的范德华相互作用减弱，在剪切接触中阻力较低，从而显著降低了摩擦和磨损。

夏池等人[41]以长链脂肪族十八烷基胺（ODA）为改性剂，对 GO 进行表面化学功能化得到改性氧化石墨烯（GO-ODA），制备 GO-ODA 的反应示意图如图 12-10 所示。摩擦学性能测试结果表明，通过酰胺化反应可以将 ODA 成功接枝在 GO 表面上，并且改性后，GO-ODA 在润滑油中的分散稳定性显著提高。摩擦磨损测试发现，当在 CD/10W-40 润滑油中添加质量分

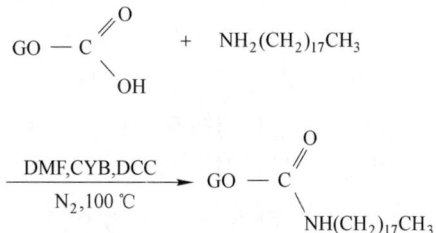

图 12-10 制备 GO-ODA 的反应示意图

数为 0.01% 的 GO-ODA 时，其摩擦系数和磨斑直径分别约减小 16% 和 10%，通过分析可知，GO-ODA 在摩擦过程中主要有塑性变形、黏着磨损和磨粒磨损 3 种磨损机制。

在乳液中，乳化剂可以对准水-油界面，显著降低表面张力。与传统乳化剂相比，纳米粒子可作为酸洗乳剂的乳化剂。纳米粒子制备的乳液由于不受温度、pH 值和离子浓度的影响而具有较高的稳定性。此外，这些固体颗粒的分离在乳液的后续处理中较简单。因此，纳米粒子在乳液领域具有广阔的应用前景。

Wu 等人[42]采用十四烷基三甲基溴化铵（TTAB）对 GO 进行不对称化学改性，得到改性氧化石墨烯，改性氧化石墨烯作为水包油乳化液的乳化剂和添加剂，乳化液滴机理图如图 12-11 所示。乳化实验表明，改性氧化石墨烯大大提高了乳液的稳定性，降低了乳液的粒径。摩擦学实验结果表明，在改性氧化石墨烯乳化液边界润滑条件下，与基础乳化液润滑相比，钢球的摩擦系数 COF 和磨损率分别降低了 18% 和 48%。由于金属表面具有较强的成膜能力，乳液的摩擦学机理使乳液小液滴在接触面之间形成吸附膜、转移膜和摩擦膜，从而使乳液具有良好的润滑性。

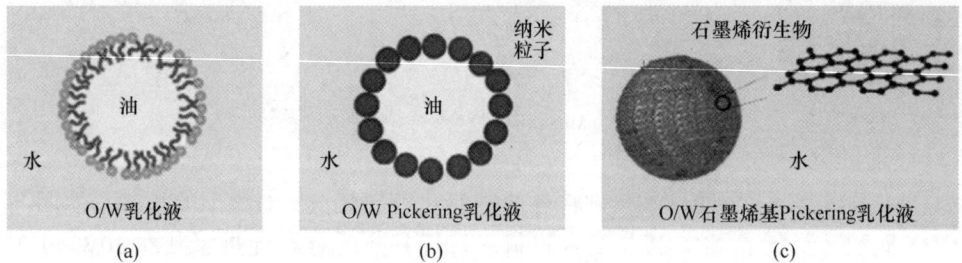

图 12-11　乳化液滴机理图
（a）乳化剂；（b）纳米粒子；（c）石墨烯衍生物

Mu 等人[43]合成了咪唑-1-酰基膦基二氯化亚胺和 1H-1,2,4-三唑-1-酰基膦基二氯化亚胺，并与氧化石墨烯反应。将改性氧化石墨烯（m-GO）添加到［CH］［P］（［胆碱］［脯氨酸］）生物离子液体中，利用不同的表征技术研究了氧化石墨烯与两种改性剂的反应。结果表明，在氧化石墨烯中引入杂化元素后，加入［CH］［P］生物离子液体有利于促进润滑。［CH］［P］-1.0-Tr 比其对应的化合物［CH］［P］-1.0 的磨损损失减少了 73%。如图 12-12 所示，杂化元素在润滑中的积极作用可以归结为两个因素：（1）m-GO 与［CH］［P］之间的氢键增强了润滑膜；（2）增加极性的 m-GO 有利于其与金属表面的强附着力。

Singh 等人[44]采用水热法合成了 $SiO_2/GO$ 复合粉体。研究表明 $SiO_2/GO$ 复合材料改善了高负荷钢触头在膨胀石墨润滑中的摩擦磨损性能，且与纯膨胀石墨

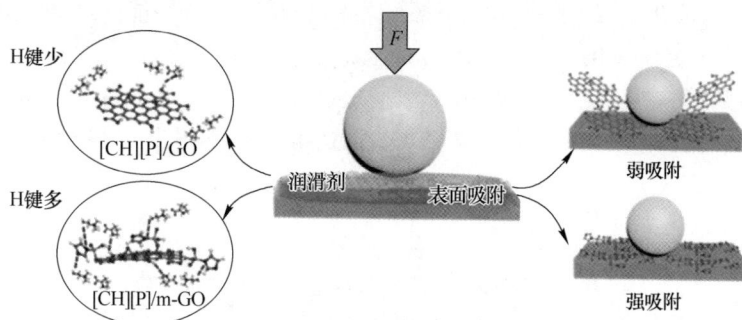

图 12-12 m-GO 摩擦机理示意图

相比降低了 COF 和磨损。并且与纯硅和纯 GO 相比，复合材料的 COF 和磨损系数均有所降低。SiO₂/GO 复合材料的减摩抗磨性能可能与 GO 的薄层结构有关。在接触应力作用下，氧化石墨烯覆盖二氧化硅颗粒，可以掩盖摩擦表面的纳米间隙，避免摩擦副表面直接接触。氧化石墨烯复合材料的层状结构抗剪切能力较低，减少了磨损和摩擦。此外，氧化石墨烯层之间的二氧化硅可以作为两接触面之间的轴承，有助于减少摩擦。

近年来，水基润滑剂被广泛应用于切削液、金属加工等领域。相对于传统的油润滑剂，添加量（质量分数）小于 5% 的水基润滑剂具有导热系数高、节约油料、工作温度低等优点。但由于水基润滑剂低黏度、高表面张力等特点，其润滑性能不如油基润滑剂。因此，研制高性能的水润滑添加剂是一个必要的、有前景的研究领域。

Song 等人[45]采用改进的 Hummers 和 Offeman 方法制备了在水中分散良好的氧化石墨烯（GO）纳米片。利用 UMT-2 球板摩擦实验机，研究了氧化石墨烯纳米片作为水基润滑剂添加剂的摩擦学性能。结果表明，在纯水中加入氧化石墨烯纳米片，可以提高抗磨性能、降低摩擦系数。氧化石墨烯纳米片与水接触，在两个摩擦表面之间滚动。在滑动过程中，高接触压力可产生牵引或压缩应力区，在金属基体上形成薄的物理摩擦膜。物理摩擦膜不仅能承受较高的载荷，还能防止两个金属表面的直接接触。因此，氧化石墨烯纳米片提高了水的抗磨性能，显著降低了摩擦系数。Kinoshita 等人[46]研究了氧化石墨烯单层膜作为水基润滑添加剂的应用及摩擦学性能。将该润滑剂应用于烧结碳化钨球-不锈钢盘摩擦副的摩擦磨损实验，结果表明，在 60000 次摩擦实验后，添加氧化石墨烯颗粒可明显改善润滑性能，具有极低的摩擦系数（约 0.05），并且表面无明显磨损。这主要是由于氧化石墨烯可以吸附在球和平板的金属表面，从而起到保护涂层的作用。Du 等人[1]采用改进的溶剂热法合成了锐钛矿 TiO₂ 改性氧化石墨烯（GO-TiO₂）。使用四球摩擦机和二辊轧机研究对照组和相同质量分数（0.5%）的 GO、TiO₂、

GO+TiO$_2$ 及 GO-TiO$_2$ 纳米流体的摩擦学性能和轧制润滑性能。结果表明，球形 TiO$_2$ 成功地固定在氧化石墨烯纳米薄片上，并且质量分数为 0.5% 的 GO-TiO$_2$ 具有较好的减摩耐磨性能，其优异的分散稳定性和吸收膜、碳质保护膜和转移膜的形成使其具有优异的润滑性能，GO-TiO$_2$ 轧制润滑模型如图 12-13 所示。

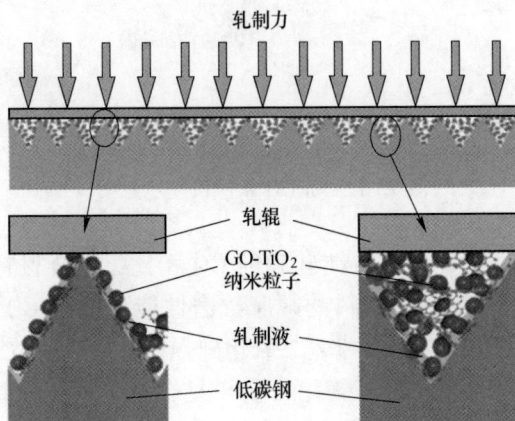

图 12-13　GO-TiO$_2$ 轧制润滑模型

项宪政等人[47]发现氧化石墨烯边缘处的羧基显酸性，在摩擦过程中会造成金属表面腐蚀磨损。为减弱 GO 上羧基的腐蚀磨损，利用甘油与 GO 反应制备一种多羟基化改性氧化石墨烯（GOOH），其制备如图 12-14 所示；四球结果表明，GOOH 能在水中稳定分散，且相比于 GO，GOOH 对钢球的腐蚀性更弱，摩擦因数及磨斑直径更小，磨斑形状更规则，犁沟更浅。EDS 测试结果表明，使用 GOOH 添加剂的钢球磨损表面碳含量较 GO 多，说明其能更好地吸附到摩擦副表面，起到减摩抗磨的作用。

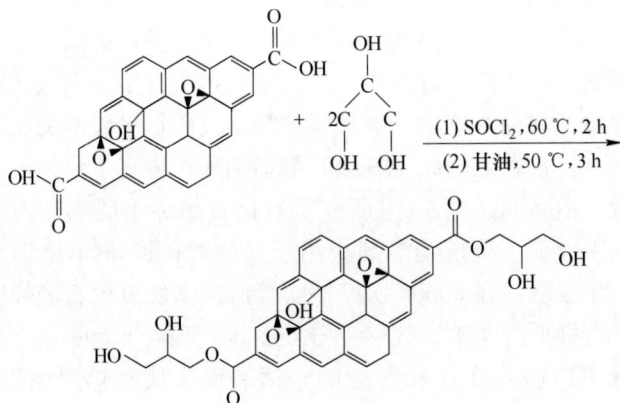

图 12-14　羟基化改性氧化石墨烯的制备

　　Gupta 等人[48] 制备了羟基和环氧羟基端接的两种不同的还原氧化石墨烯（rGO）衍生物，并与两种不同相对分子质量的聚乙二醇（PEG）共混进行摩擦学研究。化学和结构表征表明，$rGO_1$ 主要由石墨烯薄片构成，其边缘被羟基功能化，促进了平面间的相互作用。$rGO_2$ 含有较多的氧官能团，除了羟基外，石墨烯基面上还存在许多环氧化合物。由于 PEG600 中羟基含量较小，链间分散相互作用较大，两种 rGO 类型的 PEG600 相互作用均较 PEG200 弱。当与 $rGO_1$ 混合时，PEG 分子仅通过与石墨烯平面边缘上的羟基形成氢键而与之相互作用。然而，当与 $rGO_2$ 混合时，除与羟基成键，石墨烯平面之间还存在 PEG 分子夹层。研究表明，$rGO_1$ 可以减少磨损但增加摩擦，而 $rGO_2$ 可以减少摩擦但不能有效减少磨损。羟基端 $rGO_1$ 的抗磨损性能较好，这是由于石墨烯薄片平面官能团导致的缺陷密度较小，从而保持了石墨烯的机械完整性，维持了石墨烯-氧化物边界膜的承载能力。rGO-PEG 的摩擦机理示意图如图 12-15 所示。

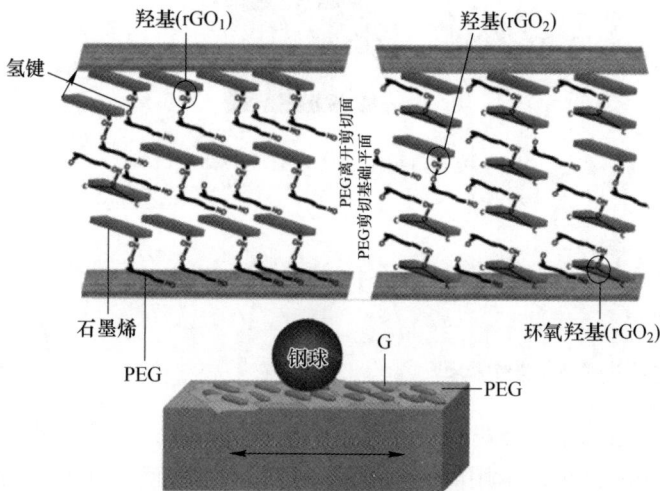

图 12-15　rGO-PEG 的摩擦机理示意图

　　Hu 等人[49] 采用 β-乳球蛋白（BLG）对氧化石墨烯进行修饰，合成了亲水性 BLG-RGO。实验表明，BLG-RGO 溶液不仅具有较佳的分散稳定性，还具有良好的减摩耐磨性能。减摩性能可能与 BLG-RGO 的层状结构有关，一方面层状结构摩擦剪切力较小；另一方面，BLG-RGO 可以在摩擦表面形成润滑膜，从而提高水基溶液的边界润滑效果。而抗磨性能与低摩擦剪切力有关，同时可以在磨损表面形成保护膜。Gan 等人[50] 采用端羟基离子液体偶联剂（ILCAs）对改性氧化石墨烯进行功能化，制备的功能化氧化石墨烯（ILCAs-GO）在水中具有比原始改性氧化石墨烯更好的分散性和润滑性。功能化氧化石墨烯的摩擦机理（见图 12-16）的研究表明，在摩擦过程中，ILCAs-GO 通过静电吸附而不断沉积在磨损表面。这些连续沉积的薄片可以修复破损的转移膜，提高水对摩擦副的润湿性，实现自修复和自润湿功能，为摩擦副提供有效的保护，降低材料的磨损。

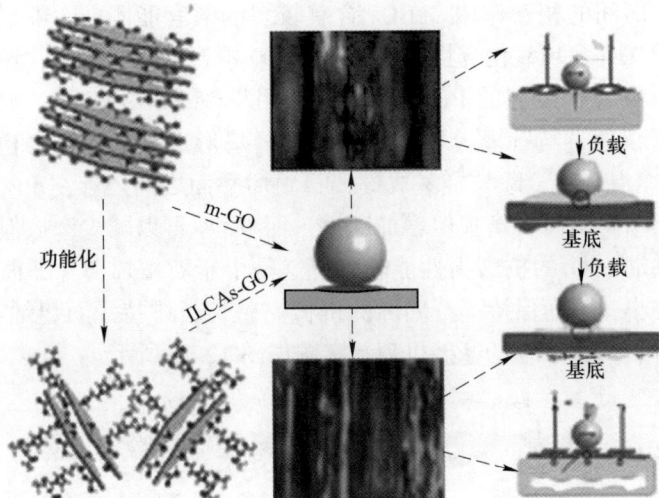

图 12-16    功能化氧化石墨烯的摩擦机理

# 12.3    量子化学计算与分析

### 12.3.1    氧化石墨烯的结构构型

密度泛函理论是目前实际计算中使用最广泛的方法，计算结果精确。Materials Studio 软件中 Dmol3 模块采用静电学近似的密度泛函理论，可以模拟气体、液体、固体及其表面等过程、性质，也可利用其研究分子结构等。通过采用密度泛函理论，运用 Materials Studio 软件中的 Dmol3 模块，对氧化石墨烯（GO）结构进行几何结构优化。氧化石墨烯中含有羧基、羟基、酮和醚等含氧官能团，为方便计算其轨道能及福井指数，将在每一种官能团中仅选取一个分散于石墨烯基面和边缘上。

不同 pH 值轧制液中氧化石墨烯优化后的分子结构模型如图 12-17 所示，当轧制液 pH 值为 2.8 时，为未加三乙醇胺的原始氧化石墨烯轧制液，因此氧化石墨烯结构模型为原始结构模型；当轧制液 pH 值为 9.0 时，三乙醇胺的氨基与氧化石墨烯的羧基发生中和反应，并以离子键形式存在于轧制液中。因此建立 pH 值为 9.0 轧制液中氧化石墨烯结构模型时，将三乙醇胺和氧化石墨烯羧基以离子键形式构建，表现为三乙醇胺氨基带一个正电荷，而氧化石墨烯羧基带有一个负电荷。

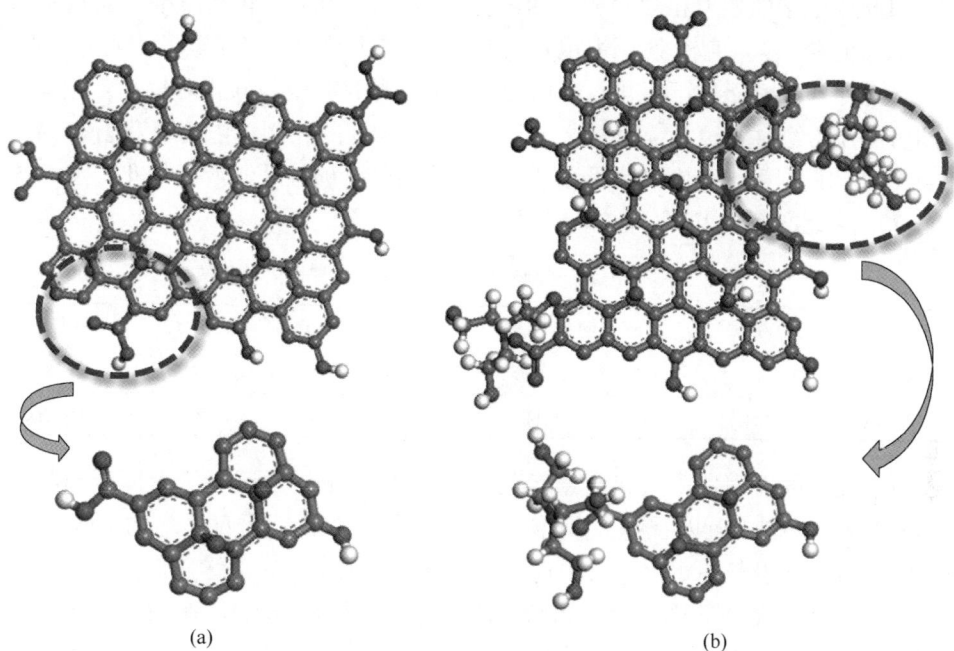

图 12-17 不同 pH 值轧制液中氧化石墨烯优化后的分子结构模型

（a）pH 值为 2.8；（b）pH 值为 9.0

## 12.3.2 氧化石墨烯的分子轨道能量

通过分析分子的前线轨道可以得知反应物间的相互作用。因此分析氧化石墨烯在带钢表面的吸附行为，首先必须计算分子的最高占有分子轨道（HOMO）和最低空分子轨道（LUMO），以此分析不同 pH 值轧制液中氧化石墨烯的全局反应活性。由前线轨道理论可知，最高占有分子轨道能级 $E_{HOMO}$ 和最低空分子轨道能级 $E_{LUMO}$ 分别是评价分子给出电子和接受电子能力的重要参数。$E_{HOMO}$ 表示分子给出电子的能力，其值越高，表明分子给出电子的能力越强，反之越弱；而 $E_{LUMO}$ 表示分子接受电子的能力，其值越低，表明其从其他分子或金属表面接受电子的能力越强，反之不易接受电子[51]。其差值 $\Delta E$ 是研究反应分子的反应活性的重要指标。$\Delta E$ 值的大小反映了电子从占据轨道向空轨道跃迁的能力。当 $\Delta E$ 及全局硬度 $\eta$ 较低时，说明分子中的电子发生跃迁时所需的能量较小。从而说明分子具有较强的反应活性，分子越容易反应。

计算得到不同 pH 值轧制液中氧化石墨烯的量子化学参数见表 12-1。当轧制液 pH 值为 2.8 时，氧化石墨烯的 $E_{HOMO}$ 值相对于 pH 值为 9.0 轧制液中的氧化石墨烯较大，说明其在酸性环境中给出电子的能力较强；且 $E_{LUMO}$ 值为 -5.192 eV，说明其接受电子的能力相对较弱。而碱性（pH 值为 9.0）轧制液中的氧化石墨烯 $E_{HOMO}$ 值和 $E_{LUMO}$ 值较小，说明其给出电子的能力较弱，接受电子的能力较强。其能级差小于酸性条件下氧化石墨烯的能级差，并且其硬度 $\eta$ 相对较小，化学势 $\mu$ 和软度 $S$ 的绝对值相对较大，这表明 pH 值为 9.0 的轧制液中的氧化石墨烯反应活性高。根据第 5 章中的拉曼光谱实验结果可知，碱性轧制液中氧化石墨烯缺陷较多，因此活性较大，与模拟结果相符。

表 12-1　不同 pH 值轧制液中氧化石墨烯的量子化学参数

| pH 值 | $E_{HOMO}$/eV | $E_{LUMO}$/eV | $\Delta E$/eV | $\mu$/eV | $\eta$/eV | $S$/eV$^{-1}$ | $\omega$/eV |
|---|---|---|---|---|---|---|---|
| 2.8 | −5.658 | −5.192 | 0.466 | −5.425 | 0.233 | 4.292 | 126.312 |
| 9.0 | −4.761 | −4.319 | 0.442 | −4.540 | 0.221 | 4.524 | 93.265 |

不同 pH 值轧制液中氧化石墨烯的 HOMO 和 LUMO 轨道电子密度分布如图 12-18 所示。从图中可以看到，pH 值为 2.8 的轧制液中氧化石墨烯的 HOMO 和 LUMO 主要在碳及氧原子上，其中最高占有分子轨道主要在边缘碳原子上，而最低空分子轨道在基面氧原子及边缘碳原子上。pH 值为 9.0 的轧制液中的氧化石墨烯最高占有分子轨道主要在边缘碳原子上及三乙醇胺的 N 原子上，最低空分子

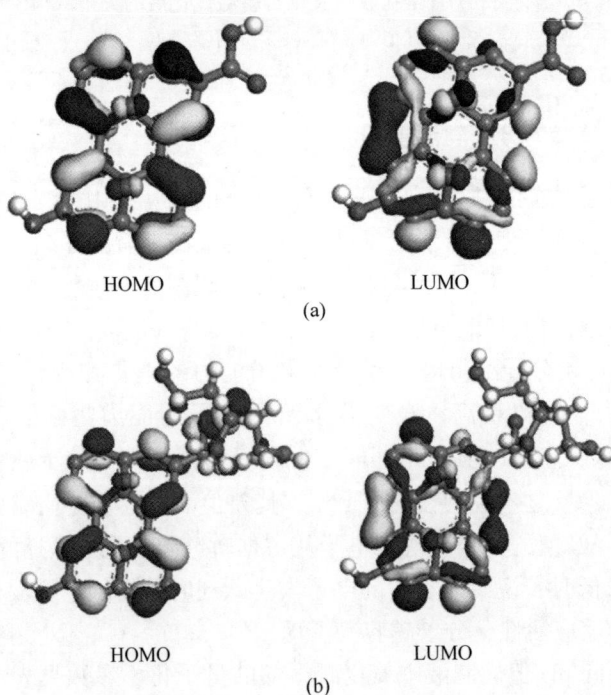

HOMO　　　　　　　　　　LUMO

(a)

HOMO　　　　　　　　　　LUMO

(b)

图 12-18　不同 pH 值轧制液中氧化石墨烯的 HOMO 和 LUMO 轨道电子密度分布
(a) pH 值为 2.8；(b) pH 值为 9.0

轨道在基面氧原子及边缘碳原子上，与酸性氧化石墨烯相同。这说明不同 pH 值下的氧化石墨烯的反应活性位点均位于基面氧原子和边缘碳原子上。因此，氧化石墨烯基面上的氧原子及边缘碳原子易于发生化学反应。为了确定不同 pH 值轧制液中氧化石墨烯的吸附位点，将通过研究氧化石墨烯基面氧原子及其边缘碳原子的福井指数深入探讨其局部反应活性，进一步分析其在带钢表面的吸附行为。

### 12.3.3　氧化石墨烯的局部反应位点

为了进一步研究氧化石墨烯在亲电反应、亲核反应和自由基反应中的活性位点，分析其局部活性并对其福井指数进行计算。其福井指数是研究有机化合物的亲核反应性、亲电反应性和自由基反应及测定分子的反应活性位点和强弱的有效方法[52]。

不同 pH 值轧制液中氧化石墨烯部分典型原子如图 12-19 所示，不同 pH 值轧制液中氧化石墨烯部分典型原子局部活性参数见表 12-2。福井指数的数值表明在不同 pH 值轧制液中，氧化石墨烯活性主要集中于边缘碳原子及基面氧原子上。对于基面碳原子（C1）及连接含氧官能团的碳原子（C20），不同 pH 值下其福井指数均较小，表明其不易于参与反应。而边缘碳原子（C4 和 C10）及含氧官能团中的氧原子（O23、O24 和 O25）均具有较高的福井指数，因此既易于给出电子发生亲电反应，又可以接受电子发生亲核反应。pH 值为 2.8 的轧制液中的氧化石墨烯羧基碳氧双键端的氧原子（O22）具有较强的亲电及亲核特性，而 pH 值为 9.0 的轧制液中氧化石墨烯基面官能团的氧原子（O24 和 O25）具有较

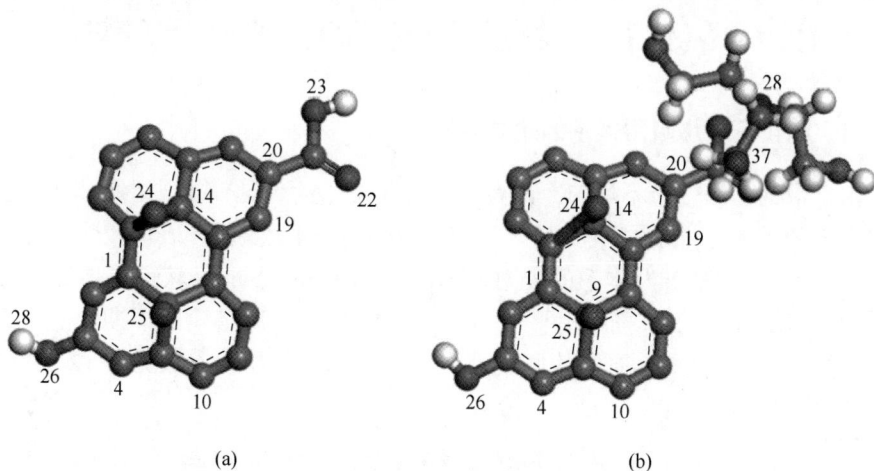

图 12-19　不同 pH 值轧制液中氧化石墨烯部分典型原子

（a）pH 值为 2.8；（b）pH 值为 9.0

（图中数据为原子编号）

表 12-2　不同 pH 值轧制液中氧化石墨烯部分典型原子局部活性参数

| 原子及其编号 | pH 值为 2.8 | | | 原子及其编号 | pH 值为 9.0 | | |
|---|---|---|---|---|---|---|---|
| | $f_k^-$(a.u.) | $f_k^+$(a.u.) | $f_k^0$(a.u.) | | $f_k^-$(a.u.) | $f_k^+$(a.u.) | $f_k^0$(a.u.) |
| C1 | 0.011 | 0.008 | 0.009 | C1 | 0.010 | 0.007 | 0.008 |
| C4 | 0.081 | 0.069 | 0.075 | C4 | 0.059 | 0.054 | 0.057 |
| C10 | 0.072 | 0.071 | 0.071 | C10 | 0.047 | 0.055 | 0.051 |
| C14 | −0.016 | −0.016 | −0.016 | C14 | −0.009 | −0.010 | −0.010 |
| C20 | 0.006 | 0.011 | 0.009 | C20 | 0.001 | 0.004 | 0.002 |
| O22 | 0.073 | 0.077 | 0.075 | O24 | 0.048 | 0.043 | 0.045 |
| O23 | 0.035 | 0.035 | 0.035 | O25 | 0.048 | 0.048 | 0.048 |
| O24 | 0.056 | 0.064 | 0.060 | O26 | 0.042 | 0.038 | 0.040 |
| O25 | 0.063 | 0.063 | 0.063 | N28 | −0.001 | 0.004 | 0.001 |
| O26 | 0.053 | 0.050 | 0.052 | O37 | 0.035 | 0.035 | 0.035 |

强的亲电及亲核特性。由于碱性轧制液中三乙醇胺的氨基与氧化石墨烯的羧基发生中和反应，导致羧基端带有一个负电荷，具有亲核特性。而氨基中的氮原子（N28）带有一个正电荷，具有亲电特性。其中三乙醇胺中氧原子（O37）既具有亲核特性又具有亲电特性，氧原子的加入增加了氧化石墨烯在带钢表面的活性位点。因此，氧化石墨烯基面上的氧原子和边缘碳原子的亲核及亲电特性，可以使其在金属表面形成多个吸附位点，有利于平行吸附在带钢表面，从而形成致密的润滑膜。

# 12.4　氧化石墨烯在带钢表面的分子动力学模拟

## 12.4.1　氧化石墨烯吸附体系的建立

由于带钢物相分布不均匀，其表面可能存在许多不同的微观组织结构，但绝大多数成分为 Fe。根据相关文献[53]，Fe(110) 面的能量低，表面较为稳定，因此选取 Fe(110) 面作为体系的吸附表面。从 Materials Studio 软件晶体库中导出 Fe 晶体，构建 Fe(110) 面，厚度为 6 层，并经 5×5 扩胞搭建的周期性盒子，建立真空层为 2.5 nm，Fe 原子的原始晶胞参数及搭建后晶胞参数见表 12-3，晶胞的 $\alpha$、$\beta$、$\gamma$ 均为 90°。

表 12-3　Fe 原子的原始晶胞参数及搭建后晶胞参数

| 晶胞类型 | $a$/nm | $b$/nm | $c$/nm |
|---|---|---|---|
| 原始晶胞 | 0.28664 | 0.28664 | 0.28664 |
| 扩胞后晶胞 | 2.48237 | 2.48237 | 3.01342 |

首先采用 Materials Studio 软件中 Forcite 模块的 Universal 力场对 Fe(110) 面几何构型进行优化，使得其能量达到极小点。图 12-20 为 Fe(110) 面优化后模型的正视图及俯视图，共计 1263 个 Fe 原子。

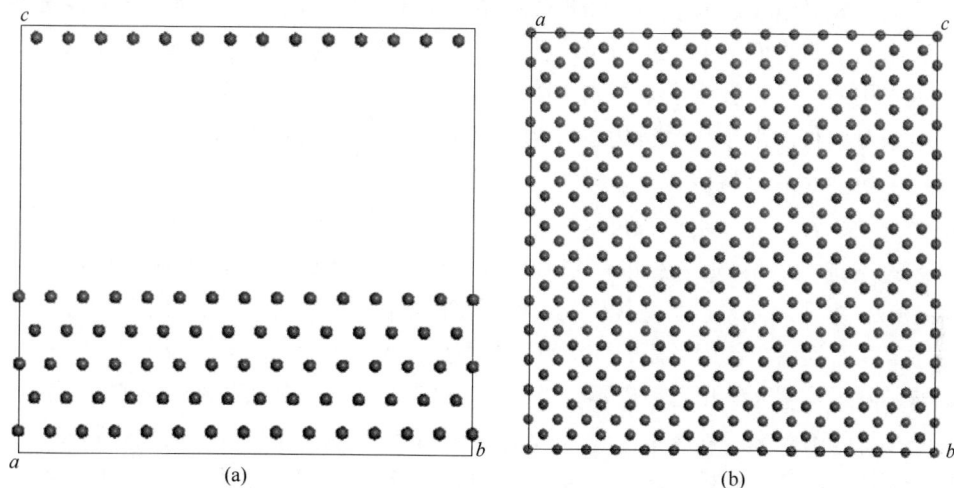

图 12-20 Fe(110) 面优化后模型的正视图 (a) 及俯视图 (b)

首先通过使用 Materials Studio 软件中 Forcite 模块的 Universal 力场及 Smart Minimizer 方法对不同 pH 值轧制液中氧化石墨烯的几何构型进行优化。首先选取 Fe(110)面为吸附表面，在此基础上构建一个从上至下的二层体系。第一层为 Fe 原子的表面体系，其原子厚度为六层，第二层为不同 pH 值轧制液中的氧化石墨烯结构模型。不同 pH 值轧制液中氧化石墨烯在带钢表面初始吸附模型如图 12-21 所示。

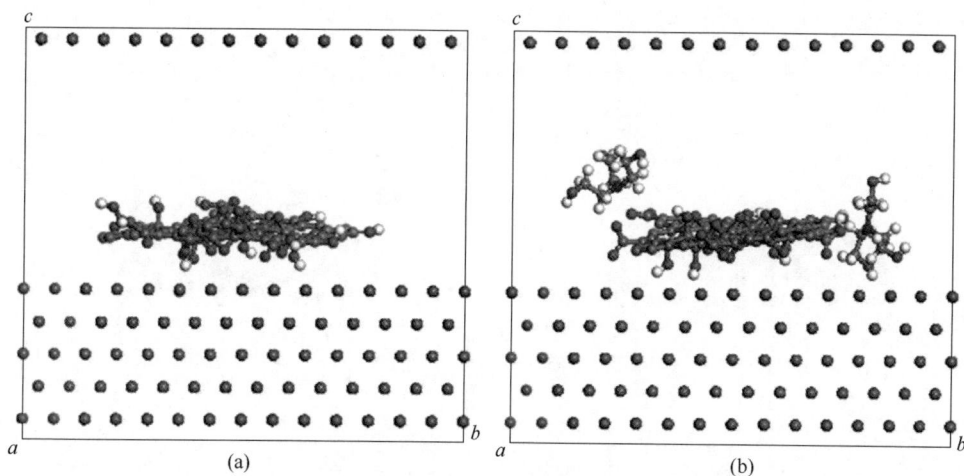

图 12-21 不同 pH 值轧制液中氧化石墨烯在带钢表面的初始吸附模型
(a) pH 值为 2.8；(b) pH 值为 9.0

### 12.4.2　氧化石墨烯与带钢表面的相互作用

根据分子与金属表面之间作用力的不同，一般分子通过物理、化学或电化学吸附的形式吸附在金属表面。物理吸附主要由范德华力产生的。物理吸附主要是与吸附分子与表面上的原子所带电荷均有明显关联，这也决定了分子在金属表面的吸附构型。化学吸附主要是指吸附分子与金属表面原子产生了化学键，或发生了电子对偏移。由于化学键力的产生，其分子间结合能高于物理吸附[54]。当分子在金属表面的吸附位置有差异时，其吸附能也不尽相同。当系统的吸附能绝对值达到最大时，该吸附位置是最稳定的，即可能获得最稳定的吸附构型[55]。

首先选择 Materials Studio 软件中 Forcite 模块的 Universal 力场，运用 Smart Minimizer 方法对体系进行最优优化，即可获得最稳定的吸附构型。不同 pH 值轧制液中氧化石墨烯在带钢表面的稳定吸附构型如图 12-22 所示。从图中可以看出，最稳定的吸附构型为氧化石墨烯平行吸附在带钢表面。并且观察到碱性轧制液中的氧化石墨烯吸附较多的铁原子，说明其吸附性能要比在酸性条件好。酸性轧制液中氧化石墨烯边缘处吸附效果较差，而碱性轧制液中不仅基面吸附铁原子，边缘处也吸附了大量铁原子。这主要是由于三乙醇胺的加入，中和了氧化石墨烯的羧基，在一定程度上增大了氧化石墨烯的吸附性能。部分原子间的化学键长（见表 12-4）可推断化学吸附中分子与金属表面距离应小于 0.2 nm。根据最优吸附构型可知，无论酸性还是碱性轧制液，其中的氧化石墨烯与带钢表面距离平均约 0.3 nm，二者区别不大，但是部分基面上氧原子与铁原子距离约为 0.17 nm。因此根据分子与表面的距离，氧化石墨烯在带钢表面的吸附形式不仅存在物理吸附，还存在化学吸附。而且，化学吸附主要集中在基面氧原子与铁原子上。

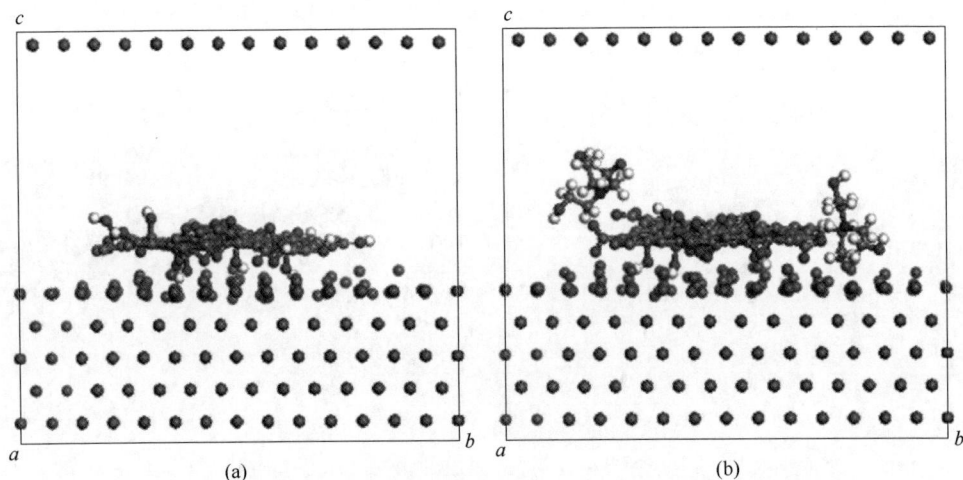

(a)　　　　　　　　　　　　　　(b)

图 12-22　不同 pH 值轧制液中氧化石墨烯在带钢表面的稳定吸附构型

(a) pH 值为 2.8；(b) pH 值为 9.0

表 12-4　部分原子间的化学键长

| 共价键 | Fe—C | Fe—O | Fe—N | C—H | C—C | C—O | C—N | N—H | N—O |
|---|---|---|---|---|---|---|---|---|---|
| 键长/nm | 0.194 | 0.170~0.174 | 0.177~0.181 | 0.109 | 0.154 | 0.143 | 0.147 | 0.101 | 0.144 |

为了进一步探讨不同 pH 值轧制液中氧化石墨烯表面原子与铁原子的相互吸附情况，在结构优化的基础上，采用分子动力学模拟的方法对氧化石墨烯在 Fe(110)面的吸附进行了模拟。动力学模拟由 Forcite 模块完成，选取 Universal 力场，采用 NVT 恒定的正则系综（$N$ 为粒子数，$V$ 为体积，$T$ 为温度），模拟温度选 298 K。在模拟过程中，范德华参数设置为 Atom based，模拟时间步长为 1.00 fs，每 5000 个步数输出，总模拟时间为 200 ps，以使体系达到平衡。实际冷轧过程中表面铁原子为未束缚状态，可与氧化石墨烯相互作用，为提高计算效率，在模拟过程中"冻结"金属表面体系中部分原子，仅保留表面铁原子，属于自由状态，并且第二层体系中的氧化石墨烯保持与金属表面自由相互作用。经过分子动力学模拟计算，不同 pH 值轧制液中氧化石墨烯表面原子与铁原子的吸附构型如图 12-23 所示。

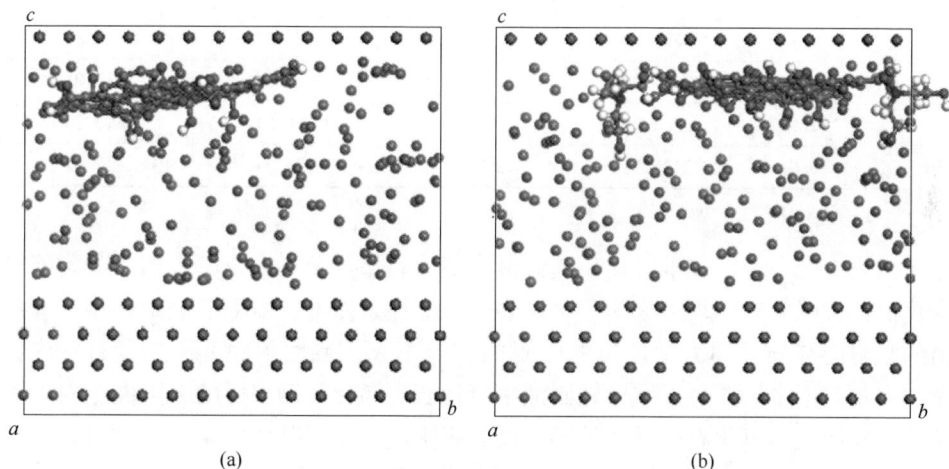

图 12-23　不同 pH 值轧制液中氧化石墨烯表面原子与铁原子的吸附构型
(a) pH 值为 2.8；(b) pH 值为 9.0

从模拟结果可知，无论构建的初始构型如何（氧化石墨烯分子平行、倾斜或垂直于铁表面），模拟后的分子最终均是平行吸附，与最稳定构型及其反应活性位点得到的结论一致。平行吸附构型一般较其他吸附构型稳定[56]，并有利于分子在带钢表面形成致密、高覆盖的保护膜，使得轧辊与带钢表面分离，减少带钢表面的划伤与黏结，从而达到增强润滑效果的目的。从图 12-23 中可观察到，在碱性轧制液中氧化石墨烯吸附的铁原子较多，说明其吸附性能强于酸性条件下的

氧化石墨烯。并且铁原子与氧化石墨烯中的部分氧原子距离较近，且小于
0.2 nm，进一步说明二者存在化学反应。

　　吸附能是直接评价氧化石墨烯轧制液润滑性能的一个重要指标，可以说明分
子与金属表面的结合强度。根据热力学原理可知，引起润滑剂中纳米粒子在金属
表面上吸附的主要原因是吸附过程伴随放热，即体系自由能的降低。因此若分子
可以吸附在表面，吸附能必须为负值[51]。并且吸附能的绝对值越大，表明分子
与金属表面的吸附越稳定。氧化石墨烯分子在带钢表面的吸附能 $E_{ads}$ 通过式
(11-1) 计算。

　　经分子动力学模拟，得到不同 pH 值轧制液中氧化石墨烯在 Fe(110) 面的吸
附能见表 12-5，其中包括吸附能 $E_{ads}$、整个体系的总能量 $E_{tot}$、孤立分子的总能
量 $E_{mol}$ 和未吸附分子时金属表面的能量 $E_{sur}$。

表 12-5　不同 pH 值轧制液中氧化石墨烯在 Fe(110) 面的吸附能

（kcal/mol）

| 构型类型 | pH 值 | $E_{tot}$ | $E_{mol}$ | $E_{sur}$ | $E_{ads}$ |
|---|---|---|---|---|---|
| 稳定 | 2.8 | 2895.19 | 2930.28 | −21.73 | −13.36 |
|  | 9.0 | 2647.26 | 2683.65 | −21.38 | −15.01 |
| 模拟 | 2.8 | 3283.89 | 3140.68 | 156.54 | −13.33 |
|  | 9.0 | 3135.25 | 2977.63 | 175.24 | −17.62 |

注：1 cal=4.186 J。

　　由表 12-5 可知，不同 pH 值轧制液中氧化石墨烯分子在金属表面的吸附能均
为负值，意味着它们均可吸附于金属表面。酸性条件下，由稳定吸附构型计算得
出的吸附能与分子动力学模拟的吸附能相差不大；碱性条件下，二者有些许区
别，但相差不多。并且在碱性轧制液中氧化石墨烯在带钢表面的吸附能绝对值大
于酸性轧制液中氧化石墨烯在带钢表面的吸附能，说明碱性轧制液中的氧化石墨
烯分子具有较大的吸附活性，更易于吸附在带钢表面。而且，不同 pH 值轧制液
中氧化石墨烯分子在带钢表面的吸附能均大于 10 kcal/mol，而根据吸附距离的模
拟可以确定其吸附形式均不仅存在物理吸附，也存在部分化学吸附。并且从动力
学模拟过程可以确定化学吸附主要反应于氧化石墨烯基面的氧原子与铁原子上，
形成 Fe—O 相互作用。

### 12.4.3　氧化石墨烯基纳米粒子在金属表面的剪切滑移

　　GO-Fe$_3$O$_4$ 纳米复合材料的润滑作用仅通过宏观的摩擦学实验研究是有缺陷
的，通过微观层面的模拟可以更加细致地说明 GO-Fe$_3$O$_4$ 纳米粒子的作用。前文

通过纳米粒子与 Fe(110) 面的吸附能变化初步解释了纳米粒子能改善润滑的原因。本小节采用限制剪切行为从微观层面上深入研究 GO-Fe$_3$O$_4$纳米粒子的添加量、剪切压力和剪切速度对铁摩擦副的影响。

限制剪切的润滑模型与吸附类似，同时为了更加贴近实际的摩擦过程，在模拟过程中引入了水分子，主要操作步骤如下：

（1）采用 AC（Amorphous Cell）模块构建润滑层模型。整个体系的大小约为 4.0 nm×4.0 nm×4.0 nm，将建模完成的 GO、Fe$_3$O$_4$和水分子填充进盒子中，单击"Build"构建 AC 盒子。图 12-24 为含有 GO、Fe$_3$O$_4$ 和水分子的润滑层模型。

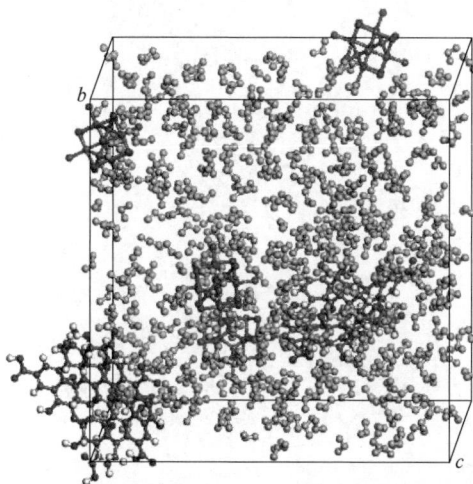

图 12-24　含有 GO、Fe$_3$O$_4$ 和水分子的润滑层模型

彩图

（2）采用 Build Layers 工具分别建立 Top Wall、Fluid 和 Bottom Wall。两个表面的位置分别是 0.978 nm 和 4.978 nm，同时在模型的上方添加厚度为 2.0 nm 的真空层，以避免晶格的周期性对模拟过程产生影响，模型的上、下表面沿着 $x$ 轴方向进行相反的剪切运动，限制剪切运动的分子动力学模型如图 12-25 所示。剪切过程采用 Forcite 模块中的 Confined Shear 功能，精度为 Medium，力场选择 Compass，势能选择 Universal，模拟时间为 120 ps，初始温度为 298 K，步长为 120 万步，每 5000 步输出一帧。在整个剪切模拟的过程中记录 $x$ 方向上的剪切应力来表征实际的摩擦力变化。

研究发现纳米粒子的含量对摩擦学性能存在较大的影响，适当的纳米粒子含量能够有效降低摩擦系数。设置 GO-Fe$_3$O$_4$的质量分数分别为 0、0.5%、1% 和 2%，建立润滑体系模型。模拟不同含量的 GO-Fe$_3$O$_4$纳米粒子添加到水中后对摩擦副剪切应力的影响。模拟时设置压力为 200 MPa，剪切速率为 0.01 nm/ps。

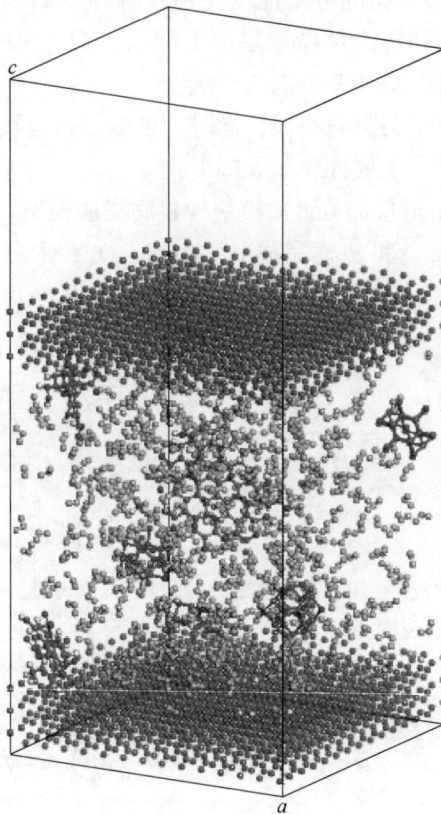

图 12-25    限制剪切运动的分子动力学模型

彩图

图 12-26（a）为上、下表面与轧制液之间剪切应力随 GO-Fe$_3$O$_4$ 纳米粒子含量的变化曲线，模拟中上、下表面相对滑动，因此上、下表面的剪切应力方向是相反的[52]。由图可知，适量的 GO-Fe$_3$O$_4$ 纳米粒子可以有效降低摩擦面的剪切应力，从而减小摩擦，过高含量的纳米粒子会引起剪切应力的上升。从图 12-26（b）可知，仅添加少量纳米粒子对剪切时润滑剂温度的变化影响较小，与基础液相比，采用 0.5%（质量分数）纳米粒子的润滑剂的剪切温度上升了约 50 ℃。随着 GO-Fe$_3$O$_4$ 纳米粒子含量的不断增加，润滑剂的温度迅速升高，特别是添加质量分数为 2.0% 纳米粒子后，润滑体系的温度达到了约 700 ℃，这可能导致吸附在表面的润滑膜发生破坏，进而使得剪切应力急剧提升[57]。

综合以上分析可知，GO-Fe$_3$O$_4$ 纳米粒子的较优添加量（质量分数）为 0.5%，此时具有良好的润滑减摩作用。因此，在后续的研究过程中均采用纳米粒子的质量分数为 0.5% 的剪切模型进行分子动力学研究。

为研究压力对水基轧制液润滑性能的影响，设置压力分别为 100 MPa、

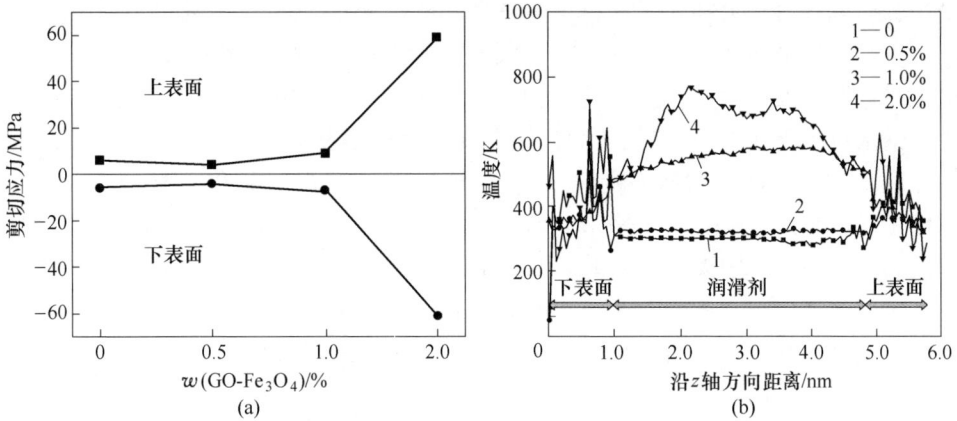

图 12-26 不同含量的 GO-Fe₃O₄ 纳米粒子对剪切应力和温度的影响

（a）上、下表面与轧制液之间剪切应力随 GO-Fe₃O₄纳米粒子含量的变化曲线；

（b）不同含量的 GO-Fe₃O₄在润滑体系的温度分布

200 MPa、300 MPa 和 400 MPa。模拟不同压力下的摩擦副剪切应力和温度的变化，模拟时设置 GO-Fe₃O₄的质量分数为 0.5%，剪切速率为 0.02 nm/ps。

图 12-27（a）为纳米粒子质量分数为 0.5%，剪切速率为 0.02 nm/ps 时，模型的上、下表面与中间轧制液间剪切应力随压力变化的曲线。由图可知，随着压力的增大，剪切应力呈现逐渐增大的现象。这是因为根据库仑定理，剪切应力（即摩擦力）与所施加的压力成正比，摩擦表面受到的压力越大，摩擦副相互滑动时需要克服的阻力也就越大，因此导致了剪切应力的上升。纳米粒子的质量分数为 0.5%，剪切速率为 0.02 nm/ps 时，不同压力下润滑体系的温度分布如图 12-27（b）所示。由图可知，随着施加压力的增大，剪切应力相应提高（即摩擦力上升），润滑体系的温度也出现上升。

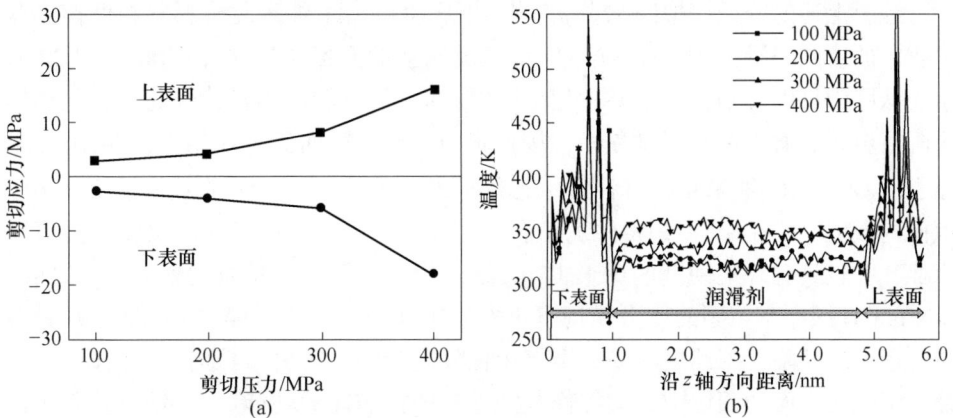

图 12-27 剪切应力随压力变化的曲线（a）和
不同压力下润滑体系的温度分布（b）

　　为研究压力对水基轧制液润滑性能的影响，分别设置剪切速率为 0.01 nm/s、0.02 nm/s、0.03 nm/s 和 0.04 nm/s。模拟不同压力下的摩擦副剪切应力变化，模拟时设置 $GO\text{-}Fe_3O_4$ 的质量分数为 0.5%，剪切压力为 200 MPa。

　　纳米粒子为 0.5%，剪切压力为 200 MPa 时，模型的上、下表面与中间润滑层之间剪切应力随剪切速率变化的曲线和润滑体系的温度分布如图 12-28 所示。从图中可以看出，随着剪切速率的增大，摩擦副的剪切应力的绝对值也在增大。这是因为剪切速率增大后，润滑液中的原子运动速率也加快，导致润滑液的黏度降低，使得剪切应力的绝对值不断增加，由图 12-28（b）可知，最终导致润滑体系的温度逐渐升高，润滑膜稳定性受到影响，润滑液减摩效果的恶化进一步导致摩擦副表面剪切应力的绝对值的增加。

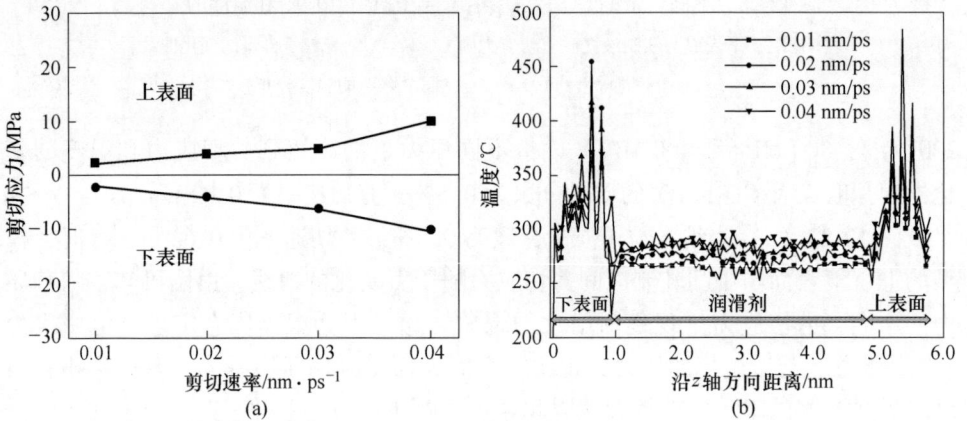

图 12-28 　上、下表面与中间润滑层之间剪切应力随剪切速率变化曲线（a）和
不同剪切速率下润滑体系沿 $z$ 轴方向的温度分布（b）

　　综合上述的分子模拟结果分析，提出了 $GO\text{-}Fe_3O_4$ 纳米复合材料在摩擦实验过程中的协同润滑机理。$GO\text{-}Fe_3O_4$ 纳米轧制液的润滑机理示意图如图 12-29 所示。从图中可以得知，在摩擦过程中，GO 的含氧官能团丰富，因此复合物能够吸附在金属表面。在摩擦过程中，接触副的摩擦与径向压力作用下，$Fe_3O_4$ 纳米粒子从 $GO\text{-}Fe_3O_4$ 纳米复合材料薄片上剥离[58]。脱落的 $Fe_3O_4$ 纳米粒子填充了摩擦面的微坑，并在摩擦过程中扮演了"滚珠"的角色，将滑动摩擦转变为滚动摩擦，并且具有一定硬度的球形 $Fe_3O_4$ 纳米粒子还能起到承重的效果[59]。同时 GO 纳米片层在摩擦副的压力作用下也发生了破碎，这些破碎的 GO 纳米片具有更高程度的缺陷，因此更容易在金属表面发生吸附。随着摩擦的进行，GO 纳米片逐渐嵌入表面的凹坑中，发挥修复和保护摩擦表面的功能。GO 纳米片利用其微弱的层间作用力和易于滑动的特性，极大地降低接触副的摩擦。这些润滑机理

将保护摩擦副表面，并提高 GO-Fe$_3$O$_4$ 纳米粒子的减摩抗磨性能。因此，GO-Fe$_3$O$_4$ 纳米复合材料通过 GO 的层状结构与 Fe$_3$O$_4$ 的球形结构的协同润滑作用，充分解释了 GO-Fe$_3$O$_4$ 水基纳米轧制液优异的润滑性能。

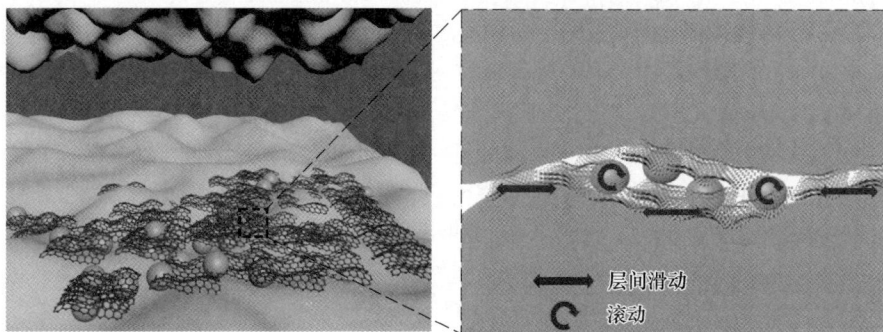

图 12-29　GO-Fe$_3$O$_4$ 纳米轧制液的润滑机理示意图

## 参 考 文 献

［1］ DU S N, SUN J L, WU P. Preparation, characterization and lubrication performances of graphene oxide-TiO$_2$ nanofluid in rolling strips ［J］. Carbon, 2018, 140：338-351.

［2］ 崔庆生，乔玉林，赵海朝，等. 石墨烯在水中的分散稳定性及其减摩性能研究 ［J］. 润滑与密封，2014, 39 (5)：47-50.

［3］ LI X, LIU Q, DONG G N. Self-assembly membrane on textured surface for enhancing lubricity of graphene oxide nano-additive ［J］. Applied Surface Science, 2019, 505：144572.

［4］ SI Y C, SAMULSKI E T. Synthesis of water soluble graphene ［J］. Nano Letters, 2008, 8 (6)：1679-1682.

［5］ GEIM A K, NOVSOSELOV K S. The rise of graphene ［J］. Nature Materials, 2007, 6：183-191.

［6］ CHOSH S, CALIZO L, TEWELDEBRHAN D, et al. Extremely high thermal conductivity of graphene：Prospects for thermal management applications in nanoelectronic circuits ［J］. Applied Physics Letters, 2008, 92 (15)：151911-151913.

［7］ RITTER K A, LYDING J W. Characterization of nanometer-sizd, mechanically exfoliated graphene on the H-passivated Si (100) surface using scanning tunneling microscopy ［J］. Nanotechnology, 2008, 19 (1)：015704.

［8］ PARVIZI F, TEWELDEBRHAN D, GHOSH S I, et al. Properties of graphene produced by the high pressure-high temperature growth process ［J］. Micro and Nano Letters, 2008, 3 (1)：29-34.

［9］ MCALLISTER M J, LI J L, ADAMSON D H, et al. Single sheet functionalized graphene by oxidation and thermal expansion of graphite ［J］. Chemistry of Materials, 2007, 19 (18)：

4396-4404.

［10］ COKI E, GIOVANNI F, MANISH C. Large-area ultrathin films of reduced graphene oxide as a transparent and flexible electronic material ［J］. Nature Nanotechnology, 2008, 3: 270-274.

［11］ BALANDIN A A. Thermal properties of graphene and nanostructured carbon materials ［J］. Nature Materials, 2011, 10 (8): 569-581.

［12］ PEI S, CHENG H M. The reduction of graphene oxide ［J］. Carbon, 2012, 50 (9): 3210-3228.

［13］ MARCANO D C, KOSYNKIN D V, BERLIN J M, et al. Improved synthesis of graphene oxide ［J］. ACS Nano, 2010, 4 (8): 4806-4814.

［14］ ALAM S N, SHARMA N, KUMAR L. Synthesis of graphene oxide (GO) by modified hummers method and its thermal reduction to obtain reduced graphene oxide (rGO) ［J］. Graphene, 2017, 6 (1): 1-18.

［15］ RAMESH P, BHAGYALAKSHMI S, SAMPATH S. Preparation and phrsicochemical and electrochemical characterization of exfoliated graphite oxide ［J］. Journal of Colloid and Interface Science, 2004, 274 (1): 95-102.

［16］ STANKOVICH S, DIKIN D A, PINER R D, et al. Synthesis of graphene-based nanosheets via chemical reduction of exfoliated graphite oxide ［J］. Carbon, 2007, 45 (7): 1558-1565.

［17］ GENG Y, WANG S, KIM J K. Preparation of graphite nanoplatelets and graphene sheets ［J］. Journal of Colloid and Interface Science, 2009, 336 (2): 592-598.

［18］ HOSSEIN R M, VAHID H A, KHEZROLLAH K, et al. Polystyrene-grafted graphene nanoplatelets with various graft densities by atom transfer radical polymerization from the edge carboxyl groups ［J］. RSC Advances, 2014, 4 (47): 24439-24452.

［19］ YUAN J, ZHANG Z, YANG M, et al. Graphene oxide-grafted hybrid-fabric composites with simultaneously improved mechanical and tribological properties ［J］. Tribology Letters, 2018, 66 (1): 1-11.

［20］ NAKAJIMA T, MASTSUO Y. Formation process and structure of graphite oxide ［J］. Carbon, 1994, 32 (3): 469-475.

［21］ PACI J T, BELYTSCHKO T, SCHATZ G C. Computational strdies of the structure, behavior upon heating, and mechanical properties of graphite oxide ［J］. Journal of Physical Chemistry C, 2007, 111 (49): 18099-18111.

［22］ ZHANG Y, CHEN Q, JIN Z, et al. Biomimetic graphene films and their properties ［J］. Nanoscale, 2012, 4 (16): 4858-4869.

［23］ LIU T X, ZHAO Z S, TJIU W W, et al. Preparation and characterization of epoxy nanocomposites containing surface-modified graphene oxide ［J］. Journal of Applied Polymer Science, 2014, 131 (9): 40236.

［24］ STANKOVICH S, DIKIN D A, DOMMETT G H B, et al. Graphene based composite materials ［J］. Nature, 2006, 442 (7100): 282-286.

［25］ WEI H, YANG W S, XI Q, et al. Preparation of $Fe_3O_4$@ graphene oxide-shell magnetic particles for use in protein adsorption [J]. Materials Letters, 2012, 82: 224-226.

[26] 杨建国, 牛文新, 李建设, 等. 聚苯乙烯/氧化石墨纳米复合材料的制备与性能 [J]. 高分子材料科学与工程, 2005, 21 (5): 55-58.

[27] LIU P G, XIAO P, XIAO M, et al. Synthesis of poly (vinyl acetate)-intercated graphite oxide by an in situ intercalative polymerization [J]. Chinese Journal of Polymer Science, 2000, 18 (5): 413-418.

[28] MATSUO Y, NISHINO Y, FUKUTSUKA T, et al. Introduction of amino groups into the interlayer space of graphite oxide using 3-amino propylethoxysilanes [J]. Carbon, 2007, 45 (7): 1384-1390.

[29] SONG Y, QU K, ZHAO C, et al. Graphene oxide: Intrinsic peroxidase catalytic activity and its application to glucose detection [J]. Advanced Materials, 2010, 22 (19): 2206-2210.

[30] ZHU J W, ZENG G Y, NI F D, et al. Decorating graphene oxide with CuO nanoparticles in water-isopropanol system [J]. Nanoscale, 2010, 2: 988-994.

[31] XU C, WANG X, ZHU J, et al. Deposition of $Co_3O_4$ nanoparticles onto exfoliated graphite oxide sheets [J]. Journal of Materials Chemistry, 2008, 18 (46): 5625-5629.

[32] RYU S W, LEE Y H, HWANG J W, et al. High-strength carbon nanotubes: High-strength carbon nanotube fibers fabricated by infiltration and curing of mussel-inspired catecholamine polymer [J]. Advanced Materials, 2011, 23 (17): 1971-1975.

[33] ADERIKHA V N, KRASNOV A P, NAUMKIN A V, et al. Effects of ultrasound treatment of expanded graphite (EG) on the sliding friction, wear resistance, and related properties of PTFE-based composites containing EG [J]. Wear, 2017, 63 (9): 386-387.

[34] MUNGSE H P, KUMAR N, KHATRI O P, et al. Synthesis, dispersion and lubrication potential of basal plane functionalized alkylated graphene nanosheets [J]. RSC Advances, 2015, 5 (32): 25565-25571.

[35] LI Y, WANG Q, WANG T, et al. Preparation and tribological properties of graphene oxide/nitrile rubber nanocomposotes [J]. Journal of Materials Science, 2012, 47 (2): 730-738.

[36] VERDEJO R, BUJANS F B, RODRIGUEZ M A, et al. Functionalized graphene sheet filled silicone foam nanocomposites [J]. Materials Chemistry, 2008, 18 (19): 2221-2226.

[37] 宋浩杰, 李娜. 氧化石墨烯纳米复合材料的制备及其摩擦学性能研究 [D]. 镇江: 江苏大学, 2013.

[38] SONG H J, JIA X H, LI N, et al. Synthesis of $\alpha$-$Fe_2O_3$ nanorod/graphene oxide composites and their tribological properties [J]. Journal of Materials Chemistry, 2012, 22 (3): 895-902.

[39] SONG H J, WANG B, ZHOU Q. Preparation and tribological properties of $MoS_2$/graphene oxide composites [J]. Applied Surface Science, 2017, 419 (15): 24-34.

[40] MUNGSE H P, KHATRI O P. Chemically functionalized reduced graphene oxide as a novel material for reduction of friction and wear [J]. The Journal of Physical Chemistry C, 2014, 118 (26): 14394-14402.

[41] 夏池, 李传校, 陶炜. 油溶性氧化石墨烯的制备及在润滑油中的摩擦学性能 [J]. 润滑

与密封, 2018, 43 (8): 137-142.

[42] WU Y L, ZENG X Q, REN T H, et al. The emulsifying and tribological properties of modified graphene oxide in oil-in-water emulsion [J]. Tribology International, 2017, 105: 304-316.

[43] MU L W, SHI Y J, GUO X J, et al. Grafting heteroelement-rich groups on graphene oxide: Tuning polarity and molecular interaction with bio-ionic liquid for enhanced lubrication [J]. Journal of Colloid and Interface Science, 2017, 498: 47-54.

[44] SINGH V K, ELOMAA O, JOHANSSON L S, et al. Lubricating properties of silica/graphene oxide composite powders [J]. Carbon, 2014, 79 (1): 227-235.

[45] SONG H J, LI N. Frictional behavior of oxide graphene nanosheets as water-base lubricant additive [J]. Materials Science and Processing, 2011, 105 (4): 827-832.

[46] KINOSHITA H, NISHINA Y, ALIAS A A, et al. Tribological properties of monolayer graphene oxide sheets as water-based lubricant additives [J]. Carbon, 2014, 66 (1): 720-723.

[47] 项宪政, 龚民, 张刚强. 多羟基化改性石墨烯水基润滑添加剂的摩擦学特性 [J]. 润滑与密封, 2018, 43 (9): 39-46.

[48] GUPTA B, KUMAR N, PANDA K. Role of oxygen functional groups in reduced graphene oxide for lubrication [J]. Scientific Reports, 2017, 7: 45030.

[49] HU Y W, WANG Y X, ZENG Z X. BLG-RGO: A novel nanoadditive for water-based lubricant [J]. Tribology International, 2019, 135: 277-286.

[50] GAN C L, LIANG T, LI W, et al. Hydroxyl-terminated ionic liquids functionalized graphene oxide with good dispersion and lubrication function [J]. Tribology International, 2020, 148: 106350.

[51] 严旭东, 孙建林, 熊桑. 铜轧制油中磷酸酯的吸附特性与润滑性能 [J]. 中国有色金属学报, 2018, 28 (6): 1168-1175.

[52] KHALED K F. Experimental, density function theory calculations and molecular dynamics simulations to investigate the adsorption of some thiourea derivatives on iron surface in nitric acid solutions [J]. Applied Surface Science, 2010, 256 (22): 6753-6763.

[53] 王晓馨. 碳钢表面硅烷化及分子动力学模拟 [D]. 杭州: 浙江大学, 2019.

[54] 刘大中, 王锦. 物理吸附与化学吸附 [J]. 山东轻工业学院学报, 1999, 13 (2): 22-25.

[55] 刘峣, 武玉琳, 屈云鹏, 等. $Ba^{2+}$ 在 KDP (100) 表面吸附的密度泛函理论研究 [J]. 材料工程, 2019, 47 (11): 123-127.

[56] LEE J H, KANG S G, MOON H S, et al. Adsorption mechanisms of lithium oxides ($LixO_2$) on a graphene-based electrode: A density functional theory approach [J]. Applied Surface Science, 2015, 351: 193-202.

[57] BANSAL T, MOHITE A D, SHAH H M, et al. New insights into the density of states of graphene oxide using capacitive photocurrent spectroscopy [J]. Carbon, 2012, 50 (3): 808-814.

[58] ZHANG Q Q, WU B, SONG R H, et al. Preparation, characterization and tribological

properties of polyalphaolefin with magnetic reduced graphene oxide/$Fe_3O_4$ [J]. Tribology International, 2020, 141 (1): 105952.

[59] ELOMAA O, SINGH V K, HAKALA TJ, et al. Graphene oxide in water lubrication on diamond-like carbon vs. stainless steel high-load contacts [J]. Diamonds and Related Materials, 2015, 52: 43-48.

# 13　金属加工液的摩擦学性能实验与模拟

材料成型过程中摩擦、磨损与润滑问题涉及面广，影响因素众多，尤其还与成型工艺条件密切相关。因此，通过合理的科学实验方法和手段研究材料成型过程中摩擦、磨损与润滑的理论与实践问题，寻找摩擦学系统内各要素之间的相互关系，尤其是研究摩擦、磨损对成型工艺过程的影响具有十分重要的理论与实际意义。通过摩擦学测试可以进一步了解摩擦磨损对材料成型过程的作用及对成型后制品表面质量的影响，寻找合理的润滑方式和最有效的工艺润滑剂，以获得最佳润滑作用效果，同时为制定材料成型工艺路线、提高成型过程的稳定性与可靠性提供重要参考依据。

## 13.1　金属加工液摩擦学性能评价方法

材料的摩擦学特性并非材料自身固有特征，尤其是材料成型过程的摩擦学特征，除与材料性质有关外，还与成型方法及成型工艺密切相关，所以在摩擦学测试方法上难以达到统一的实验标准。目前大多数被采用和公认的测试方法可归纳为实验机测试、模拟实验和成型过程实际测量三种类型。

摩擦学测试内容涉及面广，包括摩擦磨损测定、表面分析、温度测定、润滑剂理化性能分析测试等。本章主要集中讲述摩擦磨损，尤其是摩擦系数的测试方法。

### 13.1.1　摩擦磨损实验机

#### 13.1.1.1　四球摩擦磨损实验机

四球摩擦磨损实验机上的 4 个钢球按等边四面体排列，如图 13-1 所示。上球以 1400~1500 r/min 的转速旋转，下面静止的 3 个球与油盒固定在一起，由上而下对钢球施加负荷。在实验过程中，4 个钢球的接触点都浸没在试油中，每次实验时间为 10 s，实验后测量油盒中每一钢球的磨痕直径。按规定程序反复实验，直至测出代表润滑剂承载能力的评定指标。评定指标包括润滑剂的最大无卡咬负荷 $P_B$、烧结负荷 $P_D$ 和综合磨损值 ZMZ 等，所以又称润滑油承载能力测定法。

最大无卡咬负荷 $P_B$ 又称油膜强度，是指在实验条件下不发生卡咬的最高负荷。在该负荷下测得的磨斑直径不得大于相应补偿线上数值的 5%。烧结负荷 $P_D$ 是在实验条件下使钢球发生烧结的最低负荷。烧结负荷代表润滑剂的极限工作能力。综合磨损值 ZMZ 是润滑剂抗极压能力的一个指数，它等于若干次校正负荷的算术平均值。

四球摩擦磨损实验机的磨损-负荷曲线如图 13-2 所示，图中标出了曲线各部分的意义，该曲线是由不同负荷下钢球的平均磨斑直径所作出的。

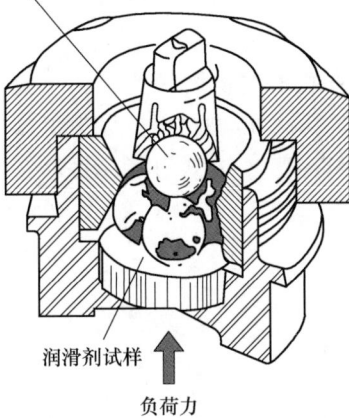

图 13-1　四球摩擦磨损实验机示意图　　图 13-2　四球摩擦磨损实验机的磨损-负荷曲线

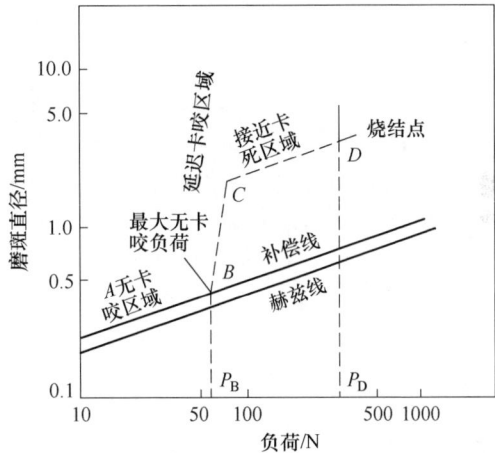

获取四球法测润滑剂 $P_B$、$P_D$、ZMZ 值，所需时间一般为 10 s，在室温下进行，负荷可在 40～10000 N 之间内选择。对钢球质量有严格要求，直径为 12.7 mm，硬度为 61HRC～65HR 的一级 GCr15 标准钢球。MRS-10A 四球摩擦磨损实验机性能参数见表 13-1。

表 13-1　MRS-10A 四球摩擦磨损实验机性能参数

| 项目名称 | 参数 | 项目名称 | 参数 |
| --- | --- | --- | --- |
| 主轴转速/r·min⁻¹ | 200～2000 | 轴向实验力/N | 40～10000 |
| 主轴电机功率/W | 2200 | 工作温度范围/℃ | 室温～250 |
| 摩擦力测量范围/N | 1～300 | 磨斑测量范围/mm | 0～10 |
| 一次实验用油量/mL | 10 | 磨斑准确度/mm | 0.01 |

四球摩擦磨损实验机通过加装辅助测量装置和相关软件还可以进行润滑剂的摩擦系数测定和钢球长磨磨斑观察。长磨实验在载荷为（392±5）N、转速为（1200±5）r/min、时间为 30 min 的条件下，将直径为 12.70 mm 标准钢球完全浸

没润滑剂中进行。测定长磨过程的平均摩擦系数，并采用显微镜观察实验之后钢球磨斑形貌，测量磨斑直径。

### 13.1.1.2　MM-W1A 立式万能摩擦磨损实验机

MM-W1A 立式万能摩擦磨损实验机的主要用途与功能均与 FALEX6 型多功能试样测试实验机相似，该机在一定的接触压力下，具有滚动、滑动或滑滚复合运动的摩擦形式，具有无级调速系统，可在极低速或高速条件下，评定润滑剂、金属、塑料、涂层、橡胶、陶瓷等材料的摩擦磨损性能，如低速销盘（具有大盘与小盘，单针与三针）摩擦功能、四球长时抗磨损性能和四球滚动接触疲劳，以及止推垫圈摩擦性能的实验。

最大的特点是能够做点、线、面等多种接触方式的摩擦磨损实验，功能齐全，可以做干摩擦及有润滑条件下的摩擦磨损实验，既可以做材料的摩擦磨损实验，也可以做润滑剂的摩擦性能实验。图 13-3 为 MM-W1A 立式万能摩擦磨损实验机摩擦副与结构示意图。

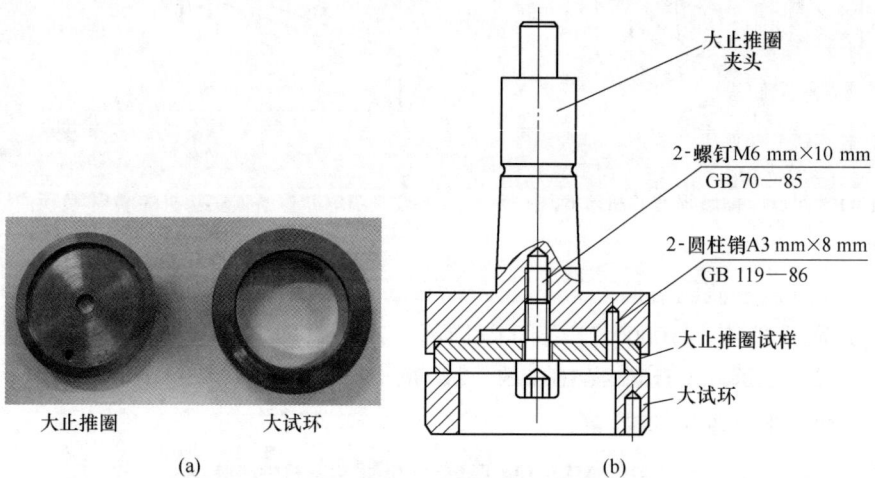

图 13-3　MM-W1A 立式万能摩擦磨损实验机摩擦副与结构示意图
(a) 盘-环摩擦副；(b) 实验机的结构示意图

摩擦系数 $\mu$ 根据传感器检测的摩擦力矩和施加的试验力获得，即

$$\mu = \frac{M}{RN} \tag{13-1}$$

式中　　$M$——摩擦力矩，N·mm；

$\quad\quad\quad R$——摩擦半径，mm；

$\quad\quad\quad N$——施加在环试样上的轴向力，N。

材料的耐磨性采用测量盘试样摩擦前、后的质量损失，按式（13-2）计算磨损率：

$$W = \frac{\Delta W}{\rho N l} \tag{13-2}$$

式中　$\Delta W$——磨损质量损失，mg；

　　　$\rho$——材料的密度，g/cm$^3$；

　　　$N$——施加在盘试样上的轴向力，N；

　　　$l$——磨损行程，m。

### 13.1.1.3　梯姆肯磨损实验机

梯姆肯（Timken）磨损实验机用于评定金属加工液的抗擦伤能力，用 OK 值作为评定指标。OK 值是在该标准实验机钢制试样滑动摩擦面上不出现擦伤时负荷杠杆砝码盘上的最大负荷。

在实验中，试件发生擦伤时主要表现为异常的噪声和振动、主轴转速的下降、试环表面出现明显的刻痕。实验结束后，用试块上的磨斑来判断是否擦伤。

梯姆肯实验机的试件为试环和试块，材质有严格规定。主要试件尺寸如下：

（1）试环：直径为 49.22 mm，厚度为 13.6 mm，硬度为洛氏 HRC58~62。

（2）试块：长度为 19.05 mm，宽度为 12.32 mm，硬度为洛氏 HRC58~62。

金属加工液抗擦伤能力测定法规定的实验条件为：主轴转速：（800±5）r/min；实验时间：10 min；试油温度：（38±2）℃；实验油量：2800 mL。

### 13.1.1.4　法莱克斯摩擦磨损实验机

法莱克斯（Falex）摩擦磨损实验机用于评价液体润滑剂的磨损性能和极压性能，故该方法也称为润滑剂磨损性能测定法或极压性能测定法。

实验是在钢制的实验轴颈对着浸在润滑剂试样里两个静止的"V"形块以（290±10）r/min 的速度旋转。通过加载机构给"V"形块施加负荷，测定润滑剂磨损性能时，以规定实验条件下的磨损齿数来确定；测定润滑剂极压性能时，以实验失效负荷值来确定。实验前对负荷表按规定进行校验。测定极压性能操作条件见表 13-2。

表 13-2　测定极压性能操作条件

| 项目名称 | 方法 A | 方法 B |
|---|---|---|
| 磨合时间/min | 5 | 5 |
| 磨合负荷/N | 1334 | 1334 |
| 实验转速/r·min$^{-1}$ | 290±10 | 290±10 |
| 试油温度/℃ | 52±3 | 52±3 |

| 项目名称 | 方法 A | 方法 B |
|---|---|---|
| 实验负荷 | 用加载机构加负荷直至失效为止 | 1. 224 N 运转 1 min；<br>2. 112 N 增量逐级加负荷每一级运转 1 min；<br>3. 直至失效 |

### 13.1.2　材料变形实验法

材料变形模拟实验主要是根据材料塑性变形原理设计材料变形实验的过程，用于模拟实际的成型过程。它比摩擦实验机实验在材料材质、变形方式、力平衡方程、屈服准则及边界条件等方面更接近实际变形过程。

#### 13.1.2.1　材料变形模拟实验设计

模拟实验设计的重点在于摩擦副材料选取、接触形式、变形方式等，当然也包括摩擦力、摩擦系数、磨损量等实验结果参数的获取方式。图 13-4 为几种常见的摩擦副接触方式，模拟的具体成型过程还要考虑温度、速度、变形程度等工况条件。

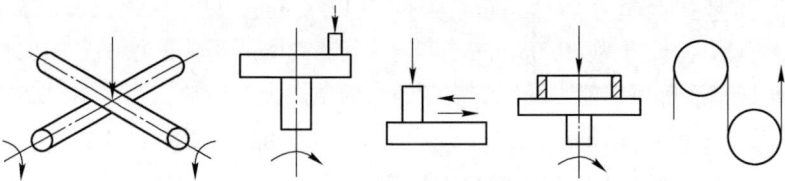

图 13-4　几种常见的摩擦副接触方式

#### 13.1.2.2　镦粗圆环法

镦粗空心圆环（圆柱体）是典型的摩擦系数模拟实验测定方法，不但能够获得金属压缩变形过程中摩擦对变形过程的影响，而且还能够模拟金属热轧、冷轧时的摩擦系数。镦粗圆环是利用一定尺寸的圆环状试件，根据在不同摩擦状态下镦粗时的内、外径变化来测摩擦系数。如果接触面上不存在摩擦，即摩擦系数 $\mu$ 为零，则圆环的内、外径均扩大，与实心圆柱体镦粗时出现的情况类似——金属质点全向外周流动，圆心就是分流点，如图 13-5（a）所示。随着接触面上摩擦的增大，内、外径的扩大量减小，分流点外移，分流半径增大如图 13-5（b）所示。当摩擦系数增大到一定数值后，圆环内径不但不增大，反而减小，分流半径介于内、外径之间，如图 13-5（c）所示。

对于一定尺寸的圆环，分流半径大小仅与摩擦系数有关，而且由它反映出圆环内、外径的变化较显著，一般都以圆环镦粗时的内径变化作为分流半径的当量

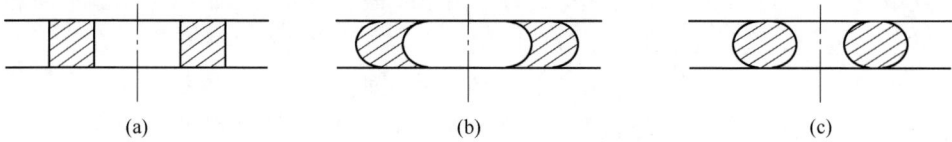

图 13-5 镦粗圆环试件时不同摩擦条件对圆环变形的影响

（a）$\mu=0$ 时；（b）$\mu$ 较小时；（c）$\mu$ 较大时

来考虑。

　　该方法的关键在于建立摩擦系数与圆环镦粗时内径变化的关系曲线，常称为测定摩擦系数的标定曲线。图 13-6（a）和（b）分别给出了常摩擦系数（库仑摩擦）条件下和常摩擦力（黏着摩擦）条件下的标定曲线。所用圆环试件尺寸为 $\phi20$ mm×10 mm×7 mm。使用时，只需根据圆环镦粗后的高度和内径数值，在上述相应图中确定的坐标位置，就能读出摩擦系数值。例如，当圆环试件压缩至 5 mm，若测得圆环内径为 9 mm，则从图 13-6（a）中求得 $\mu=0.30$，而从图 13-6（b）中求得 $\mu=0.40$。

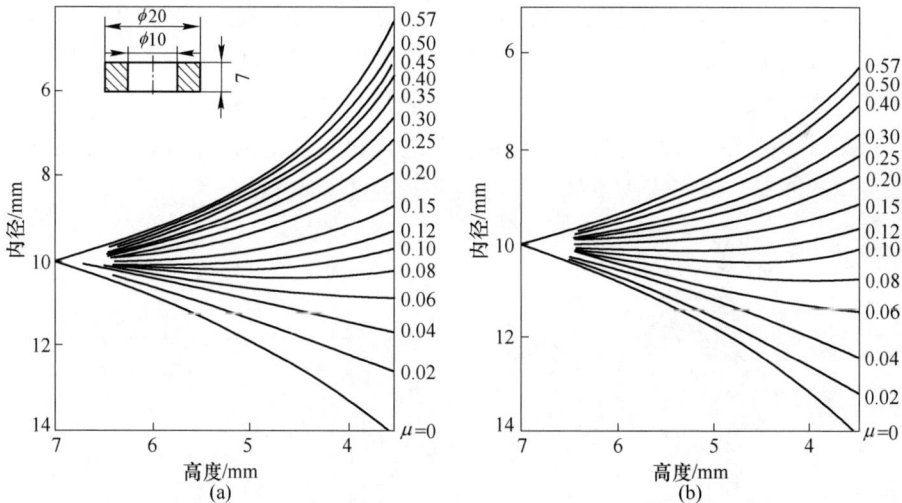

图 13-6 镦粗圆环试件时测定摩擦系数标定曲线

（a）常摩擦系数（库仑摩擦）条件；（b）常摩擦力（黏着摩擦）条件

## 13.2　润滑膜结构的动态模拟

　　尽管对于金属加工液的摩擦学行为和润滑机理已有了大量的实验研究，但目前还缺乏原子和分子水平上的理论支持。由于摩擦过程涉及大量原子在非平衡态下的动态过程，因而分子动力学模拟比量子化学方法更适合相关研究。在分子动力学模拟过程中，将润滑流体限制于金属表面之间，并对整个体系施加压力和剪切作用，即可模拟实际的金属加工润滑过程。通过对模拟过程中流体分子的运动、温度和力等参数进行分析，可以得到摩擦系数、摩擦力等物理量，进而评价和比较加工液的摩擦学性能。此外，还可以获取到实验方法无法得到的润滑膜结构和密度、分子的取向分布等重要信息，为揭示加工液的润滑机理提供微观层面的帮助。

### 13. 2. 1　含水共聚物在金属加工表面成膜行为的分子动力学模拟

Ta 等人[1]模拟了含水共聚物润滑剂在混合润滑状态下的润滑性能，揭示并讨论了润滑机理，如图 13-7 所示。从不同时刻体系的静态图可以发现，共聚物分子在固态表面形成了层状结构，发生了物理吸附。结合体系的摩擦力 $F_x$、正压力 $F_z$ 和总高度 $h$，明显发现摩擦力与系统高度之间存在密切的关联，这与摩擦过程中微凸体的塑性变形有关。此外还观察到共聚物分子在微凸体接触区被压缩，在一定程度上减少了固态表面原子的转移，即缓解了磨损现象。潘伶等人[2]研究了环烷烃的含碳量对边界润滑行为的影响，从原子尺度实时观察了润滑系统在 25~500 MPa 载荷下进行剪切时的油膜润滑和破裂过程。原子总数相同时，含碳量不同的烷烃均出现分层现象，随着含碳量的增加，油膜中间区域的分层越来越不明显；分子含碳量越高，油膜的承载能力也越高。

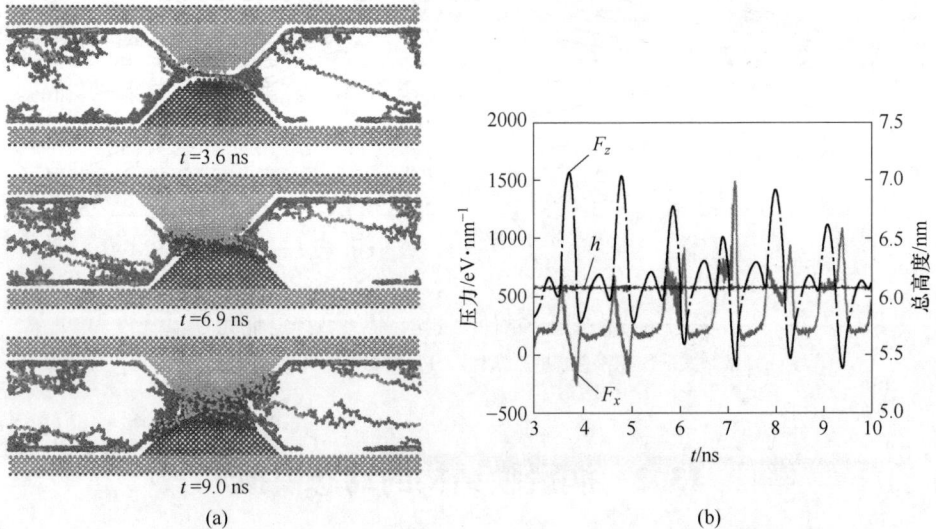

图 13-7　含水共聚物润滑剂在混合润滑状态下的润滑性能机理

(a) 滑动摩擦的固体表面间的含水共聚物润滑剂的分布；(b) 体系的摩擦力、正压力和总高度随模拟时间的变化

## 13.2.2  纳米流体在金属加工表面的成膜行为和润滑机理

采用溶剂热法合成直径约为 10 nm 的氮掺杂碳量子点（N-CQDs）纳米粒子，并将其添加到 $MoS_2$ 水基流体中。通过销-盘摩擦学实验，结合分子动力学模拟研究其摩擦学特性。纳米 $MoS_2$ 和 $MoS_2/N$-CQDs 摩擦体系中原子的运动情况和沿 $z$ 轴方向的含量分布如图 13-8 所示。纯纳米 $MoS_2$ 摩擦系统中，Mo 原子的分布非常均匀，而 S 原子趋向于在界面处分布，如图 13-8（a）所示。对于 $MoS_2/N$-CQDs 复合体系，S、N 和 O 原子都表现出向金属表面移动的趋势，但是界面处 S 原子的含量低于纯纳米 $MoS_2$ 体系。原子向表面的扩散反映了金属原子的吸附行为，这对摩擦界面的化学反应和膜的形成起重要作用。N-CQDs 与金属表面的相互作用主要是通过含有 O 和 N 原子的各种官能团，而 $MoS_2$ 纳米粒子主要是通过 S 原子实现的。基于摩擦学实验和分子动力学模拟的结果，揭示 S 原子和 N-CQDs 中的含 O 和 N 的官能团与金属表面的相互作用，促进了纳米粒子的沉积和

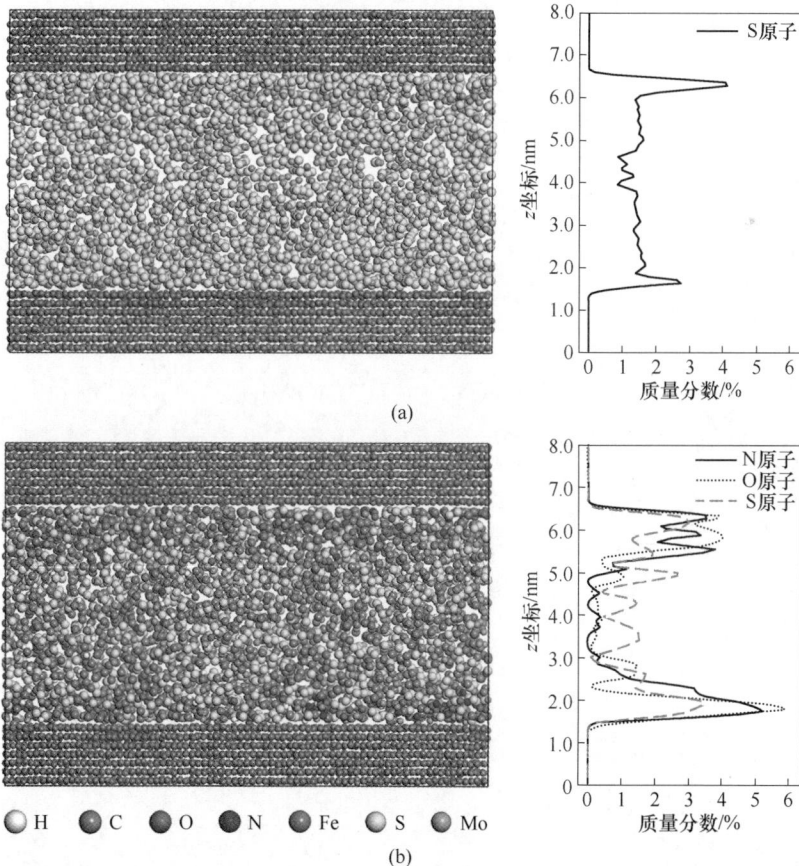

(a)

○H  ○C  ○O  ●N  ○Fe  ○S  ○Mo

(b)

图 13-8  纳米 $MoS_2$（a）和 $MoS_2/N$-CQDs（b）摩擦体系中原子的运动和沿 $z$ 轴方向的含量分布

摩擦化学反应，在摩擦界面处形成由非晶态物质、超细晶粒子（$MoS_2$/N-CQDs）和自润滑无机物（$FeSO_4$/$Fe_2(SO_4)_3$）组成的保护性润滑膜，平均厚度约为13.9 nm，进而保护金属表面免受严重磨损[3]。同时，分子动力学模拟研究也证实了 $MoS_2$ 纳米粒子的层间滑动效应、剥离效应、球形 N-CQDs 纳米粒子的滚动效应、抛光效应等润滑机制。

## 参 考 文 献

[1] TA T D, TIEU A K, ZHU H T, et al. Tribological behavior of aqueous copolymer lubricant in mixed lubrication regime [J]. ACS Applied Materials and Interfaces, 2016, 8 (8): 5641-5652.

[2] 潘伶, 鲁石平, 陈有宏, 等. 分子动力学模拟环烷烃含碳量对边界润滑的影响 [J]. 机械工程学报, 2020, 56 (1): 110-118.

[3] HE J, SUN J, CHOI J, et al. Synthesis of N-doped carbon quantum dots as lubricant additive to enhance the tribological behavior of $MoS_2$ nanofluid [J]. Friction, 2023, 11 (3): 441-459.

# 14  金属加工液与摩擦表面的交互作用

金属加工液是一种广泛应用于金属加工中的液体，其能够有效地冷却、润滑和清洁加工表面，提高加工质量和效率。然而，金属加工液与摩擦表面的交互作用是一个复杂的过程，涉及多重因素的综合影响。在这个过程中，纳米粒子的表面合金化效应、纳米加工液对高温表面的氧化抑制和缓蚀剂膜抑制铜加工表面的腐蚀行为等方面的研究可能会成为未来金属加工摩擦与润滑领域研究的热点与前沿问题。

金属加工液中纳米粒子的表面合金化效应是指纳米粒子表面的原子在与金属表面接触时发生的表面扩散和合金化反应，这种效应可以显著改善金属表面的性能和加工质量，如提高金属加工表面的硬度、耐磨性和耐蚀性等。同时，在部分金属加工过程的高温环境下，含有纳米粒子的金属加工液能够实现对高温表面的氧化抑制效应，即纳米加工液中的纳米粒子能够通过吸附和化学反应等方式，有效抑制金属表面氧化反应的发生。另外，以铜为代表的有色金属的加工表面易受到腐蚀，导致加工质量下降，而金属加工液中缓蚀剂在金属表面形成的保护性膜能够抑制铜表面的腐蚀行为，保护加工表面。因此，研究缓蚀剂膜的形成机理及其对铜加工表面的保护效果对提高加工质量和生产效率，实现节能减排具有重要意义。

本章将介绍金属加工液与摩擦表面的交互作用的研究进展，重点关注纳米粒子的表面合金化效应、纳米加工液对高温表面的氧化抑制和缓蚀剂膜抑制铜加工表面的腐蚀行为等方面的研究，以期为更深入理解金属加工液与摩擦表面的交互作用等关键科学问题，提高加工质量和效率提供理论依据和借鉴。

## 14.1  纳米粒子的表面合金化效应

纳米粒子具有极高的比表面积和优异的成膜性，高温摩擦表面相对运动时会产生热量和机械能，会使纳米粒子极易沉积和吸附在金属表面，进而发生一系列物理和摩擦化学过程，甚至扩散到基体中改变金属加工表面组织的微观结构和化学成分[1-2]，对提高产品表面性能（如耐磨耐蚀性）有一定的潜力。

### 14.1.1  $MoS_2$-$Al_2O_3$ 纳米复合流体诱导的表面微观结构演变

已有研究结果表明，$MoS_2$-$Al_2O_3$ 纳米复合流体中的 $MoS_2$ 粒子与高温带钢发生了物理化学作用，Mo 和 S 原子扩散到了 Fe 基体中形成了 FeS 和 FeMo$_4$S$_6$ 扩散相[3]。为了明确扩散相形成的微观机理，首先采用量子化学计算揭示了原子扩散进入 Fe 晶格的具体机制。随后，结合实际带钢热轧条件，通过分子动力学模拟研究了不同温度和压强下原子的扩散情况，进一步建立相应的数学模型，为阐明纳米粒子在带钢热轧工艺润滑过程中的高温扩散行为及指导实际生产提供理论基础。

#### 14.1.1.1  轧后表面化学成分及物相分析

通过 SEM 和 EDS 对质量分数为 5% 的纳米复合流体润滑、基础液润滑和无润滑条件下的轧后钢板表面及截面区域进行表征，不同润滑条件下轧后钢板表面及横截面的 SEM 形貌如图 14-1 所示。不同润滑条件下的表面粗糙度 $R_a$ 和平均氧化层厚度 AOT 见图 14-1 (h)。由图 14-1 (a) ~ (c) 可以得知，无润滑条件下的轧后钢板表面质量较差，出现了大量的裂纹和黏着现象。采用基础液作为润滑剂时，在一定程度上减少了钢板的表面缺陷，但仍能观察到明显的轧痕和犁沟。

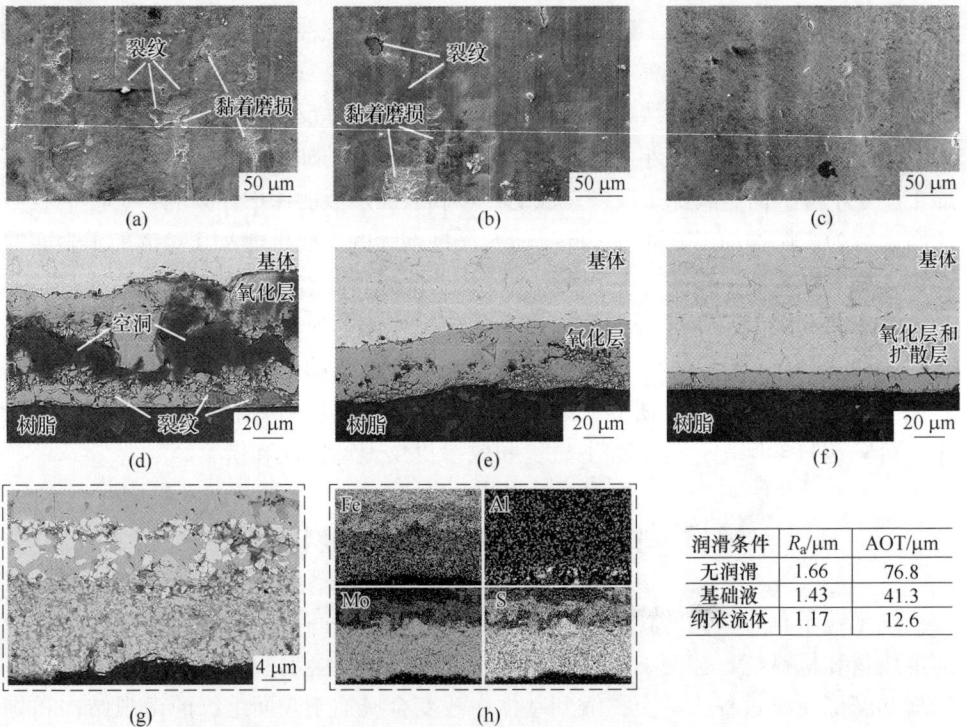

| 润滑条件 | $R_a$/μm | AOT/μm |
|---|---|---|
| 无润滑 | 1.66 | 76.8 |
| 基础液 | 1.43 | 41.3 |
| 纳米流体 | 1.17 | 12.6 |

图 14-1  不同润滑条件下轧后钢板表面及横截面的 SEM 形貌

(a) (d) 无润滑；(b) (e) 基础液润滑；(c) (f) 纳米复合流体润滑；
(g) 图 (f) 中典型区域的高倍率 SEM 图片及 EDS 面扫描结果；(h) 轧后表面粗糙度及氧化层平均厚度

当使用高浓度纳米复合流体时，表面磨损情况显著改善，$R_a$ 值从无润滑时的 1.66 μm 降低至 1.17 μm。轧后表面观察不到大面积的黏着磨损现象，表明高浓度纳米复合流体中大量的纳米粒子在轧制变形区仍具备明显的热轧润滑作用，而不是作为磨损粒子加剧表面磨损。

进一步观察图 14-1（d）~（f）所示的试样截面形貌，无润滑的轧后钢板表面氧化层非常厚，达到了 76.8 μm，氧化层区域疏松且存在着大量的空洞和裂纹。使用纳米复合流体润滑剂后，氧化层平均厚度急剧降低至 12.6 μm，同时非常致密，与钢板基体的结合界面也光滑平直。这一结果再次证实了前文的研究结果，即 $MoS_2$-$Al_2O_3$ 纳米复合粒子具备优异的润滑效果，同时能够抑制热轧过程中钢板的高温氧化，从而降低材料和能源损耗。然而，从图 14-1（g）可以发现，纳米复合流体润滑后表面层的化学成分相当复杂。除氧化物外，还出现了大量的 Mo、S 和 Al，表明 $MoS_2$ 粒子中的 Mo 和 S 原子向氧化层和金属基体中扩散，形成了明显的扩散层。此外，在轧制过程的极高压力下，高硬度的 $Al_2O_3$ 粒子也吸附和嵌入表面氧化层的最外侧区域。

为了明确轧后带钢表面扩散层的物相分布，采用 XRD 及 EBSD 对纳米复合流体润滑条件下的轧后钢板表面进行了表征。如图 14-2 所示，轧后钢板表面出现了非常显著的 α 相 $Al_2O_3$（JCPDS 99-0036）、六方晶体结构的 FeS（JCPDS 76-0960）及 $FeMo_4S_6$ 扩散相（JCPDS 37-0844）的衍射峰。图中其他位置的衍射峰与铁的氧化物相关联：FeO（JCPDS 75-1550）、$Fe_3O_4$（JCPDS 99-0073）和 α-$Fe_2O_3$（JCPDS 99-0060）。同时，α-$Al_2O_3$ 的衍射峰强度明显高于其他扩散相，这也反映了 $Al_2O_3$ 纳米粒子倾向于沉积在氧化层和扩散层的外侧。

进一步地，图 14-3 为不同润滑条件下轧后钢板表面区域的 EBSD 相分布图。

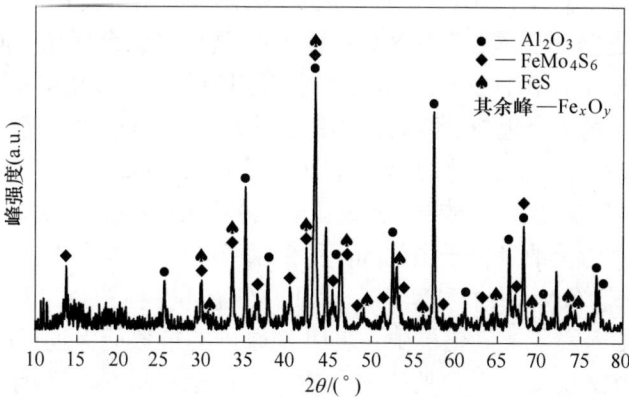

图 14-2　纳米复合流体润滑后的轧后钢板表面的 XRD 图谱

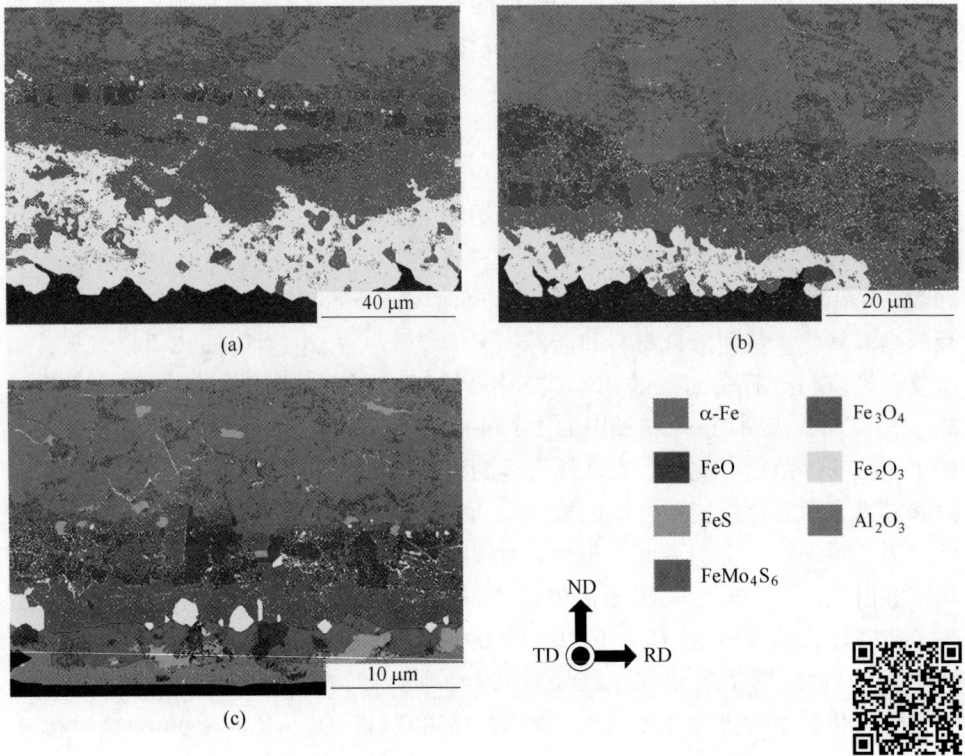

图 14-3　不同润滑条件下轧后钢板表面区域的 EBSD 相分布图
（a）无润滑；（b）基础液润滑；（c）纳米复合流体润滑

由实验结果可知，3 种铁氧化物呈现出明显的层状分布，其中靠近外部环境一侧的为氧化程度最高的 $\alpha$-$Fe_2O_3$（黄色区域），氧化程度相对较低的 $Fe_3O_4$（绿色区域）分布在靠近钢板基体的内侧区域，而 FeO 晶粒（蓝色区域）更靠近内侧且大部分弥散分布在 $Fe_3O_4$ 层中。采用不同润滑剂润滑后，氧化层在变薄的同时高价氧化物 $Fe_2O_3$ 的占比也随之降低，尤其是在 $MoS_2$-$Al_2O_3$ 纳米复合流体作用下，其占比变得非常低。更关键的是，在氧化层的外侧观察到了 $Al_2O_3$、FeS 及 $FeMo_4S_6$ 相，这与 XRD 表征结果一致。上述实验结果表明，实现了借助热轧过程中的高热量和压力使纳米粒子中的 Mo 和 S 原子向奥氏体晶格（$\gamma$-Fe）的扩散，进而形成了 FeS、$FeMo_4S_6$ 两种新相。同时，在金属基体中也出现了 FeS 相，而 $FeMo_4S_6$ 仅存在于表层及氧化层中，表明 S 原子的扩散能力远远高于 Mo 原子。然而，FeS 作为钢铁材料中常见的夹杂物，往往会对材料的性能造成明显的影响。因此，纳米粒子的沉积和扩散对轧后产品性能（如力学性能、表面耐磨及耐蚀性）的影响仍需要进一步探索和明确。

### 14.1.1.2　晶粒尺寸及微观组织演变

不同润滑条件下轧后钢板表层区域的反极图（IPF）如图 14-4 所示。从实验表征结果可以得知，3 种润滑条件下的晶粒均呈现随机分布，说明热轧过程及轧后冷却过程中钢板均发生了完整的回复及再结晶过程，但晶粒的尺寸有显著区别。结合图 14-5 不同润滑条件下热轧带钢表面层的晶粒尺寸分布统计结果，当采用润滑剂时且随着润滑效果的提升，$\alpha$-Fe、FeO、$Fe_3O_4$ 及 $Fe_2O_3$ 4 种晶粒的尺寸均逐渐降低。其中无润滑条件下 $\alpha$-Fe、$Fe_3O_4$ 和 $Fe_2O_3$ 相还出现了少量异常长大的大尺寸晶粒，从图 14-4（a）中也可以看到非常明显的异常长大的 $Fe_3O_4$ 晶粒。这是由于无润滑状态下轧制的带钢在再结晶温度（约 550 ℃）以上停留的时间较长，这些热量显著促进了晶粒的长大。

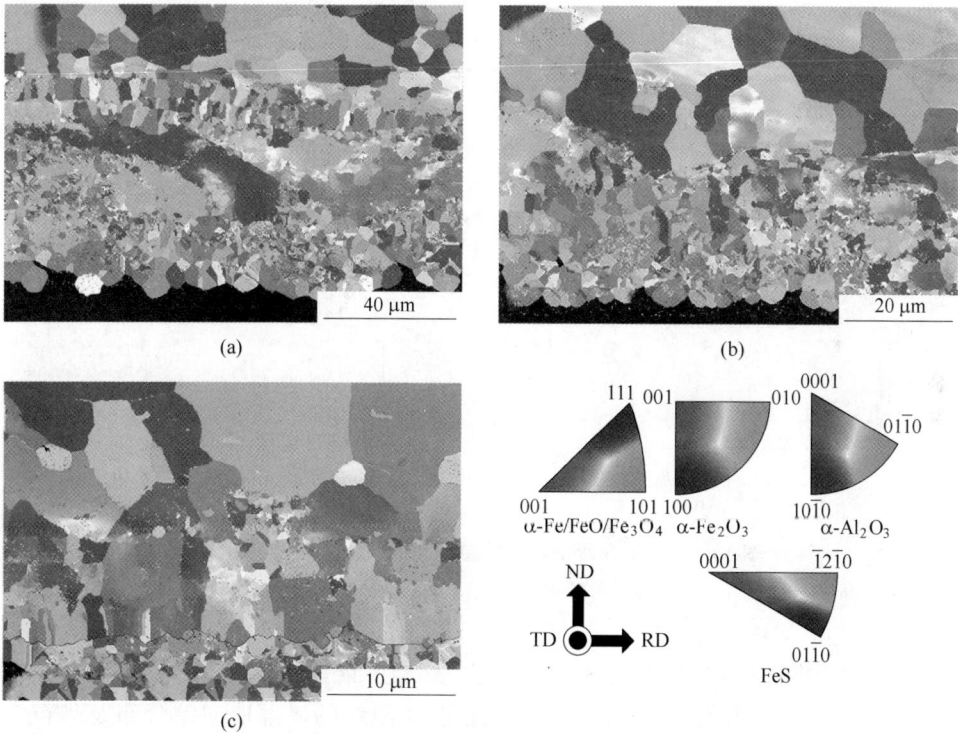

图 14-4　不同润滑条件下轧后钢板表层区域的反极图
（a）无润滑；（b）基础液润滑；（c）纳米复合流体润滑

因此可以判断，纳米粒子能够提高流体的传热性能，加速高温带钢的冷却，从而减少了晶粒持续长大的时间。由图 14-4（c）可知，对于扩散相 FeS、$FeMo_4S_6$ 及 $Al_2O_3$，晶粒尺寸较小且分布均匀，尤其是最外侧的排列致密的高硬度 $Al_2O_3$ 晶粒，对于提高轧后钢板的表面性能及作为物理屏障起到抑制高温金属氧化有至

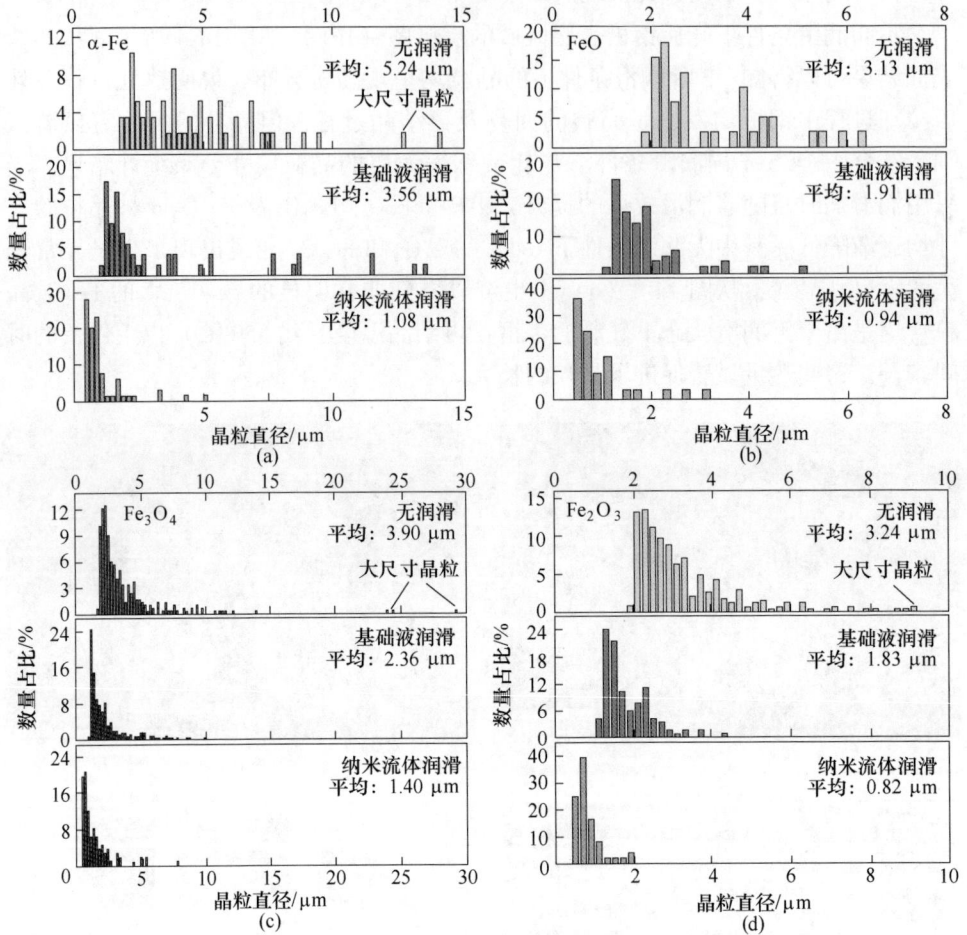

图 14-5　不同润滑条件热轧带钢表面层的晶粒尺寸分布

（a）α-Fe 晶粒尺寸分布；（b）FeO 晶粒尺寸分布；（c）Fe₃O₄晶粒尺寸分布；（d）Fe₂O₃晶粒尺寸分布

关重要的作用，这部分推测将在后续研究中进行验证。

图 14-6 为不同润滑条件下轧后带钢板表层组织的局部取向差分布及晶粒类型分布。从图 14-6（a）~（c）中可以明显发现，纳米复合流体润滑轧后钢板氧化层区域的局部取向差更低，表明纳米流体作为润滑剂时，晶粒和晶界内的残余应力和残余变形均低于无润滑和仅使用基础液润滑。这一结果也反映了表面层位错密度的降低，减少了位错滑移现象的发生，能够在一定程度上提高轧后产品的表面强度[4]。进一步地，根据晶粒内部的位相角可以将其分为再结晶晶粒、亚结构晶粒和变形晶粒。在本节研究中，如果晶粒的平均位相角超过亚晶界的临界角度（3°），则该晶粒被定义为变形晶粒；如果晶粒由亚晶粒组成，且内部位相差

小于 3°，但亚晶粒间的取向差超过 3°，则该晶粒为亚结构晶粒；其他晶粒定义为再结晶晶粒。

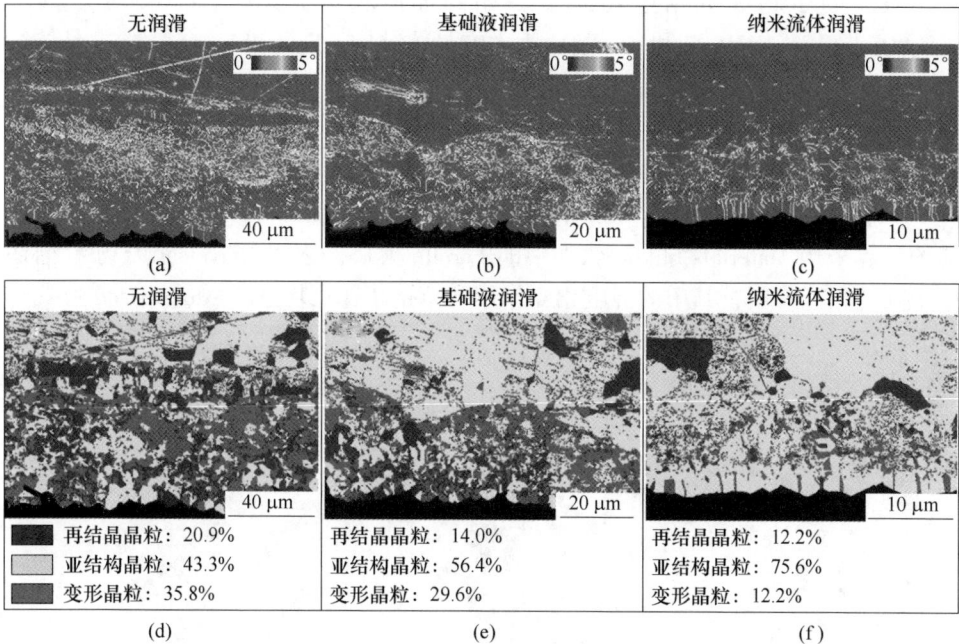

图 14-6　不同润滑状态下轧后带钢表层组织的局部取向差分布（a~c）和晶粒类型分布（d~f）
（图中数据为晶粒的统计体积分数）

　　一般情况下，热轧钢板表面不同铁氧化物的协调变形能力不同，这会导致表层区域出现严重的残余应力，进而在轧后冷却过程中产生变形晶粒[5]。根据图 14-6（d）~（f），带钢基体和氧化层区域主要由亚结构晶粒组成。值得注意的是，热轧过程中使用纳米复合流体润滑时，轧后表层组织的变形晶粒占比由 35.8% 降低至 12.2%。因此，纳米粒子的应用明显影响了带钢热轧过程中表层区域的微观组织演变，残余变形和残余应力有一定程度的降低，同时表面氧化程度也得到了抑制。此外，残余应力的缓和有利于提高材料的耐蚀性，这部分内容将在后续章节进行研究。

### 14.1.1.3　氧化相和扩散相弹性常数的模拟计算

　　金属材料的力学性能，尤其是弹性常数，是衡量其刚度的重要指标。因此，为明确轧后带钢表面生成的 $FeMo_4S_6$、$FeS$、$Al_2O_3$ 相及氧化物对表面性能的影响，研究各物质相的弹性常数是十分必要的。然而，由于形成的氧化相和扩散相尺度较小且结构复杂，通过实验方法对其进行准确表征难度较高，而量子化学方法有助于从理论上计算上述参数，进而推断和明确带钢表面形成的不同扩散相及氧化相对其表面宏观性能的影响。

首先，根据实验得到的各扩散相和氧化相的 XRD 和 EBSD 相分析结果，结合相对应的 JCPDS 数据库建立了各相的晶胞模型，如图 14-7 所示。其中 $\alpha\text{-Fe}_2\text{O}_3$、$\text{FeS}$、$\text{FeMo}_4\text{S}_6$ 和 $\alpha\text{-Al}_2\text{O}_3$ 为六方晶体结构，$\text{FeO}$ 和 $\text{Fe}_3\text{O}_4$ 为立方晶体结构。随后，借助 Materials Studio 软件中对各晶胞进行结构优化和力学性能计算。结构优化过程中，采用广义梯度近似的 Perdew-Burke-Ernzerhof（GGA-PBE）泛函[6]计算体系的能量变化，同时采用缀加平面波（projector augmented wave, PAW）描述电子和离子间的相互作用，并将截止能量设置为 400 eV[7]。力学性能的计算采用 Materials Studio 软件中的 Forcite 模块，选用 Universal 力场[8]描述原子间的相互作用，其中的静电相互作用和范德华作用均选用 Atom based 方式进行表征。

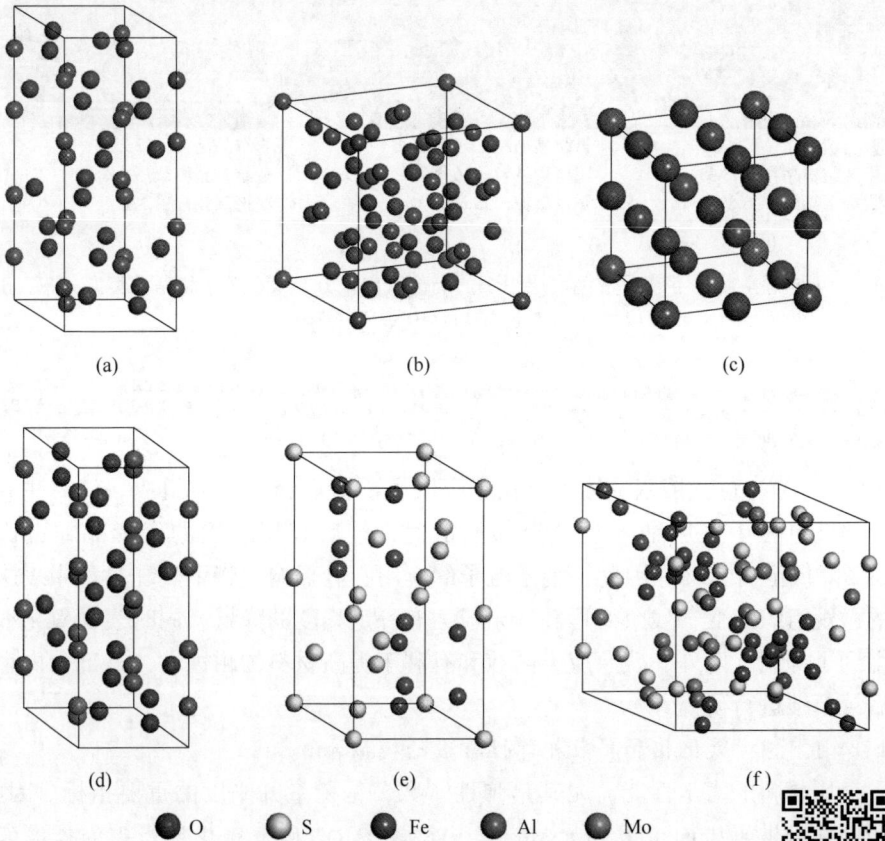

(a)　　　　　　　　(b)　　　　　　　　(c)

(d)　　　　　　　　(e)　　　　　　　　(f)

● O　　　○ S　　　● Fe　　　● Al　　　● Mo

图 14-7　不同氧化相和扩散相的晶胞模型

(a) $\alpha\text{-Fe}_2\text{O}_3$；(b) $\text{Fe}_3\text{O}_4$；(c) $\text{FeO}$；(d) $\alpha\text{-Al}_2\text{O}_3$；(e) $\text{FeS}$；(f) $\text{FeMo}_4\text{S}_6$　　　彩图

计算得到的各相晶胞及奥氏体（$\gamma$-Fe）的力学性能参数见表 14-1，包括体积模量 $K$、剪切模量 $G$ 和沿不同方向的杨氏模量 $E$。从表中可以得知，三种氧化相的体积模量、剪切模量和杨氏模量均显著高于 $\gamma$-Fe 的相关参数值，表明热轧过程中生成的氧化物的抗压强度和刚度高于高温带钢基体，同时弹性变形和剪切变形能力较差。这一结果也验证了氧化层的协调变形能力弱于金属基体，容易导致轧后带钢表面缺陷，但是较高的强度能够在一定程度上提高表面耐磨性。扩散相 FeS 和 $FeMo_4S_6$ 的抗压强度较高，但较低的剪切模量和杨氏模量表明其在剪切力作用下易于发生层间滑移，从而实现自润滑作用降低摩擦力。对于 $Al_2O_3$ 晶胞，各力学性能参数相比于其他相均高几个数量级，反映了 $Al_2O_3$ 纳米粒子具有极高的硬度和致密性，在高压力和剪切力作用下不会发生显著的弹性应变和剪切应变，能够保持较高的力学性能稳定性。因此，可以推测沉积在轧后带钢表面的 $Al_2O_3$ 层对于控制金属基体的高温氧化及调控表面耐蚀性等性能有一定帮助。

**表 14-1 不同氧化相和扩散相晶胞的力学性能参数**

| 晶胞 | | FeO | $Fe_3O_4$ | $Fe_2O_3$ | FeS | $FeMo_4S_6$ | $Al_2O_3$ | $\gamma$-Fe |
|---|---|---|---|---|---|---|---|---|
| 体积模量 $K$/GPa | | 130.99 | 17.69 | 27.30 | 106.30 | 60.30 | 1849.60 | 7.11 |
| 剪切模量 $G$/GPa | | 24.59 | 38.53 | 111.79 | 7.04 | 0.11 | 184001.19 | 2.23 |
| 杨氏模量 $E$/GPa | $x$ | 325.82 | 54.97 | 164.33 | 13.01 | 0.27 | 31168.07 | 0.66 |
| | $y$ | 325.82 | 54.97 | 164.33 | 13.01 | 0.27 | 31168.07 | 0.66 |
| | $z$ | 325.82 | 54.97 | 104.32 | 14.14 | 0.27 | 8048.65 | 0.66 |

### 14.1.1.4 扩散相及界面的 HRTEM 表征

为进一步明确热轧过程中纳米粒子与高温带钢表面的相互作用，采用透射电镜对扩散相进行表征分析，扩散层的 TEM 表征结果如图 14-8 所示。样品取自图 14-3（c）中的 $Al_2O_3$、FeS 及 $FeMo_4S_6$ 扩散相的界面处，采用聚焦离子束（FIB）刻蚀和切割获得。由图 14-8（a）可以看出，轧后带钢表面的扩散层由化学性质不同的几个区域组成，且由于没有观察到明显的裂纹和空洞，各扩散相晶粒及不同相之间的结合界面处均非常致密。其中区域 I 和 II 的高倍率 TEM 照片如图 14-8（b）（c）所示，同时相对应的 EDS 面扫描结果如图 14-8（e）所示。对比分析各晶粒的形貌和区域 I 的元素分布，同时结合前文的 XRD 和 EBSD 结果，发现 TEM 图中的浅色区域基本只包含 Al 和 O，证明这些类球形区域为 $Al_2O_3$ 相。而区域 I 右侧区域和区域 II 的底部区域含有大量的 Fe、S 及少量 O，没有探测到 Mo，表明扩散层中的 $Al_2O_3$ 被致密的 FeS 相和少量铁氧化物包覆。对于图 14-8（a）中的深灰色区域，即区域 II 的顶部区域，Fe 含量相对较低，但 Mo 的占比极高，即证实了这些深灰色区域的主要组成为 $FeMo_4S_6$ 相，与之前的 XRD 和 EBSD 相分析结果相吻合。

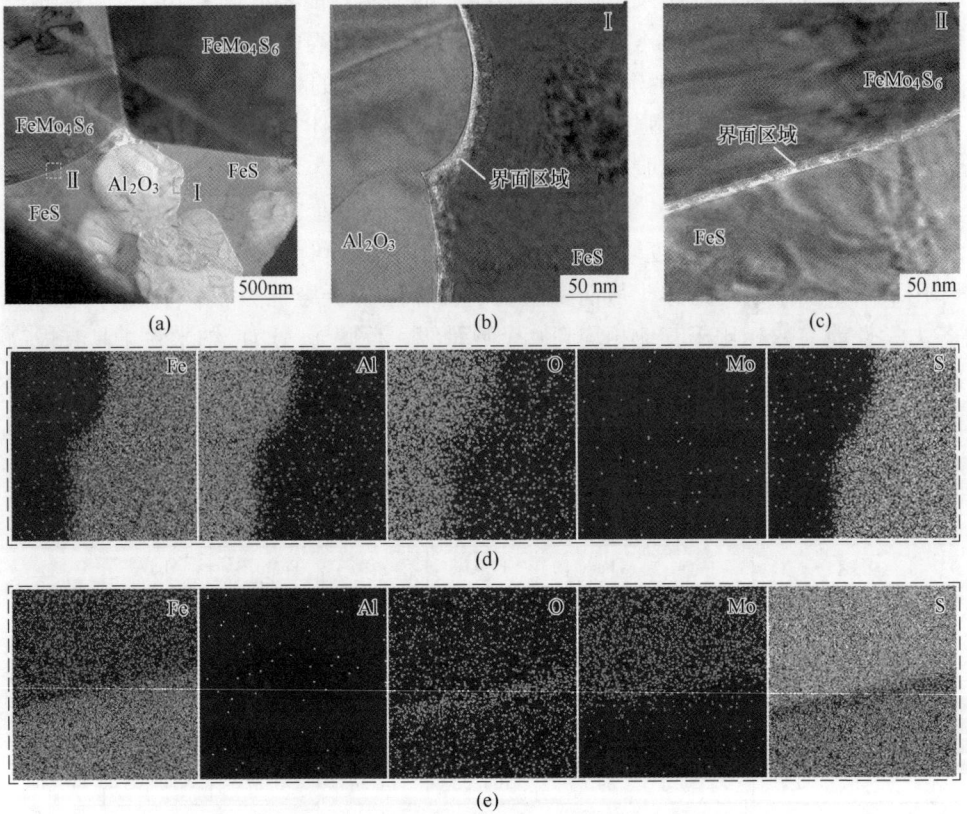

图 14-8  扩散层的 TEM 表征结果

(a) 扩散层的整体形貌；(b) 区域 I 的高倍率 TEM 形貌；(c) 区域 II 的高倍率 TEM 形貌；
(d) 区域 I 的 EDS 面扫描分析；(e) 区域 II 的 EDS 面扫描分析

　　不同扩散相的结合界面处也具有独特的形态和化学成分，根据图 14-8（b）（d）所示的形貌和元素成分，$Al_2O_3$ 与 FeS 晶粒的界面处 Al、O 呈现逐渐降低的过渡趋势，同时 Fe、S 含量逐渐增加。然而，FeS 与 $FeMo_4S_6$ 的结合界面特征完全不同（见图 14-8（c）（e）），界面处含有更多的 O 和更少的 S。为进一步确定扩散相界面的结构，对 $Al_2O_3$-FeS 和 FeS-$FeMo_4S_6$ 界面区域进行了高分辨透射电镜（HRTEM）表征，结果分别如图 14-9（a）（b）所示，相关区域的选区电子衍射（SAED）分析结果如图 14-9（c）所示。图中的晶面间距0.347 nm 与 $Al_2O_3$ 的（012）晶面相匹配，晶面间距 0.185 nm、0.258 nm、0.234 nm 和 0.266 nm 分别对应 FeS 的（212）、（200）、（202）和（112）晶面。同时，$FeMo_4S_6$ 的（101）面的晶面间距较大，达到了 0.640 nm。SAED 结果也表明，图中区域 III 和 IV 的扩散相分别为六方结构的 FeS 和 $FeMo_4S_6$。相比较而言，界面区域（区域 V

和Ⅵ）的晶体结构极其复杂，衍射斑呈现环型排列，表明该区域的晶格排列杂乱无章，具有典型的多晶特征。除扩散相外，$Al_2O_3$-FeS 界面出现了 $Fe_3O_4$，FeS-$FeMo_4S_6$ 界面存在一定数量的 $Fe_3O_4$ 和 $Fe_2O_3$。

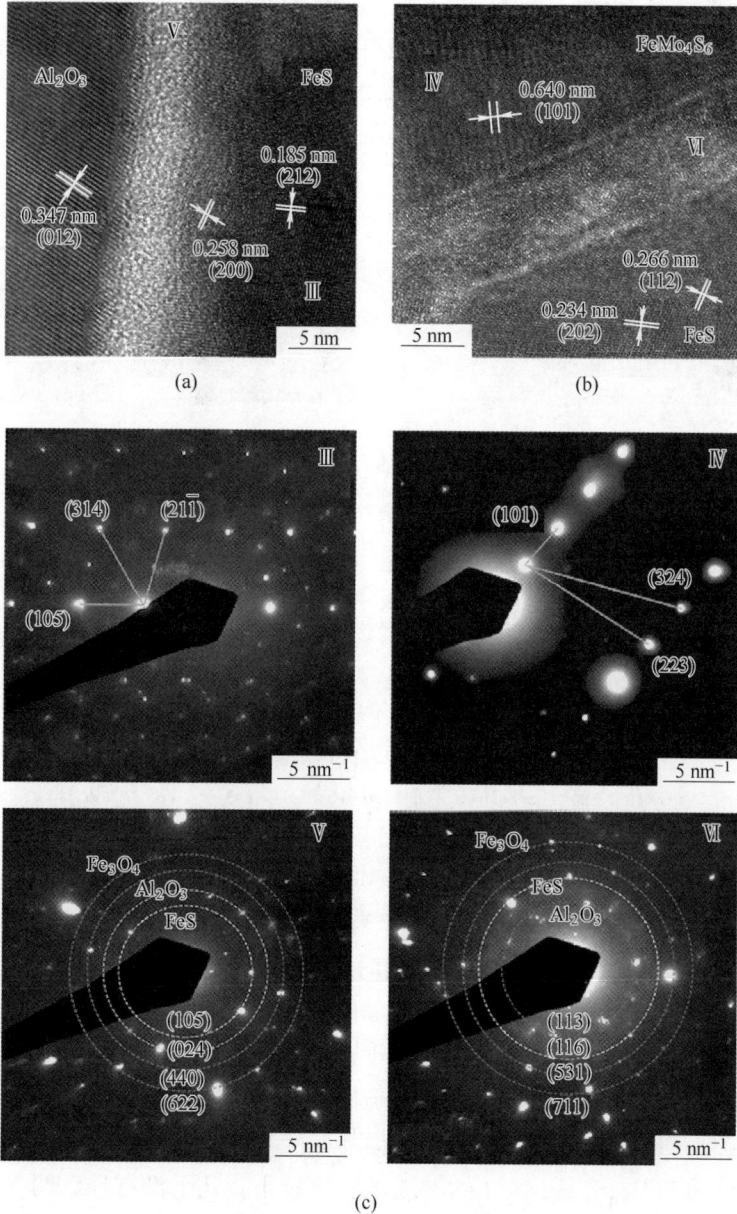

图 14-9　不同扩散相界面的 HRTEM 图像和 SAED 分析结果

（a）$Al_2O_3$-FeS 扩散相界面的 HRTEM 图像；（b）FeS-$FeMo_4S_6$ 扩散相界面的 HRTEM 图像；

（c）不同扩散相界面的 SAED 分析结果

　　为进一步明确扩散相中的原子排列及晶格缺陷，通过傅里叶变换（Fourier transform，FFT）和反傅里叶变换（inverse fast Fourier transform，IFFT）对图 14-9 （a）（b）中的典型区域进行了分析，具体包括 $Al_2O_3$ 相、$FeS$-$FeMo_4S_6$ 及 $Al_2O_3$-$FeS$ 界面处的 $FeS$ 相、$FeMo_4S_6$ 相。图 14-10（a）为 $Al_2O_3$ 相的 FFT 及相应的 IFFT 结果，可以发现该区域 $Al_2O_3$ 的晶格间距均匀且排列整齐，但局部存在着明显的刃型位错，表明高硬度和稳定性的 $Al_2O_3$ 晶粒中仍然存在一定量的缺陷和应变。

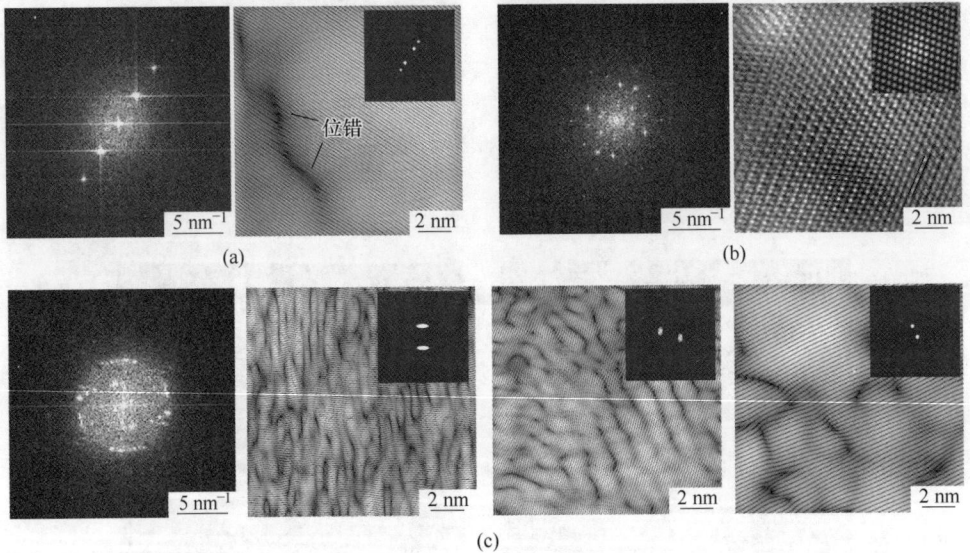

图 14-10　不同扩散相及其相应区域的 FFT 及 IFFT 分析结果
（a）$Al_2O_3$ 相；（b）$FeS$-$FeMo_4S_6$ 界面处的 $FeS$ 相；（c）$Al_2O_3$-$FeS$ 界面处的 $FeS$ 相

　　处于不同位置的 $FeS$ 相，如 $FeS$-$FeMo_4S_6$ 和 $Al_2O_3$-$FeS$ 界面处，其分析结果有很大的差异。如图 14-10（b）所示，当 $FeS$ 晶粒与 $FeMo_4S_6$ 晶粒接触时，FFT 图像中呈现出规律的单晶衍射斑点，同时 IFFT 结果中的晶格也为两个方向的晶面周期性排列。而当 $FeS$ 与 $Al_2O_3$ 相接触时，如图 14-10（c）所示，该区域的晶格为多晶混杂，IFFT 可以分解为 3 种不同方向晶面的叠加排列，即 Moire 条纹现象[9]。此时，晶格中位错、晶界等缺陷的密度也明显提高，推断与高硬度的 $Al_2O_3$ 晶粒向该区域的挤压导致的严重局部应变有关；相较而言，杨氏模量和剪切模量较低的 $FeMo_4S_6$ 晶粒对 $FeS$ 晶粒的影响较小，几乎没有导致明显的变形和应力集中现象。

　　对图 14-9（b）中的 $FeMo_4S_6$ 晶粒区域进行分析，结果如图 14-11 所示。从 FFT 图可以发现，箭头处所示的衍射斑点出现了明显的变形，由点状被拉长为椭圆形，这一现象是晶粒内部的残余应力典型表现。同时，IFFT 图中也出现了大量的位错。这是由于 $FeMo_4S_6$ 晶粒主要是通过 Mo、S 与 Fe 晶格间相互扩散形成固溶体而得到的，此过程导致了一定程度的晶格畸变，并且储存的一定量的弹性应变能和核心能量未能在轧制及后续冷却过程中释放。

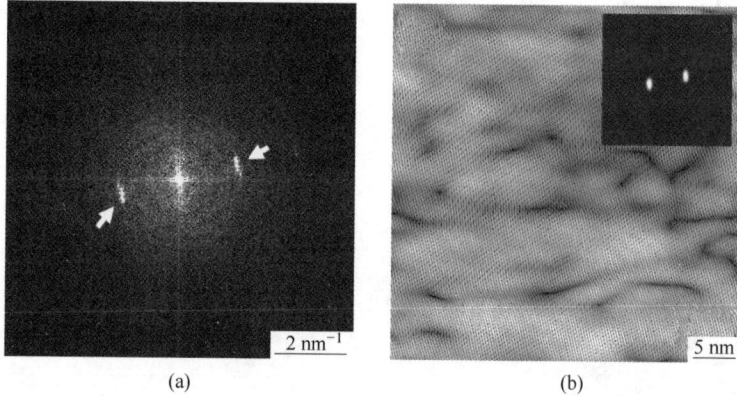

图 14-11　FeS-$FeMo_4S_6$ 界面处的 $FeMo_4S_6$ 相的 FFT（a）及 IFFT（b）分析结果

　　除原子扩散导致的晶格缺陷外，上述实验结果也表明在热轧过程中，由于温度梯度、机械振动、轧制压力等因素的影响，在带钢表面沉积和形成的扩散相的部分晶格会发生弯曲及偏转，引起晶粒间的位相差，促使位错的形成；同时，后续冷却过程中，体积变化时的热应力和界面处的组织应力也会导致局部应力集中，进而使局部区域发生滑移，导致位错等缺陷的出现。

## 14.1.2　基于过渡态搜索的原子迁移机制研究

　　为了明确扩散相的形成机理，通过量子化学计算中的过渡态搜索方法（transition state search，TSS）研究了 $MoS_2$ 纳米粒子中 Mo 和 S 原子的微观迁移机制。通常情况下，非金属元素 S 原子向 Fe 晶格中的扩散以间隙扩散为主，而金属元素 Mo 原子可能会通过形成间隙或置换固溶体的形式实现扩散[10]。$MoS_2$ 纳米粒子向 Fe 晶格扩散的过渡态搜索的初始模型如图 14-12（a）所示，由于 Q235B 钢在热轧过程的高温条件下的微观组织为奥氏体，且热轧过程中的主要滑移面为（110）面。因此，选用 γ-Fe 的（110）面作为扩散基体表面，将单层 $MoS_2$ 纳米粒子的（110）面放置于 Fe 表面之上作为扩散源。建立的最终态模型，包括 S 原子向 Fe 晶格的间隙扩散（S-$Fe_{int}$）、Mo 原子向 Fe 晶格的间隙扩散（Mo-$Fe_{int}$）和 Mo 原子向 Fe 晶格的置换扩散（Mo-$Fe_{sub}$）模型，分别如图 14-12（b）（c）和（d）所示的最终态位置。模型的初始尺寸为 0.52 nm× 0.37 nm × 0.99 nm，首先采用 Materials Studio 软件中的 CASTEP 模块对初始模型和最终模型进行结构优化，得到能量和结构相对稳定的模拟体系。随后，继续采用 CASTEP 模块进行 TSS 计算，搜索方法为完全线性同步转变（linear synchronous transit，LST）和二次同步转变（quadratic synchronous transit，QST）方法，选用完全 LST 和 QST 搜索协议，最高 QST 搜索步数为 5 次。结构优化和 TSS 过程仍旧采用 GGA-PBE 泛函计算体系的能量变化，采用 PAW 描述电子和离子间的相互作用，截止能量设置为 400 eV。

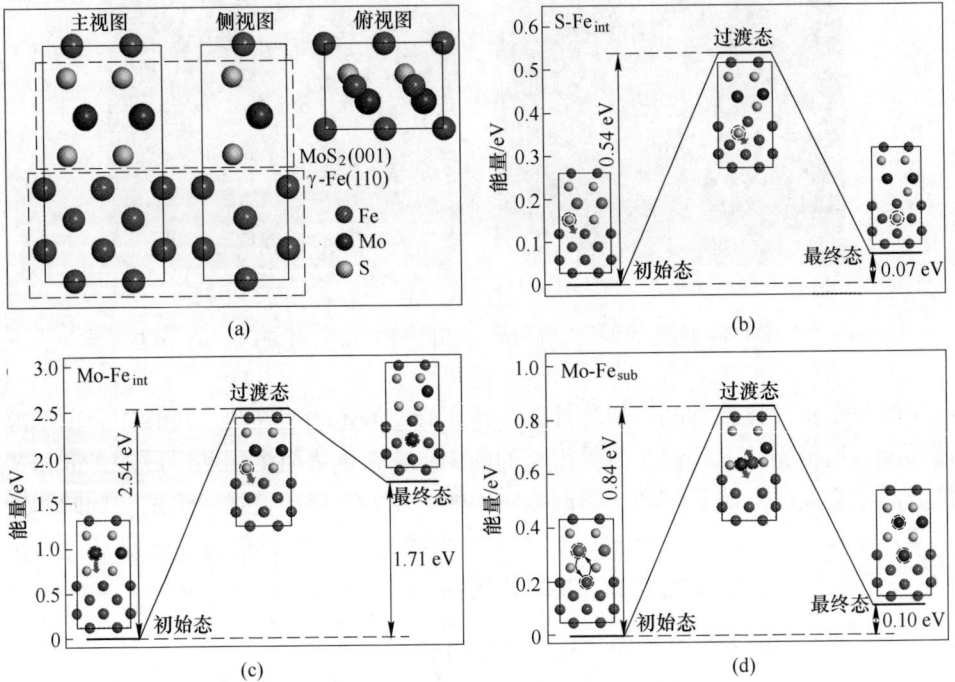

图 14-12　MoS$_2$ 纳米粒子及其和 S 原子的微观迁移机制及模型

（a）MoS$_2$ 纳米粒子向 Fe 晶格扩散的过渡态搜索的初始模型；（b）S 原子向 Fe 晶格的间隙扩散模型；

（c）Mo 原子向 Fe 晶格的间隙扩散模型；（d）Mo 原子向 Fe 晶格的置换扩散模型

由 TSS 模拟结果可以得知，MoS$_2$ 纳米粒子中的 S 原子向 Fe 晶格的间隙扩散过程需克服的势垒为 0.54 eV（见图 14-12（b）），并且形成的扩散产物的能量仅比初始态模型高 0.07 eV，说明 S 原子的间隙扩散较容易，且扩散产物具有较高的化学稳定性。根据图 14-12（c）（d），Mo 原子通过间隙扩散进入 Fe 晶格的势垒为 2.54 eV，远远高于置换扩散的 0.84 eV。此外，Mo 原子与 Fe 原子形成的间隙固溶体的能量相比初始态高达 1.71 eV，这表明该产物在理论上极其不稳定[11]。因此，可以判断 MoS$_2$ 粒子中的 Mo 原子和 S 原子分别通过置换扩散和间隙扩散进入高温带钢表面，形成 FeMo$_4$S$_6$ 和 FeS 扩散相。

### 14.1.3　纳米粒子扩散的分子动力学模拟及经验方程

固体粒子的扩散行为与环境因素息息相关，因此带钢热轧过程中的温度和压力变化均会对纳米粒子的扩散系数、扩散通量、扩散层深度等造成影响。本小节研究将采用分子动力学模拟研究不同温度和压强下 $MoS_2$ 粒子在带钢和轧辊间的扩散行为。结合响应曲面法进行实验设计和结果回归分析，得到扩散体系中的 Mo 原子、S 原子和 Fe 原子的扩散系数随温度和压强变化的数学模型。随后，根据菲克扩散定律，建立 Mo 原子、S 原子向带钢表面的扩散深度与温度 $T$、压强 $p$、时间 $t$ 的经验方程。最后进行热轧实验，以对上述经验方程的准确度进行验证。

$MoS_2$ 纳米粒子在高温带钢和轧辊表面之间扩散的分子动力学模型如图 14-13 所示，$MoS_2$ 纳米粒子放置在 γ-Fe（110）面和 α-Fe（110）面之间，以模拟纳米粒子在轧辊和高温带钢之间的扩散条件。模型的总尺寸约为 2.0 nm×2.0 nm×4.6 nm，温度和压强分别设置为 700~1200 ℃ 和 100~600 MPa。根据响应曲面法实验设计，总实验次数为 21 次，每次模拟的温度和压强组合见表 14-2。分子动力学模型首先在设置的温度和压强下弛豫 200 ps 使体系达到平衡状态，然后利用 NVT 系综进行动力学模拟使原子自由扩散。每次模拟的总时间设定为 1000 ps 以保证原子充分扩散，时间步长为 1 fs，每 10 ps 记录并输出一次体系中不同原子运动的轨迹等信息，进而计算得到扩散系数。

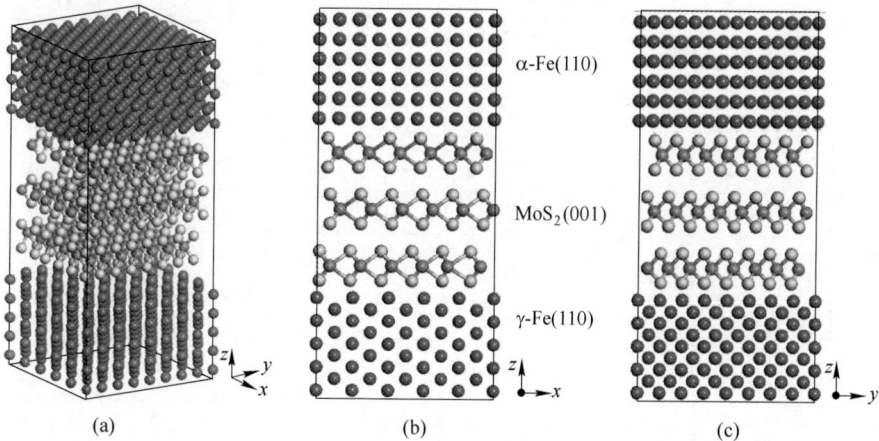

图 14-13　$MoS_2$ 纳米粒子在高温带钢和轧辊表面之间扩散的分子动力学模型

（a）整体视图；（b）$y$ 轴方向视图；（c）$x$ 轴方向视图

研究重点计算了 Mo 原子、S 原子、Fe 原子在不同温度、压强下沿 $z$ 轴方向，即热轧带钢厚度方向的均方位移 MSD 和扩散系数 $D$。具体计算方法分别见式（4-1）

和式（4-3）。

  分别采用线性（linear）模型、两因素交互（2FI）模型、二次（quadratic）模型和三次（cubic）模型对表中数据进行拟合，结果表明，对于三种原子的扩散系数随自变量的变化，仍然是采用二次模型的拟合准确度最高，对于 Mo 原子、S 原子和 Fe 原子扩散系数的 $R^2$ 值分别为 0.9494、0.9890 和 0.9988。$D_z(\mathrm{Mo})$、$D_z(\mathrm{S})$ 和 $D_z(\mathrm{Fe})$ 随温度 $T$ 和压强 $p$ 变化的二次数学模型分别为

$$D_z(\mathrm{Mo}) = -1.36 \times 10^{-12} + 3.15 \times 10^{-14}T - 4.62 \times 10^{-15}p + 1.92 \times 10^{-17}Tp -$$
$$3.59 \times 10^{-18}T^2 + 1.58 \times 10^{-17}p^2 \tag{14-1}$$

$$D_z(\mathrm{S}) = 3.28 \times 10^{-11} - 1.13 \times 10^{-14}T - 1.63 \times 10^{-13}p + 1.13 \times 10^{-16}Tp +$$
$$2.18 \times 10^{-17}T^2 + 2.32 \times 10^{-16}p^2 \tag{14-2}$$

$$D_z(\mathrm{Fe}) = 4.65 \times 10^{-12} + 2.12 \times 10^{-14}T - 1.35 \times 10^{-14}p + 1.64 \times 10^{-17}Tp +$$
$$3.30 \times 10^{-18}T^2 + 4.11 \times 10^{-17}p^2 \tag{14-3}$$

表 14-2 不同温度和压强下各原子沿 $z$ 轴方向的扩散系数

| 实验次序 | 原子扩散条件 | | 扩散系数 | | |
| --- | --- | --- | --- | --- | --- |
| | $T/℃$ | $p/\mathrm{MPa}$ | $D_z(\mathrm{Mo})/\mathrm{m^2 \cdot s^{-1}}$ | $D_z(\mathrm{S})/\mathrm{m^2 \cdot s^{-1}}$ | $D_z(\mathrm{Fe})/\mathrm{m^2 \cdot s^{-1}}$ |
| 1 | 900 | 300 | $2.82 \times 10^{-11}$ | $4.30 \times 10^{-11}$ | $3.07 \times 10^{-11}$ |
| 2 | 800 | 500 | $2.87 \times 10^{-11}$ | $5.99 \times 10^{-11}$ | $3.32 \times 10^{-11}$ |
| 3 | 1100 | 500 | $4.27 \times 10^{-11}$ | $8.10 \times 10^{-11}$ | $4.47 \times 10^{-11}$ |
| 4 | 700 | 100 | $2.04 \times 10^{-11}$ | $2.72 \times 10^{-11}$ | $2.11 \times 10^{-11}$ |
| 5 | 800 | 200 | $2.67 \times 10^{-11}$ | $3.42 \times 10^{-11}$ | $2.54 \times 10^{-11}$ |
| 6 | 1200 | 100 | $3.26 \times 10^{-11}$ | $4.96 \times 10^{-11}$ | $3.57 \times 10^{-11}$ |
| 7 | 1000 | 400 | $3.30 \times 10^{-11}$ | $5.80 \times 10^{-11}$ | $3.68 \times 10^{-11}$ |
| 8 | 800 | 100 | $2.25 \times 10^{-11}$ | $3.28 \times 10^{-11}$ | $2.43 \times 10^{-11}$ |
| 9 | 1200 | 600 | $4.64 \times 10^{-11}$ | $1.23 \times 10^{-10}$ | $5.36 \times 10^{-11}$ |
| 10 | 700 | 400 | $2.36 \times 10^{-11}$ | $3.93 \times 10^{-11}$ | $2.71 \times 10^{-11}$ |
| 11 | 1000 | 300 | $3.39 \times 10^{-11}$ | $5.06 \times 10^{-11}$ | $3.38 \times 10^{-11}$ |
| 12 | 900 | 600 | $3.98 \times 10^{-11}$ | $8.93 \times 10^{-11}$ | $4.20 \times 10^{-11}$ |
| 13 | 1100 | 200 | $3.39 \times 10^{-11}$ | $5.16 \times 10^{-11}$ | $3.48 \times 10^{-11}$ |
| 14 | 900 | 400 | $3.13 \times 10^{-11}$ | $5.44 \times 10^{-11}$ | $3.34 \times 10^{-11}$ |
| 15 | 1200 | 400 | $4.35 \times 10^{-11}$ | $7.44 \times 10^{-11}$ | $4.35 \times 10^{-11}$ |
| 16 | 1000 | 600 | $3.98 \times 10^{-11}$ | $9.40 \times 10^{-11}$ | $4.53 \times 10^{-11}$ |
| 17 | 700 | 300 | $2.29 \times 10^{-11}$ | $3.28 \times 10^{-11}$ | $2.42 \times 10^{-11}$ |
| 18 | 700 | 600 | $3.10 \times 10^{-11}$ | $6.79 \times 10^{-11}$ | $3.50 \times 10^{-11}$ |
| 19 | 1200 | 300 | $3.70 \times 10^{-11}$ | $6.31 \times 10^{-11}$ | $4.04 \times 10^{-11}$ |

| 实验次序 | 原子扩散条件 | | 扩散系数 | | |
|---|---|---|---|---|---|
| | $T/℃$ | $p/MPa$ | $D_z(Mo)/m^2 \cdot s^{-1}$ | $D_z(S)/m^2 \cdot s^{-1}$ | $D_z(Fe)/m^2 \cdot s^{-1}$ |
| 20 | 900 | 100 | $2.45 \times 10^{-11}$ | $3.54 \times 10^{-11}$ | $2.67 \times 10^{-11}$ |
| 21 | 1000 | 100 | $2.78 \times 10^{-11}$ | $4.12 \times 10^{-11}$ | $3.01 \times 10^{-11}$ |

根据菲克第二定律，纳米粒子中的原子沿厚度方向进入带钢基体的扩散过程满足：

$$\frac{\partial \rho}{\partial t} = D_z \frac{\partial^2 \rho}{\partial z^2} \tag{14-4}$$

式中　$\rho$——扩散物质的质量浓度，$kg/m^3$；

　　　$t$——扩散时间，s；

　　　$D_z$——原子沿厚度方向的扩散系数，$m^2/s$；

　　　$z$——沿厚度方向的距离，m。

热轧过程中，纳米粒子在高温带钢表面的扩散可视为衰减薄膜源扩散[12]，并且仅考虑纳米粒子向高温钢板一侧的扩散，不考虑与工作辊之间的扩散作用。此时，式（14-4）的解，即扩散物质的浓度与扩散系数的关系可由以下高斯解的方式表示：

$$\rho(z,t) = \frac{W}{\sqrt{\pi D_z t}} \exp\left(-\frac{z^2}{4D_z t}\right) \tag{14-5}$$

式中　$W$——纳米粒子单位面积钢板表面沉积的质量，$kg/m^2$。

进一步根据统计物理均分定理，可以得到原子的平均扩散深度 $d_c$ 与扩散时间 $t$ 的关系：

$$d_c^2 = \frac{\int_0^{+\infty} z^2 \rho(z,t)\,dz}{\int_0^{+\infty} \rho(z,t)\,dz} = \frac{\dfrac{W}{\sqrt{\pi D_z t}} \int_0^{+\infty} z^2 \exp\left(-\dfrac{z^2}{4D_z t}\right) dz}{W} \tag{14-6}$$

$$d_c = \sqrt{2D_z t} \tag{14-7}$$

由于 Mo 原子在 Fe 晶格中的扩散以置换型溶质扩散为主，因此需用 Mo-Fe 原子的互扩散系数 $\widetilde{D_z}$ 代替两种原子的扩散系数 $D_z(Mo)$ 和 $D_z(Fe)$：

$$\widetilde{D_z} = D_z(Mo)\,\omega_1 + D_z(Fe)\,\omega_2 \tag{14-8}$$

式中　$\omega_1$，$\omega_2$——扩散界面处 Mo 原子和 Fe 原子的质量分数，$\omega_1 + \omega_2 = 1$。

假设有足量纳米粒子均匀铺展在金属表面，此时可认为 $\omega_1 = \omega_2 = 50\%$，即

$$\widetilde{D_z} = \frac{1}{2}D_z(\text{Mo}) + \frac{1}{2}D_z(\text{Fe}) \tag{14-9}$$

考虑到实际热轧过程中，$\text{MoS}_2$ 纳米粒子的扩散会受多重因素的影响，如钢板表面氧化层的形成、$\text{Al}_2\text{O}_3$ 粒子的沉积、表面化学反应的能量变化等；同时，上述计算模型仅考虑了热轧首道次的钢板温度和轧制变形区的压强。因此，需向式 (14-7) 中引入实际情况下 Mo 原子和 S 原子扩散的修正系数 $C_1$ 和 $C_2$。综上所述，$\text{MoS}_2$ 纳米粒子中的 Mo 原子和 S 原子向高温带钢表面的平均扩散深度 $d_c$ 与时间的关系分别满足式 (14-10) 和式 (14-11)。

$$d_c(\text{Mo}) = C_1\sqrt{(D_z(\text{Mo}) + D_z(\text{Fe}))t} \tag{14-10}$$

$$d_c(\text{S}) = C_2\sqrt{2D_z(\text{S})t} \tag{14-11}$$

将 $\text{FeMo}_4\text{S}_6$ 相晶粒距钢板表面的平均距离判定为 Mo 原子的实际扩散深度 $d_a$；对于 S 原子，由于 $\text{FeMo}_4\text{S}_6$ 晶粒和 FeS 晶粒中的 S 含量不同，因此其实际扩散深度为

$$d_a(\text{S}) = \frac{6l(\text{FeMo}_4\text{S}_6) + l(\text{FeS})}{7} \tag{14-12}$$

式中   $l$——扩散相晶粒距轧后带钢表面的距离，$\mu\text{m}$。

根据 5.2.1 中 $\text{FeMo}_4\text{S}_6$ 相及 FeS 相的分布获取到 Mo 原子和 S 原子的平均扩散深度分别为 6.1 $\mu\text{m}$ 和 10.8 $\mu\text{m}$，并且此时的温度、压强和扩散时间约分别为 900 ℃、430 MPa 和 5 s，估算得到的修正系数 $C_1$、$C_2$ 分别为 0.33 和 0.45。进一步将式 (14-1)、式 (14-2)、式 (14-3) 代入式 (14-10) 和式 (14-11) 中，即得到纳米复合流体中的 $\text{MoS}_2$ 纳米粒子的 Mo 原子和 S 原子在热轧过程向带钢表面的扩散深度 $d_c(\text{m})$ 与温度 $T$、压强 $p$ 和时间 $t$ 的经验方程：

$$d_c(\text{Mo}) = 3.3 \times 10^{-9} \times$$
$$\sqrt{(1.65 \times 10^4 + 263.3T - 90.5p + 0.18Tp - 0.0015T^2 + 0.29p^2)t} \tag{14-13}$$

$$d_c(\text{S}) = 4.5 \times 10^{-9} \times$$
$$\sqrt{(6.56 \times 10^5 - 225.9T - 3254.3p + 2.26Tp + 0.436T^2 + 4.64p^2)t} \tag{14-14}$$

进一步进行了两组热轧实验对上述经验方程进行实验验证，通过测温枪和调节压下率控制带钢热轧过程中的温度和变形区压强。保持润滑条件和其他轧制工艺参数不变，两组实验的开轧温度、首道次压下率及相对应的接触区面积分别为 1000 ℃、25%、262.5 $\text{mm}^2$ 和 850 ℃、30%、315 $\text{mm}^2$。不同热轧实验条件下各原子的实际扩散深度与理论计算值见表 14-3。

**表 14-3 不同热轧实验条件下各原子的实际扩散深度与理论计算值**

| 实验条件 | | 轧制力 | 变形区压强 | $d_a/\mu m$ | | $d_c/\mu m$ | |
|---|---|---|---|---|---|---|---|
| 温度/℃ | 压下率/% | /kN | /MPa | Mo | S | Mo | S |
| 1000 | 25 | 129 | 491 | 7.2 | 13.4 | 6.5 | 12.3 |
| 850 | 30 | 165 | 524 | 6.4 | 11.2 | 6.2 | 11.7 |

由表 14-3 可以得知，在两种实验条件下 Mo 原子和 S 原子向带钢表面扩散深度的实际值与理论值的平均偏差分别约为 7.0% 和 6.6%。这一结果表明本节研究建立的经验方程具有较高的准确性，能够用来预测含 $MoS_2$ 粒子的纳米流体充分应用于板带钢热轧润滑时各原子的扩散情况，进而为实际生产过程提供参考。

# 14.2 纳米加工液对高温表面的氧化抑制

板带钢在热轧过程的高温氧化现象，本质上也是环境中的 $O_2$、$H_2O$ 等分子与表面金属原子接触并发生反应的过程。因此，将纳米流体应用于板带钢热轧润滑，在通过抗磨减摩改善轧后表面质量的基础上，极有可能在一定程度上阻止金属表面与外界环境介质接触，从而有效抑制热轧过程中板带钢的高温氧化。

在纳米复合流体润滑状态下，轧后带钢表面氧化层明显变薄且高价氧化物 $Fe_2O_3$ 的含量有一定程度降低。同时，物相表征结果表明有一定量的 $Al_2O_3$ 纳米粒子沉积在了带钢表面，经推测，能够隔绝金属与空气接触，进而抑制带钢高温氧化的作用。为了验证上述推测，本节排除了 $MoS_2$ 纳米粒子的影响，单纯地对 $Al_2O_3$ 纳米粒子作用下带钢的高温氧化行为进行了探索。首先，进行 $Al_2O_3$ 纳米流体润滑条件下的带钢热轧实验，并重点对表面氧化层的结构和成分进行表征；随后，通过热重分析法研究了 $Al_2O_3$ 纳米粒子作用下带钢在不同温度下的恒温氧化过程，从而获取相关的氧化动力学规律；最后，进一步借助分子动力学模拟，从原子尺度揭示纳米复合流体中的 $Al_2O_3$ 纳米粒子在带钢热轧过程中实现防氧化作用的微观机理。

## 14.2.1 轧后氧化层结构及成分分析

首先，制备了质量分数为 5% 的 $Al_2O_3$ 纳米流体作为热轧润滑剂进行带钢热轧实验，并将无润滑和基础液润滑条件下的热轧实验作为对照组。实验用的带钢热轧的工艺参数见表 14-4。各组轧后带钢样品在去除未与表面紧密结合的极疏松的氧化铁皮后，沿中心区域取样进行后续观察和表征。随后，采用三维激光共聚焦显微镜（laser scanning confocal microscope, LSCM）对无润滑和基础液及质量分数为 5% 的 $Al_2O_3$ 纳米流体润滑条件下的轧后带钢表面的 2D、3D 形貌及轮廓曲线进行表征，结果如图 14-14 所示。从图 14-14（a）可以观察到，无润滑轧制的带钢由于严重的黏着磨损，大面积的表面金属被剥落。采用基础液润滑后，表面质量得到小幅度提升，如图 14-14（b）所示。相较而言，高浓度的 $Al_2O_3$ 纳米流体能够最大程度地减少表面缺陷，尤其是黏着磨损现象基本消失，如图 14-14（c）所示。此时，表面粗糙度 $R_a$、$R_p$ 和 $R_v$ 均显著降低，表明轧后表面的微凸体和犁沟也被削弱和填平，表面质量得到了提高。

**表 14-4  实验用的带钢热轧的工艺参数**

| 轧制工艺参数 | 参数设置 |
| --- | --- |
| 加热温度/℃ | 1200 |
| 保温时间/h | 2 |
| 开轧温度/℃ | 1050 |
| 终轧温度/℃ | > 750 |
| 轧制速度/m·s$^{-1}$ | 1.0 |
| 总轧制道次 | 5 |

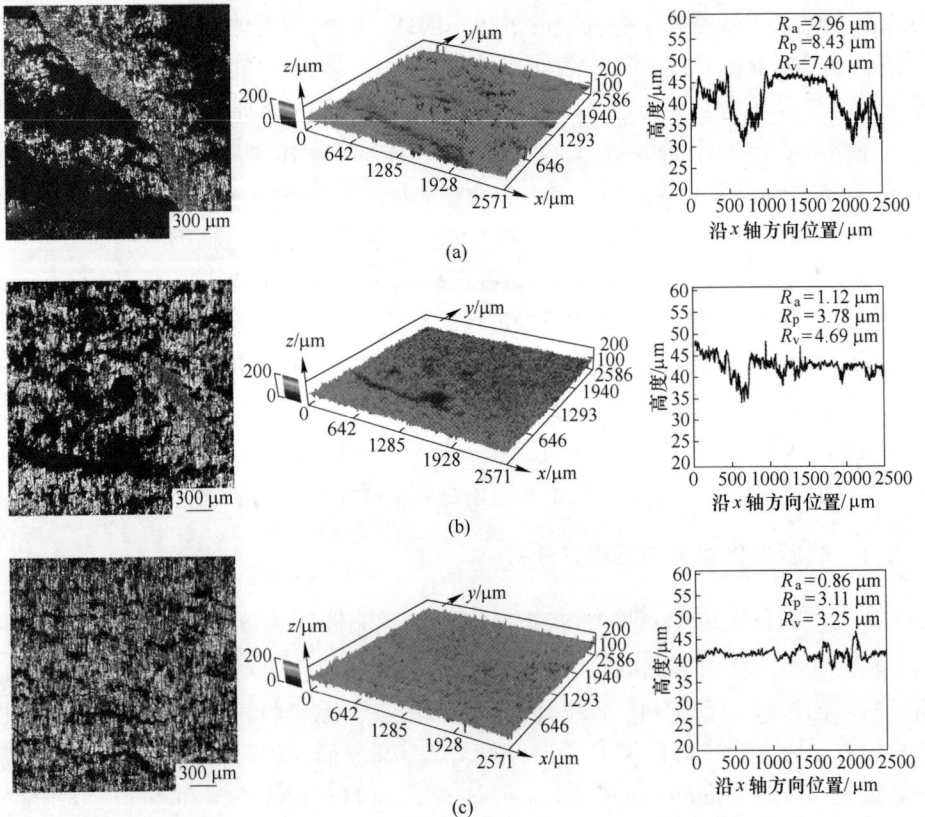

图 14-14  不同润滑条件下轧后带钢表面的 2D、3D 形貌及表面轮廓曲线

（a）无润滑；（b）基础液润滑；（c）质量分数为 5% 的 $Al_2O_3$ 流体

不同润滑条件下轧后带钢表层区域截面 SEM 图及 EDS 线扫描结果如图 14-15 所示。氧化层的厚度可以通过分析 Fe 和 O 含量的变化得到。从图 14-15（a）中可以看出，不采用润滑剂的轧后带钢表面氧化层厚度极高，平均约为78.8 μm，并且其中有大量的裂纹和孔洞。氧化层和金属基体的界面处也极不均匀，呈现锯齿状边缘。采用基础液润滑时，如图 14-15（b）所示，氧化层厚度降低至约 60.4 μm，

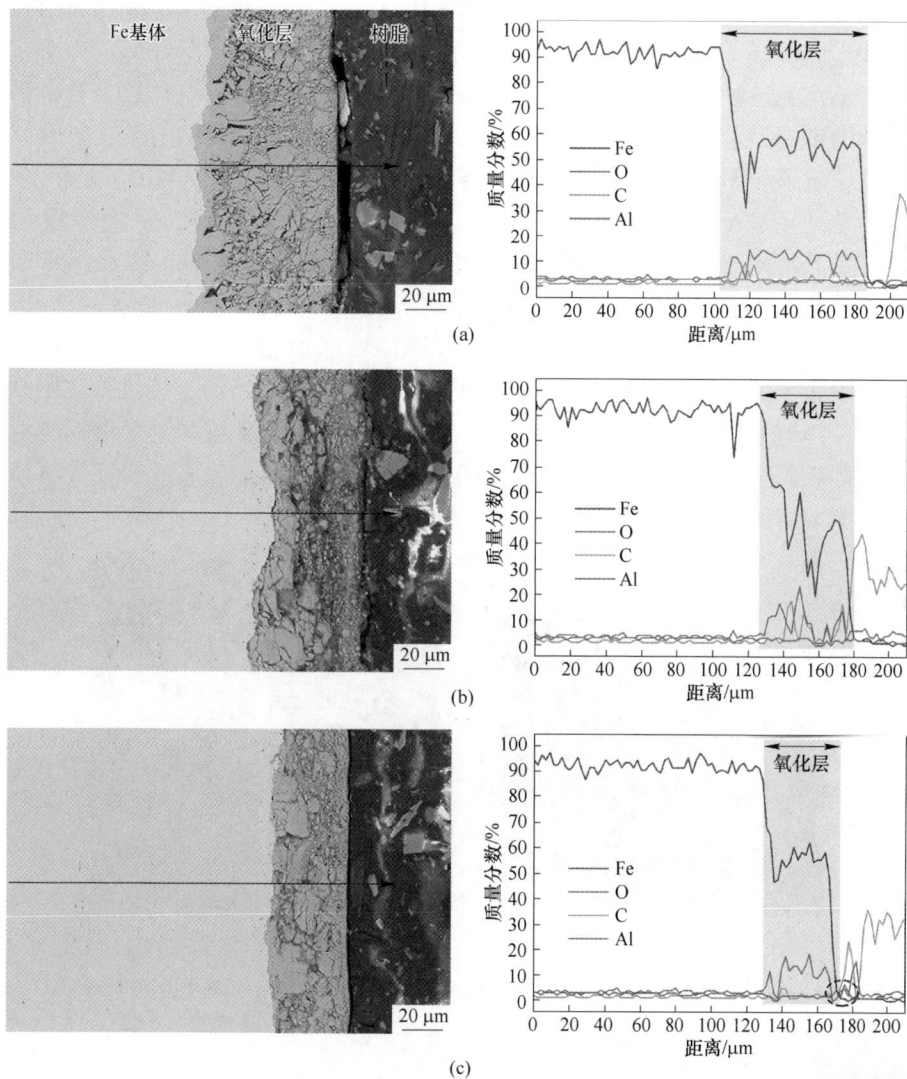

图 14-15 不同润滑条件下轧后带钢表层区域截面 SEM 图及 EDS 线扫描结果

(a) 无润滑；(b) 基础液润滑；(c) $Al_2O_3$ 流体

彩图

其中的裂纹和孔洞明显减少，并且界面处也变得平滑。进一步地，当采用润滑效果更佳的 $Al_2O_3$ 纳米流体时，氧化层平均厚度仅有 39.5 μm，此时钢板的高温氧化程度最低。氧化层与基体的界面也极为平缓，锯齿形边缘基本消失，这有助于降低酸洗难度，同时提高酸洗后产品表面质量，也能够降低后续精加工的难度及成本。此外，观察图 14-15（c）中的 EDS 线扫描结果可以发现，在氧化层的最外侧出现了一定含量的 Al。因此可以断定 $Al_2O_3$ 纳米粒子牢固地沉积和吸附在带钢表面，即形成了稳定的 $Al_2O_3$ 层。

为证实上述对于形成 $Al_2O_3$ 层的推测及进一步揭示 $Al_2O_3$ 纳米粒子对带钢表面氧化的影响，采用 TEM 的扫描电镜模式（STEM）对轧后带钢的最表层区域进行表征，结果如图 14-16（a）所示。结合 EDS 面扫描（见图 14-16（b））结果可以清楚地观察到在氧化层外侧生成了明显的 $Al_2O_3$ 沉积层，平均厚度约为 193 nm。其结构比较致密，除了 Al，还存在一定含量的 C 和 Fe。因此，可以确认，在热轧过程中，纳米流体中的 $Al_2O_3$ 纳米粒子及有机分子确实能够牢固地沉积和吸附在金属表面，形成致密的保护层。$Al_2O_3$ 保护层较高的致密度和稳定性有效地阻止了高温带钢表面与环境气体的直接接触，从而起到防氧化的作用。与此同时，Fe 也向 $Al_2O_3$ 层中渗透扩散，部分也会与空气接触发生氧化，但由于 $Al_2O_3$ 层对原子和分子的扩散具有较高的穿透阻隔性，其扩散通量较直接与外界接触时大幅降低。

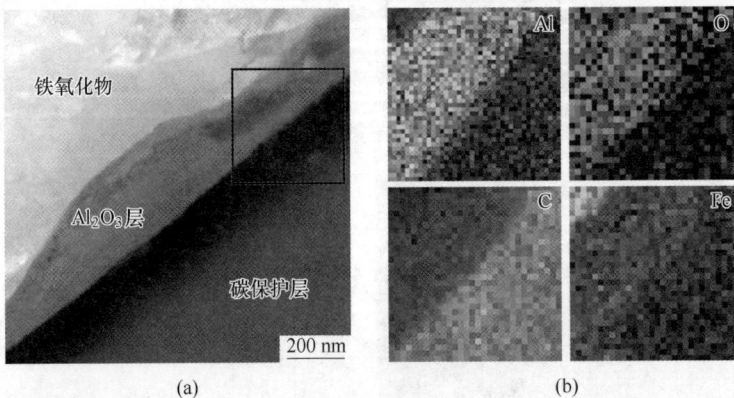

图 14-16　$Al_2O_3$ 纳米流体润滑下轧后带钢最表层区域的 STEM 图（a）和 EDS 面扫描结果（b）

### 14.2.2　恒温氧化实验及氧化动力学研究

恒温氧化实验在同步热重分析仪中进行，试样所需材料取自初始状态的 Q235B 钢，试样尺寸为 φ5 mm×1 mm。恒温氧化实验前，对试样表面进行打磨和抛光处理至表面粗糙度约为 0.5 μm。试样分为两组，分别涂覆足量的基础液和

$Al_2O_3$ 纳米流体，随后在空气中自然干燥。恒温氧化实验的温度设置为 900 ℃（1173 K）、1000 ℃（1273 K）、1100 ℃（1373 K）和 1200 ℃（1473 K），实验气氛为 1 atm（101.325 kPa）下的干燥空气。恒温氧化实验的加热曲线如图 14-17 所示，所有的试样首先在氩气保护气氛中以 10 ℃/min 的升温速率加热至目标温度，随后保持温度不变，将气氛切换为

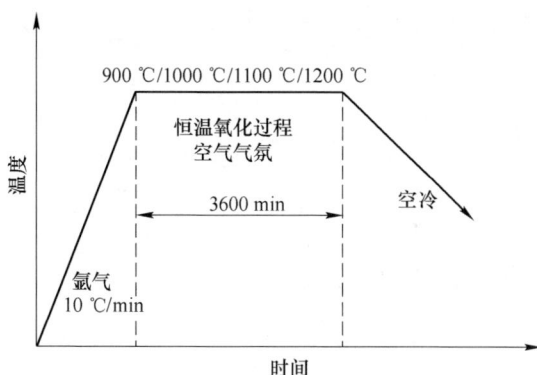

图 14-17　恒温氧化实验的加热曲线

空气使样品经历 3600 s 的恒温氧化过程。恒温氧化实验结束后，样品自然冷却至室温。实验过程中采用同步热分析仪中的超高精度微量天平连续测量并记录各组样品的质量变化，进而计算得到相应的氧化增重率 $\Delta W$。

根据金属高温氧化理论并结合氧化增重曲线[13]，可知恒温氧化过程的氧化增重率 $\Delta W$ 与氧化时间 $t$ 符合如下关系：

$$\Delta W = \begin{cases} (k_p t)^{\frac{1}{2}} & t \leqslant 1500 \text{ s} \\ k_l t + C & 1500 \text{ s} < t \leqslant 3600 \text{ s} \end{cases} \tag{14-15}$$

式中　$k_p$——抛物线氧化阶段的速率系数，$g^2/(cm^4 \cdot s)$；

$k_l$——线性氧化阶段的速率系数，$g/(cm^2 \cdot s)$；

$C$——氧化增重常数，$g/cm^2$。

### 14.2.2.1　氧化增重曲线

涂覆不同润滑流体的试样在不同温度下的氧化增重曲线如图 14-18 所示，润滑流体为基础液和 $Al_2O_3$ 纳米流体。可以发现，所有的曲线均遵循经典的"抛物线-线性"氧化规律[14]：（1）在氧化的初始阶段（0~1500 s），钢板的氧化速率较高，但随实验的进行，其氧化速率逐渐降低并趋于稳定，即抛物线氧化阶段；（2）在后续的线性氧化阶段（1500~3600 s），氧化速率基本保持恒定不变。随着氧化温度的提高，各组样品的氧化增重率 $\Delta W$ 也相应升高，尤其是在 1200 ℃时，其 $\Delta W$ 值相对于 1100 ℃的 $\Delta W$ 值增长尤为剧烈。

根据式（14-15）计算得到不同试样在各温度下的抛物线氧化阶段的氧化增重率的平方 $\Delta W^2$ 及线性氧化阶段的氧化增重率 $\Delta W$ 随时间的变化曲线。各试样在不同氧化阶段的氧化增重率的线性拟合结果如图 14-19 所示。这些数据点的线性拟合程度较好，说明两组试样的氧化规律均遵循"抛物线-线性"氧化规律。按

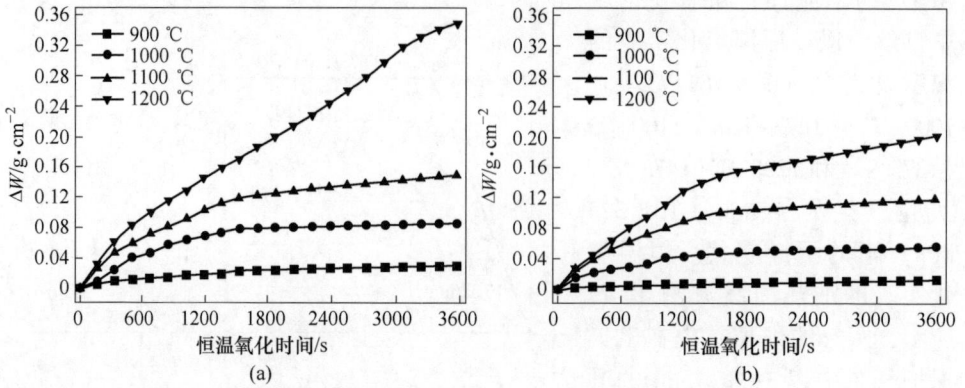

图 14-18　涂覆不同润滑流体的试样在不同温度下的氧化增重曲线

（a）涂覆基础液；（b）涂覆 $Al_2O_3$ 纳米流体

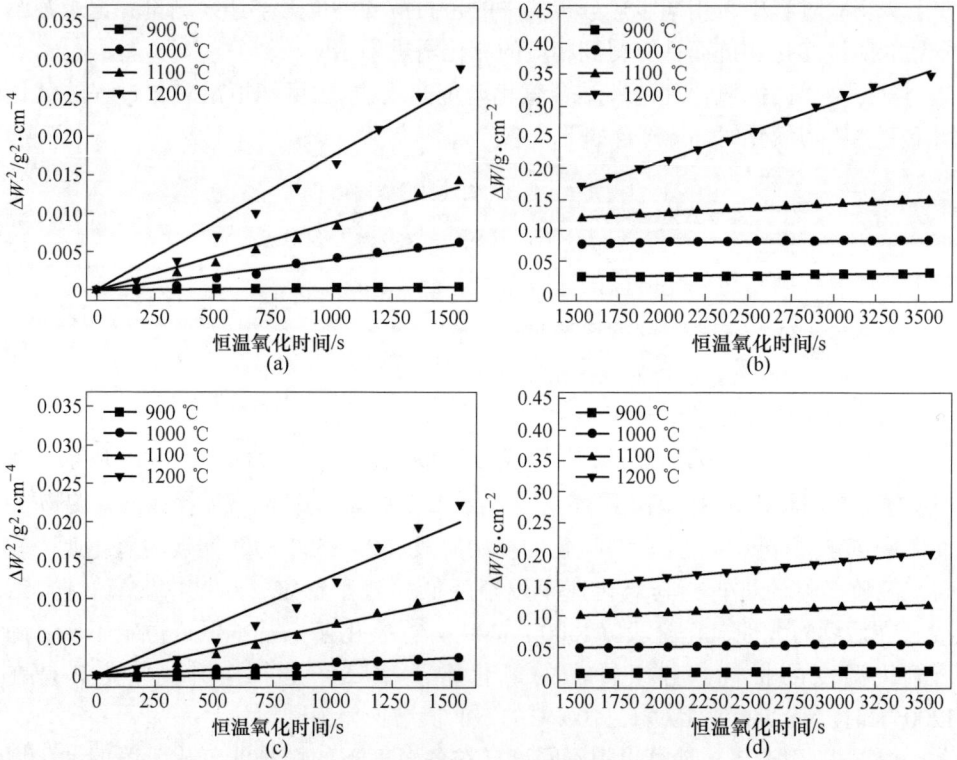

图 14-19　各试样在不同氧化阶段的氧化增重率的线性拟合结果

（a）基础液-抛物线阶段；（b）基础液-线性阶段；

（c）$Al_2O_3$ 流体-抛物线阶段；（d）$Al_2O_3$ 流体-线性阶段

照式（14-15）拟合得到的两组样品在不同温度下的氧化增重方程见表14-5。由结果可知，随着温度的提高，抛物线阶段的速率系数 $k_p$ 比线性阶段增加幅度大。例如，对于涂覆 $Al_2O_3$ 纳米流体的样品，在 1200 ℃ 下氧化的抛物线速率系数（$1.31 \times 10^{-5}$ $g^2/(cm^4 \cdot s)$）比 900 ℃ 时（$5.01 \times 10^{-8}$ $g^2/(cm^4 \cdot s)$）高将近 3 个数量级。在相同的氧化温度下，有纳米粒子存在时的 $k_p$ 和 $k_l$ 均低于不含纳米粒子的试样。上述结果证明，在板带钢热轧过程中金属表面沉积吸附的 $Al_2O_3$ 层能够作为物理屏障，阻止 O 向金属表面和基体内的扩散，降低了总体氧化速率。在抛物线阶段迅速生成的氧化层也能够对后续氧化过程起到一定抑制作用，使氧化速率趋于稳定，从而出现线性氧化阶段。

**表 14-5 两组样品在不同温度下的氧化增重方程**

| 润滑流体 | 温度/℃ | 抛物线阶段（$t = 0 \sim 1500$ s） | 线性阶段（$t = 1500 \sim 3600$ s） |
|---|---|---|---|
| 涂覆基础液 | 900 | $\Delta W = (2.81 \times 10^{-7} t)^{\frac{1}{2}}$ | $\Delta W = 3.55 \times 10^{-6} t + 0.019$ |
| | 1000 | $\Delta W = (3.87 \times 10^{-6} t)^{\frac{1}{2}}$ | $\Delta W = 3.58 \times 10^{-6} t + 0.074$ |
| | 1100 | $\Delta W = (8.74 \times 10^{-6} t)^{\frac{1}{2}}$ | $\Delta W = 1.46 \times 10^{-5} t + 0.098$ |
| | 1200 | $\Delta W = (1.74 \times 10^{-5} t)^{\frac{1}{2}}$ | $\Delta W = 9.25 \times 10^{-5} t + 0.026$ |
| 涂覆 $Al_2O_3$ 纳米流体 | 900 | $\Delta W = (5.01 \times 10^{-8} t)^{\frac{1}{2}}$ | $\Delta W = 2.40 \times 10^{-6} t + 0.005$ |
| | 1000 | $\Delta W = (1.60 \times 10^{-6} t)^{\frac{1}{2}}$ | $\Delta W = 3.78 \times 10^{-6} t + 0.044$ |
| | 1100 | $\Delta W = (6.54 \times 10^{-6} t)^{\frac{1}{2}}$ | $\Delta W = 8.45 \times 10^{-6} t + 0.090$ |
| | 1200 | $\Delta W = (1.31 \times 10^{-5} t)^{\frac{1}{2}}$ | $\Delta W = 2.55 \times 10^{-5} t + 0.111$ |

### 14.2.2.2 氧化动力学规律及氧化活化能

涂覆不同润滑剂试样的氧化动力学分析结果如图 14-20 所示，其中的氧化温度已换算为绝对温度。通常情况下，金属氧化过程在抛物线阶段的速率系数随温度的变化可以反映其氧化动力学规律[15]。根据阿累尼乌斯方程，可以获得氧化过程的化学反应速率系数随温度变化的数学关系：

$$k_p = A_o \exp\left(-\frac{E_o}{RT}\right) \tag{14-16}$$

式中 $A_o$——频率因子，$g^2/(cm^4 \cdot s)$；

$E_o$——氧化反应的活化能，J/mol；

$T$——绝对温度，K；

$R$——理想气体常数，8.314 J/(mol·K)。

将两组样品在不同实验温度下的 $k_p$ 按照式（14-16）进行拟合，得到基础液（BF）和 $Al_2O_3$ 纳米流体（NF）作用下钢板高温氧化的动力学方程（见图14-20）。进一步计算即得到氧化反应的活化能：$E_o(BF) = 123.6$ kJ/mol；$E_o(NF) = 141.8$ kJ/mol。从反应动力学的层面分析可知，在纳米复合流体润滑剂中，$Al_2O_3$

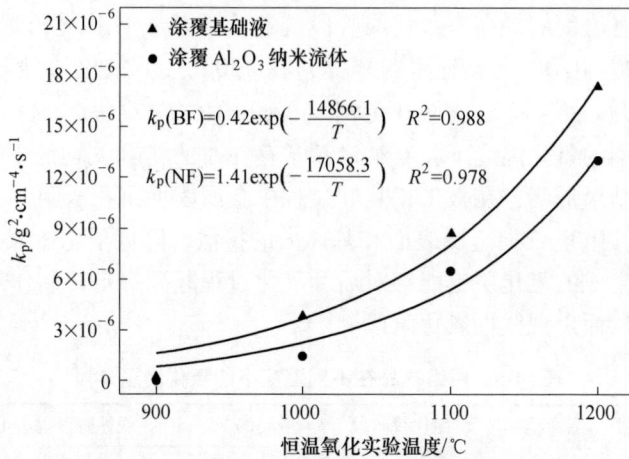

图 14-20　涂覆不同润滑剂试样的氧化动力学分析结果

纳米粒子的存在使带钢在热轧的高温环境中发生氧化反应需克服能垒，即反应的难度提高了约 14.5%。特别地，由图 14-20 可以发现，当氧化温度升高至 1200 ℃时，$Al_2O_3$ 纳米粒子作用下钢板试样的氧化增重没有出现对照组中陡然上升的情况，说明其在较高温度下的氧化抑制作用更加显著。

### 14.2.3　氧化气体高温扩散的分子动力学模拟

为深入考察 $Al_2O_3$ 层对热轧带钢的氧化抑制作用机理，采用分子动力学模拟对氧化性气体分子的高温扩散行为开展了研究。根据实际热轧过程的氧化环境，考虑到带钢表面的 Fe 除与 $O_2$ 发生氧化反应外，还会与高温水蒸气发生如下反应生成氧化物。

$$3Fe + 4H_2O(g) \xlongequal{\quad} Fe_3O_4 + 4H_2 \tag{14-17}$$

因此，本小节选用了 $O_2$ 和 $H_2O$ 两种气体分子作为氧化介质，研究其在不同体系的扩散状况。首先，借助 Materials Studio 软件中的 Amophous Cell 模块构建了包含 50 个 $O_2$ 分子和 50 个 $H_2O$ 分子与 γ-Fe 的（110）晶面相互作用的模型，$O_2$ 分子和 $H_2O$ 分子在不同保护情况下的 Fe 表面扩散的分子动力学模型如图 14-21 所示。图 14-21 中钢板表面模型的总尺寸为 8.0 nm×5.0 nm×6.0 nm，图 14-21（b）中 $Al_2O_3$ 层的尺寸约为 8.0 nm×5.0 nm×0.65 nm。γ-Fe 表面、$Al_2O_3$ 层和气体分子的相关结构参数均来自被广泛用于模拟多种分子吸附和扩散性质的 Universal 力场。随后，采用 Materials Studio 软件中的 Forcite 模块进行分子动力学模拟。对系统施加沿 z 轴负方向的压力 $p_0$ 的值设定为 100 MPa，以模拟实际热轧过程。由

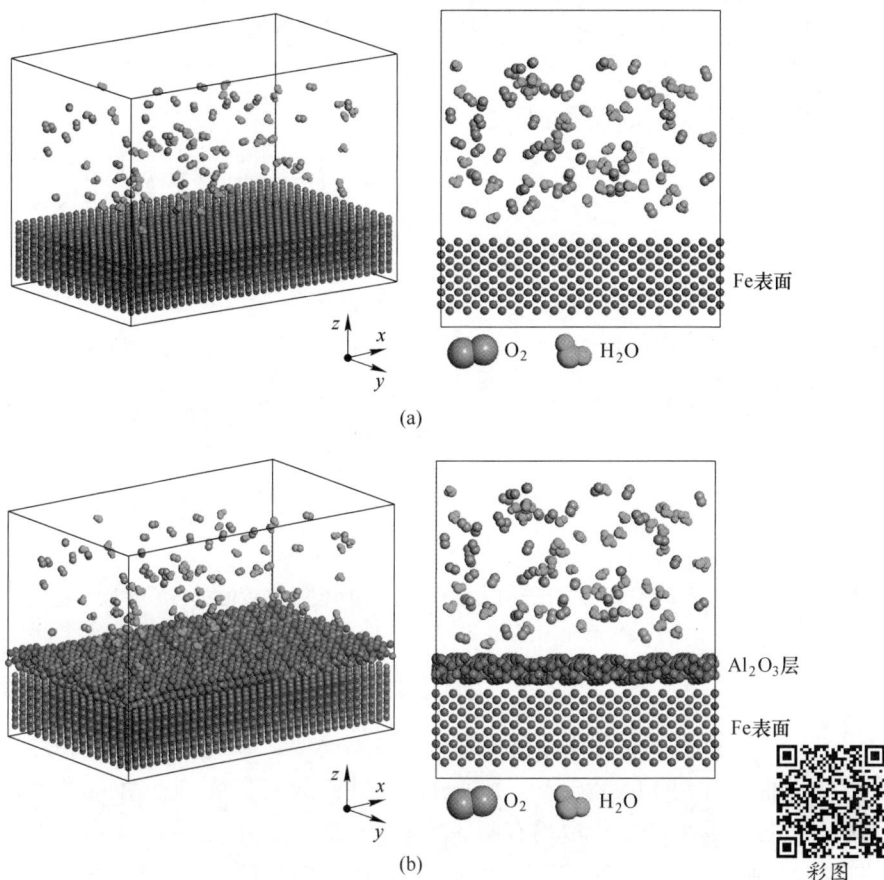

图 14-21 $O_2$ 和 $H_2O$ 分子在不同保护情况下的 Fe 表面扩散的分子动力学模型

(a) 无 $Al_2O_3$ 层保护；(b) 有 $Al_2O_3$ 层保护

于分子的扩散运动对环境温度极其敏感，因此选取了 900 ℃、1000 ℃、1100 ℃、1200 ℃ 和 1300 ℃ 共 5 个模拟温度。在采用 Forcite 模块中的 Dynamics 进行动力学模拟前，各模型均在上述压力和相应温度下弛豫 200 ps，以使体系达到平衡状态。最后，利用 NVT 系综进行动力学模拟，使气体分子自由扩散。每次模拟的总时间设定为 1000 ps，以保证气体分子充分扩散，时间步长为 1 fs，每 10 ps 记录并输出 1 次体系中各分子运动的轨迹等信息。

两组分子扩散模型在不同温度下体系的势能随模拟时间的变化曲线如图 14-22 所示，设定的零势能面为无穷远处，同时计算了稳定阶段（200~1000 ps）势能的平均值。图中稳定阶段的出现表明分子的扩散及分子与表面的相互作用达到了相对稳定，也反映了上述模型和参数设置的合理性。两组模型的体系势能均为正值且随着温度的增加而升高，即温度的提高使分子热运动的频率和能量提高，提升了与金属表面发生碰撞及化学反应的概率。值得注意的是，同温度下含有 $Al_2O_3$ 层的扩散体系其势能均低于不含 $Al_2O_3$ 层的体系。经推测，这一现象是因为 $Al_2O_3$ 能够对气体起到一定的吸附和隔离作用，抑制了其自由扩散，从而使体系更稳定，氧化反应的强度下降。

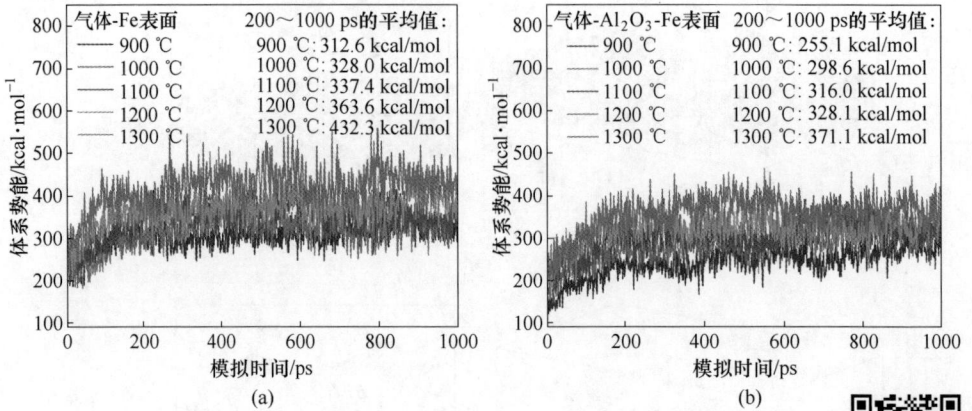

图 14-22　不同保护情况下的分子动力学模型在不同模拟温度时的体系势能变化

(a) 无 $Al_2O_3$ 层保护；(b) 有 $Al_2O_3$ 层保护

(1 cal = 4.186 J)

进一步计算得到各体系中的两种分子在不同保护体系中扩散的均方位移随时间的变化曲线如图 14-23 所示。通过分析上述结果可以发现，$Al_2O_3$ 层的存在对于两种气体介质分子的扩散均有明显的抑制效果。其中，对 $O_2$ 分子在 1300 ℃ 时的扩散抑制效果约为 20.7%，而对 $H_2O$ 分子的扩散抑制作用更加明显，在 1300 ℃ 下其最终态的均方位移由 $2.38×10^4$ $nm^2$ 下降至 $1.34×10^4$ $nm^2$，扩散抑制作用达到 43.7%。经计算，$H_2O$ 分子的范德华作用体积（$0.0206$ $nm^3$）和表面积（$0.1304$ $nm^2$）均小于 $O_2$ 分子的体积（$0.0245$ $nm^3$）和表面积（$0.1430$ $nm^2$）。因此，$H_2O$ 分子相对应的自由体积分数较大，对 $Al_2O_3$ 层中的孔容利用率更高[16]，$Al_2O_3$ 层对 $H_2O$ 分子的扩散运动的阻碍能力比 $O_2$ 分子更强，即具备更明显的穿透阻隔性。所以，$H_2O$ 分子的均方位移的变化比 $O_2$ 也更加显著。

进一步计算得到各体系中气体分子在不同温度下的自由扩散系数 $D_a$，结果见表 14-6。随着温度的升高，两种气体分子的扩散系数也呈现上升趋势，说明分子的热运动越发激烈。将各温度下的扩散系数按照阿累尼乌斯关系拟合，即得到气体分子在不同条件下 Fe 表面扩散的动力学关系及扩散活化能 $E_d$。

$$D_a = A_d \exp\left(-\frac{E_d}{RT}\right) \tag{14-18}$$

式中　$A_d$——频率因子，$g^2/(cm^4 \cdot s)$；

　　　$E_d$——气体分子扩散的活化能，$J/mol$；

　　　$T$——绝对温度，$K$；

　　　$R$——理想气体常数，$8.314\ J/(mol \cdot K)$。

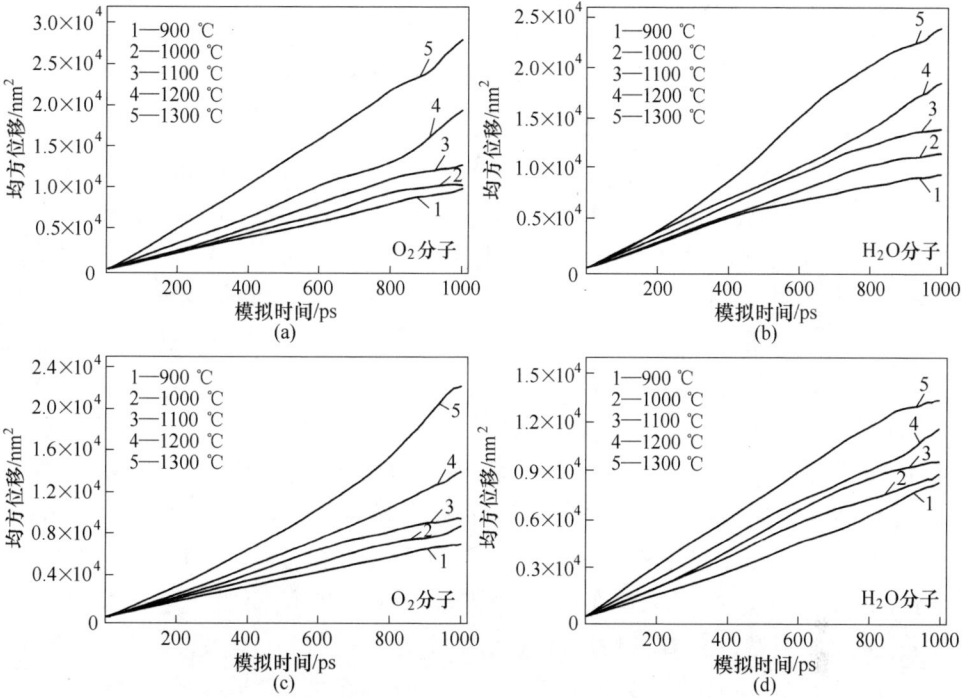

图 14-23　两种分子在不同保护体系中扩散的均方位移随时间的变化曲线

（a）（b）无 $Al_2O_3$ 层保护；（c）（d）有 $Al_2O_3$ 层保护

**表 14-6　各体系中气体分子在不同温度下的自由扩散系数**

| 分子名称 | 体系类型 | 900 ℃ | 1000 ℃ | 1100 ℃ | 1200 ℃ | 1300 ℃ |
|---|---|---|---|---|---|---|
| | | 扩散系数/$m^2 \cdot s^{-1}$ | | | | |
| $O_2$ | 无 $Al_2O_3$ 层 | $1.545 \times 10^{-6}$ | $1.955 \times 10^{-6}$ | $2.468 \times 10^{-6}$ | $3.103 \times 10^{-6}$ | $4.646 \times 10^{-6}$ |
| | 有 $Al_2O_3$ 层 | $1.168 \times 10^{-6}$ | $1.482 \times 10^{-6}$ | $1.893 \times 10^{-6}$ | $2.535 \times 10^{-6}$ | $3.337 \times 10^{-6}$ |
| $H_2O$ | 无 $Al_2O_3$ 层 | $1.516 \times 10^{-6}$ | $2.117 \times 10^{-6}$ | $2.630 \times 10^{-6}$ | $3.283 \times 10^{-6}$ | $4.986 \times 10^{-6}$ |
| | 有 $Al_2O_3$ 层 | $1.378 \times 10^{-6}$ | $1.639 \times 10^{-6}$ | $1.981 \times 10^{-6}$ | $2.417 \times 10^{-6}$ | $2.934 \times 10^{-6}$ |

当钢板表面没有 $Al_2O_3$ 层保护时：$D_a(O_2) = 1.55 \times 10^{-4} \exp(-5608.3/T)$，

$E_d(O_2) = 46.6$ kJ/mol，$D_a(H_2O) = 1.90 \times 10^{-4} \exp (-5815.8/T)$，$E_d(H_2O) =$ 48.4 kJ/mol；表面有 $Al_2O_3$ 层保护时：$D_a(O_2) = 0.92 \times 10^{-4} \exp(-5429.4/T)$，$E_d(O_2) = 45.1$ kJ/mol，$D_a(H_2O) = 0.30 \times 10^{-4} \exp(-3667.5/T)$，$E_d(H_2O) =$ 30.5 kJ/mol。根据上述氧化动力学关系，也能够发现当 Fe 表面有 $Al_2O_3$ 层保护时，气体分子的扩散系数较低。更重要的是，该条件下的气体分子的扩散活化能也有一定程度降低，表明随着温度逐渐升高，气体分子向金属基体扩散速率的增加趋势也变得平缓[17]。为了明确出现该现象的微观机制，以下对气体分子在不同模型中的位置分布、相对含量变化和吸附行为进行分析。

图 14-24 为 1300 ℃下模拟最终态时刻（1000 ps）模型的静态快照及两种气体分子的相对浓度分布。由图 14-24（a）可知，当 Fe 表面直接暴露在氧化气氛中时，金属表面的 $O_2$ 和 $H_2O$ 分子的浓度均处于相对较高的水平，并且温度的变化对其分布无明显影响。当 Fe 表面有 $Al_2O_3$ 层保护时，如图 14-24（b）所示，有大量的分子聚集在 $Al_2O_3$ 层的上表面，分子的相对浓度接近 3% 且显著高于其他位置。同时，仅有极低浓度的分子扩散到了 Fe 表面。由于本小节模拟研究采用的是经典动力学方法，仅能够获取原子和分子间的非键相互作用，因此无法直接得到电子转移、共价键的形成和断裂等化学反应过程[18]。因此，综合考虑 $Al_2O_3$ 极高的化学反应惰性，气体分子的积累现象主要源于 $Al_2O_3$ 层对 $O_2$ 和 $H_2O$ 分子的物理吸附作用和穿透阻隔作用。并且随着模拟温度的升高，吸附气体分子的浓度有一定程度的降低，即物理吸附强度略微变弱，这一结果符合 Langmuir 吸附模型。$Al_2O_3$ 层的物理吸附和穿透阻隔作用，有效降低了气体介质分子的扩散系数，$Al_2O_3$ 对分子一定的吸附强度也减少了其扩散系数对温度升高的敏感性。而在经典分子动力学力场下，图 14-24（a）中 Fe 表面未出现相似的分子聚集情况，表明 $O_2$ 和 $H_2O$ 分子与金属表面之间的相互作用更多的是化学反应过程而不是物理吸附。并且，此时气体分子的扩散系数也较高，而这会提高 $O_2$ 和 $H_2O$ 分子与金属表面原子碰撞的频率和幅度，从而促进 Fe 表面氧化反应的发生。

为了验证两种气体分子分别在 $Al_2O_3$ 层和 Fe 表面的吸附行为的差异，基于量子化学方法，采用 Materials Studio 软件中的 Dmol3 模块，选用 GGA 和 PBE 泛函计算了单一气体分子在不同吸附表面的吸附能 $E_{ads}$，$O_2$ 和 $H_2O$ 分子与 Fe 和 $Al_2O_3$ 表面吸附过程相关的作用能见表 14-7。

$$E_{ads} = E_{tot} - (E_{mol} + E_{sur}) \tag{14-19}$$

式中　$E_{tot}$——气体分子和吸附表面体系的总能量，kJ/mol；

　　　$E_{mol}$——孤立气体分子的能量，kJ/mol；

　　　$E_{sur}$——未吸附气体分子时吸附表面的能量，kJ/mol。

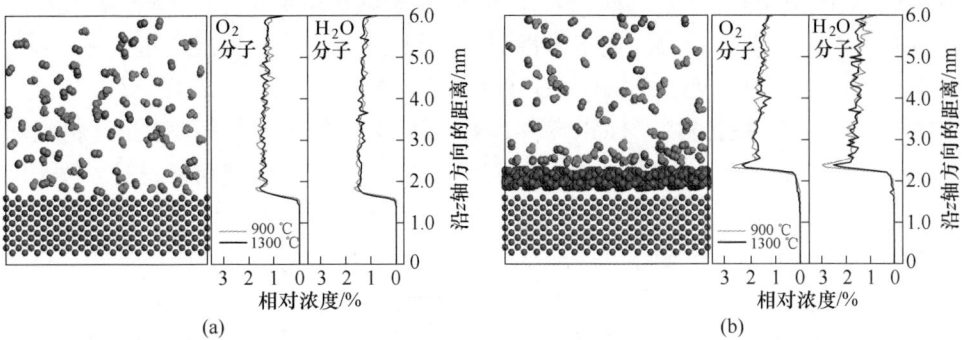

图 14-24　1300 ℃下模拟最终态时刻模型的静态快照及两种气体分子的相对浓度分布

（a）无 $Al_2O_3$ 纳米层体系；（b）有 $Al_2O_3$ 纳米层体系

表 14-7　$O_2$ 和 $H_2O$ 分子与 Fe 和 $Al_2O_3$ 表面吸附过程相关的作用能

（kJ/mol）

| 吸附体系 | $E_{ads}$ | $E_{tot}$ | $E_{mol}$ | $E_{sur}$ |
|---|---|---|---|---|
| $O_2$-Fe | −125.4 | 147.9 | 30.1 | 243.2 |
| $O_2$-$Al_2O_3$ | −27.5 | 2320.3 | 30.1 | 2317.7 |
| $H_2O$-Fe | −133.7 | 148.2 | 38.7 | 243.2 |
| $H_2O$-$Al_2O_3$ | −32.4 | 2324.0 | 38.7 | 2317.7 |

从表 14-7 可以看出，$O_2$ 和 $H_2O$ 分子、Fe 和 $Al_2O_3$ 表面相互作用的吸附能均为负值，说明气体分子与两种表面间均存在明显的相互吸引作用。其中，气体分子在 $Al_2O_3$ 层的吸附能 $E_{ads}$ 的绝对值小于 40 kJ/mol，证明了 $O_2$ 和 $H_2O$ 分子与 $Al_2O_3$ 层的相互作用以物理吸附为主，而气体分子与 Fe 表面吸附能的绝对值较高且远大于 40 kJ/mol，为典型的化学吸附[19]。这一结果进一步证明，$O_2$ 和 $H_2O$ 分子易与高温 Fe 表面发生氧化反应，而与化学惰性的 $Al_2O_3$ 层仅存在物理作用，与上述分子动力学模拟的分析结果一致。

基于以上的实验和分子模拟研究结果，对 $MoS_2$-$Al_2O_3$ 纳米复合流体在热轧过程中对带钢表面结构的影响及作用机制进行讨论和总结，纳米复合流体作用下带钢表面组织演变示意图如图 14-25 所示。钢板在热轧前的加热升温过程中，暴露在空气中的表面按式（14-20）的顺序氧化形成氧化层。

$$Fe \rightarrow FeO \rightarrow Fe_3O_4 \rightarrow \alpha\text{-}Fe_2O_3 \qquad (14\text{-}20)$$

如图 14-25（a）所示，基体中的 Fe 原子和空气中的 O 原子分别通过氧化层向外和向内扩散，导致持续发生氧化反应形成 $Fe^{2+}$ 和 $Fe^{3+}$，进而形成内侧较厚的 FeO 层、中间较薄的 $Fe_3O_4$ 层和最外侧很薄的 $Fe_2O_3$ 层[4]。相关研究表明，Fe 原子在 FeO 层中的扩散速率远远高于其在 $Fe_3O_4$ 层中的扩散速率，而 Fe 原子和 O 原子穿过 $Fe_2O_3$ 层进行扩散的速率极慢[13]。因此，后续的氧化反应集中在 $Fe_3O_4$ 层与 $Fe_2O_3$ 层的界面处，部分 $Fe_3O_4$ 晶粒继续被氧化为 $Fe_2O_3$。在热轧过程中，随着纳米复合流体的加入，$MoS_2$ 和 $Al_2O_3$ 纳米粒子在高温金属表面迅速铺展和扩散开来形成纳米层，如图 14-25 (b) 所示。先前 EBSD 研究结果表明，位于氧化层外侧的由 $Al_2O_3$ 形成的沉积层非常致密，有效阻碍了先前生成氧化物与环境的接触。

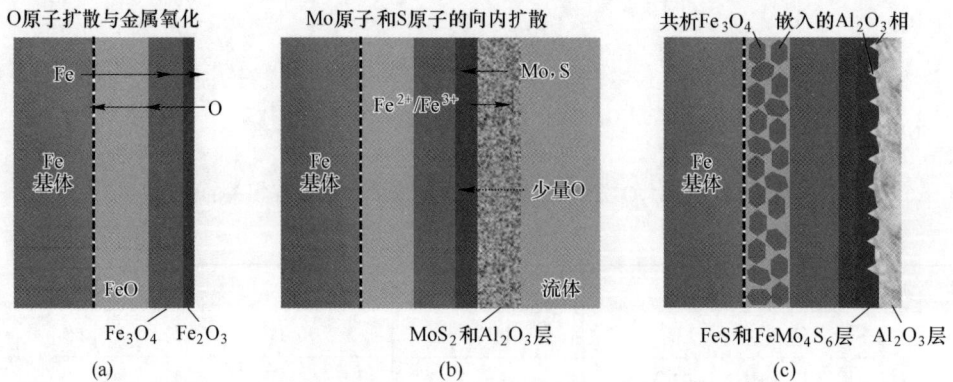

图 14-25　纳米复合流体作用下带钢表面的微观组织演变示意图
(a) 热轧前加热；(b) 热轧过程中；(c) 热轧后

$Al_2O_3$ 层对 $O_2$ 分子和 $H_2O$ 分子的物理吸附和穿透阻隔作用，使氧化气体向基体的扩散受到一定程度的抑制。根据 14.2.2 小节的氧化动力学研究，$Al_2O_3$ 层使带钢氧化的活化能提高了约 14.8%，明显降低了在抛物线阶段的氧化速率，使 FeO 相的占比增加。而 FeO 层的硬度比其他氧化层更低，从而使纳米复合流体润滑下的带钢热轧变形更加均匀，表面裂纹更少。并且纳米粒子还可以填充金属表面缺陷，促进不同晶粒的紧密排列，进一步抑制氧化[20]。最后在轧后冷却过程中，当带钢温度降低到 570 ℃ 以下时，FeO 变得不稳定并发生以下共析反应分解为 Fe 和 $Fe_3O_4$。

$$4FeO \Longrightarrow Fe + Fe_3O_4 \tag{14-21}$$

所以，最终轧后表面氧化层中 FeO 的占比很低，且倾向于在 $Fe_3O_4$ 相中弥散分布。

进一步地，$MoS_2$ 纳米粒子具有高反应活性，会与高温金属表面发生化学反应。$MoS_2$ 纳米粒子中的 S 被氧化后与氧化层中的 $Fe^{2+}$ 和 $Fe^{3+}$ 结合形成 FeS，同时 Mo 原子和 S 原子向 Fe 晶格扩散形成了 $FeMo_4S_6$ 固溶体。$FeMo_4S_6$ 晶体具有层状结构[21]，并且 FeS 也具有一定的自润滑能力，进一步降低了热轧过程的摩擦磨损。图 14-8 中的 TEM 图像也表明由于轧辊对带钢表面的高压作用，扩散层中的晶粒排列非常致密，几乎没有空洞。$Al_2O_3$ 晶粒的硬度远高于其他相，因此部分 $Al_2O_3$ 晶粒嵌入了较软的 FeS、$FeMo_4S_6$ 和氧化物中，如图 14-25 (c) 所示。另外，推测 $Fe^{2+}$ 和 $Fe^{3+}$ 离子难以穿透惰性的 $Al_2O_3$ 层[22]，因此 $MoS_2$ 纳米粒子的上述反应主要发生在 $Al_2O_3$ 层的底部，这合理解释了轧后带钢表面层中 $Al_2O_3$ 与 FeS 和 $FeMo_4S_6$ 的分层分布现象。

## 14.3 缓蚀剂膜抑制铜加工表面的腐蚀行为

为从机理上对前文得到的缓蚀剂在铜表面形成"吸附与屏蔽"协同作用特征做进一步研究，本节使用分子动力学方法模拟 O/W 乳化液环境。首先，构建缓蚀剂分子与铜表面的相互作用模型，并对分子的吸附构型、吸附能进行定量计算，探究缓蚀剂的吸附机制。随后，通过模拟不同冷轧温度条件下，缓蚀剂分子膜对乳化液环境中几种典型腐蚀介质粒子的抑制作用，从微观角度阐释缓蚀剂膜的屏蔽效应。

使用分子动力学模拟的核心问题在于力场的选择。针对 O/W 乳化液中添加剂分子与铜的相互作用体系，选择的力场须包含 H、C、N、O、P、S、Cl、Cu 等元素。PCFF 力场作为一种常见的有机分子模拟力场[23]，不仅能精确地考虑表面能，再现晶体结构，提供一些烃链的可靠参数，还可以模拟 Cu、Ag、Al、Fe 等部分金属元素的体系。在 PCFF 力场中，总势能 $E_{pot}$ 可表示为

$$E_{pot} = E_b + E_h + E_{coul} + E_{VDW} \tag{14-22}$$

式中　$E_b$——拉伸二次键能量，kJ/mol；

　　　$E_h$——弯曲键能量，kJ/mol；

　　$E_{coul}$——库仑作用能量，kJ/mol；

　$E_{VDW}$——范德华力作用能量，kJ/mol。

根据各部分能量的求算方法，上式也可以变形为

$$E_{pot} = \sum_{ij\text{bonded}} \frac{1}{2} K_{r,ij}(r_{ij} - r_{0,ij})^2 + \sum_{ijk\text{bonded}} \frac{1}{2} K_{\theta,ijk}(\theta_{ijk} - \theta_{0,ijk})^2 +$$

$$\frac{1}{4\pi}\varepsilon_0\varepsilon_r \sum_{ij\text{nonbonded}(1,3\text{excl})} \frac{q_iq_j}{r_{ij}} + \sum_{ij\text{nonbonded}(1,3\text{excl})} E_{0,ij}\left[2\left(\frac{r_{0,ij}}{r_{ij}}\right)^9 - \right.$$

$$\left. 3\left(\frac{r_{0,ij}}{r_{ij}}\right)^6\right] \tag{14-23}$$

式中　$r$——距离，m；

　　　$\theta$——角度，(°)；

$r_0$——平衡距离，m；

$\theta_0$——平衡角，(°)；

$E_0$——相互作用参数；

$q$——电性电荷，C；

$\varepsilon_0$——介电常数，F/m；

$K_r$，$K_\theta$——弹性常数。

　　本节主要研究缓蚀剂分子在铜表面的吸附模型，缓蚀剂膜对腐蚀粒子的扩散抑制模型，吸附能、腐蚀介质粒子的均方位移、扩散系数及扩散激活能等的计算。分别使用 Materials Studio 软件和 MedeA-LAMMPS 软件进行模拟与计算，其过程均在 PCFF 力场下进行。

## 14.3.1　吸附构型与分子吸附能计算

　　通常情况下，有机分子是通过物理吸附、化学吸附的形式作用在金属表面，各分子的吸附状态、在表面的吸附构型及分子吸附能的差异会影响缓蚀剂分子的吸附能力，进而决定其缓蚀效果。为了进一步研究两种有机分子在铜带表面的吸附情况，通过 Materials Studio 软件包中的 Visualiazer 模块构建缓蚀剂与 Cu（110）面的吸附构型，并选择 Discover 模块对模型进行分子动力学模拟。该模型为总尺寸为 3.615 nm×2.556 nm×2.695 nm，包含 4 个铜原子层和分子吸附层的周期性边界结构。考虑到 O/W 乳化液溶剂体系与水溶剂体系相似，在分子吸附层中设定 250 个水分子和缓蚀剂分子进行模拟。模拟条件中温度设为 298 K，系综选择为 NVT 系综，时间步长为 1.0 fs，总的模拟时间为 500 ps。图 14-26 为 O/W 乳化液体系中缓蚀剂分子与铜表面作用的平衡吸附构型。从构型的主视图和俯视图可以看出，NBTAH 分子上的苯环与氮唑环以"平卧"式吸附于 Cu(110) 面，非极性碳链倾斜地吸附在铜表面；对于 BTDA 分子，其中的噻唑环平行地吸附于铜表面，而其他碳链以近乎垂直的形式分布。通常来说，平行吸附形式可以使腐蚀性微粒和金属表面之间的接触面积最小化，减缓其对金属的腐蚀；而垂直吸附形式下的腐蚀微粒与金属接触面积较大，腐蚀较严重。由此可见，NBTAH 相比于 BTDA 单分子更能起到抑制腐蚀的作用。

　　由于体系中水分子的存在，缓蚀剂分子在 Cu(110) 面的吸附能 $E_{ads}$ 可以表示为

$$E_{ads} = E_{tot} - (E_{subs} + E_{inh})　　　　(14-24)$$

式中　$E_{tot}$——体系的总能量，kJ/mol；

　　　　$E_{subs}$——铜表面加上水分子的能量，kJ/mol；

　　　　$E_{inh}$——自由缓蚀剂的能量，kJ/mol。

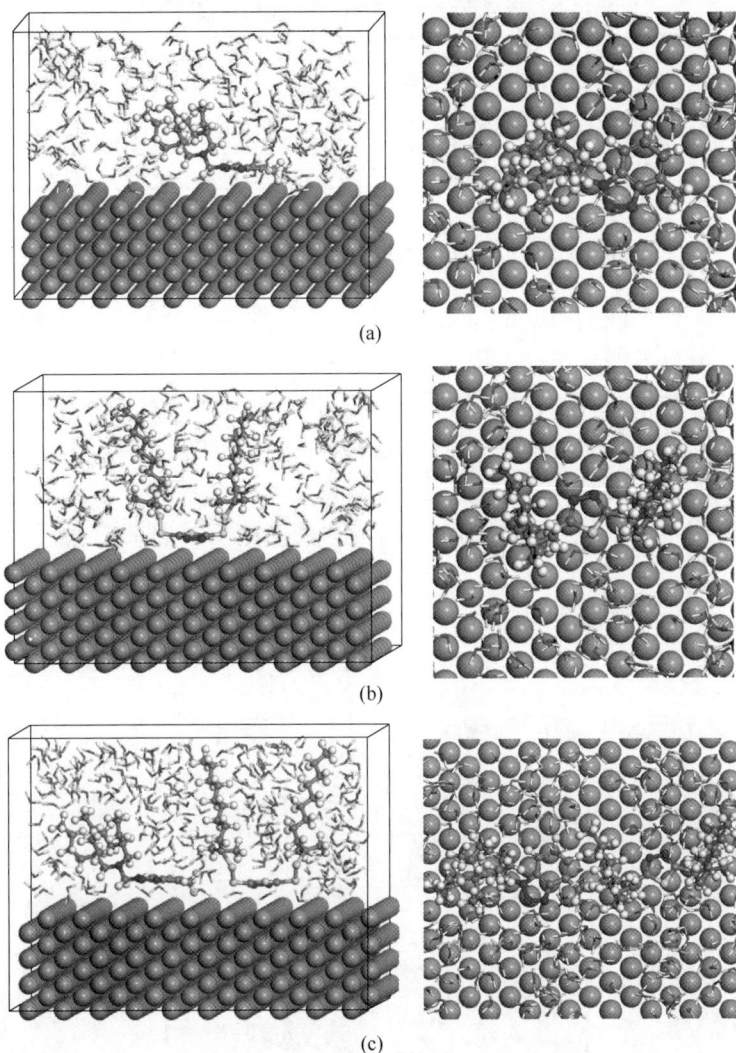

图 14-26　O/W 乳化液体系中不同缓蚀剂分子在 Cu(110) 面上的平衡吸
附构型的主视图 (左) 和俯视图 (右)

(a) NBTAH 分子；(b) BTDA 分子；(c) NBTAH+BTDA 复合缓蚀剂分子

缓蚀剂分子在 Cu(110) 面上的能量参数见表 14-8，NBTAH 分子、BTDA 分子与 Cu(110) 面的结合能分别为-220.9 kJ/mol 和-87.6 kJ/mol。两种缓蚀剂分子均能在铜表面产生稳定的化学吸附，而 NBTAH 分子与铜表面的吸附能数值更大，说明其具有更强的吸附能力。特别地，对于两者复合的缓蚀剂与 Cu(110) 表面吸附体系中，吸附能数值达到了-269.5 kJ/mol，这说明复合缓蚀剂的吸附作用效果更明显。

表 14-8　缓蚀剂分子在 Cu(110) 面上的能量参数　　　　（kJ/mol）

| 吸附体系 | $E_{tot}$ | $E_{subs}$ | $E_{inh}$ | $E_{ads}$ |
|---|---|---|---|---|
| Cu-NBTAH | -4714594.7 | -4714136.5 | -237.3 | -220.9 |
| Cu-BTDA | -4714625.1 | -4714136.5 | -401.0 | -87.6 |
| Cu-NBTAH+BTDA | -4714903.6 | -4714136.5 | -497.6 | -269.5 |

### 14.3.2　缓蚀剂膜抑制腐蚀扩散行为研究

　　为考察两种缓蚀剂的屏蔽作用效果，对不同腐蚀介质粒子在不同的 O/W 乳化液中的扩散行为展开研究。根据第 6 章 O/W 乳化液中腐蚀环境的情况，本小节选取了 4 种常见的腐蚀介质粒子（$H_2O$、$Cl^-$、$CO_2$ 和 $SO_4^{2-}$），并研究其在不同缓蚀剂膜中的扩散性能。使用 Amophous Cell 模块构建包括 20 个缓蚀剂分子和 5 个腐蚀粒子的具有三维周期性边界条件的无定型组织结构，并对其进行几何优化。由此得到 O/W 乳化液中不同腐蚀粒子在缓蚀剂膜中扩散的计算模型，如图 14-27 所示，其中图 14-27（a）~（d）分别为 $H_2O$、$Cl^-$ 和 $SO_4^{2-}$ 腐蚀粒子在含 20 个 NBTAH 分子的缓蚀剂膜中的扩散模型；图 14-27（e）~（h）分别为 $H_2O$、$Cl^-$ 和 $SO_4^{2-}$ 腐蚀粒子在含 20 个 BTDA 分子的缓蚀剂膜中的扩散模型；图 14-27

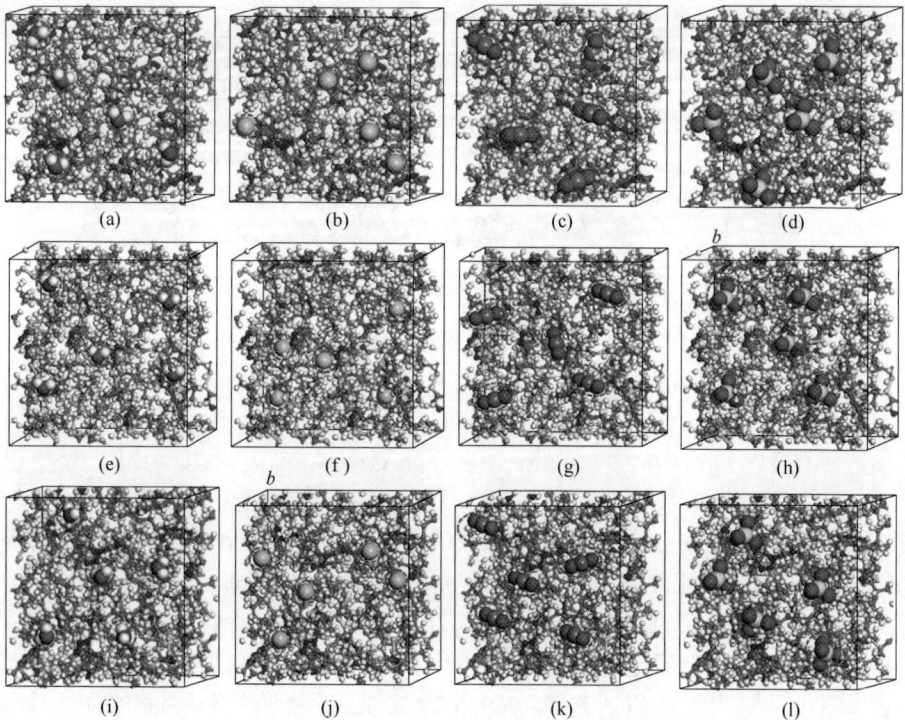

图 14-27　O/W 乳化液中不同腐蚀粒子在缓蚀剂膜中扩散的计算模型

(i)~(l) 分别为 $H_2O$、$Cl^-$ 和 $SO_4^{2-}$ 腐蚀粒子在含 10 个 NBTAH 分子与 10 个 BTDA 分子复合的缓蚀剂膜中的扩散模型。随后，利用 LAMMPS 软件对各个模型进行 NPT 系综动力学模拟，压力 $p_0$ 恒定设为 1000 atm（101 MPa），以模拟实际轧制过程中的情况，为满足体系中腐蚀介质粒子进行充分扩散的要求，每个模型的总模拟时间设定为 2000 ps，时间步长为 1.0 fs，每 500 帧记录 1 次体系的轨迹信息。

图 14-28 所示为粒子分别在不同缓蚀剂膜中均方位移随时间的变化曲线，其计算结果是在常温下（298 K）获得。由图中可以看出，缓蚀剂膜对腐蚀粒子的输运特性呈现不同的抑制效果。其中 $CO_2$ 分子在 NBTAH 和 BTDA 膜中的均方位移变化较大，说明单一缓蚀剂膜对腐蚀粒子的扩散抑制效果不明显，而其他 3 种粒子的均方位移随时间的变化趋势较小，缓蚀剂膜发挥了较明显的抑制作用，这是因为 $CO_2$ 分子的范德华半径较小，与其相对应的自由体积分数较大。一般而言，自由体积空间越大，缓蚀剂膜对离子在其中渗透扩散的阻碍能力越强。经观察发现，常温下，4 种腐蚀粒子在 NBTAH+BTDA 复合缓蚀剂膜中的均方位移数值在 2000 ps 内均小于 10 $nm^2$，与在单一缓蚀剂膜中的情况相比呈现明显的下降趋势，说明复合缓蚀剂分子对腐蚀粒子的扩散起到了良好的协同抑制效果。特别地，$Cl^-$ 在 3 种缓蚀剂膜中的均方位移变化最小，说明缓蚀剂膜对于 $Cl^-$ 的扩散抑制作用效果最强。

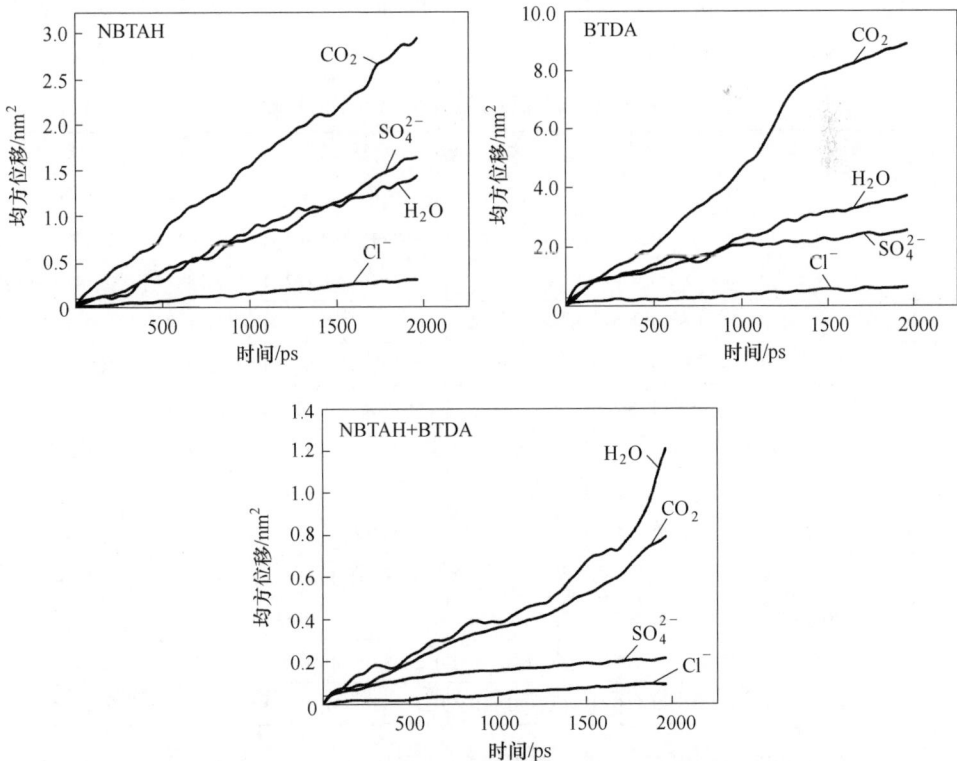

图 14-28  腐蚀粒子分别在不同缓蚀剂膜中均方位移随时间的变化

基于上述均方位移变化曲线，可以求出粒子在体系中扩散迁移能力最直接的量度，即扩散系数。扩散系数越小，说明腐蚀粒子的扩散迁移能力越小，则缓蚀剂膜的抑制与屏蔽作用越强，反之则越弱。粒子在缓蚀剂膜中的扩散是一个极其复杂的过程，受温度的影响较大，由于随着冷轧过程的深入，铜轧件厚度变薄，其变形区温度也在不断变化。铜带冷轧温度一般在 25~200 ℃ 之间，对模拟的初始温度 $T_0$ 依次设定为 298 K、323 K、348 K、373 K、398K、423 K、448 K 和 473 K，由此获得各模型中腐蚀粒子的扩散系数 $D$ 随温度 $T$ 的变化的热力学关系。

表 14-9 为各模型中腐蚀粒子在不同温度下的扩散系数。可以看出，随着温度的升高，各腐蚀粒子的扩散系数呈上升趋势。这是因为这些粒子受热后会加速围绕它们的平衡位置发生振动，随着温度的升高，腐蚀粒子被激发和振动的幅度增大，当粒子的能量超过其跃迁能垒就会发生脱离原平衡位置的运动。分析其中缓蚀剂膜的作用，以 $H_2O$ 分子为例，在 NBTAH、BTDA 和 NBTAH+BTDA 复合缓蚀剂膜中最大扩散系数分别为 $1.035×10^{-9}$ m²/s、$1.325×10^{-9}$ m²/s 和 $1.290×10^{-9}$ m²/s，均小于纯水中 $H_2O$ 分子的扩散系数的实验值 $2.392×10^{-9}$ m²/s[24]，证明 3 种缓蚀剂膜对腐蚀粒子的扩散行为存在抑制作用。经观察发现，在 NBTAH+BTDA 复合缓蚀剂膜中各腐蚀粒子的扩散系数较小，说明复合缓蚀剂膜起到了良好的协同抑制效果，与上述均方位移的结果一致。

**表 14-9　各模型中腐蚀粒子在不同温度下的扩散系数**

| 模型编号 | 扩散系数/m² · s⁻¹ | | | | | | | |
|---|---|---|---|---|---|---|---|---|
| | 298 K | 323 K | 348 K | 373 K | 398 K | 423 K | 448 K | 473 K |
| a | $0.123×10^{-9}$ | $0.129×10^{-9}$ | $0.162×10^{-9}$ | $0.234×10^{-9}$ | $0.348×10^{-9}$ | $0.461×10^{-9}$ | $0.664×10^{-9}$ | $1.035×10^{-9}$ |
| b | $0.026×10^{-9}$ | $0.048×10^{-9}$ | $0.061×10^{-9}$ | $0.073×10^{-9}$ | $0.092×10^{-9}$ | $0.132×10^{-9}$ | $0.207×10^{-9}$ | $0.347×10^{-9}$ |
| c | $0.240×10^{-9}$ | $0.325×10^{-9}$ | $0.435×10^{-9}$ | $0.526×10^{-9}$ | $0.668×10^{-9}$ | $0.935×10^{-9}$ | $1.315×10^{-9}$ | $1.927×10^{-9}$ |
| d | $0.137×10^{-9}$ | $0.184×10^{-9}$ | $0.271×10^{-9}$ | $0.349×10^{-9}$ | $0.452×10^{-9}$ | $0.604×10^{-9}$ | $0.906×10^{-9}$ | $1.453×10^{-9}$ |
| e | $0.292×10^{-9}$ | $0.337×10^{-9}$ | $0.342×10^{-9}$ | $0.518×10^{-9}$ | $0.569×10^{-9}$ | $0.744×10^{-9}$ | $1.043×10^{-9}$ | $1.325×10^{-9}$ |
| f | $0.045×10^{-9}$ | $0.052×10^{-9}$ | $0.094×10^{-9}$ | $0.188×10^{-9}$ | $0.247×10^{-9}$ | $0.329×10^{-9}$ | $0.422×10^{-9}$ | $0.665×10^{-9}$ |
| g | $1.043×10^{-9}$ | $1.075×10^{-9}$ | $1.236×10^{-9}$ | $1.415×10^{-9}$ | $1.716×10^{-9}$ | $1.973×10^{-9}$ | $2.435×10^{-9}$ | $2.798×10^{-9}$ |
| h | $0.172×10^{-9}$ | $0.236×10^{-9}$ | $0.268×10^{-9}$ | $0.360×10^{-9}$ | $0.420×10^{-9}$ | $0.476×10^{-9}$ | $0.647×10^{-9}$ | $0.788×10^{-9}$ |
| i | $0.078×10^{-9}$ | $0.139×10^{-9}$ | $0.223×10^{-9}$ | $0.315×10^{-9}$ | $0.372×10^{-9}$ | $0.528×10^{-9}$ | $0.915×10^{-9}$ | $1.290×10^{-9}$ |
| j | $0.008×10^{-9}$ | $0.014×10^{-9}$ | $0.017×10^{-9}$ | $0.026×10^{-9}$ | $0.033×10^{-9}$ | $0.056×10^{-9}$ | $0.128×10^{-9}$ | $0.262×10^{-9}$ |
| k | $0.060×10^{-9}$ | $0.099×10^{-9}$ | $0.125×10^{-9}$ | $0.181×10^{-9}$ | $0.289×10^{-9}$ | $0.442×10^{-9}$ | $0.572×10^{-9}$ | $1.063×10^{-9}$ |
| l | $0.014×10^{-9}$ | $0.032×10^{-9}$ | $0.050×10^{-9}$ | $0.081×10^{-9}$ | $0.112×10^{-9}$ | $0.195×10^{-9}$ | $0.317×10^{-9}$ | $0.626×10^{-9}$ |

由于腐蚀粒子的扩散系数对温度十分敏感，因此分析每种粒子在不同缓蚀剂

膜中的扩散热力学关系十分必要。图 14-29 为 O/W 乳化液中腐蚀粒子在不同缓蚀剂膜中的扩散系数随温度的变化曲线，可以看出腐蚀粒子在缓蚀剂膜中的扩散行为并不是单纯的线性增长，当温度越高时，腐蚀粒子扩散系数的增长越快。各温度条件下，4 种粒子在不同缓蚀剂膜中的扩散系数不同，在 NBTAH 缓蚀剂膜中，有 $D_{NBTAH}(CO_2) > D_{NBTAH}(SO_4^{2-}) > D_{NBTAH}(H_2O) > D_{NBTAH}(Cl^-)$；在 BTDA 缓蚀剂膜中，有 $D_{BTDA}(CO_2) > D_{BTDA}(H_2O) > D_{BTDA}(SO_4^{2-}) > D_{BTDA}(Cl^-)$；在 NBTAH+BTDA 复合缓蚀剂膜中，有 $D_{NBTAH+BTDA}(H_2O) > D_{NBTAH+BTDA}(CO_2) > D_{NBTAH+BTDA}(SO_4^{2-}) > D_{NBTAH+BTDA}(Cl^-)$。其中，NBTAH+BTDA 复合缓蚀剂对于腐蚀粒子的扩散抑制效果最明显。

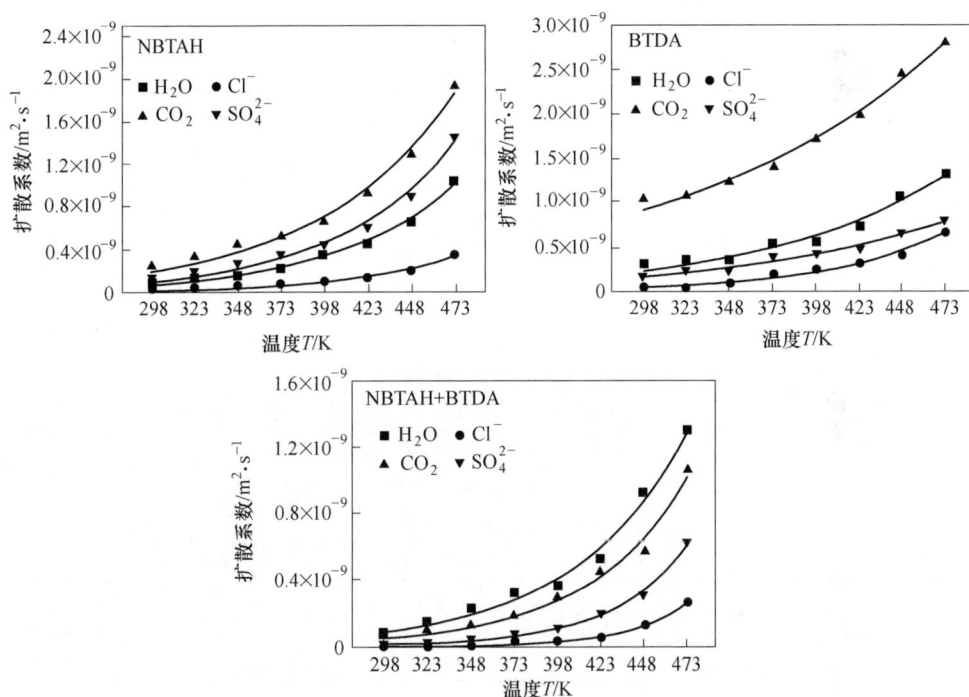

图 14-29　O/W 乳化液中腐蚀粒子在不同缓蚀剂膜中扩散系数随温度的变化

定义腐蚀粒子扩散时越过能垒所需的能量为扩散激活能，分析上图数据可知，各粒子的扩散系数满足阿累尼乌斯方程：

$$D = D_0 \exp\left(-\frac{Q}{kT}\right) \tag{14-25}$$

式中　$Q$——扩散激活能，J/mol；

　　　　$D_0$——频率因子，不随温度变化的常数；

　　　　$k$——常数，8.314 J/(mol·K)。

对图 14-29 中横坐标 $T$ 的倒数 $1/T$ 与扩散系数 $D$ 重新作图，通过计算获得了各模型中腐蚀介质粒子在缓蚀剂膜中的扩散热力学关系与扩散激活能见表 14-10。从表中可以看出，4 种腐蚀粒子（$H_2O$、$Cl^-$、$CO_2$ 和 $SO_4^{2-}$）的扩散热力学判据分别为：$D(H_2O) = 425.7\exp(-2756.9/T)$，$D(Cl^-) = 37144.6\exp(-5616.7/T)$，$D(CO_2) = 891.4\exp(-3215.2/T)$ 和 $D(SO_4^{2-}) = 7370.4\exp(-4449.4/T)$。4 种粒子在复合缓蚀剂膜 NBTAH+BTDA 中的扩散激活能均高于其在单一缓蚀剂膜的数值，根据 Einstein 扩散理论，扩散激活能越大，腐蚀开动需要的能垒更高，说明复合缓蚀剂膜对腐蚀粒子的屏蔽作用越明显。其中，$Cl^-$ 在复合缓蚀剂膜中的扩散激活能最大，达到 $4.670 \times 10^4$ J/mol，从机理上解释了复合缓蚀剂膜对铜带在乳化液中的点蚀行为的控制。

表 14-10　各模型中扩散热力学关系和扩散激活能

| 模型编号 | 扩散热力学关系 | 扩散激活能/J·mol$^{-1}$ |
|---|---|---|
| a | $D = 217.1\exp(-2559.0/T)$ | $2.083 \times 10^4$ |
| b | $D = 168.2\exp(-2956.2/T)$ | $2.458 \times 10^4$ |
| c | $D = 181.0\exp(-2181.8/T)$ | $1.814 \times 10^4$ |
| d | $D = 340.5\exp(-2614.6/T)$ | $2.174 \times 10^4$ |
| e | $D = 37.4\exp(-1607.2/T)$ | $1.336 \times 10^4$ |
| f | $D = 115.4\exp(-2463.1/T)$ | $2.048 \times 10^4$ |
| g | $D = 20.8\exp(-970.8/T)$ | $8.071 \times 10^3$ |
| h | $D = 12.5\exp(-1330.5/T)$ | $1.106 \times 10^4$ |
| i | $D = 425.7\exp(-2756.9/T)$ | $2.292 \times 10^4$ |
| j | $D = 37144.6\exp(-5616.7/T)$ | $4.670 \times 10^4$ |
| k | $D = 891.4\exp(-3215.2/T)$ | $2.673 \times 10^4$ |
| l | $D = 7370.4\exp(-4449.4/T)$ | $3.699 \times 10^4$ |

综合分析上述实验与计算结果可知，在 O/W 乳化液体系中，NBTAH 和 BTDA 形成的复合缓蚀剂能结合各自的优点，NBTAH 具有较好的吸附效果；BTDA 具有更广的钝化区，因此二者在铜表面可形成复合缓蚀剂膜。

根据 Langmuir 竞争吸附原理，缓蚀剂的吸附作用表现为缓蚀剂分子通过苯环、氮唑环、噻唑环上极性原子的电荷转移到铜表面分别形成含有 Cu-NBTAH 和 Cu-BTDA 螯合物的吸附膜，占据了其他腐蚀性粒子的吸附位点，从而起到缓蚀效果。与此同时，两种缓蚀剂均包含较长的分子链，分子动力学模拟结果表明复合缓蚀剂膜在乳化液中能减缓及阻碍腐蚀粒子向铜表面的扩散过程，比单一缓蚀剂分子起到的隔避效果更好，二者协同作用的结果是在铜表面形成了"吸附与屏蔽"机制，其中 $Cl^-$ 在复合缓蚀剂膜中的扩散激活能最大，说明缓蚀剂膜对 $Cl^-$ 的扩散抑制效果最明显，这也是铜表面点蚀行为受到有效控制的主要原因。O/W

乳液中 NBTAH 和 BTDA 复合缓蚀剂膜在铜表面的 "吸附与屏蔽" 作用机制如图 14-30 所示。

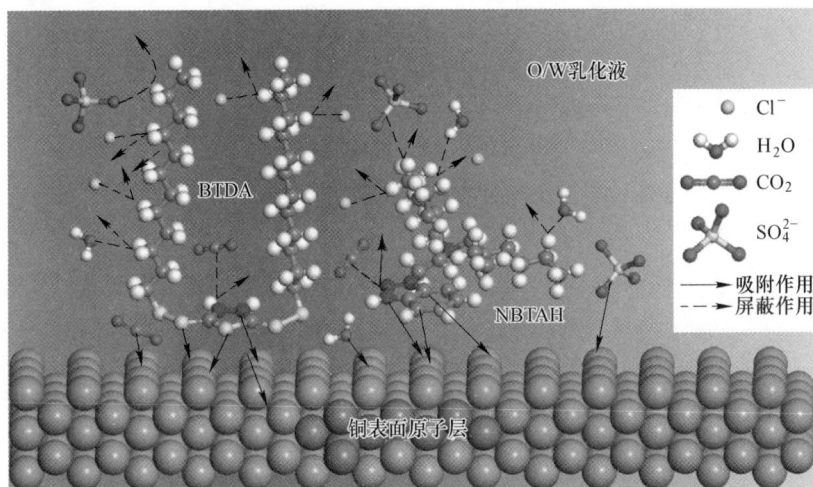

图 14-30　O/W 乳化液中 NBTAH 和 BTDA 复合缓蚀剂膜在铜表面的
"吸附与屏蔽" 协同作用机制

# 参 考 文 献

[1] BAO Y Y, SUN J L, KONG L H. Effects of nano-SiO$_2$ as water-based lubricant additive on surface qualities of strips after hot rolling [J]. Tribology International, 2017, 114: 257-263.

[2] LIANG D, LING X, XIONG S. Preparation, characterisation and lubrication performances of Eu doped WO$_3$ nanoparticle reinforce Mn$_3$B$_7$O$_{13}$Cl as water-based lubricant additive for laminated Cu-Fe composite sheet during hot rolling [J]. Lubrication Science, 2021, 33 (3): 142-152.

[3] HE J Q, SUN J L, MENG Y N, et al. MoS$_2$-Al$_2$O$_3$ nanofluid-induced microstructure evolution and corrosion resistance enhancement of hot-rolled steel surface [J]. Journal of Materials Science, 2021, 56 (31): 17805-17823.

[4] YU X L, JIANG Z Y, ZHAO J W, et al. The role of oxide-scale microtexture on tribological behaviour in the nanoparticle lubrication of hot rolling [J]. Tribology International, 2016, 93: 190-201.

[5] ZHANG Z Q, JING H Y, XU L Y, et al. Microstructural characterization and electron backscatter diffraction analysis across the welded interface of duplex stainless steel [J]. Applied Surface Science, 2017, 413 (15): 327-343.

[6] PERDEW J P, BURKE K, ERNZERHOF M. Generalized gradient approximation made simple [J]. Physical Review Letters, 1996, 77 (18): 3865-3868.

[7] KRESSE G, JOUBERT D. From ultrasoft pseudopotentials to the projector augmented-wave method [J]. Physical Review B, 1999, 59 (3): 1758-1775.

［8］ RAPPE A K, CASEWIT C J, COLWELL K S, et al. UFF, a full periodic table force field for molecular mechanics and molecular dynamics simulations ［J］. Journal of the American Chemical Society, 2002, 114 (25): 10024-10035.

［9］ LIU Z W, HUANG X F, XIE H M, et al. The artificial periodic lattice phase analysis method applied to deformation evaluation of TiNi shape memory alloy in micro scale ［J］. Measurement Science and Technology, 2011, 22 (12): 125702.

［10］ SANTOS P, COUTINHO J, ÖBERG S. First-principles calculations of iron-hydrogen reactions in silicon ［J］. Journal of Applied Physics, 2018, 123 (24): 245703.

［11］ WEN X L, BAI P P, ZHENG S Q, et al. Adsorption and dissociation mechanism of hydrogen sulfide on layered FeS surfaces: A dispersion-corrected DFT study ［J］. Applied Surface Science, 2021, 537: 147905.

［12］ 胡赓祥, 蔡珣, 戎咏华. 材料科学基础 ［M］. 3 版. 上海: 上海交通大学出版社, 2010.

［13］ BIRKS N, MEIER G H, PETTIT F S. Introduction to the High-Temperature Oxidation of Metals ［M］. Cambridge: University of Cambridge, 2006.

［14］ CHEN R Y, YUEN W Y D. Review of the high-temperature oxidation of iron and carbon steels in air or oxygen ［J］. Oxidation of Metals, 2003, 59 (5/6): 433-468.

［15］ 张赵宁. Fe-Si 合金钢板高温氧化与氧化层去除问题的研究 ［D］. 北京: 北京科技大学, 2019.

［16］ 严旭东. 铜带冷轧润滑过程中的磨损与电化学腐蚀行为研究 ［D］. 北京: 北京科技大学, 2020.

［17］ 石勤. $CO_2/CH_4/N_2$ 在 MER 型沸石中扩散和分离的分子动力学模拟 ［J］. 燃料化学学报, 2021, 49 (10): 1531-1539.

［18］ EWEN J P, HEYES D M, DINI D. Advances in nonequilibrium molecular dynamics simulations of lubricants and additives ［J］. Friction, 2018, 6 (4): 349-386.

［19］ KANDIL A E H T, SAAD E A, AZIZ A A A, et al. Study on adsorption behavior and separation efficiency of naturally occurring clay for some elements by batch experiments ［J］. European Journal of Chemistry, 2012, 3 (1): 99-105.

［20］ NOWAK W J. Effect of surface roughness on oxidation resistance of stainless steel AISI 316Ti during exposure at high temperature ［J］. Journal of Materials Engineering and Performance, 2020, 29 (12): 8060-8069.

［21］ ZHANG X, DING P, SUN Y, et al. Layered $FeMo_4S_6$ nanosheets with robust lithium storage and electrochemical hydrogen evolution ［J］. Materials Letters, 2016, 183: 1-4.

［22］ SIVA T, RAJKUMAR S, MURALIDHARAN S, et al. Bipolar properties of coatings to enhance the corrosion protection performance ［J］. Progress in Organic Coatings, 2019, 137: 105379.

［23］ XU Y, LIU Y L, HE D D, et al. Adsorption of cationic collectors and water on muscovite (001) surface: A molecular dynamics simulation study ［J］. Minerals Engineering, 2013, 53: 101-107.

［24］ 尤龙, 刘金祥, 张军, 等. 咪唑啉缓蚀剂膜抑制腐蚀介质扩散行为的 MD 研究 ［J］. 化学学报, 2010, 68 (8): 747-752.